数据工程之道

设计和构建健壮的数据系统

[美]乔·里斯（Joe Reis）
[美]马特·豪斯利（Matt Housley）著

王梦蛟 阳沁珂 李佳宁 李卓恒 译

Beijing · Boston · Farnham · Sebastopol · Tokyo

O'Reilly Media, Inc. 授权机械工业出版社出版

机械工业出版社
CHINA MACHINE PRESS

图书在版编目（CIP）数据

数据工程之道：设计和构建健壮的数据系统 / （美）乔·里斯（Joe Reis），（美）马特·豪斯利（Matt Housley）著；王梦蛟等译 . —北京：机械工业出版社，2024.2

书名原文：Fundamentals of Data Engineering: Plan and Build Robust Data Systems

ISBN 978-7-111-74527-3

Ⅰ.①数… Ⅱ.①乔…②马…③王… Ⅲ.①数据处理 Ⅳ.①TP274

中国国家版本馆 CIP 数据核字（2023）第 250191 号

机械工业出版社（北京市百万庄大街22号　邮政编码100037）

策划编辑：王春华　　　　　　责任编辑：王春华　　冯润峰
责任校对：高凯月　　张　征　责任印制：任维东
三河市国英印务有限公司印刷
2024 年 2 月第 1 版第 1 次印刷
178mm × 233mm · 23.25印张 · 473千字
标准书号：ISBN 978-7-111-74527-3
定价：139.00元

电话服务　　　　　　　　　　网络服务
客服电话：010-88361066　　　机 工 官 网：www.cmpbook.com
　　　　　010-88379833　　　机 工 官 博：weibo.com/cmp1952
　　　　　010-68326294　　　金 书 网：www.golden-book.com
封底无防伪标均为盗版　　　　机工教育服务网：www.cmpedu.com

O'Reilly Media, Inc.介绍

O'Reilly以"分享创新知识、改变世界"为己任。40多年来我们一直向企业、个人提供成功所必需之技能及思想，激励他们创新并做得更好。

O'Reilly业务的核心是独特的专家及创新者网络，众多专家及创新者通过我们分享知识。我们的在线学习（Online Learning）平台提供独家的直播培训、互动学习、认证体验、图书、视频，等等，使客户更容易获取业务成功所需的专业知识。几十年来O'Reilly图书一直被视为学习开创未来之技术的权威资料。我们所做的一切是为了帮助各领域的专业人士学习最佳实践，发现并塑造科技行业未来的新趋势。

我们的客户渴望做出推动世界前进的创新之举，我们希望能助他们一臂之力。

业界评论

"O'Reilly Radar博客有口皆碑。"

　　　　——*Wired*

"O'Reilly凭借一系列非凡想法（真希望当初我也想到了）建立了数百万美元的业务。"

　　　　——*Business 2.0*

"O'Reilly Conference是聚集关键思想领袖的绝对典范。"

　　　　——*CRN*

"一本O'Reilly的书就代表一个有用、有前途、需要学习的主题。"

　　　　——*Irish Times*

"Tim是位特立独行的商人，他不光放眼于最长远、最广阔的领域，并且切实地按照Yogi Berra的建议去做了：'如果你在路上遇到岔路口，那就走小路。'回顾过去，Tim似乎每一次都选择了小路，而且有几次都是一闪即逝的机会，尽管大路也不错。"

　　　　——*Linux Journal*

本书赞誉

数据工程发展至今已经经历过多轮迭代。从事数据工程的人员从数据库设计师开始，发展到数据库管理员、CIO、数据架构师。这本书揭示了数据行业的迭代和成长方向。这是一本数据工程领域专业提升和职业发展的必读书。

——Bill Inmon，**数据仓库之父**

本书是一本非常好的介绍移动、处理、操作数据的书。它用一种不过度依赖某种工具或者某些供应商的办法，诠释了数据相关的概念，也正因为如此，书中的方法和思想不会因为技术或产品的更新而过时。我向所有想要快速提高数据工程或者分析能力的人，以及想要查漏补缺的从业人员推荐这本书。

——Jordan Tigani，MotherDuck 的创始人和 CEO，BigQuery 的
初创工程师和联合创始人

想要成为行业的领军人物，需要有能力让客户和员工拥有绝佳的体验。想要拥有这种能力不能仅停留在技术层面，而要以人为核心。这种提升会使你的商业版图发生蜕变。数据工程师是推动这种蜕变发生的中坚力量。而如今很多人对这一观点的理解并不到位，这本书会帮助你理解数据工程并且成为你用数据促进事业发展的终极指南。

——Bruno Aziza，Google Cloud **数据分析部门负责人**

这本书很棒！Joe 和 Matt 在书中解答了"数据工程怎么入门？"这一问题。这本书是数据工程师入门，以及强化数据能力的不二之选。他们在书中阐明了数据工程师的行事原则、角色定义、职责、技术和组织架构背景以及日常任务。

——Andy Petrella，Kensu **创始人**

这本书在数据工程领域不可或缺。它用真实案例生动展示了如何成为有实战能力的数据工程师。我推荐所有数据工程相关的培训都来参考这本书。

——Sarah Krasnik，**数据工程主管**

成为数据工程师所需要的知识广度很难衡量，但千万不要因此望而却步。这本书展现了丰富的架构、方法、理论以及模式来协助你的数据工作。不仅如此，这本书还饱含数据工程领域积累的宝贵智慧、最佳实践，以及各种帮助决策的依据。对于数据工程师而言，这本书可以说是"老少咸宜"。

——Veronika Durgin，数据与分析主管

我受 Joe 和 Matt 的诚挚邀请为这本数据领域的杰作撰写赞誉。他们提纲挈领的创作对于想要入门数据工程的人至关重要。他们简明扼要的创作风格让数据相关的知识简单易懂、一览无余。我十分享受和他们这些数据领域的杰出人士一同工作。我已经迫不及待地想看到他们的新成果了。

——Chris Tabb，LEIT DATA 的联合创始人

本书是第一本能够同时满足当下数据工程师对知识深度和广度需求的书。如你所见，本书深入地讲述了在当今复杂技术背景下的数据工程涉及的至关重要的技能树、工具，以及管理、移动、存储数据的架构全景。

更重要的是，Joe 和 Matt 将他们对数据工程的理解传递给读者，并且潜心研究了数据工程中更细分的领域，让更多读者受益。无论是管理人员、资深的数据工程师，还是刚刚接触这一领域的新人，这本书都会提供最新视角的数据工程洞见。

——Jon King，首席数据架构师

对数据工程师来说，有两样东西到 2042 年都不会过时，那就是 SQL 和这本书。Joe 和 Matt 以开阔的眼界介绍了潜移默化改变数据工程领域规则的工具。无论你是刚刚开始入行，还是在提升自己的段位，这本书都会为你指点迷津。

——Kevin Hu，Metaplan CEO

在这个快速变化的领域，新技术方案层出不穷，Joe 和 Matt 提供了清晰且长远的指导，指出了成为卓越数据工程师所需的核心概念和基础知识。本书写满了提升洞察问题的能力的知识，能让你掌握数据工程全生命周期下数据架构设计和实现方面的技术选型技巧。我保证本书会让你受益匪浅。

——Julie Price，SingleStore 资深产品经理

这本书不仅是一本数据工程师速成手册，还是一部包含了历史、理论，以及作者几十年经验的大作，值得所有数据工作者阅读。

——Scott Breitenother，Brooklyn Data Co. 的创始人和 CEO

没有哪本书能够像本书这样全面阐述怎样才能成为数据工程师。作者深入地探讨了数

据工作的职责、影响力、架构选型等。虽然讨论了如此复杂的主题，但本书讲解深入浅出、简单易懂。

——Danny Leybzon，MLOps 架构师

我在刚刚开始做数据工程师的时候就渴望拥有这样一本书。书中丰富的知识可以让相关从业者有清晰的定位，并构建起数据相关的知识架构。

——Tod Hansmann，研发副总裁

本书是数据行业的必读经典，填补了当今数据行业的知识空白，讨论了其他书中没有涉及的重要话题。你会从本书中了解数据工程相关的基础概念，并获得对数据工程发展历程的洞见，这些知识会帮助你走向成功。

——Matthew Sharp，数据和机器学习工程师

数据工程是一切分析、机器学习和数据产品的基础，因此对于数据工程的正确把握变得十分重要。市面上有数不清的数据工程指南、书籍以及参考资料，但是几乎没有一个能够抓住数据工程师这一角色的根本。而这本书瞄准业界需要，可以帮助新老数据工程师打下顺利工作的基础。我向所有对数据工作有兴趣的人推荐这本书。

——Tobias Macey，Data Engineering Podcast 主持人

译者序

很荣幸能翻译本书。本书让我们以一种全新的方式全面而深入地理解数据工程生命周期。对我们而言，这个翻译过程并非仅仅是语言转换的过程，而是一次与原作者一起探索和理解数据工程精髓的旅程。

数据工程在近几年经历了快速的发展，特别是远程需求的爆发和 AI 技术带来的数据增长，极大地推动了新数据产品的出现。作为数据工程师，你可能会被琳琅满目的各种技术和产品弄得晕头转向，失去研究的重点，而将大部分时间浪费在一些无关紧要的方向上。本书详细地介绍了数据工程的各个环节，从数据收集到存储、建模、转换、分析，以及构建高效、安全、可靠的数据系统等。无论你是刚开始接触数据工程的新手，还是已经有丰富经验的专家，我们相信这本书都能为你带来新的启示。

翻译本书的挑战不仅在于准确地翻译技术性强、专业性高的内容，同时也需要维持原著的风格和精神。我们在竭力保证翻译准确性的同时，也力求让读者在阅读过程中能够感受到原著的情感和知识深度。希望这种精神能够激励更多的读者进一步了解数据工程，或者启发他们在自己的项目和研究中有所创新。

在翻译的过程中，我们更深地理解了数据工程对于当今社会的重要性。在这个信息爆炸的时代，数据工程不仅是理解世界的关键，也是推动社会进步的重要工具。我们希望这本书能够帮助你理解数据工程的深度和广度，让你能够更好地利用数据驱动决策和创新。

在本书的翻译过程中，我们得到了许多朋友和专家的帮助与支持，对此表示深深的感谢。同时，我们也期待读者的反馈和建议，以便在将来的版本中进行改进。

希望你在阅读本书的过程中有所收获，无论是对数据工程的理解，还是对有效使用数据的启示。希望这本书能够为你在数据工程的道路上指明前行的方向。

目录

前言

我们为什么写这本书呢？这要从我们由数据科学家转成数据工程师的经历说起。我们经常笑称自己为数据修补科学家。我们都被分配到过一些因数据基础太差而难以推进的项目。我们向数据工程领域进发的旅程始于承担建立数据基础和搭建基础设施等数据工程相关的任务。

随着数据科学的兴起，众多公司在数据科学人才方面投入巨大，以期获得丰厚的回报。但很多时候，数据科学家都在纠结于他们的背景和培训经历中没有涉及的一众基础问题：数据收集、数据清洗、数据访问权限控制、数据转换和数据基础设施。这些都是数据工程领域的问题。

本书不会涉及的内容

在我们介绍本书涉及的内容以及你将从本书中得到什么之前，让我们快速地介绍一下本书不涉及哪些内容。本书不涉及关于使用特定工具、技术或平台的数据工程内容。虽然很多优秀的书籍都是从这个角度来探讨数据工程技术的，但这些书的保质期很短。与这些书不同，本书专注于数据工程背后的基本概念。

本书涉及的内容

本书旨在填补当前数据工程内容和资料的空白。虽然市面上有很多涉及具体数据工程工具和技术的资料，但人们却很难理解如何将这些工具和技术组合并实际运用。本书将整个数据生命周期的各个环节联系起来，告诉你如何将各种技术拼接起来，以满足下游数据消费者（如分析师、数据科学家和机器学习工程师）的需求。本书是对那些覆盖特定技术、平台和编程语言细节的书籍的补充。

本书的主线是*数据工程生命周期*：数据生成、存储、获取、转换和服务。自从数据诞生以来，人们见证了无数技术和供应商产品的兴衰，但数据工程生命周期的各个阶段基本

1

上没有变化。用这个框架思考，读者会对用技术解决真实业务问题有较好的理解。

本书的目标是描绘那些经久不衰的准则。首先，我们希望从数据工程提炼出一些可以包容任何有关技术的准则。其次，我们希望留下那些经得起时间考验的准则。我们希望这些内容能体现出从过去 20 年左右的数据相关技术变化中所吸取的经验，并希望我们提出的思考框架在未来 10 年或更长时间内仍然有用。

有一点值得注意：我们不假思索地在书中选用了云优先的思路。我们认为上云是这几十年中应用最广泛的转型趋势，大多数企业本地的数据系统和负载发展到最后总会上云。我们认为，数据相关基础设施和系统是快速变化的、可扩展的，因此数据工程师会倾向于在云上部署托管服务。不过，本书中的大多数概念也会有非云环境适用的版本。

本书的目标读者

本书的主要目标读者包括技术人员、中高级软件工程师、数据科学家、有兴趣进入数据工程领域的分析师，或有特定技术领域专长但希望发展更全面视角的数据工程师。我们的次要目标读者包括与技术人员合作的数据利益相关者，例如，指导数据工程师团队的数据团队技术主管，或计划将本地系统迁移上云的数据仓库总监。

正常情况下，你会想了解阅读这本书的理由。通过阅读关于数据仓库 / 数据湖、批处理和流式系统、任务编排、建模、管理、分析、云技术的发展等方面的书籍和文章，你可以保持对数据技术和发展趋势的关注，而本书可以把你所读到的内容编织成一幅跨越技术和范式的数据工程的完整图景。

准备工作

我们假设读者对企业级别的各种数据系统有较好的了解。此外，我们假设读者掌握一些有关 SQL 和 Python（或其他编程语言）知识，并有使用云的经验。

准数据工程师可以获取大量练习 Python 和 SQL 的资料，相关的免费线上资源有很多（博客文章、教程网站、YouTube 视频），每年还有许多新的 Python 书籍面世。

云计算有助于积累非常多的数据工具实践经验。我们建议准数据工程师开设云账户，如 AWS、Azure、Google Cloud Platform、Snowflake、Databricks 等。请注意，虽然许多平台可以免费体验，但读者在学习过程中应密切关注成本，并使用少量数据和单节点集群。

在企业外了解企业级别数据系统一直都很困难，这给那些想学习但又没有开始数据相关工作的准数据工程师带来了一定的障碍，本书会对这些读者有所帮助。我们建议数据新手先阅读每章的顶层逻辑，然后再看每一章末尾的补充资料，在第二次阅读时，留意任何不熟悉的术语和技术。你可以利用谷歌、维基百科、博客文章、YouTube 视频和供应商的网站来熟悉新的术语并填补理解上的空白。

你将学到的内容以及获得的能力

本书旨在为你解决真实的数据工程问题打下坚实的基础。

在阅读完本书后，你将学到：

- 数据工程对你目前角色（数据科学家、软件工程师或数据团队负责人）的帮助。
- 如何看穿营销炒作，选择正确的技术、数据架构和流程。
- 如何使用数据工程生命周期来设计和建立一个强大的数据架构。
- 数据生命周期的每个阶段的最佳实践。

获得的能力有：

- 将数据工程方法论融入你当前的角色（数据科学家、分析师、软件工程师、数据团队负责人等）。
- 组合运用各种云技术来满足下游数据消费者的需求。
- 用全周期的最佳实践框架考量数据工程问题。
- 将数据治理和数据安全纳入数据工程生命周期。

本书导航

本书分为以下部分。

第一部分中，我们首先将在第 1 章中给出数据工程的定义，然后在第 2 章中描绘数据工程的生命周期。在第 3 章中，我们将讨论合理的架构设计。在第 4 章中，我们将介绍帮助技术选型的框架——我们经常看到技术和架构被混为一谈，但实际上这两者相去甚远。

第二部分将在第 2 章的基础上，深入介绍数据工程的生命周期，每个生命周期阶段——数据生成、存储、获取、转换和服务，都有相应的章节来介绍。第二部分是本书的核心，其他章节都服务于第二部分的中心思想。

第三部分涵盖一些其他话题。第 10 章将讨论安全和隐私。虽然安全一直是数据工程专业的重要部分，但随着以赢利为目的的黑客和网络攻击兴风作浪，它变得更加重要了。

那么，保护隐私有多重要呢？不重视企业隐私的时代已经过去了，没有公司愿意被诟病"隐私不健全"。而随着 GDPR、CCPA 和其他相关法规的出台，对个人数据的不当处理会产生重大的法律风险。简而言之，安全和隐私一定是所有数据工程工作的首要关注点。

在从事数据工程工作，以及为本书做调研和咨询众多专家的过程中，我们对领域内的近期和远期发展进行了大量思考。第 11 章将介绍我们对数据工程未来的预测。但未来本是一件不确定的事情，那就让时间证明我们的想法。我们希望了解读者对未来的看法和我们有什么一致或不同。

在附录中，我们将介绍一些与数据工程的日常实践极为相关，但却和主干无关的技术话题。具体来说，工程师需要了解序列化和压缩（见附录 A），这与处理数据文件和评估数据系统的性能有关，而云网络（见附录 B）是数据工程上云的关键话题。

排版约定

本书中使用以下排版约定：

斜体（*Italic*）
　　表示新的术语、URL、电子邮件地址、文件名和文件扩展名。

等宽字体（Constant width）
　　用于程序清单，以及段落中的程序元素，例如变量名、函数名、数据库、数据类型、环境变量、语句以及关键字。

 该图示表示提示或建议。

 该图示表示一般性说明。

 该图示表示警告或注意。

如何联系我们

对于本书，如果有任何意见或疑问，请按照以下地址联系本书出版商。

美国：

O'Reilly Media，Inc.
1005 Gravenstein Highway North
Sebastopol，CA 95472

中国：

北京市西城区西直门南大街 2 号成铭大厦 C 座 807 室（100035）
奥莱利技术咨询（北京）有限公司

要询问技术问题或对本书提出建议，请发送电子邮件至 *errata@oreilly.com.cn*。

本书配套网站 *https://oreil.ly/fundamentals-of-data* 上列出了勘误表、示例以及其他信息。

关于书籍、课程、会议和新闻的更多信息，请访问我们的网站 *http://oreilly.com*。

我们在 LinkedIn 上的地址：*https://linkedin.com/company/oreilly-media*

我们在 Twitter 上的地址：*http://twitter.com/oreillymedia*

我们在 YouTube 上的地址：*http://youtube.com/oreillymedia*

致谢

当我们开始写这本书的时候，很多人都忠告我们，这是一项艰巨的任务。像这样的书包含了很多深层的内容，并较全面地覆盖了数据工程领域，这就需要大量的研究、走访、讨论和深入思考。我们不认为本书囊括了数据工程的所有内容，但我们希望本书能引起你的共鸣。许多人都为本书做出了贡献，我们感谢很多专业人士对我们的支持。

首先，感谢本书优秀的技术顾问团队。他们认真地审阅了本书，并提供了宝贵（甚至有些直言不讳）的反馈。如果没有他们的努力，这本书将黯然失色。在此，我们向 Bill Inmon、Andy Petrella、Matt Sharp、Tod Hansmann、Chris Tabb、Danny Lebzyon、Martin Kleppman、Scott Lorimor、Nick Schrock、Lisa Steckman、Veronika Durgin 和 Alex Woolford 致以无限的谢意。

其次，我们和很多数据工程领域的专家通过现场演示、博客、聚会和数不清的电话进行过沟通。他们的思想帮助塑造了这本书。有太多的人需要感谢，这里无法一一列举，但我们还是想对 Jordan Tigani、Zhamak Dehghani、Ananth Packkildurai、Shruti Bhat、

Eric Tschetter、Benn Stancil、Kevin Hu、Michael Rogove、Ryan Wright、Adi Polak、Shinji Kim、Andreas Kretz、Egor Gryaznov、Chad Sanderson、Julie Price、Matt Turck、Monica Rogati、Mars Lan、Pardhu Gunnam、Brian Suk、Barr Moses、Lior Gavish、Bruno Aziza、Gian Merlino、DeVaris Brown、Todd Beauchene、Tudor Girba、Scott Taylor、Ori Rafael、Lee Edwards、Bryan Offutt、Ollie Hughes、Gilbert Eijkelenboom、Chris Bergh、Fabiana Clemente、Andreas Kretz、Ori Reshef、Nick Singh、Mark Balkenende、Kenten Danas、Brian Olsen、Lior Gavish、Rhaghu Murthy、Greg Coquillo、David Aponte、Demetrios Brinkmann、Sarah Catanzaro、Michel Tricot、Levi Davis、Ted Walker、Carlos Kemeny、Josh Benamram、Chanin Nantasenamat、George Firican、Jordan Goldmeir、Minhaaj Rehmam、Luigi Patruno、Vin Vashista、Danny Ma、Jesse Anderson、Alessya Visnjic、Vishal Singh、Dave Langer、Roy Hasson、Todd Odess、Che Sharma、Scott Breitenother、Ben Taylor、Thom Ives、John Thompson、Brent Dykes、Josh Tobin、Mark Kosiba、Tyler Pugliese、Douwe Maan、Martin Traverso、Curtis Kowalski、Bob Davis、Koo Ping Shung、Ed Chenard、Matt Sciorma、Tyler Folkman、Jeff Baird、Tejas Manohar、Paul Singman、Kevin Stumpf、Willem Pineaar、Tecton 的 Michael Del Balso、Emma Dahl、Harpreet Sahota、Ken Jee、Scott Taylor、Kate Strachnyi、Kristen Kehrer、Taylor Miller、Abe Gong、Ben Castleton、Ben Rogojan、David Mertz、Emmanuel Raj、Andrew Jones、Avery Smith、Brock Cooper、Jeff Larson、Jon King、Holden Ackerman、Miriah Peterson、Felipe Hoffa、David Gonzalez、Richard Wellman、Susan Walsh、Ravit Jain、Lauren Balik、Mikiko Bazeley、Mark Freeman、Mike Wimmer、Alexey Shchedrin、Mary Clair Thompson、Julie Burroughs、Jason Pedley、Freddy Drennan、Jason Pedley、Kelly Phillipps、Matt Phillipps、Brian Campbell、Faris Chebib、Dylan Gregerson、Ken Myers、Jake Carter、Seth Paul、Ethan Aaron 等表示感谢。

我们还要感谢 Ternary Data 团队（Colleen McAuley、Maike Wells、Patrick Dahl、Aaron Hunsaker 等）、我们的学生，以及世界各地无数支持我们的人。这也提醒了我们世界真小。

与 O'Reilly 的工作人员一起工作真是太棒了，特别感谢 Jess Haberman 在计划预审阶段对我们的信任，感谢优秀的、极有耐心的开发编辑 Nicole Taché 和 Michele Cronin 的无私编辑、反馈与支持。也感谢 O'Reilly 的一流制作团队（Greg 和他的伙伴们）。

Joe 想感谢他的家人 Cassie、Milo 和 Ethan。他们为这本书也付出了很多，所以 Joe 开玩笑地保证自己再也不写书了。

Matt 要感谢他的朋友和家人，感谢他们的超强耐心和支持。他很希望 Seneca 在经历了劳累和错过了很多假期的家庭时光之后，还能给一个五星好评。

第一部分

基础和构建块

第 1 章

数据工程概述

如果你从事数据或软件方面的工作，可能已经注意到数据工程正在从阴影中崛起，并且在与数据科学共享舞台。数据工程成为数据和技术中最热门的领域之一是有原因的。它为生产中的数据科学和分析奠定了基础。本章探讨什么是数据工程、该领域的诞生和发展、数据工程师的技能以及他们的工作对象。

1.1 什么是数据工程

尽管数据工程目前很流行，但是人们对数据工程的含义和数据工程师的工作有很多困惑。自从公司开始使用数据做事，数据工程就以某种形式存在了，比如预测性分析、描述性分析和报告，并在 21 世纪 10 年代随着数据科学的兴起而逐渐成为焦点。就本书而言，定义*数据工程*和*数据工程师*的含义至关重要。

首先，让我们看一下数据工程的描述方式，并开发一些我们可以在本书中使用的术语。*数据工程*的定义是无穷无尽的。2022 年初，在谷歌上精确匹配搜索："什么是数据工程？"会得到超过 91 000 个独特的结果。在我们给出定义之前，这里有几个说明该领域的一些专家如何定义数据工程的例子：

> 数据工程是一组操作，旨在为信息的流动和访问创建接口和机制。它需要专门的专家——数据工程师——来维护数据，以便其他人可以使用它。简而言之，数据工程师建立并运营组织的数据基础设施，为数据分析师和科学家的进一步分析做好准备。
>
> ——"Data Engineering and Its Main Concepts"，作者 AlexSoft[注1]

注 1 ："Data Engineering and Its Main Concepts," AlexSoft，最近更新于 2021 年 8 月 26 日，*https://oreil.ly/e94py*。

第一种类型的数据工程是以 SQL 为中心的。数据的工作和主要存储位于关系数据库中。所有数据处理都是使用 SQL 或基于 SQL 的语言完成的。有时，这种数据处理是使用 ETL 工具[注 2] 完成的。第二种类型的数据工程是以大数据为中心的。数据的工作和主要存储位于 Hadoop、Cassandra 和 HBase 等大数据技术中。所有数据处理都在 MapReduce、Spark 和 Flink 等大数据框架中完成。在使用 SQL 时，主要处理是使用 Java、Scala 和 Python 等编程语言完成的。

——Jesse Anderson[注 3]

相对于以前存在的角色，数据工程领域可以被认为是商业智能和数据仓库的超集，它从软件工程中引入了更多的元素。该学科还集成了围绕所谓的"大数据"分布式系统操作的专业化，以及围绕扩展 Hadoop 生态系统、流处理和大规模计算的概念。

——Maxime Beauchemin[注 4]

数据工程就是关于数据的移动、操作和管理。

——Lewis Gavin[注 5]

如果你对数据工程感到困惑，那是完全可以理解的。这只是少数几个定义，它们包含关于数据工程含义的大量观点。

1.1.1 数据工程定义

当我们解开不同人如何定义数据工程的共同线索时，一个明显的模式出现了：数据工程师获取数据、存储数据，并准备数据供数据科学家、分析师和其他人使用。我们定义数据工程和数据工程师如下：

*数据工程*是系统和流程的开发、实施和维护，这些系统和流程接收原始数据并生成支持下游用例（例如分析和机器学习）的高质量、一致的信息。数据工程是安全、数据管理、数据运维（DataOps）、数据架构、编排和软件工程的交集。*数据工程师*管理数据工程生命周期，从源系统获取数据开始，到为用例（例如分析或机器学习）提供数据结束。

1.1.2 数据工程生命周期

人们很容易只关注技术而短视地错过大局。本书围绕一个*数据工程生命周期*（如图 1-1 所示）的重要思想展开，我们相信它为数据工程师提供了一个看待其角色的整体背景。

注 2：ETL 代表抽取（extract）、转换（transform）、加载（load），这是我们在本书中介绍的一种常见模式。

注 3：Jesse Anderson, "The Two Types of Data Engineering," June 27, 2018, *https://oreil.ly/dxDt6*.

注 4：Maxime Beauchemin, "The Rise of the Data Engineer," January 20, 2017, *https://oreil.ly/kNDmd*.

注 5：Lewis Gavin, *What Is Data Engineering?* (Sebastapol, CA: O'Reilly, 2020), *https://oreil.ly/ELxLi*.

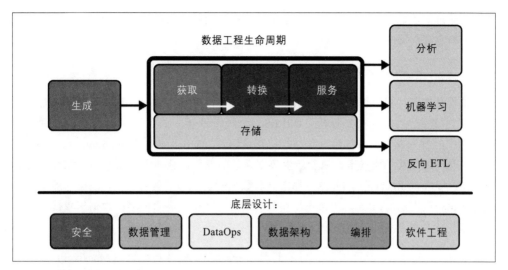

图 1-1：数据工程生命周期

数据工程生命周期将对话从技术转移到数据本身及其必须服务的最终目标。数据工程生命周期的各个阶段如下：

- 生成

- 存储

- 获取

- 转换

- 服务

数据工程的生命周期也有一个*底层设计*的概念——贯穿整个生命周期的关键思想。这些包括安全、数据管理、数据运维、数据架构、编排和软件工程。我们将在第 2 章中更广泛地介绍数据工程的生命周期及其底层设计。不过，我们之所以在这里介绍它是因为它对我们定义数据工程和本章后面的讨论至关重要。

现在你已经有了对数据工程的可行定义和对其生命周期的介绍，下面让我们退后一步，回顾一下历史。

1.1.3 数据工程师的演变

历史不会重演，但会押韵。

——一句著名的格言，常被认为是马克·吐温的名言

了解数据工程的前世今生，需要了解该领域演变发展的背景。本节不是历史课，但回顾

过去对于理解我们今天所处的位置和未来的发展方向具有无可估量的价值。一个共同的主题不断出现：旧的又成了新的。

早期：1980 年到 2000 年，从数据仓库到 Web

数据工程师的诞生可以说起源于数据仓库，最早可以追溯到 20 世纪 70 年代，*商业数据仓库*在 20 世纪 80 年代初具规模，Bill Inmon 于 1989 年正式创造了*数据仓库*一词。在 IBM 的工程师开发了关系数据库和结构化查询语言（Structured Query Language，SQL）之后，Oracle 普及了该技术。随着新生数据系统的发展，企业需要用于报告和商业智能（Businesses Intelligence，BI）的专用工具和数据管道。为了帮助人们在数据仓库中正确地进行业务逻辑建模，Ralph Kimball 和 Inmon 开发了他们各自同名的数据建模技术和方法，这些技术和方法至今仍在被广泛使用。

数据仓库开创了第一个可扩展分析的时代，新的大规模并行处理（Massively Parallel Processing，MPP）数据库使用多个处理器来处理市场上出现的大量数据并支持前所未有的数据量。BI 工程师、ETL 开发人员和数据仓库工程师等角色解决了数据仓库的各种需求。数据仓库和 BI 工程是当今数据工程的前身，并且仍然在该学科中发挥着核心作用。

互联网在 20 世纪 90 年代中期成为主流，创造了全新一代的网络有限公司，例如 AOL、雅虎和亚马逊。互联网繁荣发展催生了大量网络应用程序和支持这些应用程序的后端系统——服务器、数据库和存储。许多基础设施是昂贵的、单一的并且需要大量许可。销售这些后端系统的供应商可能没有预见到 Web 应用程序将产生如此大规模的数据。

21 世纪 00 年代初期：当代数据工程的诞生

快进到 21 世纪 00 年代初，20 世纪 90 年代末的互联网热潮破灭了，留下了一小群幸存者。其中一些公司，如雅虎、谷歌和亚马逊，将成长为强大的科技公司。最初，这些公司继续依赖 20 世纪 90 年代传统的单机关系数据库和数据仓库，将这些系统推向了极限。随着这些系统的崩溃，需要更新的方法来处理数据增长。新一代系统必须具有成本效益、可扩展性、可用性和可靠性。

随着数据的爆炸式增长，商品硬件——例如服务器、RAM、磁盘和闪存驱动器，也变得廉价且无处不在。一些创新允许在大规模计算集群上进行大规模分布式计算和存储。这些创新开始分散和打破传统的单机服务。"大数据"时代已经开始。

《牛津英语词典》将大数据（*https://oreil.ly/8IaGH*）定义为：一种可以通过计算分析来揭示模式、趋势和关联的超大数据集，尤其是与人类行为和交互相关的数据集。对大数据的另一个著名而简洁的描述是数据的三个 V：速度（velocity）、多样性（variety）和数量（volume）。

2003 年，谷歌发表了一篇关于 Google 文件系统的论文，紧接着，在 2004 年发表了一篇关于 MapReduce（一种超可扩展数据处理范式）的论文。事实上，大数据在 MPP 数据仓库和实验物理项目的数据管理方面有着更早的前身，但谷歌的出版物构成了数据技术的"大爆炸"和我们今天所知的数据工程的文化根基。第 3 章和第 8 章将分别介绍有关 MPP 系统和 MapReduce 的更多信息。

Google 的论文启发了 Yahoo 的工程师开发并于 2006 年开源了 Apache Hadoop[注6]。Hadoop 的影响怎么强调都不为过。对大规模数据问题感兴趣的软件工程师被这个新的开源技术生态系统的可能性所吸引。随着各种规模和类型的公司看到他们的数据增长到数 TB 甚至 PB，大数据工程师的时代诞生了。

大约在同一时间，亚马逊必须跟上其自身爆炸式增长的数据需求，并创建了弹性计算环境（Amazon Elastic Compute Cloud，或 EC2）、无限可扩展的存储系统（Amazon Simple Storage Service，或 S3）、高度可扩展的 NoSQL 数据库（Amazon DynamoDB）和许多其他核心数据构建块[注7]。亚马逊选择通过 Amazon Web Services（AWS）为内部和外部消费提供这些服务，成为第一个流行的公有云。AWS 通过虚拟化和转售巨大的商品硬件池创建了一个超灵活的即付即得资源市场。开发人员只需简单地从 AWS 租用计算和存储，无须为数据中心购买硬件。

随着 AWS 成为亚马逊的高利润增长引擎，其他公有云也将很快跟进，例如 Google Cloud、微软 Azure 和 DigitalOcean。公有云可以说是 21 世纪最重要的创新之一，它引发了软件和数据应用程序开发与部署方式的革命。

早期的大数据工具和公有云为今天的数据生态系统奠定了基础。如果没有这些创新，现代数据格局——以及我们现在所知道的数据工程——将不会存在。

21 世纪 00 年代和 21 世纪 10 年代：大数据工程

Hadoop 生态系统中的开源大数据工具迅速成熟，并从硅谷传播到全球高科技的公司。这是第一次，任何企业都可以使用顶级科技公司使用的相同的前沿数据工具。另一场革命发生在从批处理计算到事件流的转变，开创了大"实时"数据的新时代。你将在本书中了解批处理和事件流。

工程师可以选择最新、最好的技术——Hadoop、Apache Pig、Apache Hive、Dremel、Apache HBase、Apache Storm、Apache Cassandra、Apache Spark、Presto 以及出现的许多其他新技术。传统的面向企业和基于 GUI 的数据工具突然变得过时了，并且随着

注 6：Cade Metz, "How Yahoo Spawned Hadoop, the Future of Big Data," *Wired*, October 18, 2011, *https://oreil.ly/iaD9G*.

注 7：Ron Miller, "How AWS Came to Be," *TechCrunch*, July 2, 2016, *https://oreil.ly/VJehv*.

MapReduce 的兴起，代码优先的工程开始流行起来。我们在这段时间里，感觉旧教条在大数据的祭坛上突然死亡了。

21 世纪 00 年代后期和 21 世纪 10 年代，数据工具的爆炸式增长迎来了*大数据工程师*的诞生。为了有效地使用这些工具和技术——包括 Hadoop、YARN、Hadoop 分布式文件系统（Hadoop Distributed File System，HDFS）和 MapReduce 在内的 Hadoop 生态系统——大数据工程师必须精通软件开发和底层基础设施黑客技术，但是重点有所转移。大数据工程师通常会维护大量的商业硬件集群以便大规模地交付数据。虽然他们偶尔会向 Hadoop 核心代码提交拉取请求，但他们将重点从核心技术开发转移到了数据交付上。

大数据很快成为其自身成功的牺牲品。作为一个流行语，大数据在 21 世纪 00 年代初期到 21 世纪 10 年代中期变得流行起来。大数据抓住了试图理解不断增长的数据量的公司的想象力，以及销售大数据工具和服务的公司无休止的营销。由于大肆宣传，我们经常看到公司使用大数据工具来解决小数据问题，有时建立一个 Hadoop 集群来处理仅几千兆字节的数据。似乎每个人都想参与大数据行动，但没有人真正知道该怎么做，每个人都认为其他人在做，所以每个人都声称自己也在做。

图 1-2 展示了搜索词"大数据"的 Google Trends 快照，可以了解大数据的兴衰。

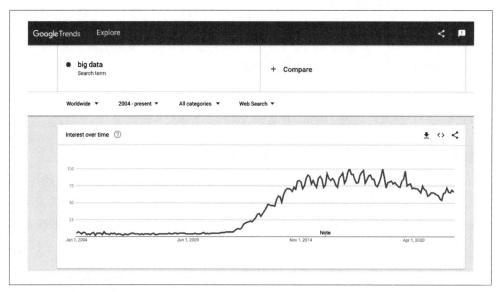

图 1-2："大数据"的 Google Trends（2022 年 3 月）

尽管这个词很受欢迎，但大数据已经失去了活力。发生了什么？一个词：简化。尽管开源大数据工具功能强大且复杂，但管理它们需要大量工作并且需要持续关注。通常，公司会聘请整个大数据工程师团队，每年花费数百万美元来照看这些平台。大数据工程师经常花费过多的时间来维护复杂的工具，而没有足够的时间来提供业务的洞察力和价值。

开源开发人员、云计算和第三方开始寻找方法来抽象、简化大数据并使大数据可用，而无须管理集群以及安装、配置和升级其开源代码的高管理开销和成本。*大数据*一词本质上是描述处理大量数据的特定时间和方法的遗留物。

如今，数据的移动速度比以往任何时候都快，而且数据增长越来越大，但是大数据处理已经变得如此容易理解，以至于它不再是一个单独的术语。每家公司都旨在解决其数据问题而不用关心实际数据大小。大数据工程师现在只是*数据工程师*。

21 世纪 20 年代：数据生命周期工程

在撰写本书时，数据工程角色正在迅速发展。我们预计在可预见的未来，这种演变将继续快速发展。虽然数据工程师过去倾向于关注 Hadoop、Spark 或 Informatica 等单体框架的低级细节，但趋势正在转向分散化、模块化、管理化和高度抽象的工具。

事实上，数据工具已经以惊人的速度激增（如图 1-3 所示）。21 世纪 20 年代初期的流行趋势包括*现代数据栈*，代表了一组现成的开源和第三方产品，这些产品组合起来可以让分析师的工作更轻松。与此同时，数据源和数据格式的种类和规模都在增长。数据工程越来越成为一门互操作的学科，并像乐高积木一样连接各种技术，以服务于最终的业务目标。

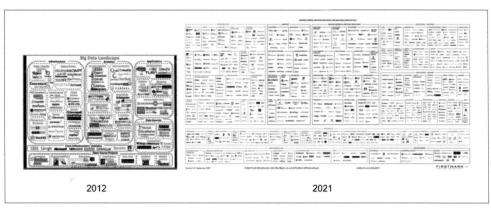

图 1-3：2012 年与 2021 年 Matt Turck 的数据格局（*https://oreil.ly/TWTfM*）

我们在本书中讨论的数据工程师可以更准确地被描述为*数据生命周期工程师*。随着更大的抽象和简化，数据生命周期工程师不再被昨天大数据框架的血淋淋的细节所困扰。虽然数据工程师保持低级数据编程技能并根据需要使用这些技能，但他们越来越多地发现自己的角色侧重于价值链中更高层次：安全、数据管理、DataOps、数据架构、编排和一般数据生命周期管理[注8]。

随着工具和工作流的简化，我们已经看到数据工程师的态度发生了显著转变。开源项目和服务不再关注谁拥有"最大数据"，而是越来越关注管理和治理数据，使其更易于使用和发现，并提高其质量。数据工程师现在熟悉 CCPA 和 GDPR[注9]等首字母缩略词，在他们设计管道时，他们关心隐私、匿名化、数据垃圾收集和法规遵从性。

旧的又成了新的。虽然数据管理（包括数据质量和治理）等"企业级"内容在前大数据时代的大型企业中很常见，但在小型公司中并未得到广泛采用。现在，过去数据系统的许多具有挑战性的问题都得到了解决，并被巧妙地产品化和包装，技术专家和企业家将注意力转移回"企业级"内容，但强调去中心化和敏捷性，这与传统的企业命令－控制型方法形成鲜明对比。

我们将现在视为数据生命周期管理的黄金时代。管理数据工程生命周期的数据工程师拥有比以往更好的工具和技术。我们将在第 2 章更详细地讨论数据工程生命周期及其底层设计。

1.1.4 数据工程与数据科学

数据工程与数据科学的关系是什么呢？有一些争论，有人认为数据工程是数据科学的一个分支学科。我们认为数据工程与数据科学和分析学是分开的。它们相互补充但又截然不同。数据工程位于数据科学的上游（如图 1-4 所示），这意味着数据工程师提供数据科学家使用的输入（数据工程的下游），数据科学家将这些输入转化为有用的东西。

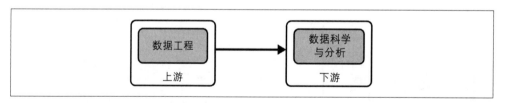

图 1-4：数据工程位于数据科学的上游

考虑数据科学需求层次（如图 1-5 所示）。2017 年，Monica Rogati 在一篇文章（*https://oreil.ly/pGg9U*）中发布了这种层次结构，展示了人工智能（Artificial Intelligence，AI）和机器学习（Machine Learning，ML）与更"平凡"的领域（如数据移动 / 存储、收集和基础设施）的关系。

注 8：DataOps 是数据运维（Data Operations）的缩写。我们将在第 2 章中介绍这个主题。要了解更多信息，请阅读 DataOps Manifesto（*https://oreil.ly/jGoHM*）。

注 9：这些首字母缩略词分别代表《加利福尼亚消费者隐私法案》（*California Consumer Privacy Act*）和《通用数据保护条例》（*General Data Protection Regulation*）。

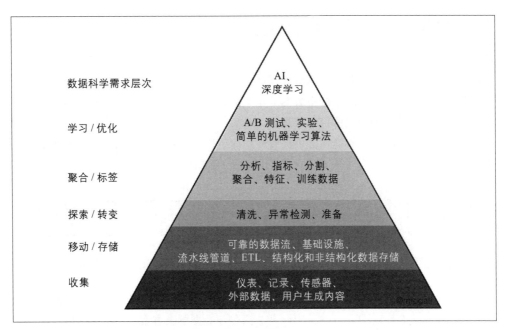

图 1-5：数据科学需求层次（*https://oreil.ly/pGg9U*）

尽管许多数据科学家渴望构建和调整 ML 模型，但现实情况是，估计他们 70%～80% 的时间都花在了层次结构最下面的三层（收集数据、清洗数据、处理数据）上，而只有很少的时间花在分析和 ML 上。Rogati 认为，在处理 AI 和 ML 等领域之前，公司需要建立坚实的数据基础（层次结构中最下面的三层）。

数据科学家通常没有接受过设计生产级数据系统的培训，他们最终会随意地做这项工作，因为他们缺乏数据工程师的支持和资源。在理想情况下，数据科学家应该将 90% 以上的时间专注于金字塔的顶层：分析、实验和 ML。当数据工程师专注于层次结构的这些底层部分时，他们为数据科学家的成功奠定了坚实的基础。

随着数据科学推动高级分析和 ML，数据工程跨越了获取数据和从数据中获取价值之间的鸿沟（如图 1-6 所示）。我们认为数据工程与数据科学具有同等的重要性和可见性，数据工程师在使数据科学在生产中取得成功方面发挥着至关重要的作用。

图 1-6：数据工程师获取数据并从数据中提供价值

1.2 数据工程技能和活动

数据工程师的技能集包含数据工程的"底层设计"：安全、数据管理、DataOps、数据架构和软件工程。该技能集需要了解如何评估数据工具以及它们如何在整个数据工程生命周期中相互配合。了解源系统中数据的生成方式，以及分析师和数据科学家在处理和管理数据后如何使用和创造价值也很重要。最后，数据工程师要兼顾许多复杂的移动部件，并且必须沿着成本、敏捷性、可扩展性、简单性、复用性和互操作性等轴线不断优化（如图 1-7 所示）。我们将在接下来的章节中更详细地介绍这些主题。

图 1-7：数据工程的平衡行为

正如我们所讨论的，就在不久前，数据工程师需要知道并理解如何使用少数强大的庞大技术（Hadoop、Spark、Teradata、Hive 等）来创建数据解决方案。使用这些技术通常需要对软件工程、网络、分布式计算、存储或其他底层细节有深入的了解。他们的工作将致力于集群管理和维护、管理开销、写管道和转换作业，以及其他任务。

如今，数据工具环境的管理和部署复杂性大大降低。现代数据工具大大地抽象和简化了工作流。因此，数据工程师现在专注于平衡能够为企业带来价值的最简单、最具成本效益的最佳服务。数据工程师还需要创建随着新趋势的出现而发展的敏捷数据架构。

数据工程师不做哪些事情？数据工程师通常不直接构建 ML 模型、创建报告或仪表板、执行数据分析、构建关键绩效指标（KPI）或开发软件应用程序。数据工程师应该对这些领域有很好的理解，以便更好地为利益相关者提供服务。

1.2.1 数据成熟度和数据工程师

公司内部数据工程的复杂程度在很大程度上取决于公司的数据成熟度。这会显著影响数据工程师的日常工作职责和职业发展。究竟什么是数据成熟度？

*数据成熟度*是指整个组织向着更高的数据利用率、功能和集成的方向发展，但数据成熟度不仅仅取决于公司的年龄或收入。一家初创公司的数据成熟度可能比一家年收入数十亿美元拥有百年历史的公司要高。重要的是如何利用数据作为竞争优势。

数据成熟度模型有很多版本，比如数据管理成熟度（Data Management Maturity，DMM）（*https://oreil.ly/HmX62*）等，很难选择一个既简单又对数据工程有用的模型。因此，我们将创建自己的简化数据成熟度模型。我们的数据成熟度模型（如图 1-8 所示）分为三个阶段：从数据开始，用数据扩展，以数据领先。让我们看看每个阶段以及数据工程师通常在每个阶段做什么。

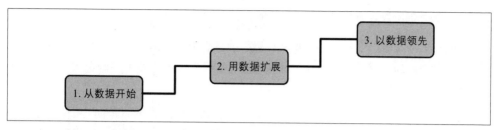

图 1-8：我们为某公司简化的数据成熟度模型

第 1 阶段：从数据开始

根据定义，一个开始使用数据的公司处于其数据成熟度的早期阶段。公司可能有模糊、松散定义的目标或没有目标。数据架构和基础设施处于规划和开发的早期阶段。采纳和利用可能很低或根本不存在。数据团队很小，人数通常只有个位数。在这个阶段，数据工程师通常是多面手，通常会扮演其他几个角色，例如数据科学家或软件工程师。数据工程师的目标是快速行动、获得牵引力并增加价值。

从数据中获取价值的实用性通常不为人所知，但这种愿望是存在的。报告或分析缺乏正式的结构，大多数数据请求都是临时性的。虽然在这个阶段一头扎进 ML 很诱人，但我们不推荐这样做。我们已经看到无数数据团队在没有建立坚实的数据基础而试图跳到 ML 时陷入困境和失败。

这并不是说在这个阶段你不能从 ML 中获得胜利——这种情况很少见，但有可能。如果没有坚实的数据基础，你可能没有数据来训练可靠的 ML 模型，也没有办法以可扩展和可重复的方式将这些模型部署到生产中。我们半开玩笑地称自己为"正在恢复的数据科学家"（*https://oreil.ly/2wXbD*），这主要来自在没有足够的数据成熟度或数据工程支持的情况下参与不成熟的数据科学项目的个人经验。

在开始使用数据的组织中，数据工程师应该关注以下方面：

- 获得包括执行管理层在内的主要利益相关者的支持。理想情况下，数据工程师应该有一个关键举措的发起人来设计和构建数据架构以支持公司的目标。

- 定义正确的数据架构（通常是单独的，因为数据架构可能不可用）。这意味着确定业务目标和你希望通过数据计划实现的竞争优势。努力建立一个支持这些目标的数据架构。请参阅第 3 章，了解我们对"好"数据架构的建议。

- 识别和审计将支持关键举措的数据，并在你设计的数据架构内运行。

- 为未来的数据分析师和数据科学家构建坚实的数据基础，以生成具有竞争价值的报告和模型。同时，你可能还必须生成这些报告和模型，直到雇用该团队。

这是一个微妙的阶段，有很多陷阱。以下是此阶段的一些提示：

- 如果数据没有带来很多可见的成功，组织的意志力可能会减弱。快速取胜将确立数据在组织内的重要性。请记住，快速取胜可能会产生技术债。要制定减少债务的计划，否则会给未来交付增加阻力。
- 走出去与人交谈，避免孤岛工作。我们经常看到数据团队在安全的环境中工作，不与部门外的人交流，也不从业务利益相关者那里获取观点和反馈。这样做的危险在于你会把很多时间花在对人们没有什么用处的事情上。
- 避免无差别的繁重工作。不要让自己陷入不必要的技术复杂性之中。尽可能使用现成的整体解决方案。
- 仅在可以创造竞争优势的地方构建自定义解决方案和代码。

第 2 阶段：用数据扩展

在这个阶段，一家公司已经摆脱了临时数据请求并拥有正式的数据实践。现在的挑战是创建可扩展的数据架构并为公司真正的数据驱动的未来做规划。数据工程角色从通才转变为专家，人们专注于数据工程生命周期的特定方面。

在处于数据成熟度第二阶段的组织中，数据工程师的目标是执行以下操作：

- 建立正式的数据实践。
- 创建可扩展且健壮的数据架构。
- 采用 DevOps 和 DataOps 实践。
- 建立支持 ML 的系统。
- 继续避免无差别的繁重工作，只有在产生竞争优势时才进行自定义。

我们在本书后面会回到这些目标中。

需要注意的问题包括以下几点：

- 随着我们对数据的处理变得越来越复杂，人们很想采用基于硅谷公司社会证明的尖端技术。这很少能很好地利用你的时间和精力。任何技术决策都应由它们将为你的客户提供的价值来驱动。
- 扩展的主要瓶颈不是集群节点、存储或技术，而是数据工程团队。专注于易于部署和管理的解决方案，以扩大团队的吞吐量。

- 你会很想把自己定位成一名技术专家，一个可以提供神奇产品的数据天才。将你的注意力转移到务实的领导力上，并开始过渡到下一个成熟阶段，与其他团队就数据的实用性进行沟通。教会组织如何使用和利用数据。

第3阶段：以数据领先

在这个阶段，公司是由数据驱动的。数据工程师创建的自动化管道和系统允许公司内部的人员进行自助分析和ML。引入新的数据源是无缝的，并且产生了有形的价值。数据工程师实施适当的控制和实践，以确保数据始终可供人员和系统使用。数据工程角色比第2阶段更加专业化。

在处于数据成熟度第3阶段的组织中，数据工程师将继续在先前阶段的基础上进行构建，此外他们还将执行以下操作：

- 创建自动化以无缝引入和使用新数据。
- 专注于构建利用数据作为竞争优势的自定义工具和系统。
- 专注于数据的"企业级"方面，例如数据管理（包括数据治理和质量）和DataOps。
- 在整个组织中公开和传播数据的部署工具，包括数据目录、数据血缘工具和元数据管理系统。
- 与软件工程师、ML工程师、分析师和其他人高效协作。
- 创建一个人们可以在这里协作和公开发言的社区和环境，无论他们的角色或职位如何。

需要注意的问题包括：

- 在这个阶段，自满是一个重大危险。一旦组织达到第3阶段，他们就必须不断专注于维护和改进，否则就有退回到较低阶段的风险。
- 与其他阶段相比，技术干扰在这里是一个更大的危险。追求昂贵的业余项目是一种诱惑，这些项目不会为企业带来价值。应该只在可提供竞争优势的情况下使用自定义技术。

1.2.2 数据工程师的背景和技能

数据工程是一个快速发展的领域，关于如何成为一名数据工程师仍然存在很多问题。由于数据工程是一门相对较新的学科，因此进入该领域几乎没有正规培训。大学没有一个标准的数据工程路径。尽管少数数据工程新手训练营和在线教程涵盖了一些随机主题，但目前还不存在该主题的通用课程。

进入数据工程领域的人在教育、职业和技能方面有着不同的背景。每个进入该领域的人都应该投入大量的时间进行自学。阅读本书是一个很好的起点。本书的主要目标之一是为你提供一个基础，让你了解我们认为作为数据工程师取得成功所必需的知识和技能。

如果你正在将你的职业生涯转向数据工程，我们发现从一个邻近的领域转到数据工程是最容易的，比如软件工程、ETL 开发、数据库管理、数据科学或数据分析。这些学科倾向于"数据感知"，并为组织中的数据角色提供良好的背景。它们还为人们提供相关的技术技能和背景，以解决数据工程问题。

尽管缺乏正式的路径，但我们认为数据工程师应该要有一个必要的知识体系才能取得成功。根据定义，数据工程师必须同时了解数据和技术。在数据方面，数据工程师需要了解有关数据管理的各种最佳实践。在技术方面，数据工程师必须了解各式各样的工具的选择、它们的相互作用以及它们的权衡。这需要对软件工程、DataOps 和数据架构有很好的理解。

放大来看，数据工程师还必须了解数据消费者（数据分析师和数据科学家）的需求以及数据对整个组织的更广泛影响。数据工程是一种整体实践，最好的数据工程师通过业务和技术视角来看待他们的职责。

1.2.3 业务职责

我们在本节中列出的宏观职责并不是数据工程师独有的，而是对于任何在数据或技术领域工作的人来说都至关重要的职责。因为一个简单的谷歌搜索会产生大量资源来了解这些领域，所以为了简洁起见，我们将简单地列出它们：

知道如何与非技术人员和技术人员交流
沟通是关键，你需要能够与整个组织的人建立融洽的关系和信任。我们建议密切关注组织层次结构、谁向谁报告、人们如何互动以及存在哪些孤岛。这些观察对于你的成功将是无价的。

了解如何界定并收集业务和产品需求
你需要知道要构建什么，并确保你的利益相关者同意你的评估。此外，培养对数据和技术决策如何影响业务的意识。

了解敏捷、DevOps 和 DataOps 的文化基础
许多技术专家错误地认为这些实践可以通过技术解决。我们认为这是非常危险的错误。敏捷、DevOps 和 DataOps 从根本上讲是一种文化，需要整个组织的认同。

控制成本
当你能够在提供巨大价值的同时保持低成本，你就会成功。了解如何针对实现价值

的时间、总拥有成本和机会成本进行优化。学会监控成本以避免意外。

持续学习

数据领域让人感觉像是在以光速变化。在这个领域取得成功的人非常善于掌握新事物，同时磨炼他们的基础知识。他们还擅长筛选，确定哪些新发展与他们的工作最相关，哪些仍不成熟，哪些只是流行趋势。保持专注并探索学习方法。

一个成功的数据工程师总是会放大视野以了解大局，并探索如何为企业实现巨大价值。无论对于技术人员还是非技术人员，沟通都是至关重要的。我们经常看到数据团队的成功基于他们与其他利益相关者的沟通，成败很少取决于技术。了解如何驾驭组织、确定范围和收集需求、控制成本以及不断学习，将使你与仅靠技术能力来开展职业的数据工程师区分开。

1.2.4 技术职责

你必须了解如何使用预先包装或自行开发的组件构建可在较高层次上优化性能和成本的架构。最终，架构和组成技术是服务于数据工程生命周期的构建块。回顾一下数据工程生命周期的各个阶段：

- 生成
- 存储
- 获取
- 转换
- 服务

数据工程生命周期的底层设计如下：

- 安全
- 数据管理
- DataOps
- 数据架构
- 编排
- 软件工程

放大一点，我们在本节中讨论作为数据工程师需要的一些战术数据和技术技能。我们将在后续章节中更详细地讨论这些内容。

人们经常问，数据工程师应该知道如何编码吗？简短的回答是：是的。数据工程师应该具有生产级软件工程能力。我们注意到，数据工程师所从事的软件开发项目的性质在过去几年中发生了根本性的变化。完全托管的服务现在取代了工程师以前期望的大量低级编程工作，工程师现在使用托管开源和简单的即插即用软件即服务（Software-as-a-Service，SaaS）产品。例如，数据工程师现在专注于高级抽象或将管道编写为编排框架内的代码。

即使在一个更抽象的世界中，软件工程最佳实践提供竞争优势，而能够深入研究代码库的深层架构细节的数据工程师在出现特定技术需求时可为他们的公司提供优势。简而言之，无法编写生产级代码的数据工程师将受到严重阻碍，而且我们认为这种情况不会很快改变。除了许多其他角色外，数据工程师仍然是软件工程师。

数据工程师应该懂什么语言？我们将数据工程编程语言分为主要和次要类别。在撰写本书时，数据工程的主要语言是 SQL、Python、Java 虚拟机（Java Virtual Machine，JVM）语言（通常是 Java 或 Scala）和 bash：

SQL
数据库和数据湖最常用的接口。在因需要为大数据处理编写自定义 MapReduce 代码而被暂时搁置之后，SQL（以各种形式）重新成为数据的通用语言。

Python
数据工程和数据科学之间的桥梁语言。越来越多的数据工程工具是用 Python 编写的或具有 Python API（Application Programming Interface，应用程序接口）。它被称为"所有方面第二好的语言"。Python 是 pandas、NumPy、Airflow、scikit-learn、TensorFlow、PyTorch 和 PySpark 等流行数据工具的基础。Python 是底层组件之间的黏合剂，通常是用于与框架交互的一流 API 语言。

JVM 语言，例如 Java 和 Scala
流行于 Apache 开源项目，例如 Spark、Hive 和 Druid。JVM 通常比 Python 性能更高，并且可以提供对比 Python API（例如，Apache Spark 和 Beam 就是这种情况）更低级别的功能的访问。如果你使用流行的开源数据框架，那么了解 Java 或 Scala 将大有裨益。

bash
Linux 操作系统的命令行接口（Command Line Interface，CLI）。当你需要编写脚本或执行操作系统操作时，了解 bash 命令并熟练使用 CLI 将显著提高你的生产力和工作流。即使在今天，数据工程师也经常使用 awk 或 sed 等命令行工具来处理数据管道中的文件或从编排框架调用 bash 命令。如果你使用的是 Windows，请随时用 PowerShell 代替 bash。

MapReduce 和大数据时代的出现使 SQL 退居二线。从那时起，各种发展极大地提高了 SQL 在数据工程生命周期中的实用性。Spark SQL、Google BigQuery、Snowflake、Hive 和许多其他数据工具可以通过使用声明式、集合论 SQL 语义来处理海量数据。许多流式框架也支持 SQL，例如 Apache Flink、Beam 和 Kafka。我们认为称职的数据工程师应该非常精通 SQL。

我们是说 SQL 是一种万能的语言吗？完全不是。SQL 是一个强大的工具，可以快速解决复杂的分析和数据转换问题。鉴于时间是数据工程团队吞吐量的主要限制因素，工程师应该采用兼具简单性和高生产率的工具。数据工程师还应该很好地培养将 SQL 与其他操作组合的专业知识，无论是在 Spark 和 Flink 等框架内组合，还是通过使用编排来组合多种工具。数据工程师还应该学习现代 SQL 语义来处理 JavaScript Object Notation（JSON）解析和嵌套数据，并考虑利用 SQL 管理框架，例如 dbt（Data Build Tool，数据构建工具；*https://www.getdbt.com*）。

专业的数据工程师可以识别 SQL 何时不是适合该工作的工具，并且可以选择合适的替代方案并编写代码。SQL 专家可能会编写查询以在自然语言处理（Natural Language Processing，NLP）管道中对原始文本进行词干化和标记化，但也会认识到使用本机 Spark 进行编码是这种受虐练习的更好替代方案。

数据工程师可能还需要熟练掌握辅助编程语言，包括 R、JavaScript、Go、Rust、C/C++、C# 和 Julia。当这些语言在整个公司流行或与特定领域的数据工具一起使用时，数据工程师通常需要使用这些语言进行开发。例如，事实证明，JavaScript 作为云数据仓库中用户定义函数的语言很受欢迎。同时，C# 和 PowerShell 对于利用 Azure 和 Microsoft 生态系统的公司来说是必不可少的。

你如何在数据工程等瞬息万变的领域中保持自己的技能高超？你应该关注最新的工具还是深入研究基础知识？这是我们的建议：关注基本面以了解不会改变的东西；关注持续的发展，了解该领域的发展方向。新的范式和实践一直在被引入，你有责任与时俱进。努力了解新技术将如何在生命周期中发挥作用。

1.2.5 数据工程角色的连续性，从 A 到 B

尽管职位描述将数据工程师描绘成"独角兽"，他必须具备所有可以想象到的数据技能，但数据工程师并非都从事相同类型的工作或拥有同样的技能组合。数据成熟度是一个了解公司在提高数据能力时将面临的数据挑战类型的有用指导。查看数据工程师所做的工作类型的一些关键区别是有益的。虽然这些区别很简单，但它们阐明了数据科学家和数据工程师的职责，并避免将任何一个角色混为一谈。

在数据科学中，有 A 型和 B 型数据科学家[注 10]的概念。*A 型数据科学家*——A 代表分析（Analysis）——专注于理解数据并从中获得洞察力。*B 型数据科学家*——B 代表构建（Building）——与 A 型数据科学家有着相似的背景，并拥有强大的编程技能。B 型数据科学家建立使数据科学在生产中发挥作用的系统。借用这个数据科学家连续性，我们将为两种类型的数据工程师创建一个类似的区别：

A 型数据工程师

A 代表*抽象化*（Abstraction）。在这种情况下，数据工程师避免了无差别的繁重工作，保持数据架构尽可能抽象和直接，而不是重新发明轮子。A 型数据工程师主要通过使用完全现成的产品、托管服务和工具来管理数据工程生命周期。A 型数据工程师在各行各业、各种等级的数据成熟度的公司中工作。

B 型数据工程师

B 代表*构建*（Build）。B 型数据工程师建立数据工具和系统，以扩展和利用公司的核心竞争力和竞争优势。在数据成熟度范围内，B 型数据工程师更常见于处于第 2 阶段和第 3 阶段（通过数据扩展和领先）的公司，或者当初始数据用例非常独特且关键以至需要自定义数据工具来开始时。

A 型和 B 型数据工程师可能在同一家公司工作，甚至可能是同一个人！更常见的是，首先聘请 A 型数据工程师来奠定基础，然后 B 型数据工程师的技能组合是根据公司内部的需要再学习或聘用的。

1.3 组织内部的数据工程师

数据工程师不是在真空中工作。根据他们从事的工作，他们将与技术人员和非技术人员互动，并面对不同的方向（内部和外部）。让我们探讨一下数据工程师在组织内部做什么以及他们都与谁互动。

1.3.1 面向内部与面向外部的数据工程师

数据工程师服务于多个终端用户，并面对许多内部和外部的方向（如图 1-9 所示）。并非所有数据工程的工作量和职责都是相同的，因此了解数据工程师为谁服务至关重要。根

注 10：Robert Chang, "Doing Data Science at Twitter," *Medium*, June 20, 2015, *https://oreil.ly/xqjAx*.

据终端用户的情况，数据工程师的主要职责是面向外部、面向内部或两者兼而有之。

图 1-9：数据工程师面临的方向

*面向外部*的数据工程师通常与面向外部的应用程序的用户保持一致，如社交媒体应用程序、物联网（Internet of Things，IoT）设备和电子商务平台。该数据工程师架构、构建并管理用于收集、存储和处理来自这些应用程序的事务和事件数据的系统。这些数据工程师构建的系统有一个从应用程序到数据管道，然后再回到应用程序的反馈循环（如图 1-10 所示）。

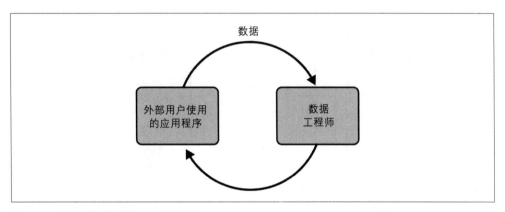

图 1-10：面向外部的数据工程师系统

面向外部的数据工程带来了一系列独特的问题。面向外部的查询引擎通常比面向内部的系统处理更大的并发负载。工程师还需要考虑对用户可以运行的查询进行严格限制，以限制任何单个用户对基础设施的影响。此外，安全性对于外部查询来说是一个更为复杂和敏感的问题，尤其是当查询的数据是多租户（来自许多客户的数据并存放在一个表中）时。

*面向内部*的数据工程师通常关注对业务和内部利益相关者的至关重要的需求活动（如图 1-11 所示）。例如，为 BI 仪表板、报告、业务流程、数据科学以及 ML 模型创建和维护数据管道与数据仓库。

面向外部和面向内部的职责经常混合在一起。在实践中，面向内部的数据通常是面向外部的数据的先决条件。数据工程师有两组用户，他们对查询并发性、安全性等有着截然不同的要求。

图 1-11：面向内部的数据工程师系统

1.3.2 数据工程师和其他技术角色

实际上，数据工程生命周期跨越许多责任领域。数据工程师直接或间接（通过经理）与许多组织单位互动，担任着各种角色的纽带。

让我们看看数据工程师可能会影响谁。在本节中，我们将讨论与数据工程相关的技术角色（如图 1-12 所示）。

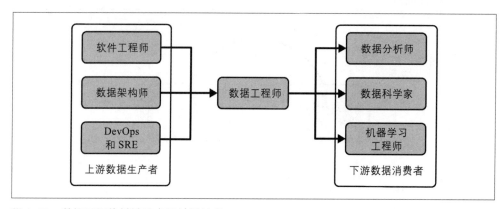

图 1-12：数据工程的关键技术利益相关者

数据工程师是*数据生产者*［如软件工程师、数据架构师和 DevOps 或站点可靠性工程师（Site Reliability Engineer，SRE）］与*数据消费者*（如数据分析师、数据科学家和机器学习工程师）之间的枢纽。此外，数据工程师将与运营角色的人员（如 DevOps 工程师）进行交互。

考虑到新数据角色流行的速度（分析和 ML 工程师），这绝不是一个详尽的列表。

上游利益相关者

作为一名成功的数据工程师，你需要了解正在使用或设计的数据架构以及生成你需要的数据的源系统。接下来，我们讨论一些熟悉的上游利益相关者：数据架构师、软件工程师和 DevOps 工程师。

数据架构师。数据架构师的功能在抽象级别上与数据工程师相差无几。数据架构师设计组织数据管理的蓝图，规划流程、整体数据架构和系统[11]。他们还充当组织技术和非技术方面之间的桥梁。成功的数据架构师通常有丰富的工程经验所带来的"战斗伤痕"，使他们能够指导和协助工程师，同时成功地将工程挑战传达给非技术业务利益相关者。

数据架构师实施跨孤岛和业务部门管理数据的政策，指导数据管理和数据治理等全球战略，并指导重大举措。数据架构师通常在云迁移和未开发云设计中发挥核心作用。

云的出现改变了数据架构和数据工程之间的界限。云数据架构比本地系统更具流动性，因此传统上涉及广泛研究、较长交付周期、购买合同和硬件安装的架构决策现在通常在实施过程中做出，只是更大战略中的一个步骤。尽管如此，数据架构师仍将是企业中有影响力的远见卓识者，他们与数据工程师携手合作，确定架构实践和数据策略的大局。

根据公司的数据成熟度和规模，数据工程师可能会与数据架构师的职责有重叠，或者承担数据架构师的职责。因此，数据工程师应该对架构最佳实践和方法有好的理解。

请注意，我们已将数据架构师置于上游利益相关者部分。数据架构师通常帮助设计作为数据工程师源系统的应用程序数据层。数据架构师还可以在数据工程生命周期的各个其他阶段与数据工程师进行交互。我们将在第 3 章介绍"好的"数据架构。

软件工程师。软件工程师构建运行业务的软件和系统。他们主要负责生成数据工程师将使用和处理的*内部数据*。软件工程师构建的系统通常会生成应用程序的事件数据和日志，这些数据本身就是重要的资产。此内部数据与从 SaaS 平台或合作伙伴企业提取的*外部数据*形成鲜明对比。在运行良好的技术组织中，软件工程师和数据工程师从新项目的开始就进行协调，以设计供分析和 ML 应用程序使用的应用程序数据。

数据工程师应该与软件工程师一起工作，了解产生数据的应用程序、生成数据的数量、频率和格式，以及任何其他会影响数据工程生命周期的因素，如数据安全和法规遵从。例如，这可能意味着对数据软件工程师完成工作所需的内容设定上游预期。数据工程师必须与软件工程师紧密合作。

DevOps 工程师和站点可靠性工程师。DevOps 和 SRE 通常通过运营监控来生成数据。我们将他们归类为数据工程师的上游，但他们也可能是下游，通过仪表板使用数据或直接与数据工程师交互以协调数据系统的操作。

下游利益相关者

数据工程的存在是为了服务下游数据消费者和用例。本节讨论数据工程师如何与各种下游角色交互。我们还将介绍一些服务模型，包括集中式数据工程团队和跨职能团队。

注 11：Paramita (Guha) Ghosh, "Data Architect vs. Data Engineer," Dataversity, November 12, 2021, *https://oreil.ly/TlyZY.*

数据科学家。数据科学家建立前瞻性模型来进行预测和提供建议，然后根据实时数据评估这些模型，以各种方式提供价值。例如，模型评分可以确定响应实时条件的自动操作，根据客户当前会话中的浏览历史向客户推荐产品，或者进行交易员使用的实时经济预测。

根据常见的行业传说，数据科学家花费 70%～80% 的时间来收集、清洗和准备数据[注12]。根据我们的经验，这些数字通常反映了不成熟的数据科学和数据工程实践。特别是，许多流行的数据科学框架如果没有适当地进行扩展，可能会成为瓶颈。只在单一工作站上工作的数据科学家强迫自己对数据进行下采样，这使得数据准备变得更加复杂，并可能影响他们制作的模型的质量。此外，本地开发的代码和环境通常难以在生产中部署，并且自动化的缺乏严重阻碍了数据科学工作流。如果数据工程师完成了他们的工作并成功地进行了协作，那么数据科学家不应该在最初的探索性工作之后花时间收集、清洗和准备数据。数据工程师应该尽可能地将这项工作自动化。

对生产就绪数据科学的需求是数据工程专业兴起的重要驱动力。数据工程师应该帮助数据科学家实现一条生产路径。事实上，我们在认识到这一基本需求后从数据科学转向数据工程。数据工程师致力于提供数据自动化和规模化，使数据科学更加高效。

数据分析师。数据分析师（或业务分析师）寻求了解业务绩效和趋势。数据科学家具有前瞻性，而数据分析师通常关注过去或现在。数据分析师通常在数据仓库或数据湖中运行 SQL 查询。他们还可以利用电子表格进行计算和分析，以及各种 BI 工具，例如 Microsoft Power BI、Looker 或 Tableau。数据分析师是数据领域的专家，他们经常处理数据并且非常熟悉数据的定义、特征和质量问题。数据分析师的典型下游客户是业务用户、管理层和高管。

数据工程师与数据分析师合作，为业务所需的新数据源构建管道。数据分析师的主题专业知识对于提升数据质量非常有价值，他们经常以这种身份与数据工程师合作。

机器学习工程师和人工智能研究人员。机器学习工程师（ML 工程师）与数据工程师和数据科学家重叠。ML 工程师开发先进的 ML 技术、训练模型以及设计和维护在规模化生产环境中运行 ML 流程的基础设施。ML 工程师通常具有 ML 和深度学习技术及框架（如 PyTorch 或 TensorFlow）的高级工作知识。

ML 工程师同时需要了解运行这些框架所需的硬件、服务和系统，包括模型训练和生产

注 12：这个概念有多种参考。尽管这种陈词滥调广为人知，但围绕其在不同实际环境中的有效性展开了一场有益的辩论。更多详细信息，请参阅 Leigh Dodds，"Do Data Scientists Spend 80% of Their Time Cleaning Data? Turns Out, No?" Lost Boy 博客，January 31, 2020，*https://oreil.ly/szFww*，以及 Alex Woodie，"Data Prep Still Dominates Data Scientists' Time, Survey Finds," *Datanami*，July 6, 2020，*https://oreil.ly/jDVWF*。

规模的模型部署。ML 流通常在云环境中运行，ML 工程师可以在云环境中按需（或依赖托管服务）启动和扩展基础设施资源。

正如我们所提到的，ML 工程、数据工程和数据科学之间的界限是模糊的。数据工程师可能对 ML 系统负有一些运营职责，数据科学家可能与 ML 工程人员密切合作设计先进的 ML 流程。

ML 工程的世界正在滚雪球般发展，并且与数据工程中发生的许多相同的发展并行。几年前，ML 的注意力集中在如何构建模型上，而现在 ML 工程越来越强调结合机器学习运营（Machine Learning Operations，MLOps）的最佳实践以及以前在软件工程和DevOps 中采用的其他成熟实践。

AI 研究人员致力于新的、先进的 ML 技术。AI 研究人员可能在大型科技公司、专门的知识产权初创公司（OpenAI、DeepMind）或学术机构工作。一些从业者致力于结合公司内部的 ML 工程职责进行兼职研究。那些在专门的 ML 实验室工作的人通常 100% 致力于研究。研究问题可能针对直接的实际应用或更抽象的 AI 演示。DALL-E、Gato AI、AlphaGo 和 GPT-3/GPT-4 是 ML 研究项目的绝佳示例。鉴于 ML 的发展速度，这些例子很可能在几年后就会变得过时。我们将在 1.5 节中提供一些参考资料。

在资金充足的组织中，AI 研究人员高度专业化，并与支持型工程师团队一起合作。虽然学术界的 ML 工程师通常资源较少，但可以依靠研究生、博士后和大学教职工团队提供工程支持。部分致力于研究的 ML 工程师通常依赖相同的支持团队进行研究和生产。

1.3.3 数据工程师和业务领导

我们讨论了数据工程师与之交互的技术角色。但数据工程师还作为组织连接器在更广泛的范围内运作，通常以非技术身份。企业越来越依赖数据作为许多产品或产品本身的核心部分。数据工程师现在参与战略规划并领导超越 IT 边界的关键举措。数据工程师通常通过充当业务和数据科学 / 分析之间的黏合剂来支持数据架构师。

企业决策层数据

C 级高管越来越多地参与到数据和分析中，因为这些被认为是现代企业的重要资产。例如，CEO 现在关注的是曾经属于 IT 专属领域的举措，例如云迁移或新客户数据平台的部署。

首席执行官。非技术公司的首席执行官（Chief Executive Officer，CEO）通常不关心数据框架和软件的细节。相反，他们与技术最高管理层角色和公司数据领导层合作定义愿景。数据工程师为了解数据的可能性提供了一个窗口。数据工程师和他们的经理维护着一张地图，说明在什么时间范围内组织内部和第三方可以使用哪些数据。他们还负责与其他工程角色合作研究主要的数据架构变化。例如，数据工程师通常大量参与云迁移、向新数据系统迁移或部署流技术。

首席信息官。首席信息官（Chief Information Officer，CIO）是负责组织内信息技术的高级管理人员。这是一个面向内部的角色。CIO 必须具备对信息技术和业务流程的深入了解，仅了解其中一项是不够的。CIO 指导信息技术组织，制定持续的政策，同时还在 CEO 的指导下定义和执行重要举措。

CIO 经常与拥有良好数据文化的组织中的数据工程领导层合作。如果一个组织的数据成熟度不是很高，CIO 通常会帮助塑造其数据文化。CIO 将与工程师和架构师合作制定重大举措，并就采用主要架构元素做出战略决策，如企业资源规划（Enterprise Resource Planning，ERP）和客户关系管理（Customer Relationship Management，CRM）系统、云迁移、数据系统和面向内部的 IT。

首席技术官。首席技术官（Chief Technology Officer，CTO）与 CIO 类似，但面向外部。CTO 拥有面向外部应用程序的关键技术战略和架构，这些应用程序包括移动、Web 应用程序和物联网——这些都是数据工程师的关键数据源。CTO 可能是一位技术娴熟的技术专家，并且对软件工程基础知识和系统架构有很好的了解。在一些没有 CIO 的组织中，CTO 或首席运营官（Chief Operating Officer，COO）扮演 CIO 的角色。数据工程师通常直接或间接通过 CTO 报告。

首席数据官。首席数据官（Chief Data Officer，CDO）于 2002 年在 Capital One 创立，当时该公司认识到数据作为商业资产的重要性日益增强。CDO 负责公司的数据资产和战略。CDO 专注于数据的商业效用，但应具备强大的技术基础。CDO 负责监督数据产品、战略、计划和核心功能，如主数据管理和隐私。有时，CDO 会管理业务分析和数据工程。

首席分析官。首席分析官（Chief Analytice Officer，CAO）是 CDO 角色的变体。在这两种角色同时存在的情况下，CDO 专注于交付数据所需的技术和组织。CAO 负责业务的分析、战略和决策制定。CAO 可以监督数据科学和 ML，但这在很大程度上取决于公司是否有 CDO 或 CTO 角色。

首席算法官。首席算法官（Chief Algorithms Officer，CAO-2）是最高管理层最近的创新，这是一个高度技术性的角色，专注于数据科学和 ML。CAO-2 通常具有在数据科学或 ML 项目中作为个人贡献者和团队领导的经验。通常，他们具有 ML 研究背景和相关的高级学位。

CAO-2 应该熟悉当前的 ML 研究，并有深入的技术知识以支持公司的 ML 计划。除了制定业务计划外，他们还提供技术领导、制定研发议程以及组建研究团队。

数据工程师和项目经理

数据工程师经常致力于重大举措,可能跨越多年。在我们撰写本书时,许多数据工程师正在致力于云迁移,将管道和仓库迁移到下一代数据工具。其他数据工程师正在启动未开发的项目,通过从数量惊人的同类最佳架构和工具选项中进行选择,从头开始组建新的数据架构。

这些大型计划通常受益于*项目管理*(与产品管理相反,将在下面讨论)。数据工程师在基础设施和服务交付能力中发挥作用,而项目经理则指挥交通并充当看门人。大多数项目经理根据敏捷和 Scrum 的一些变体进行操作,偶尔仍然会出现瀑布式管理。业务永不停息,业务利益相关者通常积压了大量他们想要解决的事情和他们想要启动的新举措。项目经理必须过滤一长串请求并确定关键可交付成果的优先级,以保持项目正常进行并更好地为公司服务。

数据工程师与项目经理进行交互,经常为项目规划冲刺,并随后召开与冲刺相关的站会。反馈是双向的,数据工程师将进度和障碍告知项目经理和其他利益相关者,项目经理平衡技术团队的节奏与不断变化的业务需求。

数据工程师和产品经理

产品经理监督产品开发,通常拥有产品线。在数据工程师的背景下,这些产品被称为*数据产品*。数据产品要么是从头开始构建,要么是对现有产品的逐步改进。随着企业界聚焦以数据为中心,数据工程师与*产品经理*的交互更加频繁。与项目经理一样,产品经理平衡技术团队的活动与客户和业务的需求。

数据工程师和其他管理角色

数据工程师与项目和产品经理以外的各种经理进行交互。但是,这些交互通常遵循服务或跨功能模型。数据工程师要么作为集中式团队处理各种传入请求,要么作为资源被分配给特定的经理、项目或产品。

有关数据团队及其构建方式的更多信息,我们推荐 John Thompson 的 *Building Analytics Teams*(Packt)和 Jesse Anderson 的 *Data Teams*(Apress)。这两本书都提供了强有力的框架和观点,说明数据管理人员的角色、聘请谁以及如何为你的公司构建最有效的数据团队。

 公司不会仅为破解孤立的代码而雇用工程师。为了配得上他们的头衔,工程师应该深入了解他们要解决的问题、他们可以使用的技术工具以及他们一起工作和服务的人。

1.4 总结

本章概述了数据工程领域，包括以下内容：

- 定义数据工程并描述数据工程师的工作。

- 描述公司中数据成熟度的类型。

- A 型和 B 型数据工程师。

- 数据工程师与谁一起工作。

我们希望第 1 章能引起你的兴趣，无论你是软件开发从业者、数据科学家、ML 工程师、业务利益相关者、企业家还是风险投资人。当然，在后续章节中还有很多内容需要阐明。第 2 章将介绍数据工程生命周期，然后第 3 章将介绍数据架构，之后的章节将深入探讨生命周期每个部分的技术决策。整个数据领域都在不断变化，本书的每一章都尽可能地关注不可变因素——在无情的变化中多年有效的观点。

1.5 补充资料

- "The AI Hierarchy of Needs" (*https://oreil.ly/1RJOR*) by Monica Rogati

- The AlphaGo research web page (*https://oreil.ly/mNB6b*)

- "Big Data Will Be Dead in Five Years" (*https://oreil.ly/R2Rus*) by Lewis Gavin

- *Building Analytics Teams* by John K. Thompson (Packt)

- Chapter 1 of *What Is Data Engineering?* by Lewis Gavin (O'Reilly)

- "Data as a Product vs. Data as a Service" (*https://oreil.ly/iOUug*) by Justin Gage

- "Data Engineering: A Quick and Simple Definition" (*https://oreil.ly/eNAnS*) by James Furbush (O'Reilly)

- *Data Teams* by Jesse Anderson (Apress)

- "Doing Data Science at Twitter" (*https://oreil.ly/8rcYh*) by Robert Chang

- "The Downfall of the Data Engineer" (*https://oreil.ly/qxg6y*) by Maxime Beauchemin

- "The Future of Data Engineering Is the Convergence of Disciplines" (*https://oreil.ly/rDiqj*) by Liam Hausmann

- "How CEOs Can Lead a Data-Driven Culture" (*https://oreil.ly/7Kp6R*) by Thomas H. Davenport and Nitin Mittal

- "How Creating a Data-Driven Culture Can Drive Success" (*https://oreil.ly/UgzIZ*) by Frederik Bussler

- The Information Management Body of Knowledge website (*https://*

www.imbok.info)

- "Information Management Body of Knowledge" Wikipedia page (*https://oreil.ly/Jk0KW*)

- "Information Management" Wikipedia page (*https://oreil.ly/SWj8k*)

- "On Complexity in Big Data" (*https://oreil.ly/r0jkK*) by Jesse Anderson (O'Reilly)

- "OpenAI's New Language Generator GPT-3 Is Shockingly Good—and Completely Mindless" (*https://oreil.ly/hKYeB*) by Will Douglas Heaven

- "The Rise of the Data Engineer" (*https://oreil.ly/R0QwP*) by Maxime Beauchemin

- "A Short History of Big Data" (*https://oreil.ly/BgzWe*) by Mark van Rijmenam

- "Skills of the Data Architect" (*https://oreil.ly/gImx2*) by Bob Lambert

- "The Three Levels of Data Analysis: A Framework for Assessing Data Organization Maturity" (*https://oreil.ly/bTTd0*) by Emilie Schario

- "What Is a Data Architect? IT's Data Framework Visionary" (*https://oreil.ly/2QBcv*) by Thor Olavsrud

- "Which Profession Is More Complex to Become, a Data Engineer or a Data Scientist?" thread on Quora (*https://oreil.ly/1MAR8*)

- "Why CEOs Must Lead Big Data Initiatives" (*https://oreil.ly/Zh4A0*) by John Weathington

第 2 章

数据工程生命周期

本书的主要目标是鼓励你超越将数据工程视为一种特定的数据技术集合。数据领域正在经历新数据技术和实践的爆炸式增长，抽象程度和易用性不断提高。由于技术抽象程度的增加，数据工程师将越来越多地成为*数据生命周期工程师*，根据数据生命周期管理的*原则*来进行思考和操作。

在本章中，你将了解*数据工程生命周期*，这是本书的中心主题。数据工程生命周期是我们描述"从摇篮到坟墓"数据工程的框架。你还将了解数据工程生命周期的底层设计，它们是支持所有数据工程工作的关键基础。

2.1 什么是数据工程生命周期

数据工程生命周期包括将原始数据成分转化为有用的最终产品的阶段，可供分析师、数据科学家、机器学习工程师和其他人使用。本章将介绍数据工程生命周期的主要阶段，重点介绍每个阶段的核心概念，并将详细信息留到后面的章节。

我们将数据工程生命周期分为五个阶段（如图 2-1 所示）：

- 生成

- 存储

- 获取

- 转换

- 服务

我们通过从源系统获取数据并进行存储来开始数据工程生命周期。接下来，我们转换数据，然后继续我们的中心目标，为分析师、数据科学家、ML 工程师和其他人提供数据。

实际上，随着数据从开始流向结束，存储贯穿整个生命周期——因此，图 2-1 将存储
"阶段"显示为支撑其他阶段的基础。

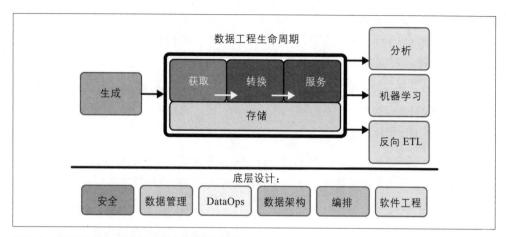

图 2-1：数据工程生命周期的组件和底层设计

一般来说，中间阶段——存储、获取、转换——可能会有点混乱。没关系。虽然我们拆
分了数据工程生命周期的不同部分，但它并不总是一个整齐、连续的流程。生命周期的
各个阶段可能会以有趣和意想不到的方式重复、无序、重叠或交织在一起。

作为基石的是横跨数据工程生命周期多阶段的*底层设计*（如图 2-1 所示）：安全、数据管
理、DataOps、数据架构、编排和软件工程。没有这些底层设计，数据工程生命周期的
任何部分都无法充分发挥作用。

2.1.1 数据生命周期与数据工程生命周期

你可能想知道整体数据生命周期和数据工程生命周期之间的区别。两者之间的区别很微
妙。数据工程生命周期是完整数据生命周期的一个子集（如图 2-2 所示）。完整的数据
生命周期涵盖整个生命周期中的数据，而数据工程生命周期则侧重于数据工程师控制的
阶段。

图 2-2：数据工程生命周期是完整数据生命周期的一个子集

2.1.2 生成：源系统

*源系统*是数据工程生命周期中使用的数据的来源。例如，源系统可以是 IoT 设备、应用程序的消息队列或事务数据库。数据工程师消费来自源系统的数据，但通常不拥有或控制源系统本身。数据工程师需要对源系统的工作方式、它们生成数据的方式、数据的频率和速度以及它们生成的数据的多样性有一个工作上的理解。

工程师还需要与源系统所有者保持开放的沟通渠道，了解可能破坏管道和分析的更改。应用程序代码可能会更改一个领域中的数据结构，或者应用程序团队甚至可能选择将后端迁移到全新的数据库。

数据工程的一个主要挑战是工程师必须处理和理解令人眼花缭乱的数据源阵列。作为说明，让我们看一下两个常见的源系统，一个非常传统（应用程序数据库），另一个是最近的例子（物联网集群）。

图 2-3 展示了一个包含多个由数据库支持的应用程序服务器的传统的源系统。随着关系数据库管理系统（Relational Database Management System，RDBMS）的爆炸性成功，这种源系统模式在 20 世纪 80 年代开始流行。随着软件开发实践的各种现代演变，应用程序 + 数据库模式在今天仍然很流行。例如，应用程序通常由许多带有微服务的小型服务 / 数据库对组成，而不是一个单体。

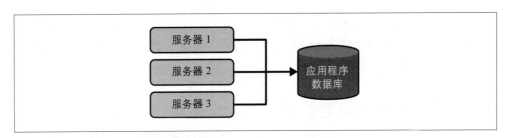

图 2-3：源系统示例——应用程序数据库

让我们看一下源系统的另一个例子。图 2-4 展示了物联网集群：一组设备（圆圈）将数据消息（矩形）发送到中央收集系统。随着传感器、智能设备等物联网设备在野外的增加，这种物联网源系统越来越普遍。

评估源系统：关键工程注意事项

评估源系统时需要考虑很多事情，包括系统如何处理获取、状态和数据生成。以下是数据工程师在启动环境中必须考虑的一组源系统评估问题：

- 数据源的本质特征是什么？它是一个应用程序，还是一个物联网设备集群？

- 数据如何持久化在源系统中？数据是长期保存的，还是临时的并被迅速删除？

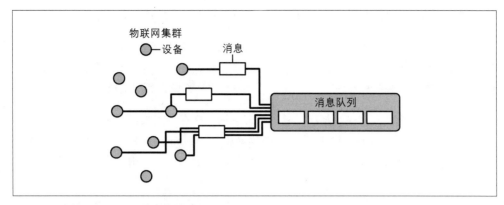

图 2-4：源系统示例——物联网集群和消息队列

- 数据生成的速率是多少？每秒有多少事件？每小时有多少数据量？

- 数据工程师从输出数据中期望什么程度的一致性？如果你对输出数据进行数据质量检查，数据不一致（数据空值、糟糕的格式等）的发生频率是多少？

- 错误发生的频率如何？

- 数据会包含重复项吗？

- 某些数据是否会延迟到达，是否会比同时生成的其他消息晚很多？

- 获取数据的模式是什么？数据工程师是否需要跨多个表甚至多个系统进行连接才能获得数据的全貌？

- 如果数据结构发生变化（例如，添加了一个新列），如何处理并传达给下游利益相关者？

- 应该多久从源系统中提取一次数据？

- 对于有状态系统（例如，跟踪客户账户信息的数据库），数据是否以定期快照或变更数据捕获（Change Data Capture，CDC）的更新事件提供？执行更改的逻辑是什么？如何在源数据库中跟踪这些更改？

- 将为下游消费传输数据的数据提供者是谁/什么？

- 从数据源读取会影响其性能吗？

- 源系统是否有上游数据依赖？这些上游系统的特点是什么？

- 是否进行了检查延迟或丢失的数据的质量检查？

数据源产生的数据供下游系统消费，包括人工生成的电子表格、物联网传感器以及网络和移动应用程序。每个来源都有其独特的数据生成量和节奏。数据工程师应该知道来源如何生成数据，包括相关的怪癖或细微差别。数据工程师还需要了解他们交互的源系统的限制。例如，针对源应用程序数据库的分析查询是否会导致资源争抢和性能问题？

源数据最具挑战性的细微差别之一是模式。*模式*定义了数据的层次结构。从逻辑上讲，我们可以在整个源系统层面考虑数据，深入到各个表，一直到各个字段的结构。从源系统传输的数据模式有多种处理方式。两个流行的选项是无模式和固定模式。

无模式并不意味着没有模式。相反，它意味着应用程序在写入数据时定义模式，无论是写入消息队列、平面文件、blob 还是文档数据库（如 MongoDB）。建立在关系数据库存储之上的更传统的模型使用数据库中强制执行的*固定模式*，应用程序写入必须符合该模式。

这些模型中的任何一种都对数据工程师提出了挑战。模式随时间变化；事实上，在软件开发的敏捷方法中鼓励模式演变。数据工程师工作的一个关键部分是在源系统模式中获取原始数据输入，并将其转换为有价值的分析输出。随着源模式的发展，这项工作变得更具挑战性。

我们将在第 5 章更详细地探讨源系统，我们还将在第 6 章和第 8 章分别介绍模式和数据建模。

2.1.3 存储

你需要一个地方来存储数据。选择存储解决方案是在数据生命周期其余部分取得成功的关键，而且出于各种原因，它也是数据生命周期中最复杂的阶段之一。首先，云上的数据架构通常利用多种存储解决方案。其次，很少有数据存储解决方案纯粹用作存储，许多支持复杂的转换查询，甚至对象存储解决方案也可能支持强大的查询功能——例如 Amazon S3 Select（*https://oreil.ly/XzcKh*）。再次，虽然存储是数据工程生命周期的一个阶段，但它经常涉及其他阶段，例如获取、转换和服务。

存储贯穿整个数据工程生命周期，通常发生在数据管道的多个位置，存储系统与源系统、获取、转换和服务交叉。在许多方面，数据的存储方式会影响数据在数据工程生命周期的所有阶段中的使用方式。例如，云数据仓库可以存储数据，在管道中处理数据，并将其提供给分析师。Apache Kafka 和 Pulsar 等流式框架可以同时作为消息的获取、存储和查询系统，对象存储是数据传输的标准层。

评估存储系统：关键工程考虑因素

以下是在为数据仓库、数据湖仓一体、数据库或对象存储选择存储系统时要问的几个关键工程问题：

• 该存储解决方案是否与架构所需的写入和读取速度兼容？

- 存储是否会给下游流程造成瓶颈？

- 你了解这种存储技术的工作原理吗？你是在最佳地利用存储系统还是在做出不自然的行为？例如，你是否在对象存储系统中应用了高速率的随机访问更新？（这是一种具有显著性能开销的反模式。）

- 该存储系统能否处理预期的未来规模？你应该考虑存储系统的所有容量限制：可用存储总量、读取操作率、写入量等。

- 下游用户和进程是否能够在所需的服务等级协定（Service Level Agreement，SLA）中检索数据？

- 你是否正在捕获有关模式演变、数据流、数据血缘等的元数据？元数据对数据的效用有重大影响。元数据代表了对未来的投资，显著提高了可发现性和机构知识，以简化未来的项目和架构变化。

- 这是一个纯存储解决方案（对象存储），还是支持复杂的查询模式（即云数据仓库)？

- 存储系统是模式不可知的（对象存储）吗？是灵活的模式（Cassandra）吗？是强制模式（云数据仓库）吗？

- 你如何跟踪主数据、黄金记录数据质量和数据血缘以进行数据治理？（我们在 2.2.2 节中对此有更多阐述。）

- 你如何处理法规遵从性和数据主权？例如，你能否将数据存储在某些地理位置而不是其他位置？

了解数据访问频率

并非所有数据都以相同的方式访问。检索模式将因存储和查询的数据不同而有很大差异。这就提出了数据"温度"的概念。数据访问频率将决定数据的温度。

访问频率最高的数据称为*热数据*。热数据通常每天被检索多次，甚至每秒可能被检索几次——例如，在为用户请求提供服务的系统中。应存储此种数据以便被快速检索，其中"快速"与使用情况相关。*不冷不热的数据*可能会每隔一段时间访问一次——比如，每周或每月。

*冷数据*很少被查询，适合存储在归档系统中。出于合规目的或在另一个系统发生灾难性故障的情况下，通常会保留冷数据。在"过去"，冷数据将存储在磁带上并运送到远程档案设施。在云环境中，供应商提供专门的存储层，每月存储成本非常低廉，但数据检索的价格很高。

选择存储系统

你应该使用哪种类型的存储解决方案？这取决于你的用例、数据量、获取频率、格式和获取数据的大小——本质上，是前面列出的问题中列出的关键考虑因素。没有放之四海而皆准的通用存储建议，每种存储技术都有其权衡取舍。存在无数种存储技术，你在为数据架构决定最佳选择时很容易不知所措。

第 6 章将更详细地介绍存储的最佳实践和方法，以及存储与其他生命周期阶段之间的交叉问题。

2.1.4 获取

在了解数据源、所用源系统的特征以及数据的存储方式之后，你需要收集数据。数据工程生命周期的下一阶段是从源系统中获取数据。

根据我们的经验，源系统和获取代表了数据工程生命周期中最重要的瓶颈。源系统通常不在你的直接控制范围内，可能会随机变得无响应或提供质量差的数据。或者，你的数据获取服务可能出于多种原因神秘地停止工作。结果，数据流停止或提供的数据不足以进行存储、处理和服务。

不可靠的源和获取系统会在整个数据工程生命周期中产生连锁反应。但是你的状态很好，假设你已经回答了关于源系统的大问题。

获取阶段的关键工程考虑因素

在准备架构或构建系统时，以下是一些有关获取阶段的主要问题：

- 我正在获取的数据的用例有哪些？我可以重用这些数据而不是创建同一数据集的多个版本吗？

- 系统是否可靠地生成和获取这些数据，这些数据是否在我需要时可用？

- 获取后的数据目的地是什么？

- 我需要多久访问一次数据？

- 数据通常以多大的体积到达？

- 数据的格式是什么？我的下游存储和转换系统可以处理这种格式吗？

- 源数据是否处于良好状态以供直接下游使用？如果是这样，持续多长时间，什么可能导致它无法使用？

- 如果数据来自流媒体源，是否需要在到达目的地之前进行转换？在数据流本身内转换数据的情况下，进行中的转换是否合适？

这些只是你在获取时需要考虑的因素的示例，我们将在第 7 章中讨论这些问题以及更多内容。接下来，让我们简要地把注意力转向两个主要的数据获取概念：批处理与流处理和推送与拉取。

批处理与流处理

实际上，我们处理的所有数据本质上都是*流式传输*的。数据几乎总是在其源头不断地产生和更新。*批量获取*只是一种专门且方便的大块处理数据流的方法——例如，在单个批次中处理一整天的数据。

流式获取使我们能够以连续、实时的方式向下游系统——无论是其他应用程序、数据库还是分析系统——提供数据。在这里，*实时*（或*接近实时*）意味着数据在生成后的很短的时间内（例如，不到 1 秒后）就可以供下游系统使用。符合实时性要求的延迟因领域和要求而异。

批量数据在预定的时间间隔或当数据达到预设大小阈值时被获取。批量获取是一扇单向门：一旦数据被分成批次，下游消费者的延迟就会受到固有的限制。由于遗留系统的局限性，批处理长期以来一直是获取数据的默认方式。批处理仍然是为下游消费提取数据的一种非常流行的方式，特别是在分析和 ML 中。

然而，许多系统中存储和计算的分离以及事件流和处理平台的普遍存在，使得数据流的连续处理更容易获得并且越来越受欢迎。选择在很大程度上取决于使用情况和对数据实时性的期望。

批量获取与流式获取的关键考虑因素

你应该选择流处理吗？尽管流处理方法很有吸引力，但仍有许多权衡因素需要理解和思考。以下是在确定流式获取是否比批量获取更合适时要问自己的一些问题：

- 如果我实时获取数据，下游存储系统能否处理数据流的速率？

- 我需要毫秒级的实时数据获取吗？或者采用微批处理方法，例如每分钟收集和获取数据？

- 流式获取的用例有哪些？通过实施流处理，我有哪些具体优势？如果我实时获取数据，我可以对这些数据采取什么行动来改进批处理？

- 流处理方法在时间、金钱、维护、停机时间和机会成本方面是否会比简单地进行批处理花费更多？

- 如果基础设施出现故障，我的流处理管道和系统是否可靠且冗余？

- 哪些工具最适合用例？应该使用托管服务（Amazon Kinesis、Google Cloud Pub/Sub、Google Cloud Dataflow）还是建立自己的 Kafka、Flink、Spark、Pulsar 等实例？如果我选择后者，谁来管理它？成本和权衡是什么？

- 如果我正在部署 ML 模型，在线预测和可能的持续训练对我有什么好处？

- 我是从实时生产实例获取数据吗？如果是这样，我的获取过程对此源系统有何影响？

如你所见，流处理似乎是个好主意，但它并不总是直截了当的；额外的成本和复杂性必然会发生。许多出色的获取框架确实可以处理批处理和微批处理获取方式。我们认为批处理是许多常见用例的绝佳方法，例如模型训练和每周报告。只有在确定了可以权衡使用批处理的业务用例之后，才能采用真正的实时流。

推送与拉取

在数据获取的*推送*模型中，源系统将数据写入目标系统，无论是数据库、对象存储还是文件系统。在*拉取*模型中，数据是在源系统中检索。推送和拉取范式之间的界限可能非常模糊。数据在数据管道的各个阶段工作时，经常会被推送和拉取。

例如，考虑抽取、转换、加载过程，通常用于面向批处理的获取工作流。ETL 的*抽取*部分阐明了我们正在处理拉取获取模型。在传统的 ETL 中，获取系统按固定的时间表查询当前源表快照。在本书中，你将了解有关 ETL 和抽取、加载、转换（Extract, Load, Transform，ELT）的更多信息。

在另一个示例中，考虑通过几种方式实现的连续 CDC。每当源数据库中的一行发生更改时，一种常用方法都会触发一条消息。这条消息被*推送*到一个队列中，获取系统在队列中获取它。另一种常见的 CDC 方法使用二进制日志，它记录对数据库的每次提交。数据库*推送*到它的日志。获取系统读取日志但不直接与数据库交互。这几乎不会对源数据库增加额外负载。某些版本的批处理 CDC 使用*拉取*模式。例如，在基于时间戳的 CDC 中，获取系统查询源数据库并提取上次更新以来已更改的行。

通过流式获取，数据绕过后端数据库并直接推送到终端，通常由事件流平台缓冲数据。此模式对于发射传感器数据的 IoT 传感器队列很有用。我们不是依靠数据库来维护当前状态，而是简单地将每个记录的读数视为一个事件。这种模式在软件应用程序中也越来越受欢迎，因为它简化了实时处理，允许应用程序开发人员为下游分析定制消息，并极大地简化了数据工程师的工作。

我们将在第 7 章中深入讨论获取的最佳实践和技术。接下来，让我们转向数据工程生命周期的转换阶段。

2.1.5 转换

在获取和存储数据后，你需要对其进行一些操作。数据工程生命周期的下一个阶段是*转换*，这意味着数据需要从其原始形式转变为对下游用例有用的形式。如果没有适当的转换，数据将处于惰性状态，并且不会以对报告、分析或 ML 有用的形式出现。通常，转换阶段是数据开始为下游用户消费创造价值的阶段。

在获取后，基本转换立即将数据映射到正确的类型（例如，将获取的字符串数据更改为数字和日期类型），将记录放入标准格式，并删除错误的记录。转换的后期阶段可能会转换数据模式并应用规范化。在下游，我们可以应用大规模聚合来报告或对 ML 过程的数据进行特征化。

转换阶段的主要考虑因素

在数据工程生命周期内考虑数据转换时，考虑以下内容会有所帮助：

- 转换的成本和投资回报率（Return On Investment，ROI）是多少？相关的商业价值是什么？
- 转换是否尽可能简单和自我隔离？
- 转换支持哪些业务规则？

你可以批量转换数据，也可以在传输过程中进行流式转换。正如 2.1.4 节所述，几乎所有数据都以连续流的形式开始，批处理只是处理数据流的一种特殊方式。批处理转换非常受欢迎，但鉴于流处理解决方案的日益普及和流数据量的普遍增加，我们预计流式转换的受欢迎程度将继续增长，也许很快就会在某些领域完全取代批处理。

从逻辑上讲，我们将转换视为数据工程生命周期的一个独立领域，但生命周期的实际情况在实践中可能要复杂得多。转换通常与生命周期的其他阶段纠缠在一起。通常，数据在源系统中或在获取传输期间进行转换。例如，源系统可以在将记录转发到获取过程之前，在记录中添加事件时间戳。或者，在将流式传输管道中的记录发送到数据仓库之前，可能会使用其他字段和计算对记录进行"丰富"。转换在生命周期的各个部分无处不在。数据准备、数据整理和清洗——这些转换任务为数据的最终消费者增加了价值。

通常在数据建模中，业务逻辑是数据转换的一个主要驱动力。数据将业务逻辑转化为可重复使用的元素（例如，一次销售意味着"有人以每个 30 美元的价格从我这里购买了12 个相框，或者总共 360 美元"）。在这种情况下，有人以每个 30 美元的价格购买了 12个相框。数据建模对于获取一个清晰的和当前的业务流程至关重要。如果不添加会计规则逻辑以便 CFO 清楚地了解财务状况，那么简单地查看原始零售交易可能没有用。确保采用标准方法以在你的转换中实现业务逻辑。

ML 的数据特征化是另一个数据转换过程。特征化旨在提取和增强对训练 ML 模型有用的数据特征。特征化可能是一门暗黑艺术，它结合了领域专业知识（以确定哪些特征可能对预测很重要）与数据科学方面的丰富经验。对于本书，要点是一旦数据科学家确定了如何对数据进行特征化，特征化过程就可以由数据工程师在数据管道的转换阶段自动化完成。

转换是一个深刻的主题，我们不能在这个简短的介绍中对其进行公正的介绍。第 8 章将深入探讨查询、数据建模以及各种转换实践和细微差别。

2.1.6 服务

你已经到了数据工程生命周期的最后阶段。现在数据已被获取、存储并转换为连贯且有用的结构，是时候从你的数据中获取价值了。从数据中"获取价值"对不同的用户意味着不同的事情。

当数据用于实际目的时，它才有*价值*。未使用或未查询的数据只是惰性的。数据虚荣项目是公司的一个主要风险。许多公司在大数据时代追求虚荣项目，在数据湖中收集大量数据集，这些数据集从未以任何有用的方式使用过。云时代正在引发新一波建立在最新数据仓库、对象存储系统和流技术上的虚荣项目。数据项目必须贯穿整个生命周期。如此仔细收集、清洗和存储数据的最终商业目的是什么？

数据服务可能是数据工程生命周期中最令人兴奋的部分。这就是魔法发生的地方。这是 ML 工程师可以应用最先进技术的地方。让我们看一下数据的一些流行用途：分析、ML 和反向 ETL。

分析

分析是大多数数据工作的核心。一旦你的数据被存储和转换，你就可以生成报告或仪表板并对数据进行临时分析。虽然过去大部分分析都包含 BI，但现在它还包括其他方面，例如运营分析和嵌入式分析（如图 2-5 所示）。让我们简要介绍一下分析的这些变化。

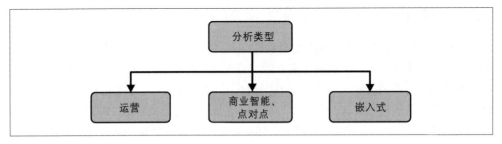

图 2-5：分析类型

商业智能。BI 通过收集数据来描述企业的过去和当前状态。BI 需要使用业务逻辑来处理原始数据。请注意，用于分析的数据服务是数据工程生命周期各个阶段可能会纠缠在一起的另一个领域。正如我们前面提到的，业务逻辑通常在数据工程生命周期的转换阶段应用于数据，但读取逻辑方法越来越流行。数据以干净但相当原始的形式存储，具有最少的后处理业务逻辑。BI 系统维护一个业务逻辑和定义的存储库。此业务逻辑用于查询数据仓库，以使报告和仪表板与业务定义保持一致。

随着公司数据成熟度的提高，它将从临时数据分析转向自助服务分析，从而允许业务用户在不需要 IT 干预的情况下以民主化的方式访问数据。进行自助服务分析的前提是数据足够好，整个组织的人都可以简单地访问它，按照自己的选择对它进行切片和切块，并立即获得洞察力。尽管自助服务分析在理论上很简单，但在实践中却很难实现，主要原因是数据质量差、组织孤岛和缺乏足够的数据技能通常会阻碍分析技术的广泛使用。

运营分析。运营分析侧重于运营的精细细节，促进报告用户可以立即采取行动。运营分析可以是库存的实时视图，也可以是网站或应用程序运行健康状况的实时仪表板。在这种情况下，数据是实时消费的，直接来自源系统或流数据管道。运营分析中的洞察类型与传统 BI 不同，因为运营分析侧重于当前，不一定关注历史趋势。

嵌入式分析。你可能想知道为什么我们将嵌入式分析（面向客户的分析）与 BI 分开。在实践中，在 SaaS 平台上提供给客户的分析带有一组单独的要求和复杂性。内部 BI 面向的受众有限，一般呈现的统一视图数量有限。访问控制很关键，但并不特别复杂。我们使用少数角色和访问层来管理访问。

使用嵌入式分析，报告的请求率以及相应的分析系统负担会急剧上升，访问控制明显变得更加复杂和关键。企业可能正在为成千上万或更多的客户提供单独的分析和数据。每个客户都必须看到他们的数据，而且只能看到他们的数据。公司的内部数据访问错误可能会导致程序审查。客户之间的数据泄露将被视为严重违反信任，导致媒体关注和客户大量流失。要最大限度地减少与数据泄露和安全漏洞相关的爆炸半径。在你的存储中以及任何可能发生数据泄露的地方应用租户级或数据级安全。

多租户

许多当前的存储和分析系统以各种方式支持多租户。数据工程师可能会选择将许多客户的数据存放在公用表中，以便为内部分析和机器学习提供统一的视图。该数据通过具有适当定义的控件和过滤器的逻辑视图在外部呈现给各个客户。数据工程师有责任了解他们部署的系统中多租户的细节，以确保绝对的数据安全和数据隔离。

机器学习

机器学习的出现和成功是最激动人心的技术革命之一。一旦组织达到高水平的数据成熟度，他们就可以开始识别适合机器学习的问题并开始围绕它组织实践。

数据工程师的职责在分析和机器学习方面有很大的重叠，而且数据工程、机器学习工程和分析工程之间的界限可能很模糊。例如，数据工程师可能需要支持有助于分析管道和机器学习模型训练的 Spark 集群。他们可能还需要提供一个系统来协调跨团队的任务，并支持跟踪数据历史和血缘的元数据和编目系统。设置这些责任范围和相关的报告结构是一个关键的组织决策。

特征存储是最近开发的一种结合了数据工程和机器学习工程的工具。特征存储旨在通过维护特征历史和版本、支持团队之间的特征共享，以及提供基本的操作和编排功能（例如回填）来减轻机器学习工程师的操作负担。在实践中，数据工程师是支持机器学习工程的特征存储的核心支持团队的一部分。

数据工程师应该熟悉机器学习吗？这当然有帮助。无论数据工程、机器学习工程、业务分析等之间的操作边界如何，数据工程师都应该保持对其团队的操作知识。优秀的数据工程师熟悉基本的机器学习技术和相关数据处理要求、公司内模型的用例，以及组织各个分析团队的职责。这有助于保持有效的沟通并促进合作。理想情况下，数据工程师将与其他团队合作构建任何一个团队都无法独立开发的工具。

本书不可能深入介绍机器学习。如果你有兴趣了解更多信息，可以使用不断增长的书籍、视频、文章和社区生态系统。我们在 2.4 节将提供一些建议。

以下是针对机器学习的服务数据阶段的一些注意事项：

- 数据质量是否足以执行可靠的特征工程？质量要求和评估是与使用数据的团队密切合作制定的。

- 数据是否可发现？数据科学家和机器学习工程师能否轻松找到有价值的数据？

- 数据工程和机器学习工程之间的技术和组织边界在哪里？这个组织问题具有重要的架构含义。

- 数据集是否正确代表了基本事实？是否存在偏见？

虽然机器学习令人兴奋，但我们的经验是，公司往往过早地投入其中。在将大量资源投入机器学习之前，请花时间建立坚实的数据基础。这意味着在数据工程和机器学习生命周期中建立最佳系统和架构。通常最好在转向机器学习之前先培养分析能力。许多公司已经因为在没有适当基础的情况下采取举措而破灭了机器学习梦想。

反向 ETL

反向 ETL 长期以来一直是数据中的一个实际现实，被视为一种我们不喜欢谈论或用名字来表示的反模式。*反向 ETL* 从数据工程生命周期的输出端获取经过处理的数据，并将其反馈回源系统，如图 2-6 所示。实际上，这种流程是有益的，而且通常是必要的。反向 ETL 允许我们进行分析、评分等，并将这些反馈回生产系统或 SaaS 平台。

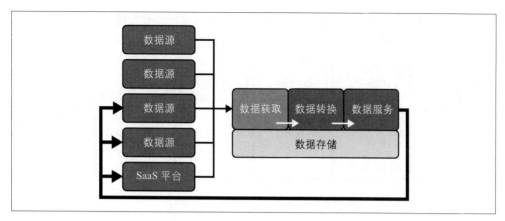

图 2-6：反向 ETL

营销分析师可能会使用其数据仓库中的数据在 Microsoft Excel 中计算出价，然后将这些出价上传到 Google Ads。这个过程通常是完全手动的和原始的。

在我们撰写本书时，一些供应商已经接受了反向 ETL 的概念并围绕它构建了产品，例如 Hightouch 和 Census。反向 ETL 作为一种实践仍处于初期阶段，但我们怀疑它会一直存在。

随着企业越来越依赖 SaaS 和外部平台，反向 ETL 变得尤为重要。例如，公司可能希望将特定指标从其数据仓库推送到客户数据平台或 CRM 系统。广告平台是另一个日常用例，如 Google Ads 示例。预计在反向 ETL 中我们会看到更多活动，其中数据工程和 ML 工程都有重叠。

关于*反向 ETL* 一词是否会继续存在尚无定论。这种做法可能会演变。一些工程师声称我们可以通过在事件流中处理数据转换并根据需要将这些事件发送回源系统来消除反向 ETL。实现跨企业广泛采用这种模式是另一回事。要点是，转换后的数据需要以某种方式返回到源系统，最好是与源系统相关联的正确沿袭和业务流程。

2.2 数据工程生命周期中的主要底层设计

数据工程正在迅速成熟。以前的数据工程周期只关注技术层，而工具和实践的持续抽象和简化已经改变了这一重点。数据工程现在包含的不仅仅是工具和技术。该领域现在正在向价值链上游移动，将数据管理和成本优化等传统企业实践与 DataOps 等新实践相结合。

我们将这些实践称为*底层设计*——安全、数据管理、DataOps、数据架构、编排和软件工程——它们支持数据工程生命周期的各个方面（如图 2-7 所示）。在本节中，我们将概述这些底层设计及其主要组成部分，你将在本书中看到更详细的内容。

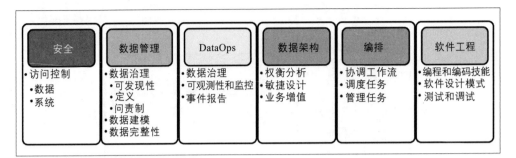

图 2-7：数据工程的主要底层设计

2.2.1 安全

安全必须是数据工程师的首要考虑因素，忽视安全的人将会面临危险。这就是安全是第一个底层设计的原因。数据工程师必须了解数据和访问安全，运用最小特权原则。最小特权原则（*https://oreil.ly/6RGAq*）意味着只允许用户或系统访问基本数据和资源以执行预期的功能。我们在缺少安全经验的数据工程师身上看到的一个常见反模式是向所有用户授予管理员访问权限。这是一场即将发生的灾难！

只为用户提供他们今天完成工作所需的访问权限，仅此而已。当你只是在寻找具有标准用户访问权限的可见文件时，请不要从 root shell 进行操作。查询具有较小角色的表时，不要使用数据库中的超级用户角色。将最小特权原则强加给我们自己可以防止意外损坏，并使你保持安全第一的心态。

人和组织结构始终是任何公司中最大的安全漏洞。当我们在媒体上听到重大安全漏洞时，往往会发现公司中有人忽视了基本的预防措施，成为网络钓鱼攻击的受害者，或者采取了其他不负责任的行为。数据安全的第一道防线是创建一种贯穿整个组织的安全文化。所有有权访问数据的个人都必须了解他们在保护公司敏感数据及其客户方面的责任。

数据安全还与时间有关——为需要访问数据的人和系统提供数据访问权限，并且*仅在执行工作所需的时间内提供数据访问权限*。应通过使用加密、令牌化、数据屏蔽、混淆和简单、强大的访问控制来保护数据，使数据无论是在运行中还是在静止状态都不可见。

数据工程师必须是称职的安全管理员，因为安全属于他们的领域。数据工程师应该了解云和本地部署的安全最佳实践。了解用户和身份访问管理（Identity Access Management，IAM）角色、策略、组、网络安全、密码策略和加密是很好的起点。

在整本书中，我们强调了在数据工程生命周期中安全应该是首要考虑因素的领域。你还可以在第 10 章中更详细地了解安全。

2.2.2 数据管理

你可能认为数据管理听起来很公司化。"老派"数据管理实践进入数据和 ML 工程。旧的又成了新的。数据管理已经存在了几十年，但直到最近才在数据工程中得到很大的关注。数据工具变得越来越简单，数据工程师要管理的复杂性也越来越低。结果，数据工程师沿着价值链向上移动到下一级最佳实践。曾经为大公司保留的数据最佳实践——数据治理、主数据管理、数据质量管理、元数据管理——现在正在渗透到各种规模和成熟度级别的公司。正如我们喜欢说的，数据工程正在变得"企业化"。这最终是一件了不起的事情！

国际数据管理协会（the Data Management Association International，DAMA）的《数据管理知识体系》（*Data Management Body of Knowledge*，DMBOK），我们认为是企业数据管理的权威书籍，提供了以下定义：

> 数据管理是计划、政策、程序和实践的开发、执行和监督，这些计划、政策、程序和实践在数据和信息资产的整个生命周期中交付、控制、保护和提高数据价值。

这有点冗长，所以让我们看看它与数据工程师的关系。数据工程师管理数据生命周期，而数据管理包含数据工程师将用于在技术和战略上完成此任务的一组最佳实践。如果没有管理数据的框架，数据工程师只是在真空中操作的技术人员。数据工程师需要更广泛地了解数据在整个组织中的效用，从源系统到最高管理层，以及两者之间的所有地方。

为什么数据管理很重要？数据管理表明数据对日常运营至关重要，就像企业将财务资源、成品或房地产视为资产一样。数据管理实践形成了一个每个人都可以采用的有凝聚力的框架，以确保组织从数据中获取价值并适当地处理它。

数据管理有很多方面，包括以下内容：

- 数据治理，包括可发现性和问责制

- 数据建模和设计

- 数据血缘

- 存储和操作

- 数据集成和互操作性

- 数据生命周期管理

- 用于高级分析和机器学习的数据系统

- 道德与隐私

虽然本书绝不是关于数据管理的详尽资源，但我们将简要介绍每个领域与数据工程相关的一些突出要点。

数据治理

根据 *Data Governance: The Definitive Guide*，"数据治理首先是一种数据管理功能，可确保组织收集的数据的质量、完整性、安全性和可用性"。[注1]

我们可以对该定义进行扩展，并说数据治理涉及人员、流程和技术，以最大限度地提高整个组织的数据价值，同时通过适当的安全控制保护数据。有效的数据治理是有目的的开发并得到组织的支持。当数据治理是偶然的和随意的时候，副作用的范围可能从不受信任的数据到安全漏洞以及介于两者之间的一切。有意识地进行数据治理将使组织的数据能力和数据产生的价值最大化。它还（有希望地）让公司远离可疑或完全鲁莽的数据实践的头条新闻。

想想数据治理做得不好的典型例子。业务分析师收到报告请求，但不知道使用什么数据来回答问题。他们可能会花费数小时挖掘事务数据库中的数十个表，疯狂地猜测哪些字段可能有用。分析师编制了一份"方向正确"的报告，但并不完全确定该报告的基础数据是否准确或合理。报告的接收者也质疑数据的有效性。分析师以及公司系统中所有数据的完整性受到质疑。公司对其业绩感到困惑，使得业务规划无法进行。

数据治理是数据驱动业务实践的基础，也是数据工程生命周期的一个关键任务部分。当数据治理得到很好的实践时，人、流程和技术就会协调一致，将数据视为关键的业务驱动力，如果数据问题出现，则会及时得到处理。

数据治理的核心类别是可发现性、安全性和可问责性[注2]。在这些核心类别中还有子类别，例如数据质量、元数据和隐私。让我们依次看看每个核心类别。

可发现性。在数据驱动型公司中，数据必须可用且可发现。终端用户应该能够快速可靠地访问他们完成工作所需的数据。他们应该知道数据的来源、数据与其他数据的关系，以及数据的含义。

数据可发现性的一些关键领域包括元数据管理和主数据管理。让我们简要描述一下这些领域。

注1：Evren Eryurek et al., *Data Governance: The Definitive Guide* (Sebastopol, CA: O'Reilly, 2021), 1, *https://oreil.ly/LFT4d*.

注2：Eryurek, *Data Governance*, 5.

元数据。*元数据*是"关于数据的数据",它支撑着数据工程生命周期的每个部分。元数据正是使数据可发现和可治理所需的数据。

我们将元数据分为两大类:自动生成的和人工生成的。现代数据工程围绕自动化展开,但元数据收集通常是手动的且容易出错。

技术可以协助这个过程,消除手动收集元数据的许多容易出错的工作。我们看到数据目录、数据血缘跟踪系统和元数据管理工具的激增。工具可以爬数据库以查找关系并监控数据管道以跟踪数据的来源和去向。低保真手动方法使用内部主导的努力,其中各种利益相关者在组织内众包元数据收集。这些数据管理工具在整本书中都有深入的介绍,因为它们削弱了数据工程生命周期的大部分内容。

元数据成为数据和数据处理的副产品。然而,主要挑战依然存在,特别是,仍然缺乏互操作性和标准。元数据工具的好坏取决于它们与数据系统的连接器及其共享元数据的能力。此外,自动化元数据工具不应将人完全排除在外。

数据具有社会元素。每个组织都在积累社会资本和关于流程、数据集与管道的知识。以人为本的元数据系统关注元数据的社会方面。这是 Airbnb 在其有关数据工具的各种博客文章中所强调的内容,尤其是其最初的 Dataportal 概念[注3]。此类工具应提供一个公开数据所有者、数据消费者和领域专家的场所。文档和内部 wiki 工具为元数据管理提供了重要基础,但这些工具还应该与自动数据编目相集成。例如,数据扫描工具可以生成带有相关数据对象链接的 wiki 页面。

一旦元数据系统和流程存在,数据工程师就可以以有用的方式使用元数据。元数据成为在整个生命周期中设计管道和管理数据的基础。

DMBOK 确定了对数据工程师有用的四大类元数据:

*   业务元数据

*   技术元数据

*   操作元数据

*   参考元数据

让我们简要介绍一下每一类元数据。

*业务元数据*与数据在业务中的使用方式相关,包括业务和数据定义、数据规则和逻辑、数据的使用方式和位置,以及数据所有者。

注 3:Chris Williams et al.," Democratizing Data at Airbnb," *The Airbnb Tech Blog*, May 12, 2017, *https://oreil.ly/dM332*.

数据工程师使用业务元数据来回答关于谁、什么、在哪里以及怎么样的非技术问题。例如，数据工程师的任务可能是为客户销售分析创建一个数据管道。但什么是客户？是在过去 90 天内购买过的人吗？或者是在公司开业的任何时间购买的人吗？数据工程师会使用正确的数据来参考业务元数据（数据字典或数据目录）来查找"客户"是如何定义的。业务元数据为数据工程师提供正确的上下文和定义以正确使用数据。

*技术元数据*描述了系统在整个数据工程生命周期中创建和使用的数据。它包括数据模型和架构、数据血缘、字段映射和管道工作流。数据工程师使用技术元数据在数据工程生命周期中创建、连接和监控各种系统。

以下是数据工程师将使用的一些常见技术元数据类型：

- 管道元数据（通常在编排系统中产生）

- 数据血缘元数据

- 模式元数据

- 操作元数据

- 参考元数据

编排是协调跨各种系统的工作流的中央枢纽。在编排系统中捕获的*管道元数据*提供了工作流计划、系统和数据依赖性、配置、连接细节等的详细信息。

*数据血缘元数据*跟踪数据随着时间的推移的起源和变化，以及它的依赖性。随着数据流经数据工程生命周期，它会通过转换和与其他数据的组合而不断发展。数据血缘提供了数据在各种系统和工作流中移动时演变的审计线索。

*模式元数据*描述了存储在数据库、数据仓库、数据湖或文件系统等系统中的数据结构。它是不同存储系统的关键区别之一。例如，对象存储不管理模式元数据；相反，模式元数据必须在*元数据存储*中进行管理。另外，云数据仓库在内部管理模式元数据。

这些只是数据工程师应该了解的技术元数据的几个例子。这不是一个完整的列表，我们在本书中涵盖了技术元数据的其他方面。

*操作元数据*描述了各种系统的运行结果，包括进程统计、作业 ID、应用程序运行日志、进程中使用的数据和错误日志。数据工程师使用操作元数据来确定流程是成功还是失败，以及流程中涉及的数据。

编排系统可以提供操作元数据的有限情况，但后者仍然倾向于分散在许多系统中。对更高质量的操作元数据和更好的元数据管理的需求是下一代编排和元数据管理系统的主要动机。

参考元*数据*是用于对其他数据进行分类的数据，也称为*查找数据*。参考数据的标准示例是内部代码、地理代码、测量单位和内部日历标准。请注意，大部分参考数据完全在内部管理，但地理代码等项目可能来自标准外部参考。参考数据本质上是解释其他数据的标准，因此如果它发生变化，则这种变化会随着时间慢慢发生。

数据问责制。*数据问责制*意味着分配一个人来管理一部分数据。然后，负责人协调其他利益相关者的治理活动。如果没有人对相关数据负责，那么管理数据质量就会很困难。

请注意，负责数据的人不一定是数据工程师。负责人可能由软件工程师、产品经理或其他角色担任。此外，负责人通常不具备维护数据质量所需的所有资源。相反，他们与所有接触数据的人协调，包括数据工程师。

数据问责制可以发生在各个层面。问责制可以发生在表或日志流的级别，但也可以是与出现在多个表中的单个字段实体一样的细粒度级别。个人可能负责跨多个系统管理客户ID。对于企业数据管理，数据域是给定字段类型出现的所有可能值的集合，例如在这个ID示例中。这可能看起来过于官僚和细致，但它会显著影响数据质量。

数据质量

我可以相信这些数据吗？

——*业务中的每个人*

*数据质量*是数据向理想状态的优化，围绕着"与预期相比，你得到了什么？"这个问题展开。数据应符合业务元数据中的期望。数据是否符合企业约定的定义？

数据工程师确保整个数据工程生命周期中的数据质量。这涉及执行数据质量测试，并确保数据符合模式预期、数据完整性和精度。

根据 *Data Governance: The Definitive Guide*，数据质量由三个主要特征定义[注4]：

准确性

收集到的数据是否真实？是否有重复值？数值准确吗？

完整性

记录是否完整？所有必填字段都包含有效值吗？

及时性

记录是否及时可用？

这些特征中的每一个都非常微妙。例如，在处理网络事件数据时，我们如何看待机器人

注4：Eryurek, *Data Governance*, 113.

和网络爬虫？如果我们打算分析客户旅程，那么我们必须有一个流程可以让我们将人类与机器生成的流量区分开。任何机器人生成的事件都被错误分类为人类存在的数据准确性问题，反之亦然。

关于完整性和及时性，会出现各种有趣的问题。在介绍 Dataflow 模型的 Google 论文中，作者给出了一个显示广告的离线视频平台的示例[注5]。该平台在有连接时下载视频和广告，允许用户在离线时观看这些内容，一旦连接再次存在，就会上传广告浏览数据。这些数据可能在广告被观看完之后才能收集到。平台如何处理广告的计费？

从根本上说，这个问题是无法通过纯粹的技术手段解决的。相反，工程师将需要确定他们对迟到数据的标准并统一执行这些标准，这可能需要借助各种技术工具。

主数据管理

*主数据*是有关业务实体的数据，例如员工、客户、产品和位置。随着组织通过有机增长和收购，并与其他企业合作变得越来越大、越来越复杂，保持实体和身份的一致形象变得越来越具有挑战性。

主数据管理（Master Data Management，MDM）是构建一致的实体定义（称为黄金记录）的实践。黄金记录协调整个组织及其合作伙伴的实体数据。MDM 是一种通过构建和部署技术工具来促进的业务运营流程。例如，MDM 团队可能会确定地址的标准格式，然后与数据工程师合作构建一个 API 以返回一致的地址，以及一个使用地址数据来匹配公司各部门客户记录的系统。

MDM 跨越整个数据周期进入操作数据库。它可能直接属于数据工程的范围，但通常是跨组织工作的专门团队的指定职责。即使他们不拥有 MDM，数据工程师也必须始终意识到这一点，因为他们可能会在 MDM 计划上进行协作。

数据质量跨越了人类和技术问题的边界。数据工程师需要强大的流程来收集有关数据质量的可操作的人工反馈，并使用技术工具在下游用户看到之前先检测出质量问题。我们在本书的相应章节中介绍了这些收集过程。

数据建模与设计

为了通过业务分析和数据科学从数据中获得业务洞察力，数据必须采用可用的形式。将数据转换为可用形式的过程称为*数据建模和设计*。虽然我们传统上认为数据建模是数据库管理员（Database Administrator，DBA）和 ETL 开发人员的问题，但数据建模几乎可

注 5：Tyler Akidau et al., "The Dataflow Model: A Practical Approach to Balancing Correctness, Latency, and Cost in Massive-Scale, Unbounded, Out-of-Order Data Processing," *Proceedings of the VLDB Endowment* 8 (2015): 1792–1803, *https://oreil.ly/Z6XYy*.

以发生在组织中的任何地方。固件工程师为 IoT 设备开发记录的数据格式，或者 Web 应用程序开发人员设计对 API 调用或 MySQL 表模式的 JSON 响应——这些都是数据建模和设计的实例。

由于新数据源和用例的多样性，数据建模变得更具挑战性。例如，严格规范化不适用于事件数据。幸运的是，新一代数据工具增加了数据模型的灵活性，同时保留了度量、维度、属性和层次结构的逻辑分离。云数据仓库支持摄取大量非规范化和半结构化数据，同时仍支持常见的数据建模模式，例如 Kimball、Inmon 和 Data Vault。如 Spark 之类的数据处理框架可以获取整个范围的数据，从平面结构化关系记录到原始非结构化文本。我们将在第 8 章中更详细地讨论这些数据建模和转换模式。

由于工程师必须处理各种各样的数据，因此很容易让我们举手投降并放弃数据建模。这是一个可怕的想法，会带来令人痛苦的后果，当人们抱怨一次写入，永不读取（Write Once, Read Never，WORN）访问模式或引用*数据沼泽*时，这一点就很明显了。数据工程师需要了解建模最佳实践，并开发灵活性以将适当级别和类型的建模应用到数据源和用例中。

数据血缘

随着数据在其生命周期中移动，你如何知道影响数据的系统或数据在传递和转换时由什么组成？*数据血缘*描述了数据在其生命周期中的审计跟踪记录，跟踪处理数据的系统和它所依赖的上游数据。

数据血缘有助于数据和处理数据的系统进行错误跟踪、问责和调试。它具有为数据生命周期提供审计跟踪的明显好处，并有助于合规性。例如，如果用户希望从你的系统中删除他们的数据，则拥有该数据的血缘可以让你知道该数据的存储位置及其依赖关系。

数据血缘在具有严格合规标准的大公司中已经存在了很长时间。然而，随着数据管理成为主流，它现在在较小的公司中得到更广泛的采用。我们还注意到，Andy Petrella 的数据可观测性驱动开发（Data, Observability Driven Development，DODD）（*https://oreil.ly/3f4WS*）概念与数据血缘密切相关。DODD 一直观测其血缘的数据。在开发、测试和最终生产过程中应用此过程，以提供符合预期的质量和一致性。

数据集成和互操作性

*数据集成和互操作性*是跨工具和流程的集成数据的过程。随着我们从单一栈分析方法转向异构云环境，该环境中的各种工具按需处理数据，集成和互操作性占据了数据工程师工作的越来越大的比重。

集成越来越多地通过通用 API 而不是自定义数据库连接进行。例如，数据管道可能从

Salesforce API 中获取数据，将其存储到 Amazon S3，调用 Snowflake API 将其加载到表中，再次调用 API 运行查询，然后将结果导出到 S3，Spark 可以消费它们。

所有这些活动都可以通过与人的数据系统对话的相对简单的 Python 代码来管理，而不是直接处理数据。虽然与数据系统交互的复杂性降低了，但系统的数量和管道的复杂性却急剧增加。白手起家的工程师很快就超越了定制脚本的能力，并偶然发现了对*编排*的需求。编排是我们的底层设计之一，我们将在 2.25 节中详细讨论它。

数据生命周期管理

数据湖的出现鼓励组织忽视数据归档和销毁。当你可以无限地添加更多存储空间时，为什么要丢弃数据？两个变化促使工程师更加关注数据工程生命周期结束时发生的事情。

首先，数据越来越多地存储在云端。这意味着我们有即付即得的存储成本，而不是本地数据湖的大量前期资本支出。当每个字节都显示在 AWS 月度报表上时，CFO 就会看到节省开支的机会。云环境使数据归档成为一个相对简单的过程。主要的云供应商提供特定于归档的对象存储类，允许以极低的成本长期保留数据，假设访问频率非常低（应该注意的是，数据检索并不那么便宜，但这是另一个话题）。这些存储类别还支持额外的策略控制，以防止意外或关键档案的故意删除。

其次，GDPR 和 CCPA 等隐私和数据保留法律要求数据工程师积极管理数据销毁，以尊重用户的"被遗忘权"。数据工程师必须知道他们保留了哪些消费者数据，并且必须具有销毁数据的程序以响应请求和合规性要求。

数据销毁在云数据仓库中很简单。SQL 语义允许删除符合 where 子句的行。数据销毁在数据湖中更具挑战性，其中一次写入、多次读取是默认的存储模式。Hive ACID 和 Delta Lake 等工具可以允许大规模删除事务的轻松管理。新一代元数据管理、数据血缘和编目工具也将简化数据工程生命周期的结束。

道德与隐私

过去几年的数据泄露、错误信息和数据处理不当清楚地表明了一件事：数据会影响人。过去生活在狂野西部的数据，像棒球卡一样自由收集和交易。那些日子已经一去不回。尽管数据的伦理和隐私影响曾经被认为是很好的，就像安全一样，但它们现在是一般数据生命周期的核心。数据工程师需要在没人注视的时候做正确的事，因为总有一天每个人都会关注[注6]。我们希望更多的组织鼓励良好的数据道德和隐私文化。

道德和隐私如何影响数据工程生命周期？数据工程师需要确保数据集掩盖个人身份信息

注 6：我们支持这样一种观念，即道德行为是在没有人注视的情况下做正确的事，这一想法出现在 C. S. Lewis、Charles Marshall、和许多其他作者的作品中。

（Personally Identifiable Information，PII）和其他敏感信息，可以在转换数据集时识别和跟踪偏见。监管要求和合规处罚只会越来越多。确保你的数据资产符合越来越多的数据法规，如 GDPR 和 CCPA。请认真对待这件事。我们在整本书中提供了技巧，以确保你将道德和隐私纳入数据工程生命周期。

2.2.3 DataOps

DataOps 将敏捷方法、DevOps 和统计过程控制（Statistical Process Control，SPC）的最佳实践映射到数据。DevOps 旨在提高软件产品的发布和质量，而 DataOps 则针对数据产品也是做同样的事情。

数据产品与软件产品的区别在于数据的使用方式。软件产品为终端用户提供特定的功能和技术特性。相比之下，数据产品是围绕合理的业务逻辑和指标建立的，其用户可以做出决策或构建执行自动化操作的模型。数据工程师必须了解构建软件产品的技术方面以及将创建优秀数据产品的业务逻辑、质量和指标。

与 DevOps 一样，DataOps 大量借鉴了精益生产和供应链管理，混合人员、流程和技术以缩短实现价值的时间。正如 Data Kitchen（DataOps 专家）所描述的那样[注7]：

> DataOps 是技术实践、工作流、文化规范和架构模式的集合，能够实现：
>
> - 快速创新和实验，以更快的速度为客户提供新的见解
> - 极高的数据质量和极低的错误率
> - 跨复杂的人员、技术和环境阵列进行协作
> - 结果的清晰测量、监控和透明度

精益实践（如缩短交货时间和最大限度地减少缺陷）以及由此带来的质量和生产力改进是我们很高兴看到的在软件和数据运维方面的发展势头。

首先，DataOps 是一套文化习惯。数据工程团队需要采用与业务沟通和协作、打破孤岛、不断从成功和错误中学习以及快速迭代的循环。只有这些文化习惯养成后，团队才能从技术和工具中获得最好的结果。

根据公司的数据成熟度，数据工程师可以选择将 DataOps 纳入整个数据工程生命周期的结构。如果公司没有预先存在的数据基础设施或实践，那么 DataOps 是一个非常新的机会，可以从第一天开始就融入其中。对于缺少 DataOps 的现有项目或基础设施，数据工程师可以开始将 DataOps 添加到工作流中。我们建议首先从可观测性和监控开始，了解

注 7："What Is DataOps," DataKitchen FAQ page, accessed May 5, 2022, *https://oreil.ly/Ns06w*.

系统性能，然后添加自动化和事件响应。数据工程师可以与现有的 DataOps 团队一起工作，以改善数据成熟公司的数据工程生命周期。在所有情况下，数据工程师都必须了解 DataOps 的理念和技术方面。

DataOps 具有三个核心技术要素：自动化、可观测性和监控以及事件响应（如图 2-8 所示）。让我们看看这些部分以及它们与数据工程生命周期的关系。

图 2-8：DataOps 的三大支柱

自动化

自动化可确保 DataOps 流程的可靠性和一致性，并允许数据工程师快速部署新产品功能和对现有工作流程进行改进。DataOps 自动化具有与 DevOps 类似的框架和工作流，包括变更管理（环境、代码和数据版本控制）、持续集成 / 持续部署（CI/CD）和配置即代码。与 DevOps 一样，DataOps 实践监控和维护技术与系统（数据管道、编排等）的可靠性，并增加了检查数据质量、数据 / 模型漂移、元数据完整性等的维度。

让我们简要讨论一下在一个假想组织中 DataOps 自动化的演变。DataOps 成熟度较低的组织通常会尝试使用 cron 作业来安排数据转换过程的多个阶段。这在一段时间内效果很好。随着数据管道变得越来越复杂，可能会发生几件事情。如果 cron 作业托管在云实例上，则该实例可能存在操作问题，导致作业意外停止运行。随着作业之间的间隔越来越小，一个作业最终会运行很长时间，导致后续作业失败或产生陈旧数据。在从分析师那里得知报告已过时之前，工程师可能不会意识到作业失败。

随着组织数据成熟度的增长，数据工程师通常会采用编排框架，可能是 Airflow 或 Dagster。数据工程师意识到 Airflow 会带来操作负担，但编排的好处最终会超过其复杂性。工程师们会逐渐将他们的 cron 作业迁移到 Airflow 作业。现在，我们在作业运行之前检查依赖关系。可以在给定时间内打包更多转换作业，因为每个作业都可以在上游数据准备就绪后立即开始，而不是在固定的、预先确定的时间开始。

数据工程团队仍有改进操作的空间。一位数据科学家最终部署了一个已损坏的 DAG，导致 Airflow 网络服务器瘫痪，并使数据团队无法操作。经过足够多的此类麻烦之后，数据工程团队成员意识到他们需要停止允许手动 DAG 部署的行为。在下一阶段的运营成熟度中，他们采用自动化 DAG 部署。DAG 在部署前需经过测试，监控过程确保新的 DAG 开始正常运行。此外，数据工程师会阻止新 Python 依赖项的部署，直到安装得到验证。在采用自动化后，数据团队会更快乐，遇到的麻烦也会少得多。

DataOps 宣言（*https://oreil.ly/2LGwL*）的宗旨之一是"拥抱变化"。这并不意味着为了改变而改变，而是以目标为导向的改变。在我们自动化之旅的每个阶段，都存在改进运营的机会。即使达到我们在此描述的高度成熟度，仍存在进一步改进的空间。工程师可能会采用下一代编排框架，并在其中建立更好的元数据功能。或者他们可能会尝试开发一个框架，根据数据血缘规范自动构建 DAG。要点是工程师不断寻求实施自动化改进，以减少他们的工作量并增加他们为业务提供的价值。

可观测性和监控

正如我们告诉客户的那样，"数据是一个无声的杀手"。我们已经看到不良数据在报告中持续数月或数年的无数个例子。管理人员可能会根据这些不良数据做出关键决策，但直到很久以后才发现错误。结果通常很糟糕，有时对企业来说是灾难性的。倡议被破坏和摧毁，多年的工作被浪费了。在某些最坏的情况下，不良数据可能导致公司陷入经济崩溃。

另一个可怕的故事是为报告创建数据的系统随机停止工作，导致报告延迟数天。数据团队在利益相关者询问为什么报告延迟或产生陈旧信息之前并不知情。最终，各个利益相关者对核心数据团队的能力失去了信任，开始了自己的分裂团队。其结果是许多不同的不稳定系统、不一致的报告和孤岛。

如果你不观测和监控你的数据和生成数据的系统，你将不可避免地经历自己的数据恐怖故事。可观测性、监控、日志记录、警报和跟踪对于在数据工程生命周期中提前解决任何问题都是至关重要的。我们建议你合并 SPC 以了解正在监控的事件是否异常以及哪些事件值得响应。

本章前面提到的 Petrella 的 DODD 方法为思考数据可观测性提供了一个很好的框架。DODD 很像软件工程中的测试驱动开发（Test-Driven Development，TDD）[注8]：

> DODD 的目的是让数据链中的每个人都能看到数据和数据应用程序，以便数据价值链中的每个人都能够从获取到转换再到分析的每个步骤中识别数据或数据应用程序的变化，以帮助解决或防止数据问题。DODD 专注于使数据可观测性成为数据工程生命周期中的首要考虑因素。

我们将在后面的章节中介绍整个数据工程生命周期中监控和可观测性的许多方面。

[注8]：Andy Petrella, "Data Observability Driven Development: The Perfect Analogy for Beginners," Kensu, accessed May 5, 2022, *https://oreil.ly/MxvSX*.

事件响应

使用 DataOps 的高效数据团队将能够快速交付新的数据产品。但错误会不可避免地发生。一个系统可能会停机,一个新的数据模型可能会破坏下游报告,一个 ML 模型可能会变得陈旧并提供错误的预测——无数的问题都会中断数据工程的生命周期。*事件响应*关于使用前面提到的自动化和可观测性功能来快速识别事件的根本原因并尽可能可靠和快速地解决它。

事件响应不仅仅与技术和工具有关——尽管这些都是有益的,还涉及数据工程团队和整个组织的开放和无责的沟通。正如 Amazon Web Services 的首席技术官 Werner Vogels 所说的那样,"所有的东西都会坏掉"。数据工程师必须为灾难做好准备,以尽可能迅速且有效地做出响应。

数据工程师应该在业务报告问题之前主动发现问题。失败发生了,当利益相关者或终端用户看到问题时,他们会提出问题。他们会不高兴这样做。当他们向团队提出这些问题并看到他们已经在积极努力解决时,感觉是不同的。作为终端用户,你更信任哪个团队的状态?信任需要很长时间才能建立,也可能在几分钟内失去。事件响应既是对事件的追溯响应,也是在事件发生之前主动解决事件。

数据运维总结

在这一点上,DataOps 仍是正在进行的一项工作。实践者在将 DevOps 原则应用于数据领域并通过 DataOps 宣言和其他资源制定初步愿景方面做得很好。数据工程师最好将 DataOps 实践作为他们所有工作的高度优先事项。前期的努力通过更快的产品交付、更高的可靠性和数据准确性以及更高的业务整体价值,将获得显著的长期回报。

与软件工程相比,数据工程的运营状态还很不成熟。许多数据工程工具,尤其是传统的单机,并不是自动化优先的。最近出现了在整个数据工程生命周期中采用自动化最佳实践的进展。Airflow 等工具为新一代自动化和数据管理工具铺平了道路。我们为 DataOps 描述的一般实践是有抱负的,我们建议公司鉴于当今可用的工具和知识,尝试尽可能充分地采用它们。

2.2.4 数据架构

数据架构反映了支持组织长期数据需求和战略的数据系统的当前和未来状态。由于组织的数据需求可能会快速变化,而且新工具和实践几乎每天都会出现,因此数据工程师必须了解良好的数据架构。第 3 章将深入介绍数据架构,但我们想在这里强调数据架构是数据工程生命周期的一个底层设计。

数据工程师应该首先了解业务需求并收集新用例的需求。接下来,数据工程师需要将这些需求转化为设计新方法去捕获和提供数据，并在成本和操作简单性之间取得平衡。这意味着了解设计模式、技术和源系统、获取、存储、转换和服务数据的工具之间的权衡。

这并不意味着数据工程师就是数据架构师，因为两者通常是两个独立的角色。如果数据工程师与数据架构师一起工作，则数据工程师应该能够交付数据架构师的设计并提供架构反馈。

2.2.5 编排

> 我们认为编排很重要，因为我们认为它确实是数据平台和数据生命周期的重心，涉及数据的软件开发生命周期。
>
> ——Nick Schrock，Elementl 创始人[注9]

编排不仅是 DataOps 的核心流程，也是数据作业工程和部署流程的关键部分。那么，什么是编排？

编排是协调许多作业以尽可能快速且高效地按照预定节奏运行的过程。例如，人们经常将 Apache Airflow 等编排工具称为*调度器*。这不太准确。一个纯粹的调度程序，比如cron，只知道时间；编排引擎在作业依赖性元数据中构建，通常是有向无环图（Directed Acyclic Graph，DAG）的形式。DAG 可以运行一次，也可以按固定时间间隔运行，如每天、每周、每小时、每 5 分钟等。

当我们在整本书中讨论编排时，我们假设编排系统以高可用性保持在线。这允许编排系统在没有人为干预的情况下持续感知和监控，并随时运行在部署的新作业。编排系统监视它所管理的作业，并在内部 DAG 依赖关系完成时启动新任务。它还可以监控外部系统和工具，以观察数据是否到达以及是否满足标准。当某些条件超出界限时，系统还会设置错误条件并通过电子邮件或其他渠道发送警报。你可以将每日通宵数据管道的预期完成时间设置为上午 10 点。如果此时还没有完成作业，则会向数据工程师和消费者发出警报。

编排系统还构建作业历史记录功能、可视化和警报。高级编排引擎可以在新的 DAG 或到 DAG 添加单个任务时回填。它们还支持一个时间范围内的依赖关系。例如，月度报告作业可能会在开始前检查 ETL 作业是否已完成整月的工作。

长期以来，编排一直是数据处理的关键功能，但除了大公司以外，通常不是最重要的，也不是任何人都可以使用的。企业使用各种工具来管理作业流程，但这些工具价格昂

注9：Ternary Data, "An Introduction to Dagster: The Orchestrator for the Full Data Lifecycle-UDEM June 2021," YouTube video, 1:09:40, *https://oreil.ly/HyGMh*.

贵，小型初创公司无法企及，而且通常没有可扩展性。Apache Oozie 在 21 世纪 10 年代非常流行，但它是为在 Hadoop 集群中工作而设计的，很难在更加异构的环境中使用。Facebook 在 21 世纪 00 年代后期开发了供内部使用的 Dataswarm。这激发了 Airflow 等流行工具的灵感，Airbnb 于 2014 年推出了该工具。

Airflow 从一开始就是开源的，并被广泛采用。它是用 Python 编写的，因此可以高度扩展到几乎任何可以想象的用例。虽然存在许多其他有趣的开源编排项目，例如 Luigi 和 Conductor，但 Airflow 可以说是目前的市场领导者。Airflow 的到来恰逢数据处理变得更加抽象和易于访问，工程师们对协调跨多个处理器和存储系统的复杂流程越来越感兴趣，尤其是在云环境中。

在撰写本书时，几个新兴的开源项目旨在模仿 Airflow 核心设计的最佳元素，同时在关键领域对其进行改进。一些最有趣的例子是 Prefect 和 Dagster，它们旨在提高 DAG 的可移植性和可测试性，使工程师能够更轻松地从本地开发转移到生产。Argo 是一个围绕 Kubernetes 基元构建的编排引擎；Metaflow 是 Netflix 的一个开源项目，旨在改进数据科学编排。

我们必须指出，编排严格来讲是一个批处理的概念。编排任务 DAG 的流式替代方案是流式 DAG。流式 DAG 的构建和维护仍然具有挑战性，但 Pulsar 等下一代流式平台旨在显著减轻工程和运营负担。我们将在第 8 章详细讨论这些发展。

2.2.6 软件工程

软件工程一直是数据工程师的一项核心技能。在当代数据工程的早期（2000～2010 年），数据工程师在低级框架上工作，并用 C、C++ 和 Java 编写 MapReduce 作业。在大数据时代的顶峰时期（21 世纪 10 年代中期），工程师们开始使用抽象出这些底层细节的框架。

这种抽象一直延续到今天。云数据仓库支持使用 SQL 语义的强大转换，像 Spark 这样的工具变得更加用户友好，从低级编码细节过渡到易于使用的数据框架。尽管有这种抽象，软件工程对数据工程仍然至关重要。我们简要讨论一下适用于数据工程生命周期的软件工程的几个常见领域。

核心数据处理代码

虽然变得更加抽象和易于管理，但核心数据处理代码仍然需要编写，并且贯穿于整个数据工程生命周期。无论是在获取、转换还是数据服务方面，数据工程师都需要精通和高效地使用 Spark、SQL 或 Beam 等框架和语言。我们反对 SQL 不是代码的观点。

数据工程师还必须了解正确的代码测试方法，如单元、回归、集成、端到端和冒烟。

开发开源框架

许多数据工程师积极参与开发开源框架。他们采用这些框架来解决数据工程生命周期中的特定问题，然后继续开发框架代码以改进其用例的工具并回馈社区。

在大数据时代，我们看到了 Hadoop 生态系统内数据处理框架出现了寒武纪大爆发。这些工具主要侧重于转换和服务数据工程生命周期的各个部分。数据工程工具的形成并没有停止或放缓，但重点已经从直接的数据处理转移到抽象的阶梯上。这种新一代开源工具可帮助工程师管理、增强、连接、优化和监控数据。

例如，从 2015 年至 21 世纪 20 年代初期，Airflow 主导了编排领域。现在，一批新的开源竞争者（包括 Prefect、Dagster 和 Metaflow）如雨后春笋般涌现，以修复 Airflow 的局限性，提供更好的元数据处理、可移植性和依赖性管理。编排的未来走向何方，谁也说不准。

数据工程师在开始设计新的内部工具之前，最好调查一下公开可用工具的概况，要密切关注与实施工具相关的总拥有成本（Total Cost of Ownership，TCO）和机会成本。很有可能已经存在一个开源项目来解决数据工程师想要解决的问题，这样他们会更好地合作而不是重新发明轮子。

流

流数据处理本质上比批处理更复杂，而且工具和范式可以说还没有那么成熟。随着流数据在数据工程生命周期的每个阶段变得越来越普遍，数据工程师面临着有趣的软件工程问题。

例如，join 这种数据处理任务使用实时数据处理比批处理更加复杂，需要更复杂的软件工程。数据工程师还必须编写代码来应用各种窗口化方法。窗口化允许实时系统计算有价值的指标，如尾随统计数据。数据工程师有许多框架可供选择，包括用于处理单个事件的各种函数平台（OpenFaaS、AWS Lambda、Google Cloud Functions）或用于分析流以支持报告和实时处理的专用流处理器（Spark、Beam、Flink 或 Pulsar）。

基础设施即代码

基础设施即代码（Infrastructure as Code，IaC）将软件工程实践应用于基础设施的配置和管理。随着公司迁移到托管大数据系统［例如 Databricks 和 Amazon Elastic MapReduce（EMR）］和云数据仓库，大数据时代的基础设施管理负担已经减轻。当数据工程师必须在云环境中管理他们的基础设施时，他们越来越多地通过 IaC 框架来完成，而不是手动启动实例和安装软件。几个通用和特定于云平台的框架允许基于一组规范的自动化基础设施部署。其中许多框架可以管理云服务和基础设施。还有一个使用容器和 Kubernetes 的 IaC 概念，使用像 Helm 这样的工具。

这些实践是 DevOps 的重要组成部分，允许版本控制和部署的可重复性。当然，这些功能在整个数据工程生命周期中都至关重要，尤其是在我们采用 DataOps 实践时。

流水线即代码

*流水线即代码*是当今编排系统的核心概念，它涉及数据工程生命周期的每个阶段。数据工程师使用代码（通常是 Python）来声明数据任务和它们之间的依赖关系。编排引擎解释这些指令以使用可用资源运行步骤。

通用问题解决

在实践中，无论数据工程师采用哪种高级工具，他们都会在整个数据工程生命周期中遇到极端情况，这些情况要求他们解决所选工具范围之外的问题并编写自定义代码。在使用 Fivetran、Airbyte 或 Matillion 等框架时，数据工程师会遇到没有现有连接器的数据源，需要编写一些自定义的东西。他们应该精通软件工程以理解 API、提取和转换数据、处理异常等。

2.3 总结

我们过去看到的大多数关于数据工程的讨论都涉及技术，但忽略了数据生命周期管理的大局。随着技术变得更加抽象并承担更多繁重工作，数据工程师有机会在更高的层次上思考和行动。由底层设计支持的数据工程生命周期是组织数据工程工作的极其有用的思想模型。

我们将数据工程生命周期分为以下几个阶段：

* 生成

* 存储

* 获取

* 转换

* 服务

几个主题也贯穿数据工程生命周期。这些是数据工程生命周期的底层设计。在高层次上，底层设计如下：

* 安全

* 数据管理

* DataOps

- 数据架构

- 编排

- 软件工程

数据工程师在整个数据生命周期中有几个顶级目标：产生最佳投资回报率并降低成本（财务和机会），降低风险（安全性、数据质量），以及最大化数据价值和效用。

第 3 章和第 4 章将讨论这些元素如何影响良好的架构设计，以及如何选择正确的技术。如果你对这两个主题感到满意，请随时跳到第二部分，我们将在其中介绍数据工程生命周期的每个阶段。

2.4 补充资料

- "A Comparison of Data Processing Frameworks" (*https://oreil.ly/tq61F*) by Ludovic Santos

- DAMA International website (*https://oreil.ly/mu7oI*)

- "The Dataflow Model: A Practical Approach to Balancing Correctness, Latency, and Cost in Massive-Scale, Unbounded, Out-of-Order Data Processing" (*https://oreil.ly/nmPVs*) by Tyler Akidau et al.

- "Data Processing" Wikipedia page (*https://oreil.ly/4mllo*)

- "Data Transformation" Wikipedia page (*https://oreil.ly/tyF6K*)

- "Democratizing Data at Airbnb" (*https://oreil.ly/E9CrX*) by Chris Williams et al.

- "Five Steps to Begin Collecting the Value of Your Data" Lean-Data web page (*https://oreil.ly/F4mOh*)

- "Getting Started with DevOps Automation" (*https://oreil.ly/euVJJ*) by Jared Murrell

- "Incident Management in the Age of DevOps" Atlassian web page (*https://oreil.ly/O8zMT*)

- "An Introduction to Dagster: The Orchestrator for the Full Data Lifecycle" video (*https://oreil.ly/PQNwK*) by Nick Schrock

- "Is DevOps Related to DataOps?" (*https://oreil.ly/J8ZnN*) by Carol Jang and Jove Kuang

- "The Seven Stages of Effective Incident Response" Atlassian web page (*https://oreil.ly/Lv5XP*)

- "Staying Ahead of Debt" (*https://oreil.ly/uVz7h*) by Etai Mizrahi

- "What Is Metadata" (*https://oreil.ly/65cTA*) by Michelle Knight

第 3 章

设计好的数据架构

好的数据架构提供了使数据生命周期的每一步和底层设计无缝衔接的能力。我们将从定义*数据架构*开始，然后讨论组件和注意事项。然后，我们将介绍特定的批处理模式（数据仓库、数据湖）、流处理模式以及统一批处理和流处理的模式。在整个过程中，我们将强调利用云的功能来提供可扩展性、可用性和可靠性。

3.1 什么是数据架构

成功的数据工程建立在坚如磐石的数据架构之上。本章旨在回顾一些流行的架构方法和框架，然后制定我们对什么是"好"数据架构的固执己见的定义。的确，我们不会让每个人都开心。尽管如此，我们仍将为*数据架构*制定一个务实的、特定领域的工作定义，我们认为它适用于规模、业务流程和需求截然不同的公司。

什么是数据架构？当你停下来分析它时，话题变得有点模糊。研究数据架构会产生许多不一致且经常过时的定义。这很像我们在第 1 章中定义*数据工程*时——没有达成共识。在一个不断变化的领域，这是可以预料的。那么，在本书中，*数据架构*是什么意思呢？在定义术语之前，必须了解它所处的上下文。让我们简要介绍一下企业架构，这将构成我们对数据架构的定义。

3.1.1 企业架构定义

企业架构有很多子集，包括业务、技术、应用程序和数据（如图 3-1 所示）。因此，许多框架和资源专门用于企业架构。事实上，架构是一个令人惊讶的有争议的话题。

*企业*一词得到不同的反应。它让人想起枯燥的公司办公室、命令 – 控制型 / 瀑布式规划、停滞不前的商业文化和空洞的标语。尽管如此，我们还是可以在这里学到一些东西。

图 3-1：数据架构是企业架构的一个子集

在我们定义和描述*企业架构*之前，让我们先分析这个术语。让我们看看一些重要的思想领袖是如何定义企业架构的：TOGAF、Gartner 和 EABOK。

TOGAF 的定义

TOGAF 是 *The Open Group Architecture Framework*，是 The Open Group 的一个标准。它被誉为当今使用最广泛的架构框架。TOGAF 的定义如下[注1]：

> "企业架构"上下文中的术语"企业"可以表示整个企业——包括其所有信息和技术服务、流程和基础设施——或企业内的一个特定领域。在这两种情况下，架构都跨越多个系统和企业内的多个职能部门。

Gartner 的定义

Gartner 是一家全球研究和咨询公司，撰写与企业相关的趋势研究文章和报告。除其他外，它还负责著名的 Gartner 技术成熟度曲线（Hype Cycle）。Gartner 的定义如下[注2]：

> 企业架构（EA）是一门学科，通过识别和分析变更执行情况，实现预期业务愿景和结果，主动和全面地领导企业对破坏性力量做出响应。EA 通过向业务和 IT 领导者提供可签名的建议提供价值，来调整策略和项目以实现利用相关业务中断的目标业务成果。

EABOK 的定义

EABOK 是 *Enterprise Architecture Book of Knowledge*，一份由 MITRE Corporation 制作的企业架构参考资料。EABOK 于 2004 年作为不完整的草案发布，此后一直没有更新。EABOK 虽然看似过时，但在企业架构的描述中经常被引用，我们发现其中的许多想法在编写本书时很有帮助。EABOK 的定义如下[注3]：

> 企业架构是一种组织模型、一个企业的抽象表示，它协调战略、运营和技术以创建成功的路线图。

注 1：The Open Group, *TOGAF Version 9.1*, *https://oreil.ly/A1H67*.

注 2：Gartner Glossary, s.v. "Enterprise Architecture (EA)," *https://oreil.ly/SWwQF*.

注 3：EABOK Consortium website, *https://eabok.org*.

我们的定义

我们在企业架构的这些定义中提取了一些共同的主线：变更、对齐、组织、机会、问题解决和迁移。这是我们对企业架构的定义，我们认为它与当今快速变化的数据环境更相关：

> 企业架构是支持企业变更的系统设计，通过仔细的权衡的评估做出灵活且可逆的决策来实现。

在这里，我们将触及一些我们将在整本书中反复提及的关键领域：灵活和可逆的决策、变更管理以及权衡的评估。我们将在本节详细讨论每个主题，然后在本章的后半部分通过提供各种数据架构示例来使定义更加具体。

出于两个原因，灵活和可逆的决策至关重要。第一，世界在不断变化，预测未来是不可能的。可逆决策允许你随着世界的变化和你收集新信息而调整方向。第二，随着组织的发展，企业有一种自然的僵化趋势。采用可逆决策文化有助于降低决策风险，从而克服这种趋势。

Jeff Bezos 以单向门和双向门的创意而著称[注4]。*单向门*是一个几乎无法逆转的决策。例如，亚马逊本可以决定出售 AWS 或将其关闭。在这样的行动之后，亚马逊几乎不可能重建具有相同市场地位的公有云。

另外，*双向门*是一个很容易逆转的决策：如果你喜欢你在房间里看到的东西，你就穿过门并继续前进，如果你不喜欢，就从门退出。亚马逊可能决定要求将 DynamoDB 用于新的微服务数据库。如果这个策略不起作用，亚马逊可以选择逆转它并重构一些服务以使用其他数据库。由于每个可逆决策（双向门）的风险都很低，因此组织可以做出更多决策、迭代、改进并快速收集数据。

变更管理与可逆决策密切相关，是企业架构框架的中心主题。即使强调可逆决策，企业也常常需要采取重大举措。理想情况下，这些变更被分解成更小的变更，每个变更本身都是一个可逆的决定。回到亚马逊，我们注意到从发表关于 DynamoDB 概念的论文到 Werner Vogels 在 AWS 上宣布 DynamoDB 服务之间有五年的时间间隔（2007～2012年）。在幕后，团队采取了许多小行动，使 DynamoDB 成为 AWS 客户的具体现实。管理此类小动作是变革管理的核心。

架构师不只是简单地规划 IT 流程，也不是模糊地展望遥远的乌托邦式未来。他们积极解决业务问题并创造新的机会。技术解决方案的存在不是为了它们本身，而是为了支

注 4：Jeff Haden, "Amazon Founder Jeff Bezos: This Is How Successful People Make Such Smart Decisions," *Inc.*, December 3, 2018, *https://oreil.ly/QwIm0*.

持业务目标。架构师识别当前状态下的问题（数据质量差、可扩展性限制、亏损的业务线），定义期望的未来状态（敏捷的数据质量改进、可扩展的云数据解决方案、改进的业务流程），并通过执行小而具体的步骤实现计划。这值得重复强调：

> 技术解决方案的存在不是为了它们本身，而是为了支持业务目标。

我们在 Mark Richards 和 Neal Ford 的 *Fundamentals of Sofware Architecture*（O'Reilly）[编辑注1]中找到了重要的灵感。他们强调权衡是不可避免的，并在工程领域无处不在。有时，软件和数据的相对流动性让我们相信，我们已经摆脱了工程师在坚硬、寒冷的物理世界中所面临的约束。确实，这是部分正确的，修补软件错误比重新设计和更换飞机机翼要容易得多。然而，数字系统最终会受到延迟、可靠性、密度和能耗等物理限制的约束。工程师还面临各种非物理限制，如编程语言和框架的特性，以及管理复杂性、预算等方面的实际限制。神奇的想法最终导致糟糕的工程。数据工程师必须在设计最佳系统的每一步都进行权衡，同时最大限度地减少高息技术债。

让我们重申企业架构定义中的一个中心点：企业架构平衡灵活性和权衡。这并不总是一个容易的平衡，架构师必须认识到世界是动态的，不断评估和重新评估。鉴于企业面临的变化速度，组织及其架构不能停滞不前。

3.1.2 数据架构定义

现在你了解了企业架构，让我们通过建立一个工作定义来深入研究数据架构，这将为本书的其余部分奠定基础。*数据架构*是企业架构的一个子集，继承了它的属性：流程、策略、变更管理和评估权衡。以下是影响我们定义的几个数据架构定义。

TOGAF 的定义

TOGAF 定义数据架构如下[注5]：

> 对企业主要数据类型和来源、逻辑数据资产、物理数据资产和数据管理资源的结构和交互的描述。

DAMA 的定义

DAMA DMBOK 定义数据架构如下[注6]：

> 识别企业的数据需求（无论结构如何）并设计和维护主蓝图以满足这些需求。使用

编辑注 1：本书已由机械工业出版社翻译出版，书名为《软件架构：架构模式、特征及实践指南》（书号为 978-7-111-68219-6）。

注 5：The Open Group, *TOGAF Version 9.1, https://oreil.ly/A1H67.*

注 6：*DAMA - DMBOK: Data Management Body of Knowledge*, 2nd ed. (Technics Publications, 2017).

主蓝图来指导数据集成、控制数据资产并使数据投资与业务战略保持一致。

我们的定义

考虑到前面两个定义和我们的经验，我们精心设计了*数据架构*的定义：

> 数据架构是系统设计，以支持企业不断变化的数据需求，由通过仔细评估权衡做出的灵活且可逆的决策来实现。

数据架构如何融入数据工程？正如数据工程生命周期是数据生命周期的子集一样，数据工程架构是通用数据架构的子集。*数据工程架构*是构成数据工程生命周期关键部分的系统和框架。在本书中，我们将交替使用*数据架构*和*数据工程架构*。

你应该了解的数据架构的其他方面是操作和技术方面（如图 3-2 所示）。*运行架构*包含与人、流程和技术相关的功能需求。例如，数据服务于哪些业务流程？组织如何管理数据质量？从数据生成到数据可供查询之间的延迟要求是多少？*技术架构*概述了数据在数据工程生命周期中是如何被获取、存储、转换和服务的。例如，你将如何每小时将 10TB 的数据从源数据库移动到你的数据湖？简而言之，运行架构描述了需要做*什么*，而技术架构详细描述了它将*如何*发生。

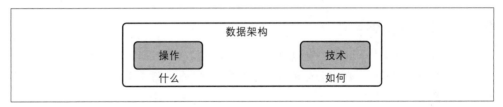

图 3-2：运行和技术数据架构

现在我们有了数据架构的工作定义，让我们来介绍"好"数据架构的要素。

3.1.3 "好的" 数据架构

> 永远不要追求最好的架构，而是追求最差的架构。
>
> ——Mark Richards 和 Neal Ford [注7]

根据 Grady Booch（*https://oreil.ly/SynOe*）的说法，"架构代表了塑造系统的重要设计决策，其中重要的部分是通过变化的成本来衡量的。"数据架构师的目标是做出重大决策，从而在基础层面上形成好的架构。

注 7：Mark Richards and Neal Ford, *Fundamentals of Software Architecture* (Sebastopol, CA: O'Reilly, 2020), *https://oreil.ly/hpCp0*.

"好的"数据架构是什么意思？套用一句陈词滥调，当你看到它时，你就知道它很好。*好的数据架构通过一组通用的、可广泛重用的构建块来满足业务需求，同时保持灵活性并做出适当的权衡*。糟糕的架构是专制的，它试图将一堆放之四海而皆准的决定塞进一个大泥球（*https://oreil.ly/YWfb1*）。

敏捷性是好的数据架构的基础；它承认世界是流动的。*好的数据架构是灵活且易于维护*。它的发展是为了响应业务内部的变化，从而可能在未来释放更多价值的新技术和实践。企业及其数据用例总是在不断发展。世界是动态的，数据空间的变化步伐正在加快。去年为你提供好服务的数据架构可能不足以满足今年的需求，更不用说明年了。

糟糕的数据架构是紧耦合的、僵化的、过度集中的，或者使用了错误的作业工具，阻碍了开发和变更管理。理想情况下，通过在设计架构时考虑到可逆性，变更的成本会更低。

数据工程生命周期的底层设计构成了处于数据成熟度任何阶段的公司好的数据架构的基础。同样，这些底层设计是安全、数据管理、DataOps、数据架构、编排和软件工程。

好的数据架构是有生命力的。它永远不会结束。事实上，根据我们的定义，变更和演进是数据架构意义和目的的核心。现在让我们看看好的数据架构的原则。

3.2 好的数据架构的原则

本节通过关注原则——在评估主要架构决策和实践中有用的关键思想——从鸟瞰视角观察好的架构。我们的架构原则灵感来自多个来源，尤其是 AWS Well-Architected Framework（架构完善框架）和 Google Cloud 的云原生架构五项原则。

AWS Well-Architected Framework（*https://oreil.ly/4D0yq*）由六大支柱组成：

- 卓越运营
- 安全
- 可靠性
- 性能效率
- 成本优化
- 可持续性

谷歌云的云原生架构五原则（*https://oreil.ly/t63DH*）如下：

- 自动化设计。

- 智能处理状态。

- 备受青睐的托管服务。

- 实行纵深防御。

- 始终进行架构设计。

我们建议你仔细研究这两个框架，找出有价值的想法，并确定分歧点。我们想用数据工程架构的这些原则来扩展或详细说明这些支柱：

- 明智地选择通用组件。

- 为失败做计划。

- 可扩展性架构。

- 架构是领导力。

- 始终进行架构设计。

- 构建松耦合系统。

- 做出可逆的决策。

- 优先考虑安全。

- 拥抱 FinOps。

3.2.1 原则 1：明智地选择通用组件

数据工程师的主要工作之一是选择可以在整个组织中广泛使用的通用组件和实践。当架构师选择得当并领导有效时，通用组件就会成为促进团队协作和打破孤岛的结构。通用组件结合共享的知识和技能，可在团队内部和团队之间实现敏捷性。

通用组件可以是在组织内具有广泛适用性的任何东西。常见组件包括对象存储、版本控制系统、可观测性、监控和编排系统，以及处理引擎。每个有适当用例的人都应该可以访问通用组件，并且鼓励团队依赖已经在使用的通用组件，而不是重新发明轮子。通用组件必须支持强大的权限和安全性，以实现团队之间的资产共享，同时防止未经授权的访问。

云平台是采用通用组件的理想场所。例如，云数据系统中的计算和存储分离允许用户使用专门的工具访问共享存储层（最常见的对象存储）以访问和查询特定用例所需的数据。

选择通用组件是一种平衡行为。一方面，你需要关注整个数据工程生命周期和团队的需求，利用对单个项目有用的通用组件，同时促进互操作和协作。另一方面，架构师应该避免做出会阻碍工程师处理特定领域问题的生产力的决策，因为这些决策会迫使工程师采用一刀切的技术解决方案。第 4 章将提供更多详细信息。

3.2.2 原则 2：为失败做计划

不存侥幸，虽怕一万，更怕万一。

——Werner Vogels，AWS 首席技术官[注8]

现代硬件非常坚固耐用。即便如此，只要经过足够的时间，任何硬件组件都会出现故障。要构建高度健壮的数据系统，你必须在设计中考虑故障。以下是评估故障场景的几个关键术语，我们将在本章和整本书中更详细地描述这些：

可用性

IT 服务或组件处于可操作状态的时间百分比。

可靠性

系统在指定时间间隔内执行其预期功能时满足规定标准的概率。

恢复时间目标

服务或系统中断的最长可接受时间。恢复时间目标（Recovery Time Objective，RTO）通常是通过确定故障对业务的影响来设置的。一天的 RTO 可能适合内部报告系统。仅五分钟的网站中断可能会对在线零售商的业务产生重大不利影响。

恢复点目标

恢复后的可接受状态。在数据系统中，数据经常在中断期间丢失。在这种情况下，恢复点目标（Recovery Point Objective，RPO）指的是可接受的最大数据丢失。

工程师在设计故障时需要考虑可接受的可用性、可靠性、RTO 和 RPO。这些将在他们评估可能的故障场景时指导他们的架构决策。

3.2.3 原则 3：可扩展性架构

数据系统的可扩展性包含两个主要功能。第一，可扩展系统可以*放大*以处理大量数据。我们可能需要启动一个大型集群来训练一个 PB 级客户数据模型，或者扩展流式获取系统以处理瞬态负载峰值。我们的扩展能力使我们能够暂时处理极端负载。第二，可扩展系统可以*缩小*。一旦负载峰值下降，我们应该自动移除容量以降低成本。（这与原则 9 有关。）*弹性系统*可以动态扩展以响应负载，理想情况下以自动化方式进行。

一些可扩展系统也可以*扩展到零*：它们在不使用时完全关闭。一旦大型模型训练作业完成，我们就可以删除集群。许多无服务器系统［例如，无服务器函数和无服务器联机分

注 8：UberPulse, "Amazon.com CTO: Everything Fails," YouTube video, 3:03, *https://oreil.ly/vDVlX.*

析处理（Online Analytical Processing，OLAP）数据库］可以自动扩展到零。

请注意，部署不适当的扩展策略可能会导致系统过于复杂和成本高昂。具有一个故障转移节点的直接关系数据库可能更适合应用程序而不是复杂的集群安排。测量你当前的负载、估计负载峰值并估计未来几年的负载，以确定你的数据库架构是否合适。如果你的初创公司增长速度比预期快得多，那么这种增长也应该会带来更多可用资源来重新架构以实现可扩展性。

3.2.4 原则 4：架构是领导力

数据架构师负责技术决策和架构描述，并通过有效的领导和培训传播这些选择。数据架构师应该具有很高的技术能力，但将大多数个人贡献者的工作委托给其他人。强大的领导能力与高超的技术能力相结合是罕见且极其宝贵的。最好的数据架构师会认真对待这种双重性。

请注意，领导力并不意味着对技术的命令－控制型方法。过去，架构师选择一种专有数据库技术并强制每个团队将数据存放在那里的情况并不少见。我们反对这种方法，因为它会严重阻碍当前的数据项目。云环境允许架构师在通用组件选择与支持项目创新的灵活性之间取得平衡。

回到技术领导力的概念，Martin Fowler 描述了理想软件架构师的特定原型，他的同事Dave Rice 很好地体现了这一原型[9]：

> 在许多方面，*Architectus Oryzus* 最重要的活动是指导开发团队，提高他们的水平，以便他们能够处理更复杂的问题。提高开发团队的能力赋予架构师更大的影响力，而不是作为唯一的决策者，从而冒着成为架构瓶颈的风险。

理想的数据架构师表现出类似的特征。他们拥有数据工程师的技术技能，但不再从事日常数据工程。他们指导当前的数据工程师，在与他们的组织协商后做出谨慎的技术选择，并通过培训和领导力传播专业知识。他们以最佳实践培训工程师，并将公司的工程资源整合在一起，以追求技术和业务方面的共同目标。

作为数据工程师，你应该实践架构领导力并寻求架构师的指导。最终，你很可能会自己担任架构师角色。

3.2.5 原则 5：始终进行架构设计

我们直接从 Google Cloud 的云原生架构五项原则中借鉴了这一原则。数据架构师的职责

注 9：Martin Fowler, "Who Needs an Architect?" *IEEE Software*, July/August 2003, *https://oreil.ly/wAMmZ*.

不仅仅是维护现有状态，相反，他们不断设计新的和令人兴奋的东西以应对业务和技术的变化。根据 EABOK（*https://oreil.ly/i58Az*），架构师的工作是深入了解基线架构（当前状态），开发*目标架构*，并制定*排序计划*以确定优先级和架构变化的顺序。

我们补充说，现代架构不应该是命令－控制型或瀑布式的，而是协作和敏捷的。数据架构师维护随时间变化的目标架构和排序计划。目标架构成为一个移动的目标，根据内部和全球的业务和技术变化进行调整。排序计划确定交付的即时优先级。

3.2.6 原则 6：构建松耦合系统

> 当系统架构旨在使团队能够在不依赖于其他团队的情况下测试、部署和更改系统时，团队需要很少的沟通来完成工作。换句话说，架构和团队都是松耦合的。
>
> ——Google DevOps 技术架构指南[注 10]

2002 年，贝索斯给亚马逊员工写了一封电子邮件，这封电子邮件被称为贝索斯 API 指令[注 11]：

1. 今后所有团队都将通过服务接口公开他们的数据和功能。

2. 团队必须通过这些接口相互沟通。

3. 不允许其他形式的进程间通信：不允许直接连接，不允许直接读取另一个团队的数据存储，没有共享内存模型，没有任何后门。唯一允许的通信是通过网络的服务接口调用。

4. 团队使用什么技术并不重要。HTTP、Corba、Pubsub、自定义协议——都不重要。

5. 所有服务接口，无一例外，都必须从头开始设计为可外部化的。也就是说，团队必须进行规划和设计，才能将接口暴露给外界的开发者。没有例外。

贝索斯的 API 指令的出现被广泛视为亚马逊的分水岭。将数据和服务置于 API 之后实现了松耦合，并最终促成了我们现在所知道的 AWS。谷歌对松耦合的追求使其能够将其系统发展到非凡的规模。

对于软件架构，松耦合的系统具有以下属性：

1. 系统被分解成许多小组件。

2. 这些系统通过抽象层与其他服务对接，例如一个消息总线或一个 API。这些抽象层隐藏并保护服务的内部细节，如数据库后端或内部类和方法调用。

注 10：Google Cloud, "DevOps Tech: Architecture," Cloud Arch tecture Center, *https://oreil.ly/j4MT1*.

注 11："The Bezos API Mandate: Amazon's Manifesto for Externalization," Nordic APIs, January 19, 2021, *https://oreil.ly/vIs8m*.

3. 作为属性 2 的结果，对一个系统组件的内部改变不需要在其他部分进行修改。代码更新的细节被隐藏在稳定的 API 后面。每一块都可以单独发展和改进。

4. 作为属性 3 的结果，整个系统没有瀑布式的全球发布周期。相反，每个组件都会随着变化和改进而单独更新。

请注意，我们正在谈论*技术系统*。我们需要想得更大。让我们将这些技术特征转化为组织特征：

1. 许多小团队对一个大型的、复杂的系统进行设计。每个团队的任务是设计、维护和改进一些系统组件。

2. 这些团队通过 API 定义、消息模式等向其他团队发布其组件的抽象细节。团队不需要关心其他团队的组件；他们只是使用发布的 API 或消息规范来调用这些组件。他们迭代自己的部分，随着时间的推移提高其性能和能力。他们也可能在新的功能加入时发布或要求其他团队提供新的东西。同样，后者的发生不需要团队去担心所请求的功能的内部技术细节。团队通过*松耦合的沟通方式*一起工作。

3. 作为特征 2 的结果，每个团队都可以快速发展和改进自己的组件，不受其他团队工作的影响。

4. 具体来说，特征 3 意味着团队可以在最短的停机时间内发布组件更新。团队在正常工作时间内不断发布代码，以进行代码更改和测试。

技术和人的系统的松耦合将使你的数据工程团队能够更有效地相互协作，并与公司的其他部门协作。该原则也直接促进了原则 7。

3.2.7 原则 7：做出可逆的决策

数据格局正在迅速变化。今天的热门技术或栈是明天的事后想法。大众舆论迅速转变。你应该以可逆决策为目标，因为这些决策往往会简化你的架构并保持其敏捷性。

正如 Fowler 所写，"架构师最重要的任务之一是通过寻找消除软件设计中不可逆性的方法来消除架构。"[注 12]Fowler 在 2003 年写下这篇文章时的真实情况在今天也同样准确。

正如我们之前所说，贝索斯将可逆决策称为"双向门"。正如他所说，"如果你走过并且不喜欢你在另一边看到的东西，你就无法回到以前。我们可以将这些称为类型 1 决策。但大多数决策并非如此——它们是可变的、可逆的——它们是双向门。"尽可能瞄准双向门。

考虑到变化的速度，以及整个数据架构中技术的解耦 / 模块化，要始终努力选择适用于

___
注 12：Fowler, "Who Needs an Architect?".

当今的同类最佳解决方案。此外，随着形势的发展，准备好升级或采用更好的做法。

3.2.8 原则 8：优先考虑安全

每个数据工程师都必须对其构建和维护的系统的安全性承担责任。我们现在关注两个主要思想：零信任安全和责任共担安全模型。这些与云原生架构紧密结合。

强化边界和零信任安全模型

要定义*零信任安全*，首先要了解传统的强化边界安全模型及其局限性，这在 Google Cloud 的五项原则中有详细说明[注13]：

> 传统架构非常相信边界安全，粗略地说，这是一个强化的网络边界，里面有"可信的东西"，外面有"不可信的东西"。不幸的是，这种方法一直容易受到内部攻击以及鱼叉式网络钓鱼等外部威胁。

1996 年的电影《碟中谍》完美展示了强化边界安全模型及其局限性。在这部电影中，中央情报局将高度敏感的数据存放在一个物理安全性极其严密的房间内的存储系统中。Ethan Hunt 潜入中央情报局总部并利用人类目标获得对存储系统的物理访问权限。一旦进入安全室，他就可以相对轻松地泄露数据。

至少十年来，令人震惊的媒体报道让我们意识到，在强化的组织安全边界利用人类目标的安全漏洞的威胁越来越大。即使员工在高度安全的公司网络上工作，他们仍能通过电子邮件和移动设备与外界保持联系。外部威胁实际上变成了内部威胁。

在云原生环境中，强化边界的概念被进一步削弱。所有资产都在某种程度上与外界相连。虽然可以在没有外部连接的情况下定义虚拟私有云（Virtual Private Cloud，VPC）网络，但工程师用来定义这些网络的 API 控制面仍然面向互联网。

共同责任模型

亚马逊强调责任共担模型（*https://oreil.ly/rEFoU*），将安全分为云的安全和云中的安全。AWS 负责云的安全[注14]：

> AWS 负责保护在 AWS 云中运行 AWS 服务的基础设施。AWS 还为你提供可以安全使用的服务。

AWS 用户负责云中的安全：

注13：Tom Grey, "5 Principles for Cloud-Native Architecture—What It Is and How to Master It," Google Cloud blog, June 19, 2019, *https://oreil.ly/4NkGf*.

注14：Amazon Web Services, "Security in AWS WAF," AWS WAF documentation, *https://oreil.ly/rEFoU*.

你的责任由你使用的 AWS 服务决定。你还应对其他因素负责，包括你的数据的敏感性、你的组织的要求以及适用的法律和法规。

通常，所有云提供商都以某种形式的这种责任共担模型运作。它们根据已发布的规范保护服务。尽管如此，为应用程序和数据设计安全模型并利用云功能来实现该模型最终还是由用户负责。

作为安全工程师的数据工程师

在当今的企业界，对安全采取命令和控制方法非常普遍，其中安全与网络团队管理边界和一般安全实践。云将此责任推给了未明确担任安全角色的工程师。由于这一责任，再加上硬安全边界受到更普遍的侵蚀，所有数据工程师都应该将自己视为安全工程师。

不承担这些新的隐性责任可能会导致可怕的后果。将 Amazon S3 存储桶配置为具有公共访问权限这一简单错误导致了许多数据泄露[注 15]。数据处理的人员必须假设他们最终要对数据的安全负责。

3.2.9 原则 9：拥抱 FinOps

让我们首先考虑 FinOps 的几个定义。首先，FinOps 基金会提供了以下定义[注 16]：

FinOps 是一种不断发展的云财务管理学科和文化实践，通过帮助工程、财务、技术和业务团队协作制定数据驱动的支出决策，使组织能够获得最大的业务价值。

此外，J. R. Sorment 和 Mike Fuller 在 *Cloud FinOps* 中提供了以下定义[注 17]：

"FinOps"一词通常是指新兴的专业运动，提倡 DevOps 和财务之间建立协作工作关系，从而促进对基础设施支出的迭代和数据驱动管理（即降低云的单位经济效益），同时提高成本效率以及最终提高云环境的盈利能力。

在云时代，数据的成本结构发生了巨大变化。在本地部署环境中，数据系统通常每隔几年通过资本支出（将在第 4 章中详细介绍）购买新系统。责任方必须根据所需的计算和存储容量来平衡他们的预算。过度购买意味着浪费资金，而购买不足则意味着阻碍未来的数据项目，并导致人员花费大量时间来控制系统负载和数据大小。购买不足可能需要更快的技术更新周期，以及相关的额外成本。

注 15：Ericka Chickowski，"Leaky Buckets: 10 Worst Amazon S3 Breaches,"Bitdefender *Business Insights blog*, Jan 24, 2018, *https://oreil.ly/pFEFO*.

注 16：FinOps Foundation, "What Is FinOps," *https://oreil.ly/wJFVn*.

注 17：J. R. Storment and Mike Fuller, *Cloud FinOps* (Sebastapol, CA: O'Reilly, 2019), *https://oreil.ly/QV6vF*.

在云时代，大多数数据系统都是即付即得且易于扩展的。系统可以在查询成本模型、处理能力成本模型或即付即得模型的另一种变体上运行。这种方法比资本支出方法更有效。现在可以向上扩展以获得高性能，然后缩小规模以节省资金。然而，即付即得的方法使支出更具活力。数据领导者面临的新挑战是管理预算、优先级和效率。

云工具需要一组用于管理支出和资源的流程。过去，数据工程师从性能工程的角度考虑，在一组固定的资源上最大化数据处理的性能，并购买足够的资源以满足未来的需求。借助 FinOps，工程师需要学会思考云系统的成本结构。例如，在运行分布式集群时，AWS spot 实例的适当组合是什么？就成本效益和性能而言，运行大量日常作业的最合适方法是什么？公司应在何时从按查询付费模式转换为预留容量模式？

FinOps 改进了运营监控模型，以持续监控支出。FinOps 不是简单地监控 Web 服务器的请求和 CPU 利用率，而是监控无服务器功能处理流量的持续成本，以及支出触发警报的峰值。正如系统被设计为在流量过大时优雅地失败一样，公司可能会考虑对支出采用硬性限制，并采用优雅的故障模式来应对支出高峰。

运营团队还应该考虑成本攻击。正如分布式拒绝服务（Distributed Denial-of-Service，DDoS）攻击可以阻止对 Web 服务器的访问一样，许多公司都懊恼地发现，从 S3 存储桶中过度下载可能会导致支出暴增，并使一家小型初创公司面临破产威胁。在公开共享数据时，数据团队可以通过设置请求者付费政策来解决这些问题，或者简单地监控过度的数据访问支出，并在支出开始上升到不可接受的水平时迅速取消访问。

在撰写本书时，FinOps 是一种最近正式化的实践。FinOps 基金会于 2019 年才启动[注18]。但是，我们强烈建议你在遇到高昂的云费用之前尽早开始考虑 FinOps。从 FinOps 基金会（*https://oreil.ly/4EOIB*）和 O'Reilly 的 *Cloud FinOps* 开始你的旅程。我们还建议数据工程师让自己参与到为数据工程创建 FinOps 实践的社区过程中——在这样一个新的实践领域，还有很多地方有待规划。

现在你已经对良好的数据架构原则有了较高的理解，让我们更深入地了解设计和构建良好的数据架构所需的主要概念。

3.3 主要架构概念

如果你关注当前的数据趋势，似乎每周都会出现新型数据工具和架构。在这一系列活动中，我们绝不能忽视所有这些架构的主要目标：获取数据并将其转换为对下游消费有用的东西。

注 18：FinOps Foundation Soars to 300 Members and Introduces New Partner Tiers for Cloud Service Providers and Vendors," Business Wire, June 17, 2019, *https://oreil.ly/XcwYO*.

3.3.1 域和服务

> 领域：知识、影响或活动的范围。用户应用程序的主题领域是软件的领域。
>
> —Eric Evans [19]

在深入了解架构的组件之前，让我们简要介绍两个经常出现的术语：域和服务。*域*是你正在为其构建的现实世界主题区域。*服务*是一组功能，其目标是完成一项任务。例如，你可能有一个销售订单处理服务，其任务是在订单创建时对其进行处理。销售订单处理服务的唯一工作是处理订单，它不提供其他功能，例如库存管理或更新用户配置文件。

一个域可以包含多个服务。例如，你的销售域可能包含三种服务：订单、发票和产品。每个服务都有支持销售领域的特定任务。其他域也可以共享服务（如图 3-3 所示）。在这种情况下，会计域负责基本的会计功能：发票、工资单和应收账款（Accounts Receivable，AR）。请注意，会计领域与销售领域共享发票服务，因为销售会生成发票，并且会计必须跟踪发票以确保收到付款。销售和会计拥有各自的领域。

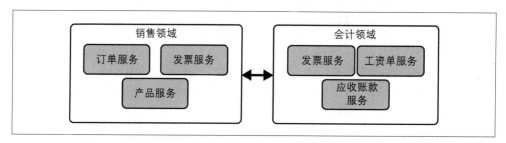

图 3-3：两个领域（销售和会计）共享一个公共服务（发票），销售和会计拥有各自的领域

在考虑什么构成领域时，请关注领域在现实世界中代表什么，然后逆向思考。在前面的示例中，销售领域应该代表你公司的销售功能发生的事情。在构建销售领域时，避免千篇一律地复制和粘贴其他公司所做的事情。你公司的销售功能可能具有独特的方面，需要特定的服务才能使其按照你的销售团队期望的方式工作。

确定领域中应包含的内容。在确定领域应该包含什么以及要包括哪些服务时，最好的建议是简单地去与用户和利益相关者交谈，倾听他们在说什么，并构建将帮助他们完成工作的服务。要避免在真空中进行架构设计的经典陷阱。

3.3.2 分布式系统、可扩展性和失败设计

本节中的讨论与我们之前讨论的数据工程架构的原则 2 和原则 3 相关：为失败做计划和

注 19：Eric Evans, *Domain-Driven Design Reference: Definitions and Pattern Summaries* (March 2015), *https://oreil.ly/pQ9oq*.

可扩展性架构。作为数据工程师，我们对数据系统的四个密切相关的特征感兴趣（之前提到了可用性和可靠性，但为了完整性我们在这里重申它们）：

可扩展性

允许我们增加系统的容量以提高性能和处理需求。例如，我们可能希望扩展系统以处理高查询率或处理庞大的数据集。

弹性

一个可扩展系统动态扩展的能力。一个高弹性的系统可以根据当前的工作负载自动扩容和缩容。随着需求的增加，扩大规模至关重要，而缩小规模则可以在云环境中节省资金。现代系统有时会缩放到零，这意味着它们可以在空闲时自动关闭。

可用性

IT 服务或组件处于可操作状态的时间百分比。

可靠性

系统在指定时间间隔内执行其预期功能时满足规定标准的概率。

请参阅 PagerDuty 的 "Why Are Availability and Reliability Crucial?" 网页（*https://oreil.ly/E6il3*），了解有关可用性和可靠性的定义和背景。

这些特征是如何相关的？如果系统在指定的时间间隔内未能满足性能要求，它可能会变得无响应。因此，低可靠性会导致低可用性。另外，动态缩放有助于在没有工程师手动干预的情况下确保足够的性能——弹性提高可靠性。

可扩展性可以通过多种方式实现。对于你的服务和领域，一台机器是否可以处理所有事情？单机可纵向扩展，你可以增加资源（CPU、磁盘、内存、I/O）。但是单台机器上可能的资源有硬性限制。另外，如果这台机器宕机了怎么办？如果有足够的时间，一些组件最终会失效。你的备份和故障转移计划是什么？单机通常无法提供高可用性和可靠性。

我们利用分布式系统来实现更高的整体扩展能力以及更高的可用性和可靠性。*水平扩展*允许你添加更多机器以满足负载和资源需求（如图 3-4 所示）。常见的水平扩展系统有一个主节点，作为工作负载实例化、进度和完成的主要联系点。当工作负载启动时，主节点将任务分发给其系统内的工作节点，完成任务并将结果返回给主节点。典型的现代分布式架构也内置冗余。数据被复制，这样如果一台机器宕机了，其他机器可以从丢失的服务器停止的地方继续工作，集群可能会添加更多机器来恢复容量。

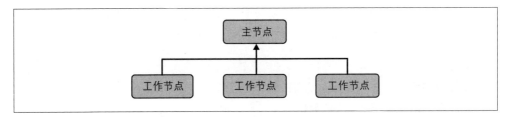

图 3-4：一个简单的水平分布式系统，使用领导者–跟随者架构，有一个主节点和三个工作节点

分布式系统广泛存在，你将在整个架构中使用的各种数据技术中。几乎你使用的每个云数据仓库对象存储系统都有一些底层的分布概念。分布式系统的管理细节通常被抽象出来，使你可以专注于高级架构而不是低层次管道。但是，我们强烈建议你更多地了解分布式系统，因为这些细节对于理解和提高管道的性能非常有帮助；Martin Kleppmann 的 *Designing Data-Intensive Applications*（O'Reilly）是一个极好的资源。

3.3.3 紧耦合与松耦合：分层、单体和微服务

在设计数据架构时，你可以选择要在各种领域、服务和资源中包含多少相互依赖性。一方面，你可以选择拥有较为集中的依赖项和工作流。领域和服务的每个部分都非常依赖于其他领域和服务。这种模式被称为*紧耦合*。

另一方面，你拥有分散的领域和服务，它们彼此之间没有严格的依赖性，这种模式称为*松耦合*。在松耦合的情况下，分散的团队很容易构建其数据可能无法被同行使用的系统。确保为拥有各自领域和服务的团队分配共同的标准、所有权、责任和义务。设计"好的"数据架构依赖于领域和服务的紧耦合和松耦合之间的权衡。

值得注意的是，本节中的许多思想都源于软件开发。我们将尽量保留这些重要思想的原意和精神的背景——让它们与数据无关——同时解释一些你在将这些概念具体应用于数据时应该注意的差异。

架构层次

在开发架构时，了解架构层会很有帮助。你的架构具有多个层（数据、应用程序、业务逻辑、展示等），你需要知道如何解耦这些层。由于模式的紧耦合存在明显的漏洞，因此请记住如何构建架构的各个层以实现最大的可靠性和灵活性。让我们看看单层和多层架构。

单层架构。在*单层*架构中，你的数据库和应用程序紧耦合，驻留在单个服务器上（如图 3-5 所示）。该服务器可以是你的笔记本电脑或云中的单个虚拟机（Virtual Machine，VM）。紧耦合的性质意味着如果服务器、数据库或应用程序出现故障，则整个架构都会失败。虽然单层架构适用于原型设计和开发，但由于明显的故障风险，因此不建议将其用于生产环境。

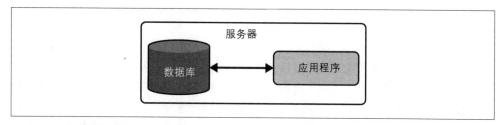

图 3-5：单层架构

即使单层架构构建了冗余（例如，故障转移副本），它们在其他方面也存在重大限制。例如，对生产应用程序数据库运行分析查询通常是不切实际的（也是不可取的）。这样做可能会使数据库不堪重负并导致应用程序不可用。单层架构适用于在本地计算机上测试系统，但不建议用于生产用途。

多层。通过解耦数据和应用程序解决了紧耦合单层架构的挑战。*多层*（也称为 *n 层*）架构由单独的层组成：数据、应用程序、业务逻辑、展示等。这些层是自底向上和分层的，这意味着下层不一定依赖于上层；上层依赖于下层。这个概念是将数据与应用程序分离，并将应用程序与展示分开。

常见的多层架构是三层架构，这是一种广泛使用的客户端－服务器设计。三层架构由数据层、应用程序／逻辑层和表示层组成（如图 3-6 所示）。每一层都相互隔离，允许关注点的分离。使用三层架构，你可以在每一层中自由使用你喜欢的任何技术，而无须集中精力。

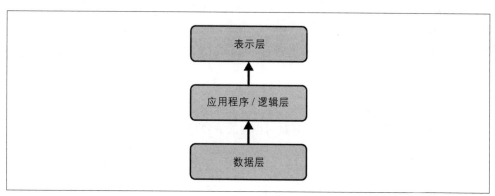

图 3-6：三层架构

我们已经在生产中看到了许多单层架构。单层架构提供了简单性，但也有严重的局限性。最终，组织或应用程序会超出这种安排。它运作良好，直到它不复存在。例如，在单层架构中，数据和逻辑层以在多层架构中被简单避免的方式共享和竞争资源（磁盘、CPU 和内存）。资源分布在各个层次。数据工程师应该使用层来评估他们的分层架构和处理依赖关系的方式。同样，从简单开始，随着你的架构变得更加复杂，逐步演进到更多层。

在多层架构中，你需要考虑分离层以及在使用分布式系统时资源在层内共享的方式。分布式系统在内部为你在数据工程生命周期中会遇到的许多技术提供动力。首先，考虑你是否希望节点出现资源争用。如果不是，则使用无共享架构：单个节点处理每个请求，这意味着其他节点不与该节点或彼此共享内存、磁盘或 CPU 等资源。数据和资源被隔离到该节点之外。或者，各个节点可以处理多个请求并共享资源，但存在资源争用的风险。另一个考虑因素是节点是否应该共享所有节点都可以访问的相同磁盘和内存。这称为共享磁盘架构，如果发生随机节点故障需要共享资源时，这种架构很常见。

单体

单体的一般概念包括尽可能多地在一个屋檐下。在其最极端的版本中，单体应用由在一台机器上运行的单一代码库组成，该机器同时提供应用程序逻辑和用户接口。

单体内部的耦合可以通过两种方式来看待：技术耦合和领域耦合。技术耦合指的是架构层次，而领域耦合指的是领域之间耦合在一起的方式。单体在技术和领域之间具有不同程度的耦合。你可以拥有一个在多层架构中解耦了多个层但仍共享多个领域的应用程序。或者，你可以使用一个为单个领域服务的单层架构。

单体的紧耦合意味着其组件缺乏模块化。更换或升级单体中的组件通常是一种用一种痛苦换取另一种痛苦的交易行为。由于紧耦合的性质，跨架构重用组件是困难的或不可能的。在评估如何改进单体架构时，通常是一场打地鼠游戏：改进一个组件，通常以单体架构的其他领域的未知后果为代价。

数据团队通常会忽视解决他们的单体应用日益复杂的问题，让它变成一个大泥球（*https://oreil.ly/2brRT*）。

第 4 章将更广泛地讨论整体技术与分布式技术的比较。我们还将讨论分布式单体，当工程师构建具有过度紧耦合的分布式系统时出现的一种奇怪的混合体。

微服务

与单体的属性（交织服务、集中化和服务之间的紧耦合）相比，微服务是截然相反的。微服务架构包括独立的、分散的和松耦合的服务。每个服务都有一个特定的功能，并且与在其领域内运行的其他服务解耦。如果一项服务暂时瘫痪，则不会影响其他服务继续运行的能力。

一个经常出现的问题是如何将你的单体转化为许多微服务（如图 3-7 所示）。这完全取决于你的单体有多复杂，以及开始从中提取服务需要付出多少努力。你的单体应用完全有可能无法拆分，在这种情况下，你需要开始创建一个新的并行架构，以微服务友好的方式将服务解耦。我们不建议进行整个重构，而是建议拆分服务。单体不是一蹴而就的，它是一个技术问题，也是一个组织问题。如果你打算将其拆分，请确保你获得了单体应用的利益相关者的支持。

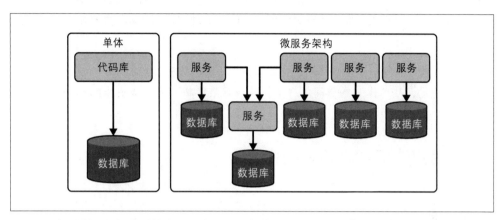

图 3-7：极其单一的架构在单个代码库中运行所有功能，可能将数据库托管在同一台主机服务器上

如果你想了解更多关于拆分单体应用的知识，我们建议你阅读 Neal Ford 等人撰写的精彩实用的 *Software Architecture:The Hard Parts*（O'Reilly）。

数据架构的注意事项

正如我们在本节开头提到的，紧耦合与松耦合的概念源于软件开发，其中一些概念可以追溯到 20 多年前。尽管数据的架构实践正在采用软件开发中的架构实践，但仍然很常见的是非常单一、紧耦合的数据架构。其中有些归因于现有数据技术的性质及其集成方式。

例如，数据管道可能会使用从许多来源获取到中央数据仓库中的数据。中央数据仓库本质上是庞大的。向与数据仓库等效的微服务的转变是将拥有特定领域数据管道的工作流连接到相应的特定领域数据仓库进行解耦。例如，销售数据管道连接到特定的销售数据仓库，而库存和产品领域遵循类似的模式。

与其武断地宣扬微服务优于单体（以及其他论点），我们建议你务实地将使用松耦合作为一种理想，同时认识到你在数据架构中使用的数据技术的状态和局限性。结合可逆技术选择，尽可能实现模块化和松耦合。

正如你在图 3-7 中所见，你以垂直方式将架构的组件分为不同的关注层。虽然多层架构解决了解耦共享资源的技术挑战，但它没有解决共享领域的复杂性。沿着单层架构与多层架构的思路，你还应该考虑如何分离数据架构的领域。例如，你的分析师团队可能依赖销售和库存数据。销售和库存领域是不同的，应该被视为独立的。

解决这个问题的一种方法是集中化：一个团队负责从所有领域收集数据并协调它以供整个组织使用。这是传统数据仓库中的一种常见方法。另一种方法是*数据网格*。使用数据网格，每个软件团队负责准备其数据以供组织的其他部门使用。我们将在本章后面详细介绍数据网格。

我们的建议是：单体不一定是坏的，在某些条件下从单体开始可能是有意义的。有时你需要快速行动，从单体开始要简单得多。准备好最终将其分解成更小的部分，不要太舒服。

3.3.4 用户访问：单租户与多租户

作为一名数据工程师，你必须做出关于在多个团队、组织和客户之间共享系统的决策。从某种意义上说，所有云服务都是多租户的，尽管这种多租户出现在不同的粒度上。例如，云计算实例通常位于共享服务器上，但虚拟机本身提供了一定程度的隔离。对象存储是一个多租户系统，但只要客户正确配置其权限，云供应商就可以保证安全性和隔离性。

工程师经常需要在更小的范围内做出有关多租户的决策。例如，一个大公司的多个部门是否共享同一个数据仓库？该组织是否在同一张表中共享多个大客户的数据？

我们在多租户中有两个因素需要考虑：性能和安全。云系统中有多个大租户，系统是否会支持所有租户的一致性，还是会出现嘈杂的邻居问题？（也就是说，一个租户的高使用率是否会降低其他租户的性能？）关于安全性，来自不同租户的数据必须适当隔离。当一个公司有多个外部客户租户时，这些租户之间不应该相互感知，工程师必须防止数据泄露。数据隔离策略因系统而异。例如，使用多租户表并通过视图隔离数据通常是完全可以接受的。但是，你必须确保这些视图不会泄漏数据。阅读供应商或项目文档以了解适当的策略和风险。

3.3.5 事件驱动架构

你的业务很少是静态的。你的业务中经常会发生一些事情，例如获得新客户、客户的新订单或产品或服务的订单。这些都是*事件*的例子，这些事件被广泛定义为发生的事情，通常是事物状态的变化。例如，客户可能会创建一个新订单，或者客户稍后可能会对此订单进行更新。

一个事件驱动的工作流（如图 3-8 所示）包含在数据工程生命周期的各个部分创建、更新和异步移动事件的能力。这个工作流归结为三个主要领域：事件生产、路由和消费。

必须在生产者、事件路由器和消费者之间没有紧耦合的依赖关系的情况下生成事件并将其路由到消费它的对象。

图 3-8：在事件驱动的工作流中，事件被生产、路由，然后被消费

事件驱动的架构（如图 3-9 所示）包含事件驱动的工作流，并使用它来在各种服务之间进行通信。事件驱动架构的优势在于它将事件的状态分布到多个服务中。如果服务离线、分布式系统中的节点发生故障，或者你希望多个消费者或服务访问相同的事件，这将很有帮助。任何时候你有松耦合的服务，这都是事件驱动架构的候选者。我们在本章后面描述的许多示例都包含某种形式的事件驱动架构。

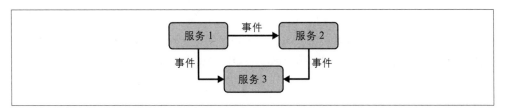

图 3-9：在事件驱动架构中，事件在松耦合的服务之间传递

你将在第 5 章了解更多关于事件驱动流和消息系统的知识。

3.3.6 棕地项目与绿地项目

在设计数据架构项目之前，你需要知道你是从零开始还是重新设计一个现有架构。每种类型的项目都需要权衡取舍，尽管考虑因素和方法不同。项目大致分为两类：棕地和绿地。

棕地项目

棕地（Brownfield）项目 通常涉及重构和重组现有架构，并受到现在和过去的选择的限制。因为架构的一个关键部分是变更管理，所以你必须找出解决这些限制的方法，并设计一条前进的道路来实现你的新业务和技术目标。棕地项目需要对遗留架构以及各种新旧技术的相互作用有透彻的了解。很多时候，批评先前团队的工作和决策很容易，但最好是深入挖掘、提出问题并理解做出决策的原因。同理心和上下文在帮助你诊断现有架构的问题、发现机会和识别陷阱方面大有帮助。

你需要引入新的架构和技术，并在某个时候弃用旧的东西。让我们看一下几种流行的方法。许多团队一头扎进对旧架构的一次性或大爆炸式检修中，通常会在进行过程中弄清楚是否弃用。尽管很受欢迎，但我们不建议采用这种方法，因为存在相关风险且缺乏计划。这条道路往往会导致灾难，做出许多不可逆转且代价高昂的决定。你的工作是做出可逆的、高投资回报率的决定。

直接重写的一种流行替代方法是绞杀者模式：新系统缓慢地、逐步地替换遗留架构的组件[注20]。最终，遗留架构被完全替换。绞杀者模式的吸引力在于它有针对性的手术方法，即一次弃用一个系统的一部分。这允许在评估弃用对依赖系统的影响时做出灵活且可逆的决策。

重要的是要注意，弃用可能是"象牙塔"的建议，不切实际或无法实现。如果你在一个大型组织中，根除遗留技术或架构可能是不可能的。某个地方的某个人正在使用这些遗留组件。正如有人曾经说过的那样，"遗留问题是一种居高临下的方式来描述一些赚钱的东西。"

如果你可以弃用，请了解有多种方法可以弃用你的旧架构。通过逐渐提高其成熟度以展示成功证据，然后遵循退出计划关闭旧系统，来展示新平台的价值至关重要。

绿地项目

另外，*绿地（Greenfield）项目*让你开创一个全新的开始，不受先前架构的历史或遗留问题的限制。绿地项目往往比棕地项目更容易，许多数据架构师和工程师发现它们更有趣！你有机会尝试最新最酷的工具和架构模式。还有什么比这更令人兴奋的呢？

在得意忘形之前，你应该注意一些事情。我们看到团队因闪亮物体综合症而过度兴奋。他们觉得有必要去接触最新最伟大的技术潮流，却不了解它将如何影响项目的价值。还有一种诱惑是进行*简历驱动的开发*，在不优先考虑项目最终目标的情况下堆叠令人印象深刻的新技术[注21]。要始终优先考虑需求，而不是构建很酷的东西。

无论你从事的是棕地项目还是绿地项目，始终关注"好的"数据架构的原则。评估权衡、做出灵活且可逆的决策，并努力获得积极的投资回报率。

现在，我们来看看架构的例子和类型——一些已经建立了几十年（数据仓库），一些是全新的（数据湖仓一体），还有一些来得快去得也快，但仍然影响着当前的架构模式（Lambda 架构）。

注 20：Martin Fowler, "StranglerFigApplication," June 29, 2004, *https://oreil.ly/PmqxB*.

注 21：Mike Loukides, " Resume Driven Development," *O'Reilly Radar*, October 13, 2004, *https://oreil.ly/BUHa8*.

3.4 数据架构的示例和类型

因为数据架构是一门抽象学科，所以它有助于通过示例进行推理。在本节中，我们将概述当今流行的重要示例和数据架构类型。尽管这组示例绝非详尽无遗，但目的是让你了解一些最常见的数据架构模式，并让你思考在为用例设计良好架构时所需的必要灵活性和权衡分析。

3.4.1 数据仓库

*数据仓库*是用于报告和分析的中央数据中心。数据仓库中的数据通常针对分析用例进行了高度格式化和结构化。它是最古老和最完善的数据架构之一。

1989 年，Bill Inmon 提出了数据仓库的概念，他将其描述为"一个面向主题的、集成的、非易失性和时变的数据集合，以支持管理决策"。[注22] 尽管数据仓库的技术方面已经发生了重大变化，我们觉得这个最初的定义在今天仍然很重要。

过去，数据仓库被广泛用于拥有大量预算（通常为数百万美元）的企业，以获取数据系统并支付内部团队为维护数据仓库提供持续支持。这是昂贵且劳动密集型的。从那时起，可扩展的、即付即得的模式使云数据仓库甚至对小公司来说也很容易访问。由于由第三方供应商管理数据仓库基础设施，公司可以用更少的人做更多的事情，即使它们的数据越来越复杂。

值得注意的是两种类型的数据仓库架构：组织型和技术型。*组织型数据仓库架构*组织与某些业务团队结构和流程相关的数据。*技术型数据仓库架构*反映了数据仓库的技术性质，例如 MPP。公司可以拥有没有 MPP 系统的数据仓库，或者运行未组织成数据仓库的 MPP 系统。然而，技术和组织架构一直存在于良性循环中，并且经常相互认同。

组织型数据仓库架构有两个主要特点：

将联机分析处理（OLAP）与生产数据库（联机事务处理，Online Transaction Processing，OLTP）分离

随着业务的发展，这种分离至关重要。将数据移动到一个单独的物理系统中，可以将负载从生产系统转移出去，并提高分析性能。

集中和组织数据

传统上，数据仓库通过使用 ETL 从应用程序系统中获取数据。提取阶段从源系统中获取数据。转换阶段对数据进行清理和标准化，以高度建模的形式组织和实施业务逻辑。（第 8 章将介绍转换和数据模型。）加载阶段将数据推送到数据仓库目标数

注 22：H. W. Inmon, *Building the Data Warehouse* (Hoboken: Wiley, 2005).

据库系统中。数据被加载到多个数据集市中，以满足特定生产线或业务和部门的分析需求。图 3-10 展示了一般工作流。数据仓库和 ETL 与特定的业务结构齐头并进，包括 DBA 和 ETL 开发团队，他们执行业务领导的指示，以确保用于报告和分析的数据与业务流程相对应。

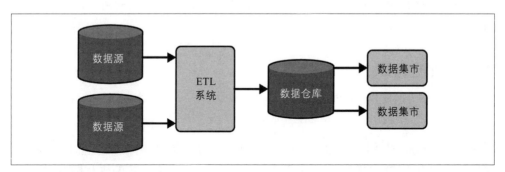

图 3-10：带 ETL 的基本数据仓库

关于技术数据仓库架构，20 世纪 70 年代后期的第一个 MPP 系统在 20 世纪 80 年代开始流行。MPP 基本上支持关系应用程序数据库中使用的相同 SQL 语义。尽管如此，它们仍为了并行扫描大量数据，从而允许进行高性能聚合和统计计算进行了优化。近年来，MPP 系统越来越多地从基于行的架构转变为基于列的架构，以促进更大的数据和查询，尤其是在云数据仓库中。随着数据和报告需求的增长，MPP 对于大型企业运行高性能查询是必不可少的。

ETL 的一种变体是 ELT。使用 ELT 数据仓库架构，数据或多或少直接从生产系统移动到数据仓库中的暂存区。在这种情况下，暂存表示数据为原始格式。转换不是使用外部系统，而是直接在数据仓库中处理。目的是利用云数据仓库和数据处理工具的巨大计算能力。数据被批量处理，转换后的输出被写入表和视图以供分析。大致流程如图 3-11 所示。ELT 在流式安排中也很流行，因为事件从 CDC 流程流式传输，存储在暂存区，随后在数据仓库中进行转换。

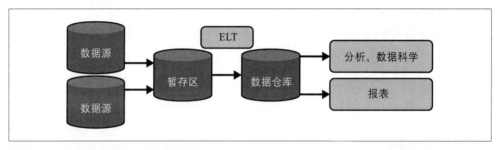

图 3-11：ELT——提取、加载和转换

ELT 的第二个版本在 Hadoop 生态系统的大数据增长期间得到普及。这是*读取时转换的 ELT*，我们将在 3.4.2 节中对此进行讨论。

云数据仓库

*云数据仓库*代表了本地数据仓库架构的重大演变，因此导致了组织架构的重大变化。Amazon Redshift 开启了云数据仓库革命。公司无须在接下来的几年中适当调整 MPP 系统的规模并签署数百万美元的合同来采购该系统，而是可以选择按需启动 Redshift 集群，随着数据和分析需求的增长而逐渐扩大规模。公司甚至可以按需启动新的 Redshift 集群来服务特定的工作负载，并在不再需要时快速删除集群。

Google BigQuery、Snowflake 和其他竞争对手推广了将计算与存储分离的想法。在此架构中，数据存储在对象存储中，允许几乎无限的存储。这也为用户提供了按需提升计算能力的选项，提供临时性的大数据能力，而无须支付数千个节点的长期成本。

云数据仓库扩展了 MPP 系统的功能，以涵盖最近需要 Hadoop 集群的许多大数据用例。它们可以轻松地在单个查询中处理 PB 级的数据。它们通常支持允许每行存储数十兆字节原始文本数据或极其丰富和复杂的 JSON 文档的数据结构。随着云数据仓库（和数据湖）的成熟，数据仓库和数据湖之间的界限将继续模糊。

云数据仓库提供的新功能的影响如此重大，以至于我们可能会考虑完全放弃*数据仓库*这个术语。相反，这些服务正在演变成一个新的数据平台，其功能比传统 MPP 系统提供的功能要广泛得多。

数据集市

*数据集市*是仓库的一个更精细的子集，旨在为分析和报告提供服务，专注于一个单一的子组织、部门或业务线。每个部门都有自己的数据集市，以满足其特定需求。这与服务于更广泛的组织或业务的完整数据仓库形成对比。

数据集市的存在有两个原因。首先，数据集市使分析师和报告开发人员更容易访问数据。其次，数据集市在初始 ETL 或 ELT 管道提供的转换阶段之外提供了一个额外的转换阶段。如果报告或分析查询需要复杂的数据连接和聚合，尤其是当原始数据很大时可以显著提高性能。转换过程可以用连接和聚合的数据填充数据集市，以提高实时查询的性能。图 3-12 展示了一般工作流。我们将在第 8 章讨论数据集市和数据集市的数据建模。

3.4.2 数据湖

大数据时代出现的最流行的架构之一是*数据湖*。与其对数据施加严格的结构限制，为什么不简单地将所有数据（结构化和非结构化数据）转储到一个中央位置？数据湖有望成为一股民主化的力量，解放企业，让它们从无限数据的源泉中畅饮。第一代数据湖即"数据湖 1.0"做出了实实在在的贡献，但普遍未能兑现承诺。

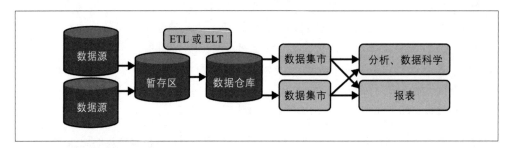

图 3-12：ETL 或 ELT 加数据集市

数据湖 1.0 始于 HDFS。随着云越来越受欢迎，这些数据湖转移到基于云的对象存储，存储成本极其低廉，存储容量几乎是无限的。数据湖不依赖于存储和计算紧耦合的单一数据仓库，它允许存储任何大小和类型的大量数据。当需要查询或转换这些数据时，你可以通过按需启动集群来获得几乎无限的计算能力，并且你可以为手头的任务选择你最喜欢的数据处理技术——MapReduce、Spark、Ray、Presto、Hive 等。

尽管有承诺和炒作，数据湖 1.0 有严重的缺点。数据湖成了垃圾场。*数据沼泽*、*暗数据*和 *WORN* 等术语是在曾经有希望的数据项目失败时创造出来的。数据增长到难以管理的规模，几乎没有模式管理、数据编目和发现工具这些方式。此外，最初的数据湖概念基本上是只写的，随着 GDPR 等要求有针对性地删除用户记录的法规的到来，这造成了巨大的麻烦。

处理数据也具有挑战性。相对简单的数据转换（例如连接），对于 MapReduce 作业来说是一个非常令人头疼的问题。后来的 Pig 和 Hive 等框架在一定程度上改善了数据处理的情况，但对解决数据管理的基本问题却没有什么帮助。SQL 中常见的简单数据操作语言（Data Manipulation Language，DML）操作——删除或更新行——实现起来很痛苦，通常通过创建全新的表来实现。虽然大数据工程师对数据仓库方面的同行表现出特别的蔑视，但后者可能会指出，数据仓库提供了开箱即用的基本数据管理功能，而 SQL 是编写复杂、高性能查询和转换的有效工具。

数据湖 1.0 也未能兑现大数据运动的另一个核心承诺。Apache 生态系统中的开源软件被吹捧为一种避免专有 MPP 系统价值数百万美元合同的方法。廉价的现成硬件将取代定制的供应商解决方案。实际上，由于管理 Hadoop 集群的复杂性迫使公司以高薪聘请大量的工程师团队，因此大数据成本激增。公司通常选择从供应商处购买许可的、定制的Hadoop 版本，以避免原始 Apache 代码库的裸线和尖锐边缘，并获得一套脚手架工具，使 Hadoop 更加用户友好。即使是避免使用云存储管理 Hadoop 集群的公司也不得不花费大量人才来编写 MapReduce 作业。

我们应该注意不要低估第一代数据湖的效用和力量。许多组织在数据湖中发现了巨大的价值——尤其是像 Netflix 和 Facebook 这样的大型、高度专注于数据的硅谷科技公司。这些公司拥有足够的资源来构建成功的数据实践，并创建基于 Hadoop 的自定义工具和增强功能。但对于许多组织而言，数据湖变成了浪费、令人失望和成本不断上升的内部超级垃圾场所。

3.4.3 融合、下一代数据湖和数据平台

为了应对第一代数据湖的局限性，各种参与者都在寻求增强这一概念以充分实现其承诺。例如，Databricks 引入了*数据湖仓一体*的概念。湖仓结合了数据仓库中的控件、数据管理和数据结构，同时仍将数据存储在对象存储中并支持各种查询和转换引擎。特别是，数据湖仓一体支持原子性、一致性、隔离性和持久性（Atomicity, Consistency, Isolation, and Durability，ACID）事务，这与原始数据湖有很大不同，在原始数据湖中，你只需输入数据，而不会更新或删除数据。*数据湖仓一体*一词暗示了数据湖和数据仓库之间的融合。

云数据仓库的技术架构已经发展到与数据湖架构非常相似。云数据仓库将计算与存储分开，支持 PB 级的查询，存储各种非结构化数据和半结构化对象，并与先进的处理技术（如 Spark 或 Beam）集成。

我们相信，融合的趋势只会继续下去。数据湖和数据仓库仍将作为不同的架构存在。在实践中，它们的能力将会融合，以至于很少有用户会在日常工作中注意到它们之间的界限。我们现在看到一些供应商提供的*数据平台*，结合了数据湖和数据仓库的功能。从我们的角度来看，AWS、Azure、Google Cloud（*https://oreil.ly/ij2QV*）、Snowflake（*https://oreil.ly/NoE9p*）和 Databricks 是一流的领导者，每家都提供了一系列紧密集成的工具来处理数据，从关系型到完全非结构化。未来的数据工程师可以根据各种因素，包括供应商、生态系统和相对开放性，选择一个融合的数据平台，而不是在数据湖或数据仓库架构之间进行选择。

3.4.4 现代数据栈

现代数据栈（如图 3-13 所示）是目前流行的分析架构，突出了我们希望在未来几年内看到更广泛使用的抽象类型。过去的数据栈依赖于昂贵的、单一的工具集，而现代数据栈的主要目标是使用基于云的、即插即用的、现成的组件来创建一个模块化和具有成本效益的数据架构。这些组件包括数据管道、存储、转换、数据管理 / 治理、监控、可视化和探索。该领域仍在不断变化，具体的工具也在快速变化和发展，但其核心目标将保持

不变：降低复杂性，提高模块化程度。请注意现代数据栈的概念与 3.4.3 节的融合数据平台的概念很好地结合在一起。

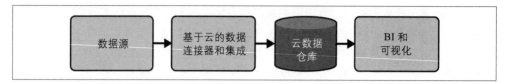

图 3-13：现代数据技术栈的基本组件

现代数据栈的主要成果是自助服务（分析和管道）、敏捷数据管理以及使用开源工具或具有明确定价结构的简单专有工具。社区也是现代数据栈的核心方面。与过去对用户隐藏发布和路线图的产品不同，在现代数据栈空间中运营的项目和公司通常拥有参与开发的强大的用户群和活跃的社区，它们通过尽早使用产品、建议功能和提交拉取请求来改进代码。

无论"现代"走向何方（我们在第 11 章分享我们的想法），我们认为具有易于理解的定价和实施的即插即用模块化的关键概念是未来的发展方向。特别是在分析工程中，现代数据栈现在是并将继续是数据架构的默认选择。在整本书中，我们引用的架构包含现代数据堆栈的各个部分，例如基于云和即插即用的模块化组件。

3.4.5 Lambda 架构

在"过去"（21 世纪 10 年代初期至中期），随着 Kafka 作为高度可扩展的消息队列和用于流式 / 实时分析的 Apache Storm 和 Samza 等框架的出现，使用流数据的流行度呈爆炸式增长。这些技术使公司能够对大量数据、用户聚合和排名，以及产品推荐执行新型分析和建模。数据工程师需要弄清楚如何将批处理和流处理数据协调到一个架构中。Lambda 架构是对这个问题的早期流行回应之一。

在 *Lambda 架构* 中（如图 3-14 所示），你的系统彼此独立运行——批处理、流处理和服务。理想情况下，源系统是不可变的且只能追加，将数据发送到两个目的地进行处理：流处理和批处理。流处理的目的是在"速度"层（通常是 NoSQL 数据库）中以尽可能低的延迟为数据提供服务。在批处理层，数据在数据仓库等系统中进行处理和转换，创建数据的预计算和聚合的数据视图。服务层通过聚合来自两个层的查询结果来提供组合视图。

Lambda 架构有其自身的挑战和批评。管理具有不同代码库的多个系统听起来很困难，使用极难协调的代码和数据创建容易出错的系统。

我们提到 Lambda 架构是因为它仍然受到关注并且在数据架构的搜索引擎结果中很受欢迎。如果你尝试结合流数据和批数据进行分析，Lambda 不是我们的首选。技术和实践已经向前发展了。

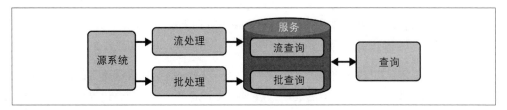

图 3-14：Lambda 架构

接下来，让我们看看对 Lambda 架构的回应，即 Kappa 架构。

3.4.6 Kappa 架构

作为对 Lambda 架构缺点的回应，Jay Kreps 提出了一种称为 *Kappa 架构*的替代方案（如图 3-15 所示）[注23]。中心论点是：为什么不使用流处理平台作为所有数据处理的主干——消化、存储和服务？这有助于实现真正的基于事件的架构。通过直接读取实时事件流并重放大块数据以进行批处理，可以将实时和批处理无缝地应用于相同的数据。

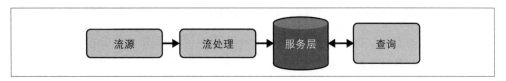

图 3-15：Kappa 架构

尽管最初的 Kappa 架构文章于 2014 年发表，但我们尚未看到它被广泛采用。这可能有几个原因。首先，流处理本身对许多公司来说仍然有点神秘，说起来容易，但执行起来比预期的要难。其次，事实证明，Kappa 架构在实践中既复杂又昂贵。虽然一些流处理系统可以扩展到巨大的数据量，但它们既复杂又昂贵。对于庞大的历史数据集，批存储和批处理仍然更加高效且更具成本效益。

3.4.7 数据流模型和统一的批处理与流处理

Lambda 和 Kappa 都试图解决 21 世纪 10 年代 Hadoop 生态系统的局限性，尝试将最初可能不适合的复杂工具用胶带粘在一起。统一批处理和流处理数据的核心挑战仍然存在，Lambda 和 Kappa 都为这一追求的持续进步提供了灵感和基础。

管理批处理和流处理的核心问题之一是统一多个代码路径。虽然 Kappa 架构依赖于统

注 23：Jay Kreps, "Questioning the Lambda Architecture," *O'Reilly Radar*, July 2, 2014, *https://oreil.ly/wWR3n*.

一的队列和存储层，但仍然需要使用不同的工具来收集实时统计信息或运行批处理聚合作业。如今，工程师试图通过多种方式解决这个问题。Google 通过开发 Dataflow 模型（*https://oreil.ly/qrxY4*）和实现该模型的 Apache Beam（*https://beam.apache.org*）框架而取得了成功。

Dataflow 模型的核心思想是将所有数据视为事件，因为聚合是在各种类型的窗口上执行的。持续的实时事件流是*无边界的数据*。数据批次只是有界事件流，边界提供了一个自然窗口。工程师可以选择各种窗口进行实时聚合，例如滑动或翻滚。实时和批处理在同一系统中使用几乎相同的代码进行。

"批处理作为流处理的特例"的理念现在更加普遍。Flink 和 Spark 等各种框架都采用了类似的方法。

3.4.8 物联网架构

*物联网*是设备的分布式集合，又称为*事物*——计算机、传感器、移动设备、智能家居设备以及任何其他具有互联网连接的设备。IoT 数据不是由直接的人类输入（想想看从键盘输入数据）生成数据，而是由定期或连续从周围环境收集数据并将其传输到目的地的设备生成。物联网设备通常是低功耗的，并且在低资源 / 低带宽环境中运行。

虽然物联网设备的概念至少可以追溯到几十年前，但智能手机革命几乎在一夜之间创造了一个庞大的物联网集群。从那时起，出现了许多新的物联网类别，例如智能恒温器、汽车娱乐系统、智能电视和智能音箱。物联网已经从未来主义的幻想演变为海量数据工程领域。我们预计 IoT 将成为生成和使用数据的主要方式之一，并且本节内容比本书其他部分更深入。

粗略了解 IoT 架构将有助于你了解更广泛的数据架构趋势。让我们简要地看一些物联网架构概念。

设备

设备（也称为*事物*）是连接到互联网的物理硬件，可以感知周围的环境、收集数据并将其传输到下游目的地。这些设备可能用于门铃摄像头、智能手表或恒温器等消费类应用程序。该设备可能是一个由人工智能驱动的摄像头，用于监控装配线是否有缺陷的组件；一个 GPS 跟踪器，用于记录车辆位置；或者是一个被编程为下载最新推文并冲泡咖啡的 Raspberry Pi。任何能够从其环境中收集数据的设备都是物联网设备。

设备应该至少能够收集和传输数据。但是，设备也可能在将数据发送到下游之前处理数据或对收集的数据运行机器学习——分别是边缘计算和边缘机器学习。

数据工程师不一定需要了解物联网设备的内部细节，但应该了解设备的功能、收集的数据、在传输数据之前运行的任何边缘计算或 ML，以及发送数据的频率。数据工程师还应该了解设备或互联网中断、影响数据收集的环境或其他外部因素的后果，以及这些因素如何影响下游从设备收集数据。

与设备对接

除非你能得到设备的数据，否则设备是没有用的。接下来将介绍在野外与 IoT 设备交互所必需的一些关键组件。

物联网网关。*物联网网关*是连接设备并将设备安全路由到互联网上适当目的地的枢纽。虽然你可以在没有物联网网关的情况下将设备直接连接到互联网，但网关允许设备使用极少的功率进行连接。它充当数据保留的中转站，并管理与最终数据目的地的互联网连接。

新的低功耗 WiFi 标准旨在降低物联网网关在未来的重要性，但这些标准现在刚刚推出。通常，一大群设备会使用许多物联网网关，每个设备所在的物理位置都有一个网关（如图 3-16 所示）。

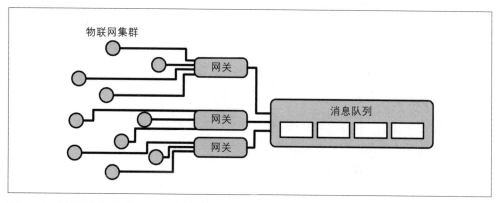

图 3-16：设备群（圆圈）、IoT 网关和带有消息（队列中的矩形）的消息队列

获取。如前所述，*获取*从 IoT 网关开始。从那里，事件和测量可以流入事件获取架构。

当然，其他模式也是可能的。例如，网关可以积累数据并分批上传以供以后分析处理。在远程物理环境中，网关在很多时候可能无法连接到网络。只有当它们进入蜂窝或 WiFi 网络的范围时，它们才可以上传所有数据。关键是物联网系统和环境的多样性带来了复杂性——例如，延迟到达的数据、数据结构和模式差异、数据损坏和连接中断——工程师必须在他们的架构和下游分析中考虑这些问题。

存储。存储要求在很大程度上取决于系统中物联网设备的延迟要求。例如，对于收集科学数据以供稍后分析的远程传感器，批量对象存储可能是完全可以接受的。但是，系统后端可能会期望接近实时的响应，该系统后端会不断分析家庭监控和自动化解决方案中的数据。这种情况下，消息队列或者时序数据库比较合适。我们将在第 6 章更详细地讨论存储系统。

服务。服务模式非常多样化。在批处理科学应用程序中，数据可能会使用云数据仓库进行分析，然后在报告中提供。数据将在家庭监控应用程序中以多种方式呈现和提供。数据将在近期使用流处理引擎进行分析，或在时间序列数据库中查询，以查找关键事件，例如火灾、停电或入室盗窃。应用程序检测到异常会向房主、消防部门或其他实体发出警报。批处理分析组件也存在——例如，关于家庭状态的月度报告。

IoT 的一种重要服务模式类似于反向 ETL（如图 3-17 所示），尽管我们倾向于不在 IoT 上下文中使用该术语。想想这个场景：收集和分析来自制造设备上传感器的数据。这些测量的结果被处理以寻求优化，使设备能够更有效地运行。数据被发回以重新配置设备并优化。

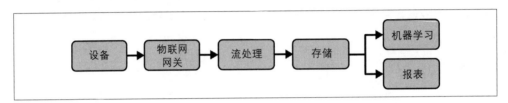

图 3-17：下游用例的物联网服务模式

触及物联网的表面

物联网场景非常复杂，物联网架构和系统对于可能在其职业生涯中处理业务数据的数据工程师来说也不太熟悉。我们希望本节内容能够鼓励感兴趣的数据工程师更多地了解这个引人入胜且快速发展的专业。

3.4.9 数据网格

*数据网格*是最近对庞大的单一数据平台（例如集中式数据湖和数据仓库）以及"数据大分水岭"的回应，其中数据分为运营数据和分析数据[注24]。数据网格试图反转集中式数据架构的挑战，采用领域驱动设计的概念（通常用于软件架构）并将其应用于数据架构。因为数据网格最近引起了很多关注，所以你应该了解它。

正如 Zhamak Dehghani 在她关于该主题的开创性文章中指出的那样，数据网格的很大一部分是去中心化[注25]：

注 24：Zhamak Dehghani，"Data Mesh Principles and Logical Architecture，"MartinFowler.com，December 3, 2020, *https://oreil.ly/ezWE7*.

注 25：Zhamak Dehghani，"How to Move Beyond a Monolithic Data Lake to a Distributed Data Mesh，"Martin-Fowler.com, May 20, 2019, *https://oreil.ly/SqMe8*.

为了去中心化单一数据平台，我们需要扭转我们对数据、数据位置和所有权的看法。领域需要以一种易于使用的方式托管和服务其领域数据集，而不是将数据从领域流入中央拥有的数据湖或平台。

Dehghani 后来确定了数据网格的四个关键组成部分[注 26]：

- 面向领域的分散式数据所有权和架构

- 数据作为产品

- 自助式数据基础架构作为平台

- 联合计算治理

图 3-18 展示了数据网格架构的简化版本。你可以在 Dehghani 的书 *Data Mesh*（O'Reilly）[编辑注 2]中了解有关数据网格的更多信息。

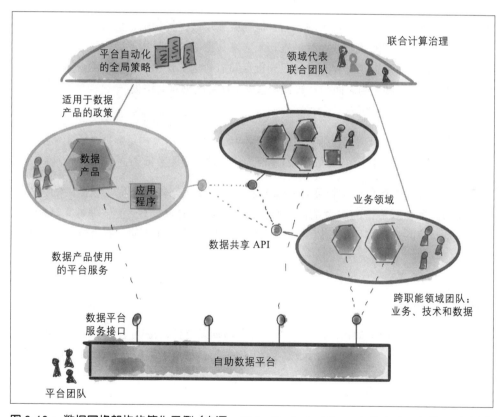

图 3-18：数据网格架构的简化示例（来源：*Data Mesh*, by Zhamak Dehghani. Copyright © 2022 Zhamak Dehghani. Published by O'Reilly Media, Inc.）

注 26：Zhamak Dehghani, "Data Mesh Principles and Logical Architecture."
编辑注 2：本书已由机械工业出版社翻译出版，书名为《Data Mesh 权威指南》（书号为 978-7-111- 72588-6）。

3.4.10 其他数据架构示例

数据架构还有无数其他变体，例如数据结构、数据中心、缩放架构（*https://oreil.ly/MB1Ap*）、元数据优先架构（*https://oreil.ly/YkA9e*）、事件驱动架构、实时数据栈（第 11 章）等。随着实践的巩固和成熟，以及工具的简化和改进，新的架构将继续出现。我们专注于少数最关键的数据架构模式，这些模式非常完善，发展迅速，或两者兼而有之。

作为数据工程师，请注意新架构如何帮助你的组织。通过培养对数据工程生态系统发展的高层次认识，与时俱进。保持开放的心态，不要对一种方法产生情感上的依恋。一旦你确定了潜在价值，加深你的学习并做出具体的决定。如果处理得当，则数据架构中的小调整或大修可以对业务产生积极影响。

3.5 谁参与了数据架构的设计

数据架构不是凭空设计的。较大的公司可能仍会雇用数据架构师，但这些架构师将需要密切关注技术和数据的状态并与时俱进。象牙塔数据架构的时代已经一去不复返了。过去，架构在很大程度上与工程正交。我们预计随着数据工程和一般工程的快速发展，变得更加敏捷，工程和架构之间的分离越来越少，这种区别将会消失。

理想情况下，数据工程师将与专门的数据架构师一起工作。但是，如果公司规模较小或数据成熟度较低，则数据工程师可能兼任架构师。因为数据架构是数据工程生命周期的底层设计，数据工程师应该理解"好的"架构和各种类型的数据架构。

在设计架构时，你将与利益相关者一起评估权衡。采用云数据仓库与数据湖的内在权衡是什么？各种云平台的取舍是什么？什么时候统一的批处理/流处理框架（Beam、Flink）是合适的选择？抽象地研究这些选择将使你为做出具体的、有价值的决定做好准备。

3.6 总结

你已经了解了数据架构如何适应数据工程生命周期以及什么造就了"好的"数据架构，并且你已经看到了几个数据架构示例。因为架构是成功的关键基础，我们鼓励你花时间深入研究它并了解任何架构中固有的权衡。你将准备好规划出符合你组织独特要求的架构。

接下来，让我们看看一些选择正确技术以用于数据架构和整个数据工程生命周期的方法。

3.7 补充资料

- "AnemicDomainModel" (*https://oreil.ly/Bx8fF*) by Martin Fowler
- "Big Data Architectures" (*https://oreil.ly/z7ZQY*) Azure documentation
- "BoundedContext" (*https://oreil.ly/Hx3dv*) by Martin Fowler
- "A Brief Introduction to Two Data Processing Architectures—Lambda and Kappa for Big Data" (*https://oreil.ly/CcmZi*) by Iman Samizadeh
- "The Building Blocks of a Modern Data Platform" (*https://oreil.ly/ECuIW*) by Prukalpa
- "Choosing Open Wisely" (*https://oreil.ly/79pNh*) by Benoit Dageville et al.
- "Choosing the Right Architecture for Global Data Distribution" (*https://oreil.ly/mGkrg*) Google Cloud Architecture web page
- "Column-Oriented DBMS" Wikipedia page (*https://oreil.ly/pG4DJ*)
- "A Comparison of Data Processing Frameworks" (*https://oreil.ly/XSM7H*) by Ludovik Santos
- "The Cost of Cloud, a Trillion Dollar Paradox" (*https://oreil.ly/8wBqr*) by Sarah Wang and Martin Casado
- "The Curse of the Data Lake Monster" (*https://oreil.ly/UdFHa*) by Kiran Prakash and Lucy Chambers
- *Data Architecture: A Primer for the Data Scientist* by W. H. Inmon et al. (Academic Press)
- "Data Architecture: Complex vs. Complicated" (*https://oreil.ly/akjNd*) by Dave Wells
- "Data as a Product vs. Data as a Service" (*https://oreil.ly/6svBK*) by Justin Gage
- "The Data Dichotomy: Rethinking the Way We Treat Data and Services" (*https://oreil.ly/Bk4dV*) by Ben Stopford
- "Data Fabric Architecture Is Key to Modernizing Data Management and Integration" (*https://oreil.ly/qQf3z*) by Ashutosh Gupta
- "Data Fabric Defined" (*https://oreil.ly/ECpAG*) by James Serra
- "Data Team Platform" (*https://oreil.ly/SkDj0*) by GitLab Data
- "Data Warehouse Architecture: Overview" (*https://oreil.ly/pzGKb*) by Roelant Vos
- "Data Warehouse Architecture" tutorial at Javatpoint (*https://oreil.ly/XgwiO*)
- "Defining Architecture" ISO/IEC/IEEE 42010 web page (*https://oreil.ly/CJxom*)
- "The Design and Implementation of Modern Column-Oriented Database Systems" (*https://oreil.ly/Y93uf*) by Daniel Abadi et al.

- "Disasters I've Seen in a Microservices World" (*https://oreil.ly/b1TWh*) by Joao Alves
- "DomainDrivenDesign" (*https://oreil.ly/nyMrw*) by Martin Fowler
- "Down with Pipeline Debt: Introducing Great Expectations" (*https://oreil.ly/EgVav*) by the Great Expectations project
- *EABOK* draft (*https://oreil.ly/28yWO*), edited by Paula Hagan
- EABOK website (*https://eabok.org*)
- "EagerReadDerivation" (*https://oreil.ly/ABD9d*) by Martin Fowler
- "End-to-End Serverless ETL Orchestration in AWS: A Guide" (*https://oreil.ly/xpmrY*) by Rittika Jindal
- "Enterprise Architecture" Gartner Glossary definition (*https://oreil.ly/mtam7*)
- "Enterprise Architecture's Role in Building a Data-Driven Organization" (*https://oreil.ly/n73yP*) by Ashutosh Gupta
- "Event Sourcing" (*https://oreil.ly/xrfaP*) by Martin Fowler
- "Falling Back in Love with Data Pipelines" (*https://oreil.ly/ASz07*) by Sean Knapp
- "Five Principles for Cloud-Native Architecture: What It Is and How to Master It" (*https://oreil.ly/WCYSj*) by Tom Grey
- "Focusing on Events" (*https://oreil.ly/NsFaL*) by Martin Fowler
- "Functional Data Engineering: A Modern Paradigm for Batch Data Processing" (*https://oreil.ly/ZKmuo*) by Maxime Beauchemin
- "Google Cloud Architecture Framework" Google Cloud Architecture web page (*https://oreil.ly/Cgknz*)
- "How to Beat the Cap Theorem" (*https://oreil.ly/NXLn6*) by Nathan Marz
- "How to Build a Data Architecture to Drive Innovation—Today and Tomorrow" (*https://oreil.ly/dyCpU*) by Antonio Castro et al.
- "How TOGAF Defines Enterprise Architecture (EA)" (*https://oreil.ly/b0kaG*) by Avancier Limited
- The Information Management Body of Knowledge website (*https://www.imbok.info*)
- "Introducing Dagster: An Open Source Python Library for Building Data Applications" (*https://oreil.ly/hHNqx*) by Nick Schrock
- "The Log: What Every Software Engineer Should Know About Real-Time Data's Unifying Abstraction" (*https://oreil.ly/meDK7*) by Jay Kreps
- "Microsoft Azure IoT Reference Architecture" documentation (*https://oreil.ly/UUSMY*)
- Microsoft's "Azure Architecture Center" (*https://oreil.ly/cq8PN*)
- "Modern CI Is Too Complex and Misdirected" (*https://oreil.ly/Q4RdW*) by Greg-

ory Szorc

- "The Modern Data Stack: Past, Present, and Future" (*https://oreil.ly/lt0t4*) by Tristan Handy
- "Moving Beyond Batch vs. Streaming" (*https://oreil.ly/sHMjv*) by David Yaffe
- "A Personal Implementation of Modern Data Architecture: Getting Strava Data into Google Cloud Platform" (*https://oreil.ly/o04q2*) by Matthew Reeve
- "Polyglot Persistence" (*https://oreil.ly/aIQcv*) by Martin Fowler
- "Potemkin Data Science" (*https://oreil.ly/MFvAe*) by Michael Correll
- "Principled Data Engineering, Part I: Architectural Overview" (*https://oreil.ly/74rlm*) by Hussein Danish
- "Questioning the Lambda Architecture" (*https://oreil.ly/mc4Nx*) by Jay Kreps
- "Reliable Microservices Data Exchange with the Outbox Pattern" (*https://oreil.ly/vvyWw*) by Gunnar Morling
- "ReportingDatabase" (*https://oreil.ly/ss3HP*) by Martin Fowler
- "The Rise of the Metadata Lake" (*https://oreil.ly/fijil*) by Prukalpa
- "Run Your Data Team Like a Product Team" (*https://oreil.ly/0MjbR*) by Emilie Schario and Taylor A. Murphy
- "Separating Utility from Value Add" (*https://oreil.ly/MAy9j*) by Ross Pettit
- "The Six Principles of Modern Data Architecture" (*https://oreil.ly/wcyDV*) by Joshua Klahr
- Snowflake's "What Is Data Warehouse Architecture" web page (*https://oreil.ly/KEG4l*)
- "Software Infrastructure 2.0: A Wishlist" (*https://oreil.ly/wXMts*) by Erik Bernhardsson
- "Staying Ahead of Data Debt" (*https://oreil.ly/9JdJ1*) by Etai Mizrahi
- "Tactics vs. Strategy: SOA and the Tarpit of Irrelevancy" (*https://oreil.ly/NUbb0*) by Neal Ford
- "Test Data Quality at Scale with Deequ" (*https://oreil.ly/WG9nN*) by Dustin Lange et al.
- "Three-Tier Architecture" (*https://oreil.ly/POjK6*) by IBM Education
- TOGAF framework website (*https://oreil.ly/7yTZ5*)
- "The Top 5 Data Trends for CDOs to Watch Out for in 2021" (*https://oreil.ly/IFXFp*) by Prukalpa
- "240 Tables and No Documentation?" (*https://oreil.ly/dCReG*) by Alexey Makhotkin
- "The Ultimate Data Observability Checklist" (*https://oreil.ly/HaTwV*) by Molly Vorwerck

- "Unified Analytics: Where Batch and Streaming Come Together; SQL and Beyond" Apache Flink Roadmap (*https://oreil.ly/tCYPh*)
- "UtilityVsStrategicDichotomy" (*https://oreil.ly/YozUm*) by Martin Fowler
- "What Is a Data Lakehouse?" (*https://oreil.ly/L12pz*) by Ben Lorica et al.
- "What Is Data Architecture? A Framework for Managing Data" (*https://oreil.ly/AJgMw*) by Thor Olavsrud
- "What Is the Open Data Ecosystem and Why It's Here to Stay" (*https://oreil.ly/PoeOA*) by Casber Wang
- "What's Wrong with MLOps?" (*https://oreil.ly/c1O9I*) by Laszlo Sragner
- "What the Heck Is Data Mesh" (*https://oreil.ly/Hjnlu*) by Chris Riccomini
- "Who Needs an Architect" (*https://oreil.ly/0BNPj*) by Martin Fowler
- "Zachman Framework" Wikipedia page (*https://oreil.ly/iszvs*)

第 4 章

根据数据生命周期选择技术

现如今数据工程师因技术种类过于繁杂丰富而感到选择困难。我们并不缺少解决各式各样数据问题的技术。许多完整并可立即使用的数据技术触手可得，如开源代码、托管开源、软件专利、服务专利等。然而，在追寻前沿技术的过程中，我们容易忘记数据工程核心：设计出可靠稳定的系统来承载数据全周期的流动，并满足不同终端用户的需求。如同建筑工人需要精挑细选不同的建造技术和建筑材料来实现设计师的建筑设计一样，数据工程师的也需要选择合适的数据技术来引导数据在整个生命周期里为应用程序和用户服务。

第 3 章我们讨论了什么是"好的"数据架构，以及它为什么重要。现在我们要来解释如何选择正确的数据技术来服务于此数据架构。数据工程师必须选择好的技术来尽可能实现最佳的数据产品。判断数据技术好坏的标准是很简单的：选择这个技术有没有增加产品的商业价值。

许多人会混淆数据架构和数据工具。数据架构是一种战略，而数据工具是一种战术。我们有时会听说，"我们的数据架构是工具 X、Y 和 Z"。这是对数据架构的错误理解。数据架构是数据系统的高层设计、框架和蓝图，以使数据系统实现它的商业战略。数据架构回答了"是什么？""为什么？""什么时候？"这三个问题。而数据工具是将架构落到实处的方法，它回答了"如何实现"这个问题。

我们经常看见组员"脱离轨道"，在设计出数据架构之前就选择了技术。导致这种情况的原因有很多：新奇事物综合症（shiny object syndrome）、简历驱动开发（resume-driven development）、对架构缺乏经验。实际上，这样提前选择技术会导致最终产出的是技术的胡乱拼凑而不是真正的数据架构。我们强烈建议不要在确定好架构之前选取你的技术。架构第一，技术第二。

本章将讨论在拥有数据架构战略蓝图之后进行技术选择的战术计划。以下是在数据工程生命周期中选择技术的一些考虑因素：

- 团队大小和能力

- 加速市场化

- 互操作性（interoperability）

- 成本优化和商业价值

- 现在与未来：不变的与暂时的技术

- 部署位置（本地、云、混合云、多云）

- 构建与购买

- 单体（monolith）与模块化（modular）

- 无服务器与服务器

- 优化、性能和基准战争

- 底层设计及其对技术选择的影响

4.1 团队大小和能力

你需要评估的第一件事就是团队的大小和团队成员的技术能力。你的团队是小团队（也许只有一个人），成员需要同时扮演各种角色，还是大团队，每个成员都有特定的角色？团队是由少数成员负责数据工程生命周期的多个阶段，还是部分成员负责特定的领域？你的团队的大小会直接影响选择的技术类型。

简单和复杂的技术的共性是：团队的大小会基本上决定你的团队有多少精力和时间可以投入研究复杂问题的解决方案。我们有时会看见小的数据团队在阅读大公司的科技前沿博文，并且尝试在自己的团队复现相应的技术与实践。我们把这个叫作货物崇拜主义软件工程（cargo-cult engineering），这是一种会耗费大量时间和金钱的错误选择，通常能得到的回报很少。特别是对小团队，或者技术上还偏弱的团队，应尽可能地使用 SaaS工具，把有限的时间和精力花费在能快速得到商业回报的复杂问题上。

了解成员的技术能力。团队成员更喜欢低代码工具还是以代码为主的工具？成员比较擅长某些语言（比如 Java、Python、Go）吗？现在丰富的技术能满足从低代码到以代码为主的各种需求。我们还是推荐保持使用团队熟悉的技术和工作流。我们观察到虽然部分数据团队花费大量时间去学习新兴的数据技术、语言或工具，但结果却从未将其应用到生产环境。学习新的技术、语言或者工具需要大量的时间投入，所以需要明智地去规划这方面的投入。

4.2 加速市场化

对于技术而言,快速地投入市场是必胜之道。这意味着需要选择能让数据需求开发得更快速的技术,同时能保持高质量标准和高安全性。这还需要开发者在发布、学习、迭代中不断反馈和改进。

追求完美是保持优秀的敌人。许多数据团队会在技术选择上花费数月甚至数年的时间,却迟迟没有做出任何决策。犹豫不决和少有产出是数据团队的死亡前兆。我们看到过很多数据团队因为行动过慢、无法交付预期的产出而解散。

团队需要尽早实现价值交付并且保持阶段性地交付频率。就像我们提到的,你的团队成员会更熟练地使用他们已知的工具。为了避免无差别的繁重工作让你的团队少有价值产出。选择能帮助团队快速、可靠、安全地进行开发的工具。

4.3 互操作性

很少会有只需要一种技术或者系统的情景。当选择一种技术或系统时,你还需要确保它可以和其他的技术进行交互和操作。互操作性描述了多种技术和系统之间是如何连接、互换信息和交互的。

假设你在评估 A 和 B 两种技术。当考虑到互操作性时,需要考量 A 技术有多容易和 B 技术相互集成。这其中的难度难以确定,可能是已经无缝集成了,也可能是需要大量时间去实现的。是每个产品都已无缝集成,彼此兼容,让设置变得轻而易举,还是你需要手动添加大量配置才能实现不同产品集成?

供应商和开源的项目你会追求在一个特殊的平台或者系统上协作。大多数数据获取和可视化工具已经和有名的数据仓库或数据湖做好了集成。另外,数据获取工具还会和通用的 API 和服务(比如 CRM、会计软件等)集成。

有时实现标准化是实现互操作性的前提。几乎所有的数据库都会允许使用 Java 数据库连接(Java Database Connectivity,JDBC)或开放式数据库连接(Open Database Connectivity,ODBC),这样用户就可以通过标准接口轻松连接数据库。在另一种情况下,互操作性无须事先定义好标准。描述性状态迁移(Representational State Transfer,REST)并不完全是标准化的 API,每个 REST API 有自己的定义。在这样的情景下,供应商或者开源软件(Open Source Software,OSS)项目负责保证与其他技术和系统的顺利集成。

在整个数据工程生命周期中,要时刻注意到连接你所选择的不同技术的困难程度。就像我们在其他章节提到的,我们建议设计模块化,让你能在新技术到来时,快速地实现替换和转变。

4.4 成本优化和商业价值

在完美世界里，你可以无须考虑成本、时间、商业价值就可以尝试使用最新最前沿的技术。在现实世界中，预算和时间都是有限的，并且成本是数据架构和技术选择的最主要限制。你的组织希望你的数据项目能有正的投资回报率（ROI），所以你必须了解你可以控制的最基础的成本。技术是最主要的成本消耗，所以你的技术选择和管理策略会极大影响你的预算。我们会从三个方面来分析成本：总拥有成本、总拥有机会成本和云成本优化（FinOps）。

4.4.1 总拥有成本

总拥有成本（Total Cost of Ownership，TCO）是一个方案的总估计成本，包括使用的产品和服务的直接成本与间接成本。直接成本可以直接来自于方案，例如，团队的工资、AWS 的服务消费。间接成本，也称为管理费用，是和该方案无关的，无论选择哪种方案都需要被花费的。

除了直接和间接成本，产品如何被购买也会影响成本的计算。费用分为两大类：资本支出和运营支出。

资本支出（capital expenses），也称为 capex，属于前期投资。支付是需要今天完成的。在云技术出现之前，公司通常会在前期购买大量硬件和软件。此外，前期搭建硬件机房、数据中心和托管设备也需要大量的投资。这些前期投资（通常需要数十万至数百万美元或更多）属于资产并会随着时间慢慢折旧。从预算来看，需要大量资金来支持整个购买。这是一项资本支出，并需要制定长期计划以实现前期付出和费用的正投资回报率（ROI）。

运营支出（operation expenses），也称为 opex，在某些方面和资本支出是相反的。运营支出是渐进的并且分散于各时间段的。资本支出注重长期的计划，而运营支出注重短期的计划。运营支出几乎是即付即得的，且有更多灵活性。它更像是直接成本，能更容易归因于数据项目。

在之前，运营支出不是大型数据项目的选择。数据系统通常需要数百万美元费用。这种情况随着云技术的出现而发生了改变，因为数据平台服务允许依据实际消费模型来付费。简单来说，运营支出能更好地给予工程师团队选择软件和硬件的能力。云端服务使得数据工程师可以快速地迭代各种软件和技术配置，通常费用也不贵。

数据工程师需要切实地对待灵活性。数据技术改变太迅速，以至于不能投资长期的硬件，因为它们注定会变陈旧、不能轻松扩展，并且可能会使数据工程师失去灵活性，不能去尝试新技术。鉴于运营支出在灵活性和低初始成本上的优势，我们建议数据工程师优先考虑运营支出，将技术集中在云上并且使用灵活的即付即得技术。

4.4.2 总拥有机会成本

任何的选择都会排除掉其他的可能。总拥有机会成本（Total Opportunity Cost of Ownership，TOCO）是我们在选择技术、架构或流程后所损失的机会的成本[注1]。请注意，本章我们讨论的所有权是不包括需要长期购买硬件或软件许可证的。就算在云环境中，一旦将个技术、栈，或者管道变成生产数据流程的核心部分，就很难改变了。当接手一个新的项目时，数据工程师通常无法评估总拥有机会成本。在我们看来，这是一大盲点。

如果你选择数据栈 A，那么你是在众多技术中看重了数据栈 A 的优势，特别是排除了数据栈 B、C 和 D。你会致力于数据栈 A 所需的一切——支持它的团队、培训、搭建、维护。如果数据栈 A 实际并是一个好的选择会如何呢？如果数据栈 A 过时了呢？你还可以选择其他的数据栈吗？

你能多快、多低成本地转换到新的更好的技术上？这是数据领域里的关键问题，特别是在技术和产品迭代的速度越来越快的今天。你在数据栈 A 上的付出和努力可以转换到下一个技术中吗？或者你能否更换数据栈 A 的组件，为自己争取更多的时间和选择？

减少机会成本的第一步是睁大眼睛仔细进行评估。我们看到数不清的数据团队被当时看起来很好的技术所陷，这些技术要么无法适应未来发展，要么已经过时。不灵活的数据技术就像是为熊准备的陷阱，很进入，却很难摆脱。

4.4.3 FinOps

我们已经在 3.2.9 节中了解了 FinOps。正如我们所讨论的，典型的云端消费本质上是一种运营支出：公司为运行重要数据流程的服务付费，而不是前期投资和长期的固定投资。FinOps 的目标就是通过应用类似 DevOps 的实践来监控和动态调整系统，以全面实现账户财务管理和创造商业价值。

在这一节，我们想要强调的 FinOps 很好地体现在下面这句话之中[注2]：

> FinOps 似乎是节约开支，但仔细想想，FinOps 是创造价值。云可以创造更多的收

注 1：详情请见 Joseph Reis 在 "97 Things Every Data Engineer Should Know"（O'Reilly）中的 "Total Opportunity Cost of Ownership" 章节。

注 2：J. R. Storment and Mike Fuller, *Cloud FinOps* (Sebastopol, CA: O'Reilly, 2019), 6, *https://oreil.ly/RvRvX*.

入、促进用户的大量增加、增快产品的发布速度，甚至帮助关闭数据中心。

对于数据工程来说，快速迭代和动态扩展是创造商业价值的无价之宝。这是将数据工作平台移到云的主要原因之一。

4.5 现在与未来：不变的与暂时的技术

在现存的领域如数据工程，都很容易聚焦在快速更替的未来而忽略了现在的实际需求。创建更好的未来的出发点是难能可贵的，但这经常导致过度设计和过度工程。现在为未来选择的工具也许在未来真正到来时已经陈旧过时。未来通常和我们几年前所设想的不同。

就像许多人生导师会告诉你的那样，专注于现在。你应该选择对于现在或者不远的将来最好的工具，但也要支持未来的未知和变化。问问自己：你现在在哪里？你未来的目标是什么？你对这些问题的回答会引领你对架构的决定和告诉你在这个架构中应该使用什么技术。这是通过了解什么可能改变，什么可能保持原样来指导我们现在做出正确的决定。

我们有两类工具需要考虑：不变的与暂时的技术。*不变的技术*可能是支撑云的基础组件或者经受住了时间考验的编程语言基础。在云技术中，不变的技术如对象存储、网络、服务器和安全。对象存储如 Amazon S3 和 Azure Blob 会从现在到 21 世纪 20 年代末都存在，或者更久。选择对象存储保存数据是明智之举。对象存储会继续以各种方式去提升并且一直提供新的选择，但你的数据在对象存储中会很安全并且保持可用，无论整个技术如何快速进化。

对编程语言来说，SQL 和 bash 会存在好几十年，并且我们不会看见它们很快就消失。不变的技术会受益于林迪效应：这个技术创建得越久，它就越可能长期存在。想想电力网络、关系数据库、C 语言或者 X86 的处理器架构。我们建议使用林迪效益作为试金石去测试一个技术是不是可能长期不变的。

暂时的技术是飞速流逝的。典型的周期是最开始有大量的炒作，之后会迅速增加人气，然后慢慢人气下降，变得默默无闻。JavaScript 的前端就是一个很典型的例子。有多少 JavaScript 的前端框架在 2010～2020 年间出现了又消失了？ Backbone.js、Ember.js 和 Knockout 在 21 世纪 10 年代初是非常受欢迎的，而现在 React 和 Vue.js 有很大的心智份额。再过几年怎样的 JavaScript 前端框架会流行呢？谁知道呢。

有大量资金支持的新技术和各种开源项目每天都在数据领域出现。每一个供应商都会说他们的产品将改变业界，并"让世界变得更好"（*https://oreil.ly/A8Fdi*）。大多数这样的公司和项目不会有长期的引领力，会渐渐淡出人们的视线。顶级风投在押注巨额的赌注，因为多数的数据工具投资都会失败。如果向数据工具投入数百万（或数十亿）美元的风投都不能保证其正确，你又如何能知道哪一个技术是值得你为数据架构投资的呢？这是很困难的。想想在第 1 章（如图 4-1 所示），在 Matt Turck 著名的 ML, AI, and data（MAD）蓝图（*https://oreil.ly/TWTfM*）中有提到多少科技。

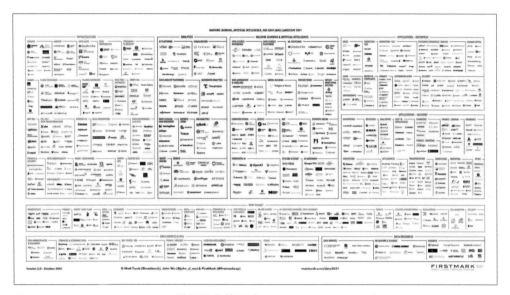

图 4-1：Matt Turck 2021 MAD 数据技术蓝图（*https://oreil.ly/TWTfM*）

就算是比较成功的技术也经常会很快淡出视野，在几年的快速采用之后，它们成为自己成功的牺牲品。比如，在 21 世纪 10 年代初，Hive 人气迅速上升，因为其同时支持数据分析师和工程师无须手动编写复杂的 MapReduce 代码就可以查询大量的数据。工程师被 Hive 激发但想优化其缺点，开发了新的如 Presto 等新技术。现在 Hive 几乎只出现在遗留的部署之中。几乎所有的技术都无法避免衰落的命运。

我们的建议

考虑到工具的快速发展和最佳实践的改变，我们建议每两年就评估使用中的工具（如图 4-2 所示）。不论何时，找到在数据工程生命周期中不变的技术，并且将它们作为你的基石。在不变的技术之上再使用暂时的技术。

由于许多数据技术可能最后会失败，你需要考虑从一个选择的技术转变的难易程度。阻碍你转变的是什么？就像我们之前讨论的机会成本一样，要避免"空头陷阱"。打开眼界去看待一个新的技术，要知道这个技术到最后可能被抛弃，公司也可能不再存在，或者这个技术只是不再适合。

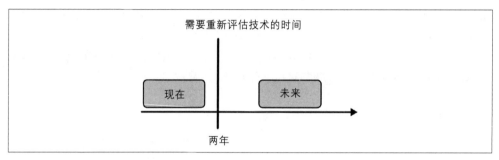

图 4-2：每两年重新评估你的技术选择

4.6 部署位置

当公司在决择在何处搭建技术栈时会有数不清的选择。向 AWS、Azure、Google Cloud Platform（GCP）的缓慢转变可能最终导致公司增加工作负载。在过去几十年，许多首席技术官开始意识到他们在运行位置上的决定对组织有多么重大的影响。如果他们移动太慢，就会有被对手赶超的风险。另外，缺乏计划的云迁移可能会导致技术的失败和灾难性代价。

下面我们介绍技术栈的主要地方：本地、云、混合云和多云。

4.6.1 本地

当越来越多的初创公司在云技术下诞生，本地系统仍是默认的公司创立地。本质上，这些公司拥有自己的硬件设备，可能是放在数据中心或者租赁的主机托管空间里。在上述任何情况下，公司都需要对硬件和运行的软件负责。如果硬件出故障了，公司需要修复或者重置。公司也需要管理软件系统每几年的升级换代。公司必须确保有足够多的硬件去应对高峰流量期间的需求。对网上销售型产品，这意味着需要准备充足的能力去应对黑色星期五的高峰。负责本地系统的数据工程师需要购买足够大的系统来确保高峰期间仍有好的性能，但也不能过度花费开支。

一方面，成熟公司的硬件建立了好的运营系统来为它们服务。假设一个公司依靠信息技术有一段时间了，这意味着它已经可以兼顾运行其硬件、管理软件环境、部署开发团队的代码，运行数据库和大数据系统的成本和人员要求。

另一方面，成熟的公司也会观察到更年轻的、更敏捷的对手大量快速地利用云托管服务。它们也观察到部分成熟的对手也开始利用云来应对在黑色星期五购物高峰期间短时大量新增的计算需求。

竞争中的公司通常不能停滞不前。竞争是强制的，并且常有被更敏捷的竞争对手"扰乱"

的威胁，它们通常有大量风投资金的支持。所有公司都必须在保证现有的系统能高效运转的基础上再决定下一步应该往哪里发展。这可能会涉及采纳新的DevOps策略，比如像容器、Kubernetes、微服务、持续部署去保证在本地运行的系统能高效运转。这些技术也可能需要全部迁移到云端，我们会在后面讨论。

4.6.2 云

云的出现颠覆了本地部署的模型。公司不再需要购买硬件，而是简单地租用硬件和使用由云提供商管理的服务（如AWS，Azure或Google Cloud）。这些资源通常可以满足短期的使用基本需求，VM启动用不了一分钟，后续的使用都是按秒来计费的。这允许云服务使用者动态地扩展资源，而这在本地服务器上是无法实现的。

在云环境里，工程师无须担心长远的硬件计划就可以快速部署一个项目和实验。当代码准备好之后就可以直接部署。这样的云模型对初创公司在最开始资金有限、时间不足的时候吸引力很大。

在云时代刚开始的时候，主要的架构是基础设施即服务（Infrastructure as a Service，IaaS）——如VM和虚拟磁盘作为硬件产品被租赁。渐渐地，我们看见架构向平台即服务（Platform as a Service，PaaS）转变，而软件即服务（Software as a Service，SaaS）的产品也在继续快速发展。

PaaS包括IaaS的产品理念但加入了更复杂的管理服务来支持应用程序。比如托管数据库[Amazon关系型数据库（Relational Database Service，RDS）和Google Cloud SQL]、托管流数据平台[Amazon Kinesis和Simple Queue Service（SQS）]和托管的Kubernetes[Google Kubernetes Engine（GKE）和Azure Kubernetes Service（AKS）]。PaaS允许工程师忽略每个设备运营和分布式地部署各框架的细节。它提供了仅需少量运营管理就可以达成复杂的、自动扩展的系统的多种方法。

SaaS在抽象的阶梯上又进了一步。SaaS通常提供功能齐全的操作平台，几乎不需要管理人员运营。SaaS的例子包括Salesforce、Google Workplace、Microsoft 365、Zoom和Fivetran。主要的公有云和第三方都提供SaaS平台。SaaS包含多种领域，包括视频会议、数据管理、广告技术、办公应用程序和CRM系统。

在本章我们也会讨论无服务器，这个概念在PaaS和SaaS中变得越来越重要。无服务器产品一般都会提供从零到特大集群的自动扩展部署。它们采用即付即得的模式，允许工程师在不了解基础设施的情况下也可以直接操作。许多人对无服务器这个词仍有异议，毕竟所有代码必须在某个服务器上运行。但实际上，无服务器通常意味着有*许多看不见的服务器*。

云服务对拥有现有数据中心和IT基础设施的老牌企业越来越有吸引力。动态无缝地扩展对有季节性和流量峰谷期的企业（如需要应对黑色星期五的零售业）越来越有价值。在 2020 年出现的 COVID-19 更是推动了云的发展，公司开始认识到在未知新领域里快速扩展数据服务的价值。企业需要处理突然而来的爆发性网上消费、网络流量激增和远程工作需求。

在我们讨论选择不同的云端技术的细微差别之前，先来看一下为什么向云端的迁移需要思维的转变，特别是在计价方面。这和 FinOps 相关，我们已经在 4.4.3 节介绍过。迁移到云的企业经常会犯的错误是没有正确地调整做法以适应云的计价模式。

云经济学的简要介绍

要了解如何在云架构上高效地使用云服务（*https://oreil.ly/uAhn8*），你需要了解云是如何赚钱的。这是一个很复杂的概念，云服务提供商并没有完全披露其细节。你可以将此处作为你探索发现的起点。

云服务和信用违约互换

让我们先稍微离题来谈谈信用违约互换。不要担心，这很容易理解。在 2007 年全球金融危机之后，全球信用违约互换随处可见。信用违约互换是一种出售不同等级资产附带风险的机制（例如抵押贷款）。我本意不是细说这个概念，而是提供一个云产品和金融产品的类比，它们有许多相似性。云提供商不仅仅将硬件资产切割成虚拟化的小块，而且将这些小块依据技术特点和风险分门别类。虽然云服务提供商对内部系统的细节守口如瓶，但通过了解云定价和与其他用户互换意见，有大量的优化和扩展机会。

现在我们来看一下云对象归档存储的例子。在写作本书的时候，GCP 公开承认，其归档类云对象存储与标准云对象存储在相同的集群上运行，但归档存储每月每 GB 的价格大约是标准云存储的 1/17。这是如何做到的呢？

以下是我们经过验证的猜测。在购买云存储时，存储集群中的每个磁盘有三个资产给云提供商和消费者使用。第一，它有一定的存储容量——比如 10TB。第二，它支持一定数量的每秒输入/输出操作（Input/Output Operation，IOP）——比如 100。第三，磁盘支持一定的最大带宽，即最佳组织文件的最大读取速度。比如，一个磁驱动器可能以 200MB/s 的速度读取。

任何这些限制（IOP、存储容量、带宽）都是一个云提供商的潜在瓶颈。例如，云提供商可能有一个磁盘存储了 3TB 的数据，但它已经达到了最大的 IOP。除了让剩余的 7TB 空间空着之外，还有另一种方法是在不出售 IOP 的情况下出售空的空间。或者更具体地说，出售廉价的存储空间和昂贵的 IOP 来减少读取。

与金融衍生品的交易者一样，云供应商也在处理风险。在归档存储方面，供应商销

售的是一种保险，这种保险在发生灾难时，赔付对象为保险人而不是保单的购买者。虽然每月的数据存储费用非常便宜，但如果我需要检索数据，则可能支付高昂的费用。但在紧急情况下，消费者会愿意支付高昂的费用。

类似的情形也适用于几乎所有的云服务。虽然本地服务器基本上是作为商品硬件出售的，但云的成本模式更加微妙。云供应商不只是对 CPU 核心、内存和功能收费，还对耐用性、可靠性、寿命和可预测性等特征进行货币化。各种计算平台对短暂的（*https://oreil.ly/Tf8f8*）或者在其他地方需要容量时可以随时中断的（*https://oreil.ly/Y5jyU*）这一类工作进行折扣。

云 ≠ 本地

这个标题可能看起来像一个愚蠢的赘述，但认为云服务就像熟悉的本地服务器一样，这是一个普遍的认知错误，这个错误会阻碍云迁移，并导致在云上产生巨额账单。这展示了科技领域一个更广泛的问题，我们称之为熟悉的诅咒。许多新的技术产品被有意设计为看起来很熟悉的东西，以方便使用和加速采用。但是，任何新的技术产品都有一些微妙的地方，用户必须学会识别、适应和优化。

所谓的简单*提升和转移*是将企业内部的服务器一个一个地转移到云中的虚拟机上。这对于云迁移的初始阶段是一个完全合理的策略，特别是当公司面临紧急财务账单时，比如说如果现有的硬件没有关闭，就需要签署一份重要的新租赁或硬件合同。然而，让云资产处于这种初始状态的公司会在将来受到冲击。简单举例，在云中长期运行的服务器要比对应的本地服务器贵得多。

在云中寻找价值的关键是理解和优化云的定价模式。与其部署一套能够处理全部峰值负载的长期运行的服务器，不如使用自动扩展功能，让工作负载在负荷较轻时缩减到最小的基础设施，而在高峰期则扩展到大规模集群。为了让更短暂、更不持久的工作负载使用折扣，可以使用预留实例或竞价实例，或使用无服务器功能来代替服务器。

我们通常认为这种优化可以促使成本降低，但我们也应该努力通过利用云的动态特性来*提高商业价值*[3]。数据工程师可以通过完成在企业本地环境中不可能完成的事情在云中创造新的价值。例如，我们可以快速启动大规模的计算集群来运行复杂的转换，而这对于使用本地硬件的企业来说是负担不起的。

数据引力

除了基本的错误（如在云中依旧遵循企业本地的操作规范）外，数据工程师还需要注意云定价和折扣激励措施等其他方面，这些方面经常让用户措手不及。

注 3：这是 Storment 和 Fuller 在 *Cloud FinOps* 中强调的一个要点。

> 云供应商希望将你锁定在它们的产品上。在大多数云平台上，将数据输入平台是很便宜或免费的，但将数据取出来可能是非常昂贵的。在被大额账单吓倒之前，要了解数据出口费用及其对你的业务的长期影响。*数据引力*是真实存在的：一旦数据落入云端，提取数据和迁移流程的成本就会非常高。

4.6.3 混合云

随着越来越多的成熟企业迁移到云中，混合云模式也越来越重要。几乎没有企业能在一夜之间将所有的工作负载迁移到云上。混合云模式假定一个企业将无限期地在云外保持一些工作负载。

考虑混合云模式的原因有很多。企业可能认为它们已经在某些领域实现了卓越的运营，例如应用程序技术栈和相关硬件。因此，企业可能只迁移它们在云环境中看到直接好处的特定工作负载。例如，一个企业内部的 Spark 技术栈被迁移到短暂的云集群，减少了数据工程团队管理软件和硬件的操作负担，并允许他们快速扩展大型数据作业。

把分析放在云中的模式是很好的，因为数据主要流向一个方向，把数据出口成本降到最低（如图 4-3 所示）。也就是说，本地应用程序产生的事件数据基本上可以免费推送到云端。大量的数据留在云中，在那里进行分析，而少量的数据则被返回到本地，用于部署模型到应用程序、反向 ETL 等。

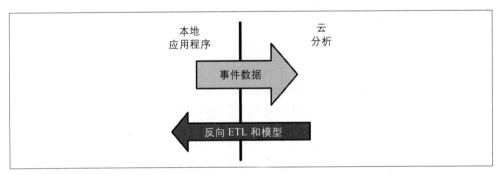

图 4-3：一个混合云数据流模型，最大限度地减少出口成本

新一代的托管混合云服务产品还允许客户将云托管的服务器放在他们的数据中心[注4]。这使用户有能力将每种云的最佳功能与本地基础设施结合起来。

4.6.4 多云

多云是指将工作负载部署到多个公有云上。公司进行多云部署可能有几个动机。SaaS 平

注 4：例子包括 Google Cloud Anthos（*https://oreil.ly/eeu0s*）和 AWS Outposts（*https://oreil.ly/uaHAu*）。

台通常希望其服务接近客户现有云工作负载。出于这个原因，Snowflake 和 Databricks 在多云中提供他们的 SaaS 产品。这对数据密集型应用程序来说尤其关键，因为网络延迟和带宽限制阻碍了性能，而数据出口的成本又很高。

采用多云方法的另一个常见动机是利用几个云中的最佳服务。例如，一家公司可能希望在 Google Cloud 上处理其谷歌广告和分析数据，并通过 GKE 部署 Kubernetes。而该公司也可能专门为微软的工作负载采用 Azure。另外，该公司可能喜欢 AWS，因为它有几个一流的服务（如 AWS Lambda），并有很大的心智份额，使其相对容易雇用精通 AWS 的工程师。各种云提供商服务的任何组合都是可能的。鉴于主要云提供商之间的激烈竞争，预计它们会提供更多的最佳服务，使多云服务更加引人注目。

多云方法也有几个缺点。正如我们刚才提到的，数据出口成本和网络瓶颈是关键。走多云路线会带来巨大的复杂性。公司现在必须在多个云上管理一系列令人眼花缭乱的服务。跨云整合和安全是一个相当大的挑战。多云网络可能是非常复杂的。

新诞生的概念"云中云"服务是通过提供跨云的服务、在云之间无缝复制数据和一个界面管理几个云上的工作负载来促进多云的使用，降低操作的复杂性。举个例子，Snowflake 账户在单云区运行，但客户可以随时在 GCP、AWS 或 Azure 中启动其他账户。Snowflake 在这些不同的云账户之间提供简单的预定的数据复制。在所有这些账户中，Snowflake 的接口基本相同，消除了在云原生数据服务之间切换的培训负担。

"云中云"的技术正在迅速发展。在本书出版后的几年内，将有更多的此类服务出现。数据工程师和架构师最好能保持对这一快速变化的云环境的认识。

4.6.5 去中心化：区块链和边缘

虽然现在还没有广泛使用，但值得简单提一下未来十年可能会流行的一个新趋势：去中心化的运算。今天的应用程序主要在本地和云中运行，而区块链、Web 3.0 和边缘计算的崛起可能会颠覆这种模式。就目前而言，去中心化平台已是非常流行的，但在数据领域还没有产生重大影响。即便如此，在你评估技术决策时，密切关注这些技术是值得的。

4.6.6 我们的建议

在我们看来，现在仍然处于向云计算过渡的初期。因此围绕工作负载的安置与迁移的迹象和争论都在不断变化。云计算本身也在发生变化，从推动了 AWS 的早期增长的，围绕 Amazon EC2 建立的 IaaS 模式，到现在普遍地转向更多的托管服务产品，如 AWS Glue、Google BigQuery 和 Snowflake。

我们也看到了新的抽象的工作负载安置形式的出现。企业内部的服务正变得越来越像云和抽象化。混合云服务允许客户在他们的本地运行云服务完全托管的服务，同时促进本地和远程环境的紧密整合。此外，在第三方服务和公有云供应商的推动下，"云中云"正在开始形成。

选择当下的技术，但要目光长远

就像我们在 4.5 节讨论的那样，你需要在关注现在的同时规划未来未知因素。现在是规划工作负载安置和迁移的艰难时刻。由于云计算行业的竞争和变化速度很快，决策空间在五到十年后会有很大的不同。在决策时，很容易去考虑每一种可能未来架构的排列组合。

我们认为，避免这种像陷阱一样无休止的分析是至关重要的。要为现在做计划。为你当前的需求和近期的具体计划选择最佳技术。根据真正的业务需求选择你的部署平台，同时关注简单性和灵活性。

特别是，除非有令人信服的理由，否则不要选择复杂的多云或混合云策略。你是否需要在多云上为靠近客户提供数据服务？行业法规是否要求你将某些数据放在你的数据中心？你是否对两个不同云上的特定服务有令人信服的技术需求？如果这些情况对你不适用，请选择单云部署策略。

另外，要有一个逃生计划。正如我们之前所强调的，每一种技术——即使是开源软件——都会有一定程度的锁定性。单云策略在简单性和集成性方面有很大的优势，但也有很大的锁定性。在这种情况下，我们谈论的是心智上的灵活性，即分析现状并想象替代方案的灵活性。理想情况下，你的逃生计划会一直藏在背后，但准备这个计划会帮助你在当前做出更好的决定，并在未来事情出错时给你一个出路。

4.6.7 逆云而回的争论

就在我们写这本书的时候，Sarah Wang 和 Martin Casado 发表了" The Cost of Cloud, A Trillion Dollar Paradox"（*https://oreil.ly/5kc52*），这篇文章在科技领域引起了很大的反响和愤怒。读者们普遍将这篇文章解释为呼吁将云计算工作负载返回到本地服务器。他们提出了一个更微妙的论点，即公司在控制云计算支出上会花费大量的资源，并应该考虑将返回本地作为一个可能的选择。

我们想花点时间来剖析一下他们讨论的一个部分。Wang 和 Casado 引用了 Dropbox 将大量工作负载从 AWS 返回到 Dropbox 自己拥有的本地服务器上作为例子，为考虑类似返回本地行动的公司提供案例研究。

你不是 Dropbox 也不是 Cloudflare

我们认为，这个案例研究经常在不正确的背景下被使用，是引人注目的逻辑谬误的例子。Dropbox 提供的特殊服务的硬件和本地数据中心的所有权可以提供竞争优势。其他公司在评估云和本地部署方案时，不应过分依赖 Dropbox 的例子。

第一，了解 Dropbox 存储了大量的数据是很重要的。该公司对其究竟拥有多少数据守口如瓶，但表示它已经有好几 EB，并且在持续增多。

第二，Dropbox 处理大量的网络流量。我们知道，它在 2017 年的带宽消耗量很大，足以让该公司增加与中转提供商（区域和全球 ISP）的数百个千兆比特级别的互联网连接，以及数百个新的互联伙伴（我们直接交换流量，而不是通过 ISP）[注5]。数据出口成本在公有云环境中会非常高。

第三，Dropbox 本质上是一家云存储供应商，但它拥有高度专业化的存储产品，结合了对象存储和块存储的特点。Dropbox 的核心竞争力是一个差异化的文件更新系统，可以有效地在用户之间主动同步编辑的文件，同时最大限度地减少网络和 CPU 的使用。该产品不适合对象存储、块存储或其他标准云产品。相反，Dropbox 从定制的、高度集成的软件和硬件栈中受益[注6]。

第四，当 Dropbox 将其核心产品转移到其自己的硬件上时，它继续使用其他 AWS 工作负载。这使 Dropbox 能够专注于以超大的规模建立一个高度优化的云服务，而不是试图取代多个服务。Dropbox 可以专注于其在云存储和数据同步方面的核心竞争力，同时将数据分析等领域的软件和硬件管理的工作分担到云上[注7]。

其他经常被引用在云之外建立的成功案例包括 Backblaze 和 Cloudflare，但这些都提供了类似的经验。Backblaze（*https://oreil.ly/zmQ3l*）开始时是个人云数据备份产品，但后来开始提供 B2（*https://oreil.ly/y2Bh9*），类似于 Amazon S3 对象存储服务。Backblaze 目前存储了超过艾字节的数据。Cloudflare（*https://oreil.ly/e3thA*）声称为超过 2500 万个互联网资产提供服务，在 200 多个城市设有服务点，总网络容量为 51TB/s。

Netflix 提供了另一个有用的例子。该公司以在 AWS 上运行其技术栈而闻名，但这只是部分事实。Netflix 确实在 AWS 上运行视频转码，在 2017 年约占其计算需求的 70%[注8]。Netflix 还在 AWS 上运行其应用程序后端和数据分析。然而，Netflix 没有使用 AWS 的

注 5：Raghav Bhargava，"Evolution of Dropbox's Edge Network"，Dropbox.Tech, June 19, 2017, *https://oreil.ly/RAwPf*.

注 6：Akhil Gupta，"Scaling to Exabytes and Beyond" Dropbox.Tech，March 14, 2016, *https://oreil.ly/5XPKv*.

注 7："Dropbox Migrates 34 PB of Data to an Amazon S3 Data Lake for Analytics"，AWS website, 2020, *https://oreil.ly/wpVoM*.

注 8：Todd Hoff，"The Eternal Cost Savings of Netflix's Internal Spot Market," High Scalability, December 4, 2017, *https://oreil.ly/LLoFt*.

内容分发网络，而是与互联网服务提供商合作建立了一个定制的 CDN（Content Delivery Networks，内容分发服务）（*https://oreil.ly/vXuu5*），利用了高度专业化的软件和硬件组合。对于一家在所有互联网流量中占有相当大比例的公司来说[注9]，建立这种关键的基础设施，使其能低成本地向巨大的客户群提供高质量的视频。

这些案例研究表明，在特殊情况下，公司管理自己的硬件和网络连接是有意义的。公司建设和维护硬件的最大的现代成功案例涉及超大的规模（每秒带宽达 EB、TB 等）和有限的用例，其中公司可以通过高度集成的硬件和软件技术栈实现竞争优势。此外，所有这些公司都消耗了大量的网络带宽，这表明如果它们选择完全从公有云中运作，数据出口费将是一个主要的成本。

如果你搭建的是真正的云规模服务，请考虑继续在本地运行工作负载或返回云工作负载。什么是云规模？如果你存储的数据量达到艾字节，或者每秒处理去向和来自互联网的流量达到太位，那么你可能已经达到了云规模。（实现每秒一太位的内部网络流量是相当容易的。）此外，如果数据出口成本是你的业务的主要因素，则考虑拥有自己的服务器。举个云规模工作负载的具体例子，苹果公司若将 iCloud 存储迁移到自己的服务器，可能会获得巨大的财务和性能优势[注10]。

4.7 构建与购买

构建与购买是技术领域一个久远的辩论。支持构建的论点是，你可以对解决方案进行端到端的控制，不受供应商或开源社区的限制。支持购买的论点归结为资源限制和专业知识，你是否有专业知识来建立一个比现有供应的更好的解决方案？无论哪种决定都要归结为 TCO、TOCO，以及该解决方案是否为你的组织提供了竞争优势。

希望你注意到了全书的重心是为你的企业*提供竞争优势*，我们建议在构建和定制方面进行投资。否则，站在巨人的肩膀上，使用市场上*已有的东西*。因为有大量的开源和付费服务——两者都可能有开发者社区或高薪的优秀工程师团队——自己构建一切是不太明智的。

正如我们经常问的那样，"当你需要为你的汽车购买新轮胎时，你是否会去获得原材料，从头开始制作轮胎，然后自己安装？"像大多数人一样，你可能会购买轮胎并让人安装。同样的论点也适用于技术构建与购买。我们已经看到一些团队从头开始构建他们的数据库。经过仔细检查，一个简单的开源 RDBMS 会更好地满足他们的需求。想象一下，在

注 9：Todd Spangler，"Netflix Bandwidth Consumption Eclipsed by Web Media Streaming Applications" *Variety*, September 10, 2019, *https://oreil.ly/tTm3k*.

注 10：Amir Efrati and Kevin McLaughlin，"Apple's Spending on Google Cloud Storage on Track to Soar 50% This Year"，*The Information*, June 29, 2021, *https://oreil.ly/OlFyR*.

这个自制的数据库中投入了多少时间和金钱。并且还会因为 TCO 和机会成本而导致的低投资回报率。

这就是 A 型和 B 型数据工程师之间的区别派上用场的时候。正如我们前面所指出的，A 型和 B 型的角色往往体现在同一个工程师身上，特别是在一个小组织中。只要有可能，就向 A 型行为靠拢，避免无差别的繁重工作，拥抱抽象。多使用开源框架，或者如果这太麻烦了，可以考虑购买一个合适的托管或专有的解决方案。在这两种情况下，都有大量优秀的模块化服务可供选择。

值得一提的是，公司采用软件的方式正在发生变化。过去，IT 部门通常以自顶向下的方式做出大部分的软件购买和采用决策，而现在的趋势是在公司内自底向上地采用软件，由开发人员、数据工程师、数据科学家和其他技术角色驱动。公司内部的技术的采用正在成为一个有组织的、可持续的过程。

让我们看看开源和私有解决方案的一些选项。

4.7.1 开源软件

开源软件（Open Source Software，OSS）是一种软件发行模式，在这种模式下，软件和底层代码库通常在特定的许可条款下可供普遍开发者使用。开源软件一般由分布的合作团队创建和维护。开源软件在大多数情况下是可以自由使用、改变和分发的，但也有特定的注意事项。例如，要求开源衍生软件必须包括开源代码的许多许可证。

创建和维护开源项目的动机各不相同。有时开源是有组织的，从个人或小团队中涌现出来，他们创造了一个新颖的解决方案，并选择将其公开发布供大众使用。其他时候，公司可能会根据 OSS 许可向公众提供特定的工具或技术。

开源软件主要有两种类型：社区管理的开源软件和商业开源软件。

社区管理的开源软件

开源软件项目的成功来自强大的社区和充满活力的用户群。大部分开源软件项目都是社区管理的开源软件。流行的开源软件项目社区拥有更多的全球开发人员的创新和贡献的比率。

以下是当你采用社区管理的开源软件项目时需要考虑的因素：

心智份额
  避免采用没有吸引力和知名度的 OSS 项目。参考 GitHub 星数、分叉数、提交量和回访率。还要注意相关聊天组和论坛上的社区活动。该项目是否具有强烈的社区意识？一个强大的社区将创造大量的良性循环。这也意味着你可以更轻松地获得技术援助和找到该技术的合适人才。

成熟度

该项目已经存在了多长时间，现在有多活跃，以及它在实际使用中反馈的可用性如何？人们发现了它有用，并愿意将其纳入他们的生产工作流，这表明了该项目的成熟。

故障排除

如果出现问题，你将如何处理？你是一个人去解决问题，还是有社区可以帮助你解决问题？

项目管理

查看 Git 出现的问题及其解决方式。问题是否很快得到解决？如果是，那么查看提交问题并解决问题的过程是怎样的？

团队

是否有公司赞助开源软件项目？谁是核心贡献者？

开发者关系和社区管理

该项目正在做什么来鼓励促进被接纳和采用？有没有提供鼓励和支持的活跃的聊天沟通社区（例如，在 Slack 中）？

贡献

该项目是否鼓励并接受拉取请求？代码需要哪些流程和多少时间才能被接纳并入主分支？

路线图

有项目路线图吗？如果有，它是否清晰透明？

自托管和维护

你是否有资源来托管和维护开源解决方案？如果有足够资源，那与直接向开源软件供应商购买托管服务相比 TCO 和 TOCO 是如何的？

回馈社会

如果你喜欢该项目并正在积极使用它，请考虑对其进行投资。你可以为代码库做出贡献，帮助解决问题，并在社区论坛和聊天中提供建议。如果项目允许捐赠，请考虑捐赠。许多开源软件项目本质上是社区服务项目，维护者除了帮助开源软件项目外，通常还有全职工作。遗憾的是，它通常是一种无法为维持者提供生活工资的奉献劳动。如果你有能力的话，请为他们提供捐助。

商业开源软件

有时开源软件有一些缺点。你必须管理和维护你环境中的解决方案。取决于开源应用程序，其需要的时间和精力可能是微不足道的，也可能是极其复杂并且烦琐的。商业开源软件供应商会为你提供管理和维护开源软件的解决方案，来解决你的管理难题，典型的如云 SaaS 产品供应。此类供应商的例子还有 Databricks（Spark）、Confluent（Kafka）、DBT Labs（dbt）等。

这种模式被称为*商业开源软件*（COSS）。通常供应商会提供免费的开源软件代码"核心"，同时对增强功能、精选代码分发或完全托管的服务收费。

商业开源软件通常也属于社区开源软件项目。当开源软件项目变得越来越流行，维护者可能会为 OSS 的托管版本创建一个单独的业务。这通常会变成围绕着一个托管版本的开源软件构建的云 SaaS 平台服务。这是一个普遍的趋势：一个开源项目变得流行，一家附属公司筹集了大量风险投资（Venture Capital，VC）资金，作为开源软件项目商业化的资金，它会像火箭飞船一样推动公司快速扩展。

此时，数据工程师有两种选择。你可以继续使用社区管理的开源软件版本，但你需要继续自己维护管理（更新、维护服务器/容器、错误修复的拉取请求等）。或者你也可以向供应商付款，使用商业开源软件，让其为你承担管理所需要工作。

以下是当你采用商业开源软件项目时需要考虑的因素：

价值

与你管理开源软件技术相比，供应商来管理的价值是否更高？一些供应商会在托管中添加许多社区开源软件版本中没有的技术。这些添加的技术是否对你有吸引力？

交付模式

你如何获取该服务？产品是否可通过下载安装、API 或网络/移动用户接口使用？需要确保你可以轻松访问初始版本和后续版本。

技术支持

技术支持的重要性不能被低估，而且对买家来说技术支持往往是不透明的。为产品提供支持的模式是怎样的，是否需要额外的费用？通常供应商将对提供的支持收取额外的费用。你需要清楚地了解获得支持的成本。另外，要了解支持涵盖的内容，以及未涵盖的内容。任何支持未涵盖的内容都是需要你自己管理维护的。

发布和错误修复

供应商是否透明公开其发布计划、改进和错误修复？你是否可以轻松获得这些更新？

销售周期和定价

供应商通常会提供按需定价，尤其是对于 SaaS 产品。如果你承诺延长协议，则通常可以获得折扣。在购买前务必了解现收现付与预先付款的权衡。这值得一次性付清吗，还是把钱花在别处更好？

公司财务

该公司有生存能力吗？如果公司筹集了风险投资资金，你可以查看其在 Crunchbase 等网站上获得资金的情况。公司有多少技术商业赛道，几年后这些赛道还可以支持公司继续营业吗？

影响力与收入

公司是关注增加客户的数量（影响力），还是关注增加收入？你可能会对主要关注增加客户量的公司数量感到惊讶，比如 GitHub stars 或 Slack，它们的渠道会员没有足够的收入来建立健全的财务，但它们拥有大量的用户。

社区支持

公司真的支持社区版的开源软件项目吗？公司对社区开源软件代码库贡献了多少？现在某些供应商陷入很大的争议，因为它们选择商业开源项目后很少向社区提供价值。当公司倒闭之后，这个产品仍然保持社区支持的开源软件的可能性有多大？

还需注意，云也提供自己的托管开源产品。如果云供应商看到特定产品或项目的吸引力，会期望供应商提供它的版本。这包括从简单的例子（如在 VM 上的开源 Linux 项目）到极其复杂的托管服务（完全托管的 Kafka）。这样做的动机也很简单：云通过消费来赚钱。云生态系统有更多的产品意味着有更大的"粘性"和增加客户消费的机会。

4.7.2 私有技术

尽管开源软件项目无处不在，但非开源软件技术也存在巨大的市场。一些数据行业的大型公司销售闭源产品。私有技术主要分两种，自主发行和云平台产品。

自主发行

数据工具领域在过去几年呈指数级增长。每天都会出现新的数据工具独立产品。在充裕的风投资金的支持下，这些数据公司可以快速扩大规模并且聘请优秀的工程、销售和营销团队。但可能有一种情况是，用户在市场上有一些很棒的产品选择，同时不得不历经无尽的销售和营销混乱。在撰写本书时，数据公司可自由迅速地申请到资本的美好时代即将结束，但这是另一个漫长的结局还未揭晓的故事。

数据工具的公司的销售通常不会将产品作为开源软件发布，而是提供一个专有的解决方案。虽然你不会拥有纯开源的透明解决方案，但专有的独立解决方案可以很好地工作，尤其是云中的完全托管服务。

以下是当你采用自主发行时需要考虑的因素:

互操作性

确保该工具与你选择的其他工具(开源软件、其他自主发行、云产品等)能互通。互操作性很重要,因此请确保你可以在购买前先试用。

心智份额和市场份额

该产品的解决方案受欢迎吗?它在市场上占有一席之地吗?它是否拥有积极的客户评价?

文档和支持

在使用产品时难免会出现问题和疑惑。产品供应商是否清楚如何解决你的问题?解决方法要么是通过查询文档,要么是提供技术支持。

定价

定价是否合适合理?想象你的低、中、高概率使用场景,以及相应的成本。你能对合同进行谈判获取折扣吗?这值得吗?如果你签了一份合同,你会失去多少灵活性(无论是谈判的灵活性还是尝试新选择的能力)?你是否可以获得关于未来定价的合同承诺?

寿命

公司能否生存足够长的时间让你从它的产品中获得价值?如果公司筹集了资金,请寻找其资金情况的记录。去查看该产品的用户评价。向朋友询问或在社交网络上询问该产品的用户体验。确保你知道你正在将怎样的产品纳入未来。

云平台产品

云供应商开发和销售他们的专有服务,例如存储、数据库等更多的服务。其中许多解决方案都是各自兄弟公司使用的内部工具。例如,当 Amazon.com 发展成巨大数据需求平台时,亚马逊创建了数据库 DynamoDB 来克服传统关系数据库的限制,处理大量的用户和订单。亚马逊后来也在 AWS 上也提供 DynamoDB 服务。该服务现在是各种规模的公司使用的高成熟度的顶级产品。云供应商通常会将产品捆绑在一起以更好地协同工作。每个云都可以通过创建强大的集成来与其用户群建立黏性生态系统。

以下是当你采用云平台产品时需要考虑的因素:

性能与价格比较

云产品是否比独立研发产品或开源软件好得多?选择云产品的 TCO 是多少?

购买注意事项

按需定价可能很昂贵。你能通过保留容量或者签订长期承诺协议来降低成本吗?

4.7.3 我们的建议

回答构建还是购买这个问题，需要了解你的竞争优势以及定制化资源投入在哪些地方是有意义的。总的来说，我们更喜欢开源软件和商业开源软件，这使你可以专注于改进这些领域的不足之处。在开发时重点关注一些领域，在这些领域中，构建一些东西会显著增加价值或大幅减少竞争。

不要将内部运营培训开销视为沉没成本。提高现有数据团队的技能，可以让团队在托管的平台上构建复杂的系统，而不是照看本地服务器，这是一件物超所值的规划。此外，想想一个公司是如何赚钱的，尤其是它的销售和客户体验团队，通常这会表明你在销售周期中的待遇以及你何时成为付费客户。

最后，谁负责你们公司的预算？这个人如何决定获得资助的项目和技术？在制作商业案例之前先调研商业开源软件或托管服务，并且考虑先尝试使用开源软件是否有意义？你最不希望发生的就是你对技术的选择因等待预算批准而陷入困境。俗话说，*时间扼杀交易*。在这样的情况下，花费更多的时间意味着你的预算批准更有可能失败。事先要知道谁控制预算以及如何才能够成功获得批准可以帮助你更快获得预算批准。

4.8 单体与模块化

单体与模块化系统是软件架构领域的另一个长期争论的问题。单体系统是独立的，通常执行单一系统下的多种功能。单体倾向于简单化，一切功能都在一个地方。对单个实体进行分析更容易，你可以更快迁移，因为需要改变的部件更少。*模块化倾向于采用解耦的、最佳组合技术执行它们独特的任务*。特别是考虑到数据世界中产品的变化率，你应该追求在不断变化的一系列解决方案之间的互操作性。

你应该在数据工程技术栈中采用什么方法？让我们探索其取舍。

4.8.1 单体

单体（如图 4-4 所示）几十年来一直是技术支柱。瀑布式的旧时代意味着软件发布是巨大的、紧密耦合的、并且步调平稳的。大型团队一起工作以交付一个单一的代码库。单体数据系统一直延续到今天，老软件供应商（如 Informatica）和开源框架（如 Spark）仍然采用这种模式。

单体的优点是易于推理分析，只需要较低的认知和较少的上下文切换，因为一切都是独立的。开发过程不再需要处理几十种技术，你只需要处理"一个"技术和通常一种主要的编程语言。如果你想简单地推理架构和流程，则单体是一个很好的选择。

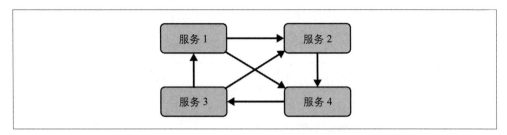

图 4-4：单体结构紧密联系各个服务

当然，单体也有缺点。一方面，单体很脆弱。因为有大量的移动部件，更新和发布需要更长的时间，并且往往会变得烦琐。如果一个系统有错误——但愿软件已经彻底通过发布前测试——它会损害整个系统。

用户引发的问题也会发生在单体应用中。例如，我们看到了一个单向 ETL 管道需要 48 小时才能完成运行。如果在任何地方有任何东西发生故障导致这个管道任务失败，整个过程不得不重新开始。与此同时，焦虑的业务用户还在等待他们的报告，默认情况下已经晚了两天，但实际要更晚才能完成。管道失败非常普遍，以至于单体系统最终被抛弃。

单体系统中的多租户也可能是一个严重的问题。隔离多个用户的工作负载具有非常大的挑战性。在本地数据仓库中，一个用户定义的函数可能会消耗许多的 CPU 以至于减慢其他用户的系统速度。单体系统中的依赖关系和资源争用之间的冲突是常见的问题。

单体应用的另一个缺点是，如果供应商倒闭或开源项目夭折，切换到一个新的系统会非常痛苦。因为你所有的过程都包含在单体架构内，从那个系统中抽离出来，并进入一个新的平台，这在时间和金钱上的花费都是昂贵的。

4.8.2 模块化

模块化（如图 4-5 所示）是软件工程中的一个古老概念，但模块化分布式系统随着微服务的兴起，才开始真正流行起来。系统不再是依靠庞大的单体来处理需求，而是将系统和流程分解为相关的独立区域。微服务可以通过 API 通信，这允许开发人员在制作应用程序时专注于他们的领域，同时其他微服务也可以访问。这是软件工程的趋势，在现代数据系统中越来越流行。

大型科技公司一直是微服务的主要推动者。著名的贝索斯 API 指令减少了应用程序之间的耦合，允许重构和分解。贝索斯还实施了两个比萨原则（任何团队都不应大到两个比萨饼无法喂饱整个团队）。实际上，这意味着团队最多有五名成员。这个上限也限制了团队的责任和领域的复杂性——特别是它可以管理的代码库。然而一个较大的单体应用程序可能需要一百人组成的团队，将开发人员分成五人小组，需要将此应用程序分解成小的、易于管理的、松散耦合的各个部分。

图4-5：通过模块化，每个服务与其他部分解耦

在模块化的微服务环境中，组件是可交换的，而且能够创建一个*多语言*（多编程语言）应用程序。Java 服务可以替代用 Python 编写的服务。服务客户只需要考虑服务 API 的技术规范，而不是幕后细节如何执行。

数据处理技术通过对互操作性的强大支持转向模块化。数据采用标准的格式（如 Parquet 格式）将对象存储存放在数据湖和数据湖仓中。任何支持其格式的读取工具都可以读取数据并将处理后的结果由另一个工具写回数据湖中。云数据仓库通过使用标准格式和外部表导入导出，支持与对象存储的互操作——查询直接在数据湖中的数据中运行。

在当今的数据生态系统中，新技术以令人眼花缭乱的速度出现，并且大多数很快就会变得陈旧和过时。技术会被淘汰，也会出现反复。随着技术的变化而更换工具的能力是无价的。相比于单体数据工程，我们将数据模块化视为更强大的范式。模块化允许工程师为每项工作或流程中的每一步挑选最佳的技术。

模块化也是有缺点的。模块化不再是关注和处理一个单一系统，现在你可能有无数系统需要了解和操作。如此，互操作性是一个潜在的难题，在理想情况下这些系统都能发挥作用很好地相互工作。

这个问题使我们更注重编排，不再是将其置于数据管理之下。编排对单体数据架构来说也是很重要的，这正是 BMC Software 的 Control-M 编排工具在传统数据仓库中成功的原因。但是编排 5～10 个系统比编排一个系统要复杂得多。编排变成将数据各类技术栈模块绑定在一起的黏合剂。

4.8.3 分布式单体模式

分布式单体模式存在许多单体架构的局限性。其基本思想是运行一个分布式系统来执行不同的任务。然而，服务和节点享有一套共同的依赖关系或共同的代码库。

一个标准示例是传统的 Hadoop 集群。一个 Hadoop 集群可以同时托管多个框架，例如 Hive、Pig 或 Spark。该集群具有许多内部依赖性。此外，集群还运行 Hadoop 核心组件：Hadoop 公共库、HDFS、YARN 和 Java。在实践中，一个集群对各种组件通常有一个版本。

标准的本地 Hadoop 系统需要管理一个公共环境，该环境适用于所有用户和所有作业。管理升级和安装是一个巨大的挑战。强制现有任务升级依赖关系会有破坏环境的风险，而维持一个框架的两个版本会带来额外的复杂性。

一些现代的基于 Python 的编排技术（例如 Apache Airflow）也拥有这个问题。虽然它们使用高度解耦和异步架构，但每个服务的运行都有相同依赖关系和代码库。任何执行者都可以执行任何任务，因此在一个 DAG 中运行单个任务的客户端库必须安装在整个集群上。编排许多工具需要安装大量的 API 的客户端库。所以依赖关系冲突会是一个持续存在的问题。

分布式单体模式问题的一种解决方案是在云环境中使用临时的基础设施。每个作业都有自己的临时服务器或集群安装依赖关系。每个集群都保持高度单一，但分离的作业大大减少了冲突。这种模式对于 Spark 框架来说就有 Amazon EMR 和 Google Cloud Dataproc 等常见服务。

第二种解决方案是使用容器将分布式单体分解为多个软件环境。我们将在 4.9 节详细介绍容器。

4.8.4 我们的建议

虽然单体很有吸引力，因为它易于理解且减少了复杂性，但这是有高代价的。它可能导致灵活性的丧失，机会成本和在开发周期里持续的高冲突。

在评估单体与模块化选项时，需要考虑以下几点：

互操作性

共享和互操作性的架构。

避免"空头陷阱"

容易上手的事物可能会很痛苦或无法逃脱。

灵活性

现在数据领域中的事物发展很快。致力于单体模式会降低灵活性和决策的可逆性。

4.9 无服务器与服务器

云供应商的一个大趋势是*无服务器*，允许开发人员和数据工程师无须在后台管理服务器即可运行应用程序。无服务器快速将价值投入到其正确的用例。对于其他情况，它可能不太合适。让我们看看如何评估无服务器是否适合你。

4.9.1 无服务器

尽管无服务器已经存在了很长一段时间，但无服务器真正开始流行是在 2014 年 AWS Lambda 全面投入使用之后。由于无须管理服务器，只需在无服务器的基础上执行小型所需的代码块，无服务器人气迅速提升。它受欢迎的主要原因是低成本和便利性。与其长期支付服务器的费用，为什么不在你的代码被调用时才支付呢？

无服务器有很多种。功能即服务（Function as a Service，FaaS）广受欢迎，并早于 AWS Lambda 的出现。例如，Google Cloud 的 BigQuery 是无服务器的，因为数据工程师无须管理后端基础设施结构，系统自动扩展以处理从小到大的查询。工程师只需将数据加载到系统中并开始查询。你支付的金额取决于查询消耗的数据量和少量存储数据的成本。其为消费和存储付费的模式正变得越来越普遍。

无服务器何时有意义？与许多其他云服务一样，这得看情况。数据工程师最好了解云定价的细节，以预测无服务器部署何时会变得昂贵。具体以 AWS Lambda 为例，各种工程师已经找到了以微薄的成本运行批处理工作负载的技巧[注11]。另外，无服务器也有固有的开销低效的问题。以高事件率处理每个函数调用一个事件会带来灾难性的成本，而更简单的方法（如多线程或多进程）是很好的选择。

与运营的其他领域一样，监控和建模至关重要。*监控*确定真实环境中每个事件的成本和无服务器执行的最长时间，并对每个事件的成本*建模*以确定随着事件速率的增长的总体成本。建模还应该包括最坏的情况——如果我的网站受到机器人攻击或 DDoS 攻击会发生什么？

4.9.2 容器

截至撰写本书时，将无服务器和微服务相结合，容器是最强的操作技术发展趋势之一。容器能在无服务器和微服务中都发挥作用。

容器通常被称为*轻量级虚拟机*。传统的 VM 包括了整个操作系统，而容器只包括了一个孤立的用户空间（例如文件系统和一些进程），许多这样的容器可以共同存在于单个主机操作系统上。这样做的主要好处是虚拟化（即依赖和代码隔离），无须支付整个操作系统内核的开销。

单个硬件节点可以承载多个具有细粒度资源的容器。在撰写本书时，容器以及容器管理系统 Kubernetes 还在盛行。容器上运行的就是一种无服务器环境。事实上，Kubernetes 也是一种无服务器环境，因为它允许开发人员和运营团队部署微服务并且无须担心部署的细节。

注 11: Evan Sangaline，"Running FFmpeg on AWS Lambda for 1.9% the Cost of AWS Elastic Transcoder"，Intoli blog, May 2, 2018, *https://oreil.ly/myzOv.*

容器为分布式单体问题提供了部分解决方案。例如，Hadoop 现在支持容器，允许每个作业都有自己独立的依赖关系。

 和完整 VM 相比，容器集群不提供同样的安全性和隔离性。*容器逃逸——从广义上解释，指一类利用容器中的代码获得外部操作系统级别权限的漏洞——是很常见的一种多租户的风险*。虽然 Amazon EC2 是一个真正的多租户的环境，许多客户的虚拟机托管在同一环境硬件中，但 Kubernetes 集群应该只存放在一个相互信任的环境中（例如，在单一的公司内）。此外，代码审查流程和漏洞扫描对于确保开发人员不引入安全漏洞也至关重要。

各种类型的容器平台为无服务器增加了新的功能。功能容器化的平台由事件来触发容器而不是一直运行着容器[注12]。这为用户提供了类似 AWS Lambda 的简单性和容器环境的完全灵活性，而不是高度限制性的 Lambda 运行时。AWS Fargate 和 Google App Engine 等服务运行容器而无须管理 Kubernetes 所需的计算集群。这些服务还完全隔离容器，避免产生与多租户相关的安全问题。

抽象将继续在数据技术栈中发挥作用。我们也考虑到集群管理 Kubernetes 的影响。你可以管理你的 Kubernetes 集群——许多工程团队都这样做——虽然 Kubernetes 也有广泛的托管服务。但 Kubernetes 之后会发生什么？我们和你一样期待着。

4.9.3 如何评估服务器与无服务器

为什么要运行自己的服务器而不是使用无服务器？有几个原因。成本是一个很大的因素。当无服务器的使用和成本已经超过自己维护一个服务器的成本时，选择无服务器就意义不大了（如图 4-6 所示）。在一定规模上，无服务器的经济利益可能会减少，并且搭建服务器变得更有吸引力。

定制化、强大功能和易于控制是青睐于服务器的其他主要原因。一些无服务器框架在某些方面可能动力不足或使一些使用受限。以下是使用服务器时需要考虑的一些事项，尤其是在云中，其中服务器资源是短暂的：

服务器可能出现故障

服务器故障将发生。避免使用"特殊雪花"服务器，它们是高度定制化且脆弱的，这会在你的架构中引入一个明显的薄弱环节。相反，应将服务器视为你可以根据需要创建的临时资源，然后删除。如果你的应用程序需要在服务器上安装特定代码，请使用启动脚本或者构建镜像，然后使用 CI/CD 管道将代码部署到服务器。

注12：例子包括 OpenFaaS（*http://www.openfaas.com*）、Knative（*https://oreil.ly/0pT3m*）和 Google Cloud Run（*https://oreil.ly/imWhI*）。

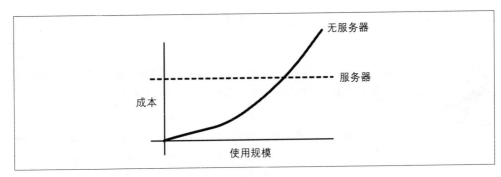

图 4-6：使用无服务器和搭建服务器的成本对比

使用集群和自动扩展

利用云能够根据需求的增长和缩减来计算资源的能力。随着你的应用程序使用量的增加，对你的应用程序服务器集群化管理，并使用自动扩展功能随着需求的增长水平扩展你的应用。

将你的基础设施当作代码

自动化不仅仅适用于服务器，还应该尽可能扩展到你的基础设施中。使用部署管理器部署你的基础设施（服务器或其他），例如 Terraform、AWS CloudFormation 和 Google Cloud Deployment Manager。

使用容器

对于更复杂或更繁重的多依赖性工作，考虑在单个服务器上或 Kubernetes 上使用容器。

4.9.4 我们的建议

以下是一些关键的考虑因素，可帮助你确定无服务器是否适合你：

工作负载大小和复杂性

无服务器最适合简单、离散的任务和工作负载。如果你有许多活动部件或需要大量计算、内存则不太合适。在这种情况下，请考虑使用容器和容器工作流编排框架（如 Kubernetes）。

执行频率和持续时间

你的无服务器应用程序每秒将处理多少个请求？每个请求需要多长时间才能处理完成？云无服务器平台有关于执行频率、并发性和持续时间的限制。如果你的应用程序不能在这些限制内巧妙地发挥作用，则需要考虑一个面向容器的方法了。

请求和网络

无服务器平台通常使用某种简化的网络，而不是支持所有云虚拟网络功能，例如

VPC 和防火墙。

语言

你通常使用什么语言？如果它不是官方无服务器平台支持的语言之一，那么你反而应该考虑容器。

运行时限制

无服务器平台不会为你提供完整的操作系统抽象。相反，你会受限于特定的运行时。

成本

无服务器功能非常方便，但可能很昂贵。当你的无服务器功能只处理几个事件，你的成本会很低。但成本会随着事件计数的增加而迅速增加，最终产生出人意料的云账单。

最后，抽象往往更加好。我们建议首先考虑使用无服务器，然后是服务器（如果可能配合容器和编排），如果规模较大成本较高，使用服务器。

4.10 优化、性能和基准战争

想象一下，你是购买新交通工具的亿万富翁。你缩小了你的选择到以下两种：

- 787 公务机

  —航程：9945 海里[编辑注 1]（搭载 25 名乘客）

  —最大速度：0.90 马赫[编辑注 2]

  —巡航速度：0.85 马赫

  —燃料容量：101 323 千克

  —最大起飞质量：227 930 千克

  —最大推力：128 000 磅力[编辑注 3]

- 特斯拉 Model S Plaid

  —航程：560 千米

  —最大速度：322 千米每小时

编辑注 1：1 海里等于 1852 米。

编辑注 2：1 马赫等于 340 米每秒。

编辑注 3：1 磅力等于 4.448 22 牛顿。

—百公里加速时间：2.1 秒

—电池容量：100 千瓦时

—纽博格林圈速：7 分 30.9 秒

—功率：1020 马力^{编辑注 4}

—扭矩：1050 磅力英尺^{编辑注 5}

这两个选项中哪个提供更好的性能？你不必知道太多关于汽车或飞机的知识就会觉得这是一个愚蠢的比较。一种选择是一架专为洲际运营而设计的宽体私人飞机，而另一种是一辆电动超级跑车。

我们一直在数据库领域中看到这种两个截然不同的相互比较。要么比较针对完全不同用例进行优化的数据库，要么使用与现实世界需求毫无相似之处的测试场景。

最近，我们看到主要供应商之间爆发了新一轮的在数据领域的基准战争。基准的出现广受欢迎，我们很高兴看到许多数据库供应商最终从客户合同中删除了 DeWitt 条款[注 13]。即便如此，买家也应当心：数据领域充满了无意义的基准[注 14]。这里有一些用于考量基准的常用技巧。

4.10.1 20 世纪 90 年代的大数据

声称支持 PB 级"大数据"的产品通常会使用足够小的基准数据集，可以轻松放入智能手机的存储空间中。对于依靠缓存层来提供性能的系统，测试数据集完全驻留在固态硬盘（Solid State Drive，SSD）或内存中，基准可以通过重复查询相同的数据体现超高性能。一个小的测试数据集可以最小化 RAM 和 SSD 的成本，这样在价格对比时会更凸显优势。

要对真实世界的用例进行基准测试，必须模拟预期的真实世界数据和查询大小。根据对你的需求的详细评估，评估查询性能和资源成本。

4.10.2 无意义的成本比较

分析性价比或 TCO 时，无意义的成本比较是标准花招。例如，许多 MPP 系统无法轻松

编辑注 4：1 马力等于 735.499 瓦。

编辑注 5：1 磅力英尺等于 1.355 82 牛顿米。

注 13：Justin Olsson and Reynold Xin，"Eliminating the Anti-competitive DeWitt Clause for Database Benchmarking"，Databricks，November 8, 2021，*https://oreil.ly/3iFOE.*

注 14：关于这一类型的经典之作，见 William McKnight 和 Jake Dolezal，"Data Warehouse in the Cloud Benchmark"，GigaOm，February 7, 2019，*https://oreil.ly/QjCmA.*

创建和删除，即使它们搭建在云环境中。一经配置，这些系统就将连续运行多年。其他数据库支持动态计算模型并按每查询或每秒使用收费。在每秒成本的基础上比较临时和非临时系统是无意义的，但我们一直在基准里看到这个比较。

4.10.3 非对称优化

非对称优化的欺骗以多种形式出现，这里就有一个例子。供应商通常通过使用在高度标准化的数据上运行复杂连接查询的基准，将基于行的 MPP 系统与列式数据库进行比较。标准化数据模型对于基于行的系统是最佳的，但列式系统在其他的框架下才能展示出全部潜力。更糟糕的是，供应商通过额外的连接优化（例如预索引连接）来增强它们的系统，而没有在竞争数据库中应用相匹配的调优（例如，将连接放在物化视图中）。

4.10.4 买者自负

与数据技术中的所有事物一样，买家要当心。要先做功课去了解，以避免盲目依赖供应商基准来评估和选择技术。

4.11 底层设计及其对技术选择的影响

正如本章所介绍的，数据工程师在评估技术时需要考虑很多因素。无论你选择何种技术，一定要了解它如何支持数据工程生命周期里的底层设计。让我们再次简要回顾一下。

4.11.1 数据管理

数据管理是一个广泛的领域，就技术而言，一项技术是否将数据管理作为主要关注点并不总是很明显。例如，在幕后，第三方供应商可能会让数据管理达到最佳——合规性、安全性、隐私、数据质量和治理——但将这些细节隐藏在有限的 UI 层之后。在这种情况下，在评估产品时，向公司询问其数据管理操作会有所帮助。以下是你应该提出的一些示例问题：

- 你如何保护数据免受来自外部和内部的破坏？
- 你的产品是否符合 GDPR、CCPA 和其他数据隐私法规？
- 你是否允许我托管我的数据以遵守这些规定？
- 你如何确保数据质量以及我在你的解决方案中查看的数据是否正确？

还有很多其他问题要问，这些只是其中的几种关于数据管理的思考要点，因为它与选择正确的技术有关。这些相同的问题也应该适用于你正在考虑的 OSS 解决方案。

4.11.2 DataOps

问题总是会出现。服务器或数据库可能会死亡，云的区域可能会中断，你可能会部署错误代码，这可能将错误数据引入你的数据仓库，也可能会出现其他无法预料的问题。

在评估一项新技术时，你对部署的新代码有多少控制权？如果出现问题，你将如何收到警报，以及你将如何处理这些问题？答案在很大程度上取决于你在考虑的技术类型。如果技术是 OSS，你可能负责设置监控、托管和代码部署。你将如何处理问题？你对紧急事件的响应是什么？

如果你使用的是托管产品，则大部分操作都在你的控制范围之外。考虑供应商的服务等级协定，它们提醒你应该注意哪些，以及它们是否对如何处理案件保持透明，包括提供预计到达时间（Estimated Time of Arrival，ETA）。

4.11.3 数据架构

正如第 3 章所讨论的，良好的数据架构意味着评估权衡和选择最适合工作的工具，同时保持你的决定的可逆性。数据格局以极快的速度变化着，现在*最佳工具*是一个移动目标。主要目标是避免不必要的锁定，确保不同技术栈的互操作性，并产生高投资回报率。依据这些相应地选择你的技术。

4.11.4 编排例子：Airflow

在本章的大部分内容里，我们都积极避免过多地讨论任何特定的技术。但我们为编排破例，因为其领域目前由一种开源技术 Apache Airflow 主导。

Maxime Beauchemin 于 2014 年在 Airbnb 启动了 Airflow 项目。Airflow 从一开始就是作为一个非商业开源项目开发的。该框架迅速在 Airbnb 之外获得了巨大的心智份额，成为 2016 年的 Apache Incubator 项目和 2019 年的 Apache 完全赞助项目。

Airflow 享有许多优势，很大程度上是因为它在开放领域市场的主导地位。第一，Airflow 开源项目非常活跃，有高提交率和对错误和安全问题的快速响应。该项目最近发布了 Airflow 2，这是对代码库的重大重构。第二，Airflow 享有巨大的心智份额。Airflow 有许多充满活力、活跃的社区通讯平台，包括 Slack、Stack Overflow 和 GitHub。这让用户可以轻松找到问题的答案。第三，Airflow 可通过许多供应商（包括 GCP、AWS 和 Astronomer.io）作为托管服务或软件分发工具在市场上获得。

Airflow 也有一些缺点。Airflow 依赖于一些不可扩展的核心组件（调度程序和后端数据库），这些组件可能成为性能、规模和可靠性的瓶颈。Airflow 的可扩展部分仍然遵循分布式单体模式（请参阅 4.8 节）。最后，Airflow 缺乏对许多数据原生结构的支持，例如模式管理、血缘管理和编目。开发和测试 Airflow 工作流具有挑战性。

我们不会在这里尝试对 Airflow 替代方案进行详尽的讨论，而只是在撰写本书时提及几个主要的编排竞争者。Perfect 和 Dagster 旨在通过重新思考 Airflow 架构的组件来解决之前讨论的一些问题。会不会有其他的这里没有讨论的编排框架和技术？一切还在计划中。

我们强烈建议当选择编排技术时，思考一下这里讨论的要点，并且还应该熟悉市场的发展，因为在你阅读本书时肯定会出现新的发展。

4.11.5 软件工程

作为一名数据工程师，你应该努力简化和抽象整个数据技术栈。尽可能购买或使用预构建的开源解决方案。消除重复的、繁重的工作应该是你的主要目标。将你的资源（自定义编码和工具）集中在可为你带来稳固竞争优势的领域。例如，手工编写生产数据库和云数据仓库之间的数据库连接对你来说是否具有竞争优势？大概不会。而是选择现成的解决方案（开源或托管 SaaS）。现在已经有百万种数据库连接器，不需要你再创造一个。

另外，客户为什么要向你购买？你的企业可能在做事方式上有一些特别之处。也许是你对金融科技平台提供支持的特定的算法。通过抽象出大量冗余的工作流和过程，你可以继续削减、改进和定制那些推动业务发展的东西。

4.12 总结

选择正确的技术并非易事，尤其是当新技术和模式每天都在出现时。现在可能是历史上评估和选择技术最混乱的时期。选择技术是用例、成本、构建与购买以及模块化之间的平衡。始终以与架构相同的方式来处理技术的选择：评估权衡并以可逆决策为目标。

4.13 补充资料

- *Cloud FinOps* by J. R. Storment and Mike Fuller (O'Reilly)
- "Cloud Infrastructure: The Definitive Guide for Beginners" (*https://oreil.ly/jyJpz*) by Matthew Smith
- "The Cost of Cloud, a Trillion Dollar Paradox" (*https://oreil.ly/WjvOT*) by Sarah Wang and Martin Casado

- FinOps Foundation's "What Is FinOps" web page (*https://oreil.ly/TO0Oz*)
- "Red Hot: The 2021 Machine Learning, AI and Data (MAD) Landscape" (*https://oreil.ly/aAy5z*) by Matt Turck
- Ternary Data's "What's Next for Analytical Databases? w/ Jordan Tigani (Mother-Duck)" video (*https://oreil.ly/8C4Gj*)
- "The Unfulfilled Promise of Serverless" (*https://oreil.ly/aF8zE*) by Corey Quinn
- "What Is the Modern Data Stack?" (*https://oreil.ly/PL3Yx*) by Charles Wang

第二部分

深入数据工程生命周期

第 5 章

源系统中的数据生成

欢迎来到数据工程生命周期的第一阶段：源系统中的数据生成。正如我们之前所描述的，数据工程师的工作是从源系统获取数据，对其进行处理，使其有助于为下游用例提供服务。但在获取原始数据之前，你必须了解数据存在于何处、如何生成以及其特征和特性。

本章涵盖一些流行的操作型源系统模式和重要的源系统类型。现在有许多数据生成的源系统，我们无法详尽列举所有这些系统。我们重点关注数据生成的源系统以及你在使用源系统时应该考虑的事项。我们还将讨论数据工程的底层设计，以及如何将其应用于数据工程生命周期的第一阶段（如图 5-1 所示）。

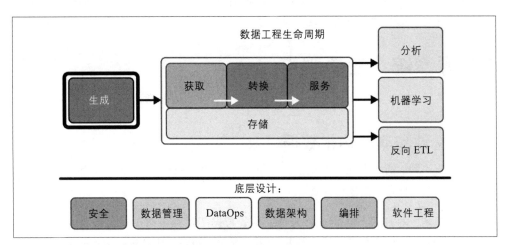

图 5-1：源系统为数据工程生命周期的其余部分生成数据

随着数据的激增，尤其是共享数据（接下来讨论）的兴起，我们预计数据工程师的角色将在很大程度上转向理解数据源和目的地之间的相互作用。数据工程的最基本的数据管道任务——将数据从 A 移动到 B——将大大简化。另外，了解在源系统中生成的数据的特性仍至关重要。

5.1 数据源：数据是如何生成的？

即使你已经了解生成数据系统的各种底层操作模式，了解数据的生成方式仍然至关重要。数据是无组织的、缺乏内容描述的事实和数据特征的集合。它可以通过多种方式生成，包括模拟的或数字的。

*模拟数据*是在现实世界中生成的，例如语音、手语、纸上书写或演奏乐器。这种模拟数据通常是瞬态的，如通常的口头对话，在对话结束后声音数据也就消失了。

*数字数据*要么是通过将模拟数据转换为数字形式生成的，要么是数字系统直接生成的。模拟到数字的一个示例是将模拟语音转换为数字文本的移动短信应用程序。数字系统生成数据的一个例子是电子商务平台上的信用卡交易信息。客户下订单，交易记入他们的信用卡，交易信息保存到各种数据库中。

我们将在本章中使用一些常见例子，例如在与网站或移动应用程序交互时创建的数据。但事实上，数据在我们周围的世界无处不在。物联网设备、信用卡终端、望远镜传感器、股票交易等都在生成数据。

熟悉你的源系统及其生成数据的方式。阅读更多的源系统文档并理解其模式和特性。如果你的源系统是 RDBMS，则需要了解它是如何操作的（写入、提交、查询等），对源系统的了解程度会影响你从中获取数据的能力。

5.2 源系统：主要观点

源系统以各种方式生成数据。本节将讨论你在使用源系统时经常遇到的主要观点。

5.2.1 文件和非结构化数据

*文件*是字节序列，通常存储在磁盘上。应用程序经常将数据写入文件。文件可以存储本地参数、事件、日志、图像和音频。

此外，文件是一种通用的数据交换媒介。尽管数据工程师希望能够以编程方式获取数据，但世界上很多地方仍在发送和接收文件。例如，如果你从政府机构获取数据，则很有可能将数据下载为 Excel、CSV 文件，或通过电子邮件接收文件。

作为数据工程师，你将遇到的主要源文件格式类型（手动生成或源系统输出的文件）有 Excel、CSV、TXT、JSON 和 XML。这些文件各有特点，可以是结构化的（Excel、

CSV)、半结构化的（JSON、XML、CSV）或非结构化的（TXT、CSV）。作为数据工程师，你会大量使用某些格式（例如 Parquet、ORC 和 Avro），我们稍后会介绍这些格式，并将重点放在源系统文件上。第 6 章将介绍文件的技术细节。

5.2.2 API

应用程序接口是系统间交换数据的标准方式。理论上，API 简化了数据工程师的数据获取任务。在实践中，许多 API 仍然存在许多针对数据的复杂性，需要工程师管理。即使随着各种服务和框架以及自动化 API 数据获取服务的兴起，数据工程师也必须投入大量资金和相当多的精力用于维护自定义的 API 连接。我们将在本章后面更详细地讨论 API。

5.2.3 应用程序数据库（OLTP 系统）

*应用程序数据库*存储应用程序的状态。一个标准示例是存储银行账户余额的数据库。随着客户交易和付款的发生，应用程序会更新银行账户余额。

通常，应用程序数据库是*联机事务处理系统*——以高速率读取和写入单个数据记录的数据库。OLTP 系统通常被称为*事务数据库*，但这并不一定意味着所讨论的系统支持*原子事务*。

更确切来说，OLTP 数据库支持低延迟和高并发。RDBMS 数据库可以在不到一毫秒的时间内选取或更新一行（不考虑网络延迟）并且每秒处理数千次读取和写入。文档数据库集群可以通过降低一致性来获取更高的文档提交率。一些图数据库还可以处理事务用例。

从根本上说，当成千上万甚至数百万用户可能同时与应用程序交互、同时更新和写入数据时，OLTP 数据库可以很好地作为应用程序后端。OLTP 系统不太适合由大规模分析驱动的用例，由于其单个查询也必须扫描大量数据。

ACID

对原子事务的支持是数据库关键特征之一，统称为 ACID（你可能还记得第 3 章我们所提，这代表原子性、一致性、隔离性、持久性）。*一致性*意味着数据库的任何读取检索都将返回最后写入版本。*隔离性*意味着如果针对同一事物同时进行两个更新，则最终数据库状态将与这些更新的提交顺序一致。*持久性*表示提交的数据永远不会丢失，即使在停电的情况下也是如此。

请注意，支持应用程序后端不需要完全具备 ACID 特性，放宽这些限制可以大大提高性能和规模。然而，ACID 绘制了全球统一的数据库特性，极大地简化了应用程序开发人员的任务。

所有工程师（数据或其他）都必须了解使用和不使用 ACID 的操作。例如，为了提高性能，一些分布式数据库使用宽松的一致性约束（例如*最终一致性*）来提高性能。了解你正在使用的一致性模型也可以帮助你预防灾难。

原子事务

*原子事务*是在一个提交中有多个更改。在图 5-2 中的示例，一个运行在 RDBMS 上的传统银行应用程序执行一条检查两个账户余额的 SQL 语句，一个是账户 A（源），另一个是账户 B（目的地）。然后如果在 A 账户中有足够的资金，就会将钱从 A 账户转到 B 账户。如果整个交易成功，就应该再更新两个账户余额；或者如果失败，则不更新任何一个的账户余额。也就是说，整个操作应该作为一个原子事务发生。

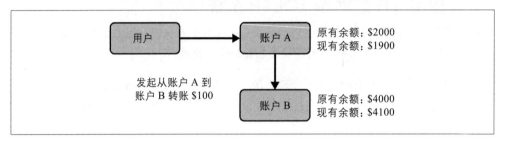

图 5-2：原子事务的例子——一个 OLTP 系统的银行转账

OLTP 和分析

通常，小公司直接在 OLTP 上运行分析。这种模式适用于短期但最终无法扩展。在某些时候，运行分析查询，OLTP 会遇到性能问题，问题的产生是因为 OLTP 或资源的结构限制，以及事务工作负载的争用资源。数据工程师必须了解 OLTP 和应用程序后端的内部工作，在不降低生产应用程序性能的情况下设置与分析系统的适当集成。

随着公司在 SaaS 应用中提供更多的分析功能，对混合功能（结合分析功能的快速更新）的需求给数据工程师带来了新的挑战。我们将使用*数据应用程序*这一术语来指代混合了事务性和分析性工作负载的应用程序。

5.2.4 联机分析处理系统

与 OLTP 系统相比，*联机分析处理系统*是为运行大型分析查询而构建的，通常在处理单个记录的查找方面效率低下。例如，现代列式数据库经过优化可以扫描大量数据，并分配索引以提高可扩展性和扫描性能。但任何查询都涉及扫描最小的数据块，通常大小为 100 MB 或更大。尝试在这样的系统中每秒执行数千个单独的查找项目将使它陷入困境，除非它有为此用例专门设计的缓存层。

请注意，我们使用术语 *OLAP* 来指代任何支持大规模交互式分析查询的数据库系统。我们并不局限于支持 OLAP 多维数据集（多个维度的数组数据）的系统。OLAP 的*在线*部分通过不断地监听传入的查询，使 OLAP 系统适合交互式分析。

尽管本章主要涵盖源系统，但 OLAP 通常是用于分析的存储和查询系统。为什么我们在关于源系统的章节中谈论它们？在实际案例中，工程师经常需要从 OLAP 系统中读取数据。例如，数据仓库的数据可能用于训练 ML 模型。或者，OLAP 系统可能服务于反向 ETL 工作流，其中分析系统中的派生数据被发送回源系统，例如 CRM、SaaS 平台或交易应用程序。

5.2.5 变更数据捕获

*变更数据捕获*是一种提取数据库中发生的每个变更事件（插入、更新、删除）的方法。CDC 经常用于近乎实时地在数据库之间进行复制或为下游处理创建事件流。

CDC 的处理方式因数据库技术而异。关系数据库通常直接生成存储在数据库服务器上的事件日志，可以对其进行处理以创建一个流（请参阅 5.2.7 节）。许多云端 NoSQL 数据库可以将日志或事件流发送到目标存储位置。

5.2.6 日志

*日志*收集有关系统中发生的事件的信息。比如，日志可以记录网络服务器上的流量和使用模式。举个例子，你的台式计算机的操作系统（Windows、macOS、Linux）会在系统启动以及应用程序启动或崩溃时记录事件。

日志是一个丰富的数据源，对下游数据分析、ML 和自动化具有潜在价值。以下是一些常有的日志来源：

- 操作系统
- 应用程序
- 服务器
- 容器
- 网络
- 物联网设备

所有日志都跟踪事件和其元数据。至少，日志应该记录谁、发生了什么和什么时候：

谁

与事件关联的人员、系统或服务账户（例如，Web 浏览器用户代理或用户 ID）。

发生了什么

事件和相关元数据。

什么时候

事件的时间戳。

日志编码

日志编码有几种方法：

二进制编码日志

通过自定义的紧凑格式编码数据来提高空间效率和 I/O 速度。5.2.7 节中讨论的数据库日志是一个标准示例。

半结构化日志

被编码为对象序列化格式（JSON，也可能是其他）的文本。半结构化日志是机器可读和可移植的。但是，它们的效率远低于二进制日志。尽管它们名义上是机器可读的，但从中提取价值通常需要大量的自定义代码。

纯文本（非结构化）日志

存储从软件的控制台输出的日志。因此不存在通用标准。这些日志可以为数据科学家和 ML 工程师提供有用的信息，尽管从原始文本数据中提取有用的信息可能很复杂。

日志分辨率

日志以各种分辨率和日志等级创建。日志分辨率是指一个日志中捕获的事件数据量。例如，数据库日志从数据库事件中捕获足够的信息以允许在任何时间点重建数据库状态。

另外，捕获大数据系统中的所有数据变化通常是不切实际的。相反，这些日志可能只记录发生了特定类型的提交事件。*日志等级*是指记录一个日志条目所需的条件，具体涉及错误和调试信息。例如，软件通常可配置为记录每个事件或仅记录错误。

日志延迟：批处理或实时

批处理日志通常被连续写入一个文件。也可以将单个日志条目写入消息系统，例如 Kafka 或 Pulsar 以用于实时应用程序。

5.2.7 数据库日志

*数据库日志*非常重要，值得更详细的介绍。预写日志——通常是以特定数据库的格式存储的二进制文件——在数据库的保证和可恢复性中起着至关重要的作用。数据库服务器接收对数据库表的写入和更新请求（如图 5-3 所示），在确认请求之前将每个操作存储在日志中。确认伴随着与日志相关的保证：即使服务器出现故障，它也可以通过完成日志中未完成的工作来在重新启动时恢复其状态。

数据库日志在数据工程中非常有用，特别是利用 CDC 从数据库更改中生成事件流。

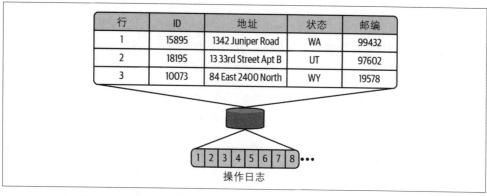

图 5-3：数据库日志记录表上的操作

5.2.8 CRUD

CRUD 代表*创建、读取、更新*和*删除*，是编程中常用的事务模式，代表持久化存储的四种基本操作。CRUD 是在数据库中存储应用程序状态的最常见模式。CRUD 的一个基本原则是数据必须使用前创建。在创建数据后，才可以读取和更新数据。最后，可能需要销毁数据。CRUD 保证这四个操作将发生在数据上，无论数据存储在哪里。

CRUD 是软件应用程序中广泛使用的模式，你通常会在 API 和数据库中发现 CRUD。例如，Web 应用程序将大量使用 CRUD 来处理 RESTful HTTP 请求以及从数据库存储和检索数据。

与任何数据库一样，在应用 CRUD 操作的数据库中，我们可以用快照获取数据。另外，使用 CDC 进行的事件获取为我们提供了完整的操作历史记录，并可能允许进行近乎实时的分析。

5.2.9 仅插入

*仅插入*模式将历史记录直接保留在数据的表中。新记录没有更新记录，而是插入了一个

新的时间戳，指示它们的创建时间（如表 5-1 所示）。例如，假设你有一个客户地址表。按照 CRUD 模式，如果客户更改了他们的地址，你只需要更新记录。使用仅插入模式，插入具有相同客户 ID 的新地址记录。要通过客户 ID 读取当前客户地址，你可以查找该 ID 下的最新记录。

表 5-1：仅插入模式会产生多个版本的记录

记录 ID	值	时间戳
1	40	2021-09-19T00:10:23+00:00
1	51	2021-09-30T00:12:00+00:00

从某种意义上说，仅插入模式直接在表本身中维护数据库日志，如果应用程序需要访问历史记录，则这种模式特别有用。例如，这种模式非常适用于需要呈现客户地址历史记录的银行应用程序。

仅插入模式的分析通常与常规 CRUD 应用程序表一起使用。在仅插入模式 ETL 中，只要 CRUD 表中发生更新，数据管道就会在目标分析表中插入一条新记录。

仅插入模式有几个缺点。第一个缺点是表可能会变得非常大，尤其是在数据频繁更改的情况下，因为每次更改都会插入表中。有时会需要根据记录截止日期或最大记录版本数清除记录，以保持表大小合理。第二个缺点是记录查找会产生额外的开销，因为查找当前状态涉及运行 MAX(created_timestamp)。如果单个 ID 下有数百或数千条记录，则此查找操作的运行成本很高。

5.2.10 消息和流

与事件驱动架构相关，你经常会看到互换使用的两个术语是*消息队列*和*流媒体平台*，两者存在细微但本质的区别。定义和对比这些术语是有意义的，因为它们包含许多与源系统相关的重要思想以及跨越整个数据工程生命周期的实践和技术。

*消息*是在两个或多个系统之间通信的原始数据（如图 5-4 所示）。例如，我们有系统 1 和系统 2，其中系统 1 向系统 2 发送消息。这些系统可以是不同的微服务、服务器向无服务器功能发送消息等。消息通常通过*消息队列*从一个发布者到一个消费者，一旦消息被传递，它就会从队列中移除。

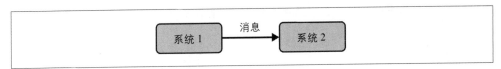

图 5-4：一个消息从系统 1 发送至系统 2

在事件驱动系统中，消息是离散的单一信号。例如，IoT 设备可能会将包含最新温度读数的消息发送到消息队列。然后，此消息由操控是否应打开或关闭熔炉的服务获取。该服务会向实际操作的熔炉控制器发送消息。在收到消息并采取操作后，该消息将从消息队列中删除。

相比之下，流是事件记录的仅追加日志。（流被获取并存储在*事件流平台*中。）当事件发生时，它们会按时间戳或 ID 顺序累积（如图 5-5 所示）。（在分布式系统下需要注意，事件并不总是按准确的顺序传递。）

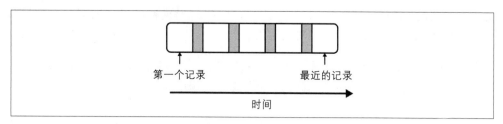

图 5-5：一个有序的仅追加日志的记录流

当你关心许多事件中发生的事情时，推荐使用流。由于流的仅追加性质，流中的记录会保存很长时间（通常为数周或数月），从而允许对记录进行复杂的操作，例如对多个记录的聚合或倒带到某个时间点。

值得注意的是，处理流的系统也可以处理消息，流平台经常用于消息传递。当我们想要执行消息分析时，我们经常在流中累积消息。在我们的物联网示例中，触发熔炉打开或关闭的温度读数也可能在以后进行分析，以确定温度趋势和其他统计数据。

5.2.11 时间类型

时间是所有数据获取的基本考虑因素，但在流处理的上下文中它变得更加关键和微妙，因为我们将数据视为连续数据并期望在生成后不久就使用它。让我们看看在获取数据时会遇到的主要时间类型：事件生成的时间、获取和处理的时间，以及处理时长（如图 5-6 所示）。

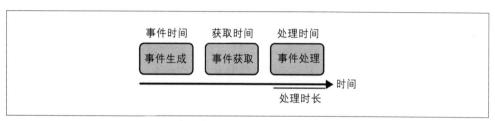

图 5-6：事件生成、获取、处理时间和处理时长

*事件时间*表示事件在源系统中何时产生，包括原始事件本身的时间戳。在事件被下游获取和处理之前，会发生不确定的时间滞后。事件经过的每个阶段的时间戳都需要被记录。日志需要记录事件发生时以及每个阶段的时间（创建、获取和处理时间）。使用这些时间戳日志可以准确跟踪数据在数据管道中的移动。

在数据被创建后，它会被获取到某个地方。获取时间表示事件何时从源系统到消息队列、缓存、内存、对象存储、数据库或任何其他存储数据的地方（参见第6章）。获取后，可以立即（或在几分钟、几小时或几天内）处理数据，或者只是无限期地存储。

*处理时间*发生在获取时间之后，此时数据被处理（通常是转换）。*处理时长*是处理数据所花费的时间，以秒、分钟、小时等为单位。

你需要记录这些不同的时间，最好以自动方式记录。沿着数据工作流设置监控以捕获事件发生的时间、获取和处理事件的时间，以及处理事件所花费的时间。

5.3 源系统实际细节

本节讨论与现代源系统交互的实际细节。我们将深入探讨常见数据库、API和其他方面的细节。该信息的保质期将比之前讨论的主要观点更短，因为流行的API框架、数据库和其他细节将继续快速变化。

然而，这些细节对数据工程师的工作来说至关重要。我们建议你将此信息作为基础知识进行研究，但要广泛阅读以跟上持续发展的步伐。

5.3.1 数据库

在本节中，你将了解作为数据工程师会遇到的常见源系统数据库技术，以及使用这些系统时的特别注意事项。有多少种数据用例，就有多少种数据库。

理解数据库技术的主要考虑因素

在这里，我们介绍了各种数据库技术中出现的主要观点，包括支持软件应用程序的技术和支持分析用例的技术：

数据库管理系统
    用于存储和提供数据的数据库系统。简称DBMS，它由存储引擎、查询优化器、灾难恢复和其他管理数据库系统的关键组件组成。

查询
    数据库如何查找和检索数据？索引可以帮助加快查找速度，但并非所有数据库都有索引。要知道你的数据库是否使用索引。如果是，则设计和维护它们的最佳模式是

什么？要了解如何直接高效提取。它还有助于了解索引主要类型的基本知识，包括 B 树和日志结构合并树（Log-Structured Merge-tree，LSM）。

查询优化器

数据库是否使用优化器？它有什么特点？

扩展和分发

数据库是否随需扩展？它部署了什么扩展策略？它是水平扩展（更多数据库节点）还是垂直扩展（单台机器上的更多资源）？

模型

什么模型最适合数据库（例如，数据规范化或宽表）？（有关数据建模的讨论，请参见第 8 章。）

CRUD

数据在数据库中是如何查询、创建、更新和删除的？每种类型的数据库都以不同方式处理 CRUD 操作。

一致性

数据库是完全一致的，还是支持宽松一致性的（例如，最终一致性）？数据库是否支持可选的读写一致性模式（例如，强一致性读取）？

我们将数据库分为关系和非关系。事实上，非关系类别要多样化得多，但关系数据库在应用程序后端仍然占据着重要的空间。

关系数据库

关系数据库管理系统是最常见的应用程序后端之一。关系数据库于 20 世纪 70 年代由 IBM 开发，并于 20 世纪 80 年代由 Oracle 推广。互联网的发展见证了 LAMP 栈（Linux、Apache Web 服务器、MySQL、PHP）的兴起以及供应商和开源 RDBMS 选项的爆炸式增长。即使在 NoSQL 数据库的兴起之后，关系数据库仍然非常流行。

数据存储在关系（行）表中，每个关系包含多个字段（列），如图 5-7 所示。请注意，我们在本书中交替使用术语*列*和*字段*。表中的每个关系都具有相同的*模式*（一个序列分配有静态类型的列，例如字符串、整数或浮点数）。行通常作为连续的字节序列存储在磁盘上。

表通常由*主键*索引，主键是表中每一行的唯一字段。主键的索引策略与表在磁盘上的布局密切相关。

表也可以有各种*外键*，外键是具有与其他表中主键值相关联的值的字段，便于连接，并允许跨多个表构建复杂数据的模式。特别是，可以设计规范化模式。规范化是一种确保记录中的数据不会在多个地方重复的策略，从而避免需要同时在多个位置更新状态并防止不一致（参见第 8 章）。

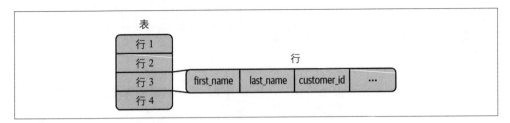

图 5-7：RDBMS 在行上存储和获取

RDBMS 系统通常是 ACID 兼容的。它将规范化模式、ACID 兼容和对高事务率的支持相结合，使关系数据库系统成为有快速存储变化的应用程序的理想选择。数据工程师面临的挑战是如何随时间捕获正确的状态信息。

对 RDBMS 的理论、历史和技术的全面讨论超出了本书的范围。我们鼓励你学习 RDBMS 系统、关系代数和规范化策略，因为它们很普遍，你会经常遇到它们。有关建议的书籍，请参阅 5.7 节。

非关系数据库：NoSQL

虽然关系数据库对于许多用例来说都是很不错的选择，但它们并不是一个放之四海而皆准的解决方案。我们经常看到人们准备使用关系数据库，因为觉得它有大量用例和工作负载中的通用设备和鞋拔。随着数据和查询需求的变化，关系数据库在超大数据负荷下崩溃了。届时，你将希望使用适合特定工作负载的数据库。这个时候可以选择非关系或 NoSQL 数据库。*NoSQL*，代表不仅是 *SQL*，还指全部放弃关系范式的数据库。

一方面，删除关系约束可以提高性能、可扩展性和模式的灵活性。但与往常一样，在架构中，权衡是存在的。NoSQL 数据库通常还会放弃各种 RDBMS 特性，例如强一致性、连接或固定模式。

本书的一大主题是数据创新是永恒的。让我们快速回顾一下 NoSQL 的历史，因为它有助于了解数据创新为何以及如何影响你作为数据工程师的工作。在 21 世纪 00 年代初期，谷歌和亚马逊等科技公司开始舍弃关系数据库，并开创了新的分布式非关系数据库来扩展它们的网络平台。

虽然 *NoSQL* 一词于 1998 年首次出现，但现代版本是由 Eric Evans 在 21 世纪 00 年代创造的[注1]。他在 2009 年的博客文章（*https://oreil.ly/LOYbo*）中讲述了这个故事：

注 1：Keith D. Foote，"A Brief History of Non-Relational Databases"，Dataversity, June 19, 2018, *https://oreil.ly/5Ukg2*.

我花了几天去畅读 nosqleast 文章（*https://oreil.ly/6xN5Y*），这里的热门话题之一是名称"nosql"。可以理解的是，有很多人担心这个名字不好，它可能暗示不恰当或不准确的信息。虽然我没有对这个想法提出任何要求，但我确实不得不为现在的称呼承担一些责任。这个称呼是怎么来的呢？Johan Oskarsson 在 IRC 的第一次组织会议上，他问了一个问题："对这个概念如何称呼好？这个称呼就是我在大约 45 秒内不假思索地提出的 3~4 个建议之一。

但是，我感到遗憾的不是这个名字的含义，而是关于它没有包含的意义。当 Johan 第一次在会议上提出讨论的想法时，他似乎在考虑大数据和线性可扩展的分布式系统，但这个名字太模糊了，以至于它打开了讨论提交任何存储数据的大门，而不是一个关系数据库管理系统。

NoSQL 在 2022 年仍然含糊不清，但它已被广泛用来描述"新兴"数据库的世界，即关系数据库的替代品。

有多种 NoSQL 数据库设计可用于几乎所有可以想象的用例。由于 NoSQL 数据库太多，无法在本节中详尽介绍，我们考虑以下数据库类型：键值、文档、宽列、图形、搜索和时间序列。这些数据库都非常受欢迎，并得到广泛采用。数据工程师应该了解这些类型的数据库，包括使用注意事项、它们存储的数据结构，以及如何在数据工程生命周期中利用它们。

键值存储。*键值数据库*是一种非关系数据库，它使用唯一标识每条记录的键来检索记录。这类似于许多编程语言中提供的哈希映射或字典数据结构，但具有潜在的可扩展性。键值存储包含多种 NoSQL 数据库类型——例如，文档存储和宽列数据库（接下来讨论）。

不同类型的键值数据库提供各种性能特征以满足各种应用程序需求。例如，内存中的键值数据库常用于 Web 和移动应用程序的缓存对话数据存储，这些应用程序需要超快速查找，具有高并发性。这些系统中的存储通常是临时的，如果数据库关闭，数据就会消失。这样的高速缓存可以减轻主应用程序数据库的压力并提供快速响应。

当然，键值存储也可以服务于需要高持久化的应用。电子商务应用程序可能需要为用户及其订单保存和更新，这会有大量事件状态更改。用户登录电子商务应用程序，点击各种屏幕，将商品添加到购物车，然后结账。每个事件都必须持久存储以供检索。键值存储通常将数据持久保存到磁盘并跨多个节点以支持此类用例。

文档存储。如前所述，*文档存储*是一种专门的键值存储。在这种情况下，文档是一个嵌套对象。为方便应用，我们通常可以将每个文档视为一个 JSON 对象。文档存储在集合中并通过键值检索。集合大致相当于关系数据库中的表（如表 5-2 所示）。

表 5-2：对比 RDBMS 和文档存储的术语

RDBMS	文档存储
表	集合
行	文件、项目、实体

关系数据库和文档存储之间的一个主要区别是后者不支持连接。这意味着数据不能轻易规范化，即拆分到多个表中。（应用程序仍然可以手动连接。代码可以查找文档、提取属性，然后检索另一个文档。）理想情况下，所有关系数据都可以存储在同一个文档中。

在许多情况下，相同的数据必须分布式存储在多个集合中的多个文档中。软件工程师必须小心更新存储在任何地方的属性。（许多文档存储支持事务的概念来促进这一点。）

文档数据库通常包含 JSON 的所有灵活性，并且不强制要求模式或类型。这有利也有弊。一方面，这种模式具有高度的灵活性和表现力，还可以随着应用程序的增加而发展。另一方面，我们已经看到文档数据库成为管理和查询的噩梦。如果开发人员在管理模式的推进时不小心，数据可能会变得不一致和膨胀。如果未及时（部署前）进行通信统一，模式演化还可能会破坏下游的数据获取并导致数据工程师十分头疼。

以下是存储在名为 users 的集合中的数据示例。集合键是 id。我们还有 name（包含 first 和 last 作为子元素）和每个文档中用户最喜欢的乐队的数组：

```
{
  "users":[
  {
  "id":1234,
  "name":{
  "first":"Joe",
  "last":"Reis"
  },
  "favorite_bands":[
  "AC/DC",
  "Slayer",
  "WuTang Clan",
  "Action Bronson"
  ]
  },
  {
  "id":1235,
  "name":{
  "first":"Matt",
  "last":"Housley"
  },
  "favorite_bands":[
  "Dave Matthews Band",
  "Creed",
  "Nickelback"
```

```
            ]
          }
        ]
      }
```

要查询此示例中的数据，你可以通过键检索记录。请注意，大多数文档数据库还支持创建索引和查找表，以允许通过特定属性检索文档。当你需要以各种方式搜索文档时，这在应用程序开发中通常是很有意义的。例如，你可以在 name 上设置索引。

数据工程师需要关注的另一个关键技术细节是文档存储通常不符合 ACID，这与关系数据库不同。只有具有对特定文档存储的专业知识才能理解其性能、调优、配置、对写入的相关影响、一致性、持久性等至关重要。例如，许多文档存储是*最终一致的*。这允许跨集群分布数据来提升扩展性和性能，但如果工程师和开发人员不了解其中的含义，可能会导致灾难。Nemil 叙述了一些关于 MongoDB 数据库滥用的令人痛心的故事，以及它对刚起步的初创公司的后果[注2]。

要对文档存储进行分析，工程师通常必须运行全面扫描以从集合中获取所有数据，或采用 CDC 策略将事件发送到目标流。全扫描方法可能对性能和成本都有影响。扫描通常会减慢数据库的运行速度，而且许多无服务器云产品对每次全面扫描都收取高额费用。在文档数据库中，创建索引通常有助于加快查询速度。我们将在第 8 章讨论索引和查询模式。

宽列数据库。*宽列数据库*针对存储大量数据进行了优化，具有高事务率和极低的延迟。这些数据库可以扩展到极快的写入速率和海量数据。具体来说，宽列数据库可以支持 PB 级数据、每秒数百万次请求和低于 10 毫秒的延迟。这些特性使得宽列数据库在电子商务、金融科技、广告技术、物联网和实时个性化应用程序中广受欢迎。数据工程师必须了解他们所使用的宽列数据库的操作特征，以设置合适的配置、设计架构并选择合适的行键来优化性能并避免常见的操作问题。

这些数据库支持对大量数据的快速扫描，但它们不支持复杂的查询。它们只有一个索引（行键）用于查询。数据工程师必须提取数据并将其发送到二级分析系统，以运行复杂的查询来处理这些限制。这可以通过运行大型扫描来提取或采用 CDC 来捕获事件流来实现。

图数据库。*图数据库*以数学图形结构（作为节点和边的集合）来存储数据[注3]。Neo4j 已经被证明是非常受欢迎的，而亚马逊、甲骨文和其他供应商也提供了各自的图数据库产

注 2：Nemil Dalal，*https://oreil.ly/pEKzk*.

注 3：Martin Kleppmann, *Designing Data-Intensive Applications*（Sebastopol, CA: O'Reilly, 2017），49，*https://oreil.ly/v1NhG*.

品。粗略地说，当你想分析元素之间的联系时，图数据库是一个很好的选择。

例如，你可以使用一个文档数据库，为每个用户存储一个描述其属性的文档。你可以为连接添加一个数组元素，其中包含社交媒体上下文中直接连接的用户 ID。确定一个用户的直接连接数是很容易的，但假设你想知道通过遍历两个直接连接可以接触到多少用户。你可以通过编写复杂的代码来解决这个问题，但每个查询都会运行缓慢，并消耗大量资源。文档存储根本没有为这个用例进行优化。

图数据库正是为这种类型的查询而设计的。它们的数据结构允许基于元素之间的连接性进行查询。当我们想要理解元素之间的复杂遍历关系时，图数据库就是很好的解决方案。用图的术语来解释，我们存储节点（前面例子中的用户）和边（用户之间的连接）。图数据库支持节点和边的丰富数据模型。根据底层图数据库引擎，图数据库利用专门的查询语言，如 SPARQL、资源描述框架（Resource Description Framework，RDF）、图形查询语言（Graph Query Language，GQL）和 Cypher。

作为一个图数据库的例子，我们考虑一个有四位用户的网络。用户 1 关注用户 2，用户 2 关注了用户 3 和用户 4，用户 3 也关注了用户 4（如图 5-8 所示）。

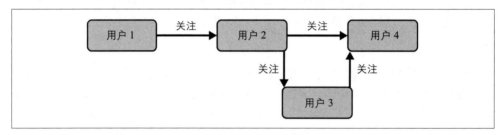

图 5-8：一个社交网络图

我们预计，图数据库的应用将在科技公司领域之外广为流行，市场分析也预测了其将快速增长[注4]。当然，从操作的角度来看，图数据库是有益的，并且能够支持现代应用程序至关重要的各种复杂的社会关系。从数据科学和 ML 的角度来看，图结构也很吸引人，可能会洞察到人类互动和行为的核心。

这给数据工程师带来了独特的挑战，他们可能更习惯于处理结构化关系、文档或非结构化数据。工程师必须选择是否做以下事情：

• 将源系统的图数据映射到现有的一个首选范式中去

• 在源系统本身中分析图数据

注 4：Aashish Mehra，"Graph Database Market Worth $5.1 Billion by 2026: Exclusive Report by MarketsandMarkets" Cision PR Newswire, July 30, 2021, *https://oreil.ly/mGVkY*.

- 采用特定于图的分析工具

图数据可以重新编码为关系数据库中的行，这可能是一个合适的解决方案，具体取决于分析用例。交易型图数据库也是为分析而设计的，但大型查询可能会使生产系统过载。当代基于云的图数据库支持对大量数据的重读和图形分析。

搜索数据库。*搜索数据库*是一个非关系数据库，用于探测你的数据的复杂度和直接的语义和结构特征。搜索数据库有两个突出的用例：文本搜索和日志分析。让我们分别介绍一下这两种情况。

*文本搜索*包括在文本体中搜索关键词或短语，对精确、模糊或语义相似的进行匹配。*日志分析*通常用于异常检测、实时监控、安全分析和运营分析。通过使用索引，可以优化查询和加快查询速度。

根据你工作的公司类型，你可能经常使用搜索数据库，或者根本不使用。不管怎么说，知道它们的存在是件好事，以防你突然遇到它们。搜索数据库在快速搜索和检索方面很受欢迎，可以在各种应用中找到。一个电子商务网站可能使用搜索数据库为其产品搜索提供动力。作为一名数据工程师，你可能会被期望从搜索数据库（如 Elasticsearch、Apache Solr、Apache Lucene 或 Algolia）中获得数据，并将其提供给下游的 KPI 报告或类似的产出。

时间序列。一个*时间序列*是由时间组成的一系列数值。例如，股票价格可能随着一天中交易的进行而变化，或者一个天气传感器每分钟都会测量大气温度。任何定期或零星记录的事件都是时间序列数据。*时间序列数据库*是为时间序列数据的检索和统计流程而优化的。

虽然诸如订单、发货、日志等时间序列数据已经在关系数据库中存储了很久，但这些数据往往很小，且数据量往往很少。随着数据的增长速度和规模的扩大，需要新的特殊用途的数据库来优化性能。时间序列数据库解决了来自物联网、事件和应用程序日志、广告技术和金融科技以及其他许多用例的不断高速增长的数据量的需求。这些工作负载往往是更多的写入。因此，时间序列数据库经常利用内存缓冲来支持快速写入和读取。

我们应该区分测量数据和基于事件的数据，它们在时间序列数据库中很常见。*测量数据*是定期产生的，比如温度或空气质量传感器。*基于事件的数据*是不规则的，每次事件发生时都会创建，例如，当运动传感器检测到运动时。

时间序列的模式通常包含一个时间戳和一组小字段。因为数据是随时间变化的，所以数据是按时间戳排序的。这使得时间序列数据库适用于操作分析，但不适合 BI 用例。尽管一些准时间序列数据库（如 Apache Druid）支持连接，但连接并不常见。许多时间序列数据库是现成可用的，既有开源的也有付费的。

5.3.2 API

API 现在是在云中、SaaS 平台以及公司内部系统之间交换数据的一种标准且普遍的方式。许多类型的 API 存在于网络中，但我们主要感兴趣的是围绕 HTTP 构建的接口，HTTP 是网络和云中最流行的类型。

REST

我们先来谈谈 REST，这是目前主流的 API 范式。如第 4 章所述，*REST 是描述性状态迁移的意思*。这套用于构建 HTTP 网络的 API 实践和理念由 Roy Fielding 在 2000 年的博士论文中提出。REST 是围绕 HTTP 动词建立的，比如 GET 和 PUT。在实践中，现代 REST 只使用了原始论文中提到的少数动词的映射。

REST 的主要观点之一是互动是无状态的。与 Linux 终端会话不同的是，不存在一个具有相关状态变量（如工作目录）的会话概念，每个 REST 调用都是独立的。REST 调用可以改变系统的状态，但这些改变是全局的，适用于整个系统而不是当前的会话。

批评者指出，REST 绝不是一个完整的规范[注5]。REST 规定了交互的基本属性，但利用 API 的开发者必须获得大量的其他知识来构建应用程序或有效地提取数据。

我们看到 API 的抽象程度在很大的范围上变化。在某些情况下，API 只是内部的一个简单包装，提供保护系统不受用户请求影响所需的最低功能。在其他例子中，一个 REST 数据 API 是一个工程的核心，为分析应用程序准备数据并支持高级报告。

有几项发展简化了从 REST API 建立数据获取管道的工作。首先，数据提供商经常提供各种语言的客户端库，特别是 Python 语言。客户端库移除了构建 API 交互代码所需的大量模板工作。客户端库处理关键细节，如认证和将基本方法映射到可访问的类中。

其次，各种服务和开源库已经出现，以 API 互动并管理数据同步。许多 SaaS 和开源供应商为常见的 API 提供现成的连接器。平台也简化了需要构建自定义连接器的过程。

有许多数据 API 没有客户端库或现成的连接器支持。正如我们在书中所强调的，工程师们最好通过使用现成的工具来减少无差别的繁重工作。然而，低层次的管道任务仍然消耗了许多资源。在几乎所有的大公司里，数据工程师都需要处理编写和维护自定义代码的问题，以便从 API 中提取数据。这需要了解 API 所提供的数据结构，开发适当的数据提取代码，并确定一个合适的数据同步策略。

注 5：示例参见 Michael S. Mikowski, "RESTful APIs: The Big Lie," August 10, 2015, *https://oreil.ly/rqja3*.

GraphQL

GraphQL 是在 Facebook 创建的，作为应用数据的查询语言，并代替通用 REST API。REST API 通常将你的查询限制在一个特定的数据模型上，而 GraphQL 则提供了在单个请求中检索多个数据模型的可能性。这使得查询比 REST 更加灵活和富有表现力。GraphQL 是围绕 JSON 建立的，并根据 JSON 查询的结构决定返回数据的结构。

在 REST 和 GraphQL 之间存在着一场神圣的战争，一些工程团队是其中之一的拥护者，而另一些则同时使用这两种方法。在现实中，工程师会遇见需要与这两种源系统相交互的情况。

Webhook

Webhook 是一种简单的基于事件的数据传输模式。数据源可以是一个应用程序的后端，一个网页，或一个移动应用程序。当指定的事件在源系统中发生时，将触发对数据消费者托管的 HTTP 端点的调用。注意，连接是从源系统到数据存储，与典型的 API 相反。出于这个原因，webhook 经常被称为*反向 API*。

端点可以对 POST 事件数据做各种事情，可能会触发一个下游进程或存储数据供将来使用。为了分析的目的，我们对收集这些事件感兴趣。工程师通常使用消息队列来高速和大量地获取数据。我们将在本章后面讨论消息队列和事件流的问题。

RPC 和 gRPC

远程过程调用（Remote Procedure Call，RPC）通常用于分布式计算。它允许你在一个远程系统上调用一个程序。

gRPC 是 2015 年在谷歌内部开发的一个远程过程调用库，后来作为一个开放标准发布。仅仅是在谷歌的使用，就足以值得列入我们的讨论中。许多谷歌服务，如 Google Ads 和 GCP，都提供 gRPC 的 API。gRPC 是围绕协议缓冲区开放数据序列化标准建立的，也是由谷歌开发的。

gRPC 强调通过 HTTP/2 进行有效的双向数据交换。*效率指的是诸如 CPU 利用率、功耗、电池寿命和带宽等方面*。就像 GraphQL 一样，gRPC 规定了比 REST 更具体的技术标准。因此 gRPC 允许使用常见的客户端库，并允许工程师开发适用于各种 gRPC 交互代码的技能集。

5.3.3 数据共享

云数据共享的核心概念是，多租户系统支持租户之间共享数据的安全策略。具体来说，任何具有细粒度权限系统的公有云对象存储系统都可以成为数据共享的平台。流行的云数据仓库平台也支持数据共享功能。当然，数据也可以通过下载或电子邮件交换来共享，但多租户系统使这个过程更容易。

许多现代共享平台（尤其是云数据仓库）支持行、列和敏感数据过滤。数据共享也简化了*数据市场*的概念，在几个流行的云和数据平台上都可用。数据市场为数据商务提供了一个集中的位置，数据提供商可以在那里宣传产品并进行销售，而不必担心管理网络访问数据系统的细节。

数据共享还可以简化组织内的数据管道。数据共享允许一个组织的单位管理它们的数据，并有选择地与其他单位共享，同时仍然允许个别单位单独管理它们的计算和查询成本，促进数据分散。这有利于分散的数据管理模式，如数据网格[注6]。

数据共享和数据网格与我们的通用架构组件的理念紧密结合。选择通用组件（见第3章），允许简单有效地交换数据和专业知识，而不是采用最令人兴奋和最复杂的技术。

5.3.4 第三方数据源

技术的消费者化意味着每家公司现在基本上都是技术公司。其结果是，这些公司——以及越来越多的政府机构——希望将它们的数据提供给客户和用户，作为其服务的一部分或作为单独的订阅。例如，美国劳工统计局发布了有关美国劳动力市场的各种统计数据。美国国家航空航天局（NASA）公布了其研究计划的各种数据。Facebook与在其平台上做广告的企业分享数据。

为什么公司会想要提供它们的数据？因为数据是有黏性的，通过允许将公司的数据集成和扩展到用户的应用中，就会产生一个巨大的推动。更多的用户采用和使用就意味着有更多的数据，用户可以将更多的数据整合到他们的应用程序和数据系统中。其副作用是现在几乎有无限的第三方数据来源。

第三方数据的直接访问通常是通过API、云平台上的数据共享，或数据下载来完成。API通常提供深度整合能力，允许客户拉取和推送数据。例如，许多CRM提供API，用户可以将其整合到系统和应用程序中。我们看到一个常见的工作流是，从CRM获取数据，通过客户评分模型混合CRM数据，然后使用反向ETL将这些数据送回CRM，让销售人员有更好的线索去联系。

5.3.5 消息队列和事件流平台

事件驱动架构在软件应用程序中无处不在，并有望进一步普及。首先，消息队列和事件

注6：Martin-Fowler, "How to Move Beyond a Monolithic Data Lake to a Distributed Data Mesh", Martin-Fowler.com, May 20, 2019, *https://oreil.ly/TEdJF*.

流平台——事件驱动架构的关键层——在云环境中更容易设置和管理。其次，数据应用程序的兴起——直接整合实时分析的应用程序——正日益壮大。事件驱动架构在这种情况下是理想的，因为事件既可以触发应用程序中的工作，也可以提供近乎实时的分析。

请注意，流数据（在这种情况下，消息和流）跨越了许多数据工程生命周期阶段。与RDBMS 不同的是，RDBMS 通常直接连接到一个应用程序，而流数据的界限有时并不那么清晰。这些系统被用作源系统，但由于其瞬息万变的特性，它们往往会跨越数据工程生命周期。例如，你可以在一个事件驱动的应用程序（一个源系统）中使用一个事件流平台进行消息传递。同样的事件流平台可以在获取和转换阶段使用，为实时分析处理数据。

作为源系统，消息队列和事件流平台的使用方式很多，从微服务之间的消息路由到从网络、移动和物联网应用程序中获取每秒数百万的事件数据。让我们更仔细地看一下消息队列和事件流平台。

消息队列

*消息队列*是一种使用发布和订阅模式在离散系统之间异步发送数据（通常是小的单独消息，以千字节计）的机制。数据被发布到消息队列中，并被传递给一个或多个订阅者（如图 5-9 所示）。订阅者确认收到消息，将其从队列中删除。

图 5-9：一个简单的消息队列

消息队列允许应用程序和系统相互解耦，并被广泛用于微服务架构中。消息队列对消息进行缓冲，以处理瞬时的负载高峰，并通过具有复制功能的分布式架构使消息持久。

消息队列是解耦微服务和事件驱动架构的一个关键要素。消息队列需要注意的一些事项是交付频率、消息排序和可扩展性。

消息的排序和交付。 消息的创建、发送和接收顺序会对下游用户产生重大影响。一般来说，分布式消息队列的顺序是一个棘手的问题。消息队列通常采用模糊的顺序概念或者先进先出（First In, First Out，FIFO）的概念。严格的先进先出意味着，如果消息 A 在消息 B 之前被获取，那么消息 A 将总是在消息 B 之前被交付。在实践中，消息可能会被无序地发布和接收，特别是在高度分布式的消息系统中。

例如，Amazon SQS 标准队列（*https://oreil.ly/r4lsy*）尽最大努力来保持消息的顺序。SQS 还提供了先进先出队列（*https://oreil.ly/8PPne*），它以额外的开销为代价提供了更强大的保证。

一般来说，除非你的消息队列技术保证，否则不要假设你的消息会按顺序交付。你通常需要以不按顺序的消息传递进行架构设计。

发送频率。消息可以发送恰好一次，或至少发送一次。如果消息被发送恰好一次，那么在订阅者确认消息后，消息就会消失，不会再被发送[注7]。至少发送一次的消息可以被多个订阅者或同一订阅者多次使用。当重复或冗余不重要时，这很好。

理想情况下，系统应该是*幂等的*。在一个幂等的系统中，处理一次消息的结果与多次处理消息的结果是相同的。这有助于解释各种微妙的情况。例如，即使我们的系统能够保证恰好一次交付，但消费者可能在确认处理之前就失败了。该消息将有效地被处理两次，但一个幂等的系统会优雅地处理这种情况。

可扩展性。在事件驱动的应用程序中使用的最流行的消息队列是横向可扩展的，这可以使事务在多个服务器上运行。队列可以动态地扩大和缩小规模，在系统落后时缓冲消息，并且持久地存储消息以避免故障。然而，这可能会造成各种前面提到的复杂性（多次交付和模糊排序）。

事件流平台

在某些方面，*事件流平台*是消息队列的延续，即消息从生产者提供给消费者。正如本章前面所讨论的，消息和流之间的最大区别是，消息队列主要用于传导具有一定交付保证的消息。相比之下，事件流平台是用来获取和处理记录有序的数据的。在事件流平台中，数据被保留一段时间，并且有可能从过去的时间点重放消息。

让我们来描述一个与事件流平台有关的例子。正如在第 3 章中提到的，事件是"发生的事情，通常是事物状态的变化"。一个事件有以下特征：一个键、一个值和一个时间戳。一个事件中可能包含多个键值的时间戳。例如，一个电子商务订单的事件可能看起来像这样：

```
{
  "Key":"Order # 12345",
  "Value":"SKU 123, purchase price of $100",
  "Timestamp":"2023-01-02 06:01:00"
}
```

让我们来看看事件流平台的一些关键特征。作为一名数据工程师，你应该注意以下一些

注 7：是否恰好一次可能是语义上的争论。从技术上讲，无法保证恰好一次交付，如二将军问题所示（*https://oreil.ly/4VL1C*）。

关键特征。

主题。在一个事件流平台中，生产者将事件流向一个主题，即相关事件的集合。例如，一个主题可能包含欺诈警报、客户订单或物联网设备的温度读数。在大多数事件流平台上，一个主题可以有零、一或多个生产者和消费者。

使用前面的 web orders 的例子。让我们把这个主题发送给几个消费者，如 fulfillment 和 marketing。这是分析学和事件驱动系统之间界限模糊的一个很好的例子。fulfillment 用户将使用事件来触发实践的过程，而 marketing 则运行实时分析或训练和运行 ML 模型来调整营销活动（如图 5-10 所示）。

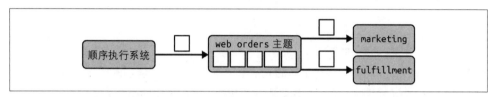

图 5-10：一个订单处理系统生成事件（小方块）并将其发布到 web orders 主题。两个订阅者——marketing 和 fulfillment——从主题中拉取事件

流分区。*流分区*是将一条消息流细分为多条流。一个很好的比喻是一条多车道的高速公路。拥有多条车道可以实现并行和更高的吞吐量。信息通过*分区键*分布在各分区中。具有相同分区键的消息将总是在同一个分区中结束。

例如，在图 5-11 中，每条信息都有一个数字 ID——显示在代表信息的圆圈内——我们把它作为一个分区键。为了确定分区，我们要除以 3 并取其余数。从下往上看，分区的余数分别为 0、1 和 2。

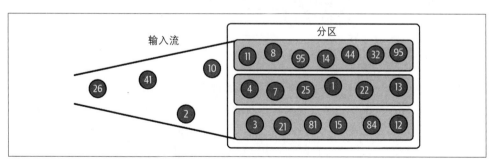

图 5-11：一个传入的消息流被分成三个分区

设置一个分区键，使应该一起处理的消息具有相同的分区键。例如，在物联网设置中，想要将来自特定设备的所有消息发送到同一个处理服务器是很常见的。我们可以通过使用设备 ID 作为分区键来实现这一点，然后设置服务器来从同一个分区消费。

流分区的一个关键问题是确保你的分区键不会产生热点，即交付给一个分区的消息数量不平均。例如，如果已知每个物联网设备位于美国的一个特定的州，我们可以使用该州作为分区键。如果分区分布与州人口成正比，包含加利福尼亚、得克萨斯、佛罗里达和纽约的分区可能会被数据淹没，而其他分区的利用率相对较低。确保你的分区键将在各分区之间均匀地分配信息。

容错性和弹性。事件流平台是典型的分布式系统，数据流存储在不同的节点上。如果一个节点坏了，另一个节点会取代它，而流仍然可以访问。这意味着记录不会丢失。你可以选择删除记录，但这是另一个故事。当你需要一个能够可靠地产生、存储和获取事件数据的系统时，流媒体平台的容错性和弹性使它成为一个不错的选择。

5.4 你和谁一起工作

在访问源系统时，了解与你一起工作的人是至关重要的。根据我们的经验，与源系统的利益相关者的良好外交和关系，往往是成功的数据工程被忽视的一个关键点。

这些利益相关者是谁？通常情况下，你会和两类利益相关者打交道：系统和数据利益相关者（如图 5-12 所示）。*系统利益相关者*建立和维护源系统，他们可能是软件工程师、应用程序开发者和第三方。数据利益相关者拥有并控制你对想要的数据的访问，一般由IT 部门、数据治理小组或第三方处理。系统和数据利益相关者通常是不同的人或团队。但有时他们也可能是相同的。

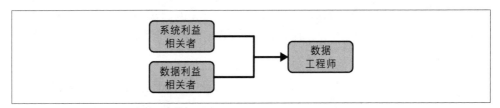

图 5-12：数据工程师的上游利益相关者

你工作的开展常常受制于利益相关者是否有能力遵循正确的软件工程、数据库管理和开发实践步骤。理想情况下，利益相关者正在做 DevOps，并以敏捷的方式工作。我们建议在数据工程师和源系统的利益相关者之间建立一个反馈途径，促进源系统相关人员建立对数据如何被消费和使用的意识。从中，数据工程师可以体现自己的高价值，但这也是最容易被忽视的方面之一。当上游源数据发生某种情况时，无论是架构或数据更改、服务器或数据库故障，还是其他重要事件，你需要意识到这些问题将对你的数据工程系统产生的影响。

与你的上游源系统所有者签订一个数据契约可能会对此有帮助。什么是数据契约？

James Denmore 提供了以下定义[注8]：

> 数据契约是源系统所有者和从该系统获取数据的团队之间的书面协议。契约应该说明获取什么数据、通过什么方法（完全、增量）、多长时间，以及谁（个人、团队）是源系统和获取的联系人。数据合同应该存储在一个知名的、容易找到的地方，比如 GitHub repo 或内部文档网站。如果可能的话，以标准化形式格式化数据契约，使其能够被整合到开发过程中或以编程方式进行查询。

此外，考虑与上游供应商建立一个服务等级协定。SLA 提供了你对你所依赖的源系统的期望值。一个 SLA 的例子可能是"来自源系统的数据将是可靠的和高质量的"。服务等级目标（Service Level Objective，SLO）根据你在 SLA 中同意的内容来衡量性能。例如，基于一份 SLA，一个 SLO 可能是"源系统将有 99% 的正常运行时间"。如果数据契约或 SLA/SLO 看起来太正式，至少要口头上设定对源系统保证正常运行时间、数据质量和其他对你很重要的东西的期望。源系统的上游所有者需要了解你的要求，这样他们才能为你提供你需要的数据。

5.5 数据底层设计及其对源系统的影响

与数据工程生命周期的其他部分不同，源系统通常不受数据工程师的控制。有一个隐含的假设（有些人可能称之为*希望*），即源系统的利益相关者和所有者——以及它们产生的数据——正在遵循有关数据管理、DataOps（和 DevOps）、DODD（第 2 章中提到）数据架构、编排和软件工程的最佳实践。数据工程师应该获得尽可能多的上游支持，以确保在源系统中产生数据时，数据结构的底层设计也在正常应用。这样做会使数据工程生命周期中的其他步骤进行得更加顺利。

底层设计是如何影响源系统的？让我们来看一下。

5.5.1 安全

安全是至关重要的，你最不希望的就是意外地在源系统中创造一个漏洞点。下面是一些需要考虑的方面。

- 源系统的架构是否对数据进行了安全和加密，包括静止的数据和传输中的数据？

- 你是否必须通过公共互联网访问源系统，或者你是否使用虚拟专用网络（Virtual Private Network，VPN）？

注 8： James Denmore, *Data Pipelines Pocket Reference*（Sebastopol, CA: O'Reilly），*https://oreil.ly/8QdkJ*。阅读本书可以获取有关应如何编写数据契约的更多信息。

- 将源系统的密码、令牌和凭证安全地锁起来。例如，如果你使用安全壳（Secure Shell，SSH）密钥，则使用密钥管理器来保护你的密钥。同样的规则适用于密码——使用密码管理器或单点登录（Single Sign-On，SSO）提供商。

你信任源系统吗？始终要确保信任，但也要验证源系统是合法的。不要成为恶意数据的接收方。

5.5.2 数据管理

源系统的数据管理对数据工程师来说是一个挑战。在大多数情况下，你只能对源系统和它们产生的数据进行外围控制——如果有任何控制的话。在可能的范围内，你应该了解源系统的数据管理方式，因为这将直接影响你获取、存储和转换数据的方式。

这里有一些需要考虑的方面：

数据管理
上游数据和系统是否以可靠的、易于理解的方式进行管理？谁来管理这些数据？

数据质量
你如何确保上游系统的数据质量和完整性？与源系统团队合作，设定对数据和沟通的期望。

模式
上游模式是可能发生变化的。在可能的情况下，与源系统团队合作，以获得即将发生的模式变化的通知。

主数据管理
上游记录的创建是否由主数据管理实践或系统控制？

隐私和道德
你是否能接触到原始数据，或者数据是否会被混淆？源数据的含义是什么？它被保留多长时间？它是否根据保留策略而转移位置？

监管
根据法规，你是否应该访问这些数据？

5.5.3 Data Ops

卓越运营——DevOps、DataOps、MLOps、*XOps*——应该在整个栈上下延伸，并且支持数据工程和生命周期。虽然这很理想，但往往不能完全实现。

因为你与控制源系统和它们产生的数据的利益相关者一起工作,你需要确保你能观察和监控源系统的正常运行时间和使用情况,并在事件发生时做出反应。例如,当你依赖的 CDC 的应用数据库超过了它的 I/O 容量,需要重新扩展,这将如何影响你从这个系统接收数据的能力?你能够访问这些数据吗,或者在数据库重新调整之前,这些数据将不可用?这将如何影响报告?在另一个例子中,如果软件工程团队正在不断地部署,一个代码的改变可能会导致应用程序本身出现意想不到的故障。该故障将如何影响你访问驱动应用程序的数据库的能力?数据会是最新的吗?

在数据工程和支持源系统的团队之间建立一个清晰的沟通链。理想情况下,这些利益相关者团队已经将 DevOps 纳入他们的工作流和文化。这将大大有助于实现 DataOps(DevOps 的一个兄弟姐妹)的目标,迅速解决和减少错误。正如我们前面提到的,数据工程师需要将自己融入利益相关者的 DevOps 实践中,反之亦然。当所有的人都加入进来并专注于使系统整体运作时,成功的 DataOps 才会成功地发挥作用。

以下是一些 DataOps 方面的考虑。

自动化

源系统会受到自动化的影响,如代码更新和新功能。然后是你为你的数据工作流设置的 DataOps 自动化。源系统的自动化问题是否会影响你的数据工作流自动化?如果是这样,则考虑将这些系统解耦,以便它们可以独立地执行自动化。

可观测性

当源系统出现问题时,你如何得知,比如停电或数据质量问题?为源系统的正常运行时间设置监控(或使用拥有源系统的团队所创建的监控)。设置检查以确保来自源系统的数据符合下游使用的期望。例如,数据的质量是否良好?模式符合吗?客户记录是否一致?数据是否符合内部政策规定的哈希值?

事故响应

如果有坏事发生,你有什么计划?例如,如果一个源系统离线,你的数据管道将如何表现?一旦源系统重新上线,你有什么计划来回填"丢失"的数据?

5.5.4 数据架构

与数据管理类似,除非你参与了源系统架构的设计和维护,否则你对上游源系统架构的影响很小。但你还是应该了解上游架构是如何设计的,以及它的优势和劣势。经常与负责源系统的团队交流,以了解本节所讨论的因素,并确保他们的系统能够满足你的期望。了解架构在哪些方面表现良好,在哪些方面表现不佳,将影响你如何设计你的数据管道。

这里有一些关于源系统架构的考虑事项。

可靠性

所有的系统在某些时候都会受到熵的影响，输出会偏离预期的内容。漏洞被引入，随机故障发生。该系统是否产生可预测的输出？我们可以预期系统多长时间发生一次故障？使系统恢复到足够的可靠性，修复的平均时间是多少？

持久性

一切都会失败。一台服务器可能会死机，一个云的区域或地区可能会脱机，或出现其他问题。你需要考虑不可避免的故障或中断将如何影响你的托管数据系统。源系统如何处理硬件故障或网络中断造成的数据损失？有什么计划来处理长时间的停电，并限制停电的影响半径？

可用性

如何保证源系统在它应该运行的时候是正常的、运行的、可用的？

人员

谁负责源系统的设计，你怎么知道架构中是否有突破性变化？数据工程师需要与维护源系统的团队合作，并确保这些系统的架构是可靠的。与源系统团队建立一个SLA，设定出对潜在系统出现故障时的应急反应。

5.5.5 编排

在数据工程工作流中进行编排时，你主要关注的是确保你的编排能够访问源系统，这需要正确的网络访问、认证和授权。

以下是关于源系统的编排需要考虑的一些事情。

节奏和频率

数据是否按照固定的时间表提供，或者你是否可以随时访问新的数据？

通用框架

软件和数据工程师是否使用相同的容器管理器，如 Kubernetes？将应用程序和数据工作负载集成到同一个 Kubernetes 集群中是否有意义？如果你正在使用像 Airflow 这样的编排框架，那么将其与上游应用团队集成在一起是否有意义？这里没有正确的答案，但你需要平衡集成的好处和紧耦合风险。

5.5.6 软件工程

随着数据格局向简化和自动访问源系统的工具转变，你很可能需要写代码。下面是编写代码访问源系统时的一些考虑。

网络

确保你的代码能够访问源系统所在的网络。另外，要经常考虑网络安全。你是否通过公共互联网、SSH 或 VPN 访问一个 HTTPS URL？

认证和授权

你有适当的凭证（令牌、用户名 / 密码）来访问源系统吗？你将把这些凭证存储在哪里，以便它们不会出现在你的代码或版本控制中？你有正确的 IAM 角色来执行编码的任务吗？

访问模式

你是如何访问数据的？你是否使用 API，以及你如何处理 REST/GraphQL 请求、响应数据量和分页？如果你通过数据库驱动来访问数据，那么驱动是否与你所访问的数据库兼容？对于这两种访问模式，如何处理重试和超时等问题？

编排

你的代码是否与编排框架集成，并且可以作为编排工作流执行？

并行化

你是如何管理和扩展对源系统的并行访问的？

部署

你是如何处理源代码变化的部署的？

5.6 总结

源系统和它们的数据在数据工程的生命周期中是至关重要的。数据工程师倾向于把源系统当作"别人的问题"——这样做会给你带来危险！滥用源系统的数据工程师可能需要在生产出现问题时寻找另一份工作。

软硬皆施。与源系统团队更好的合作可以带来更高质量的数据、更成功的结果，以及更好的数据产品。与这些团队的同行建立双向的沟通。建立流程，通知影响分析和 ML 的模式和应用程序的变化。在数据工程中，主动沟通你的数据需求来帮助应用程序团队。

请注意，数据工程师和源系统团队之间的整合正在增长。一个例子是反向 ETL，它长期以来一直被低估和忽视，但最近已经上升到突出地位。我们还讨论了事件流平台可以在事件驱动的架构和分析中发挥作用。一个源系统也可以是一个数据工程系统。在有需要的地方建立共享系统。

寻找机会来建立面向用户的数据产品。与应用程序团队讨论他们希望呈现给用户的分析结果，或者 ML 可以改善用户体验的地方。让应用程序团队成为数据工程的利益相关者，并找到方法来分享你的成功经验。

现在你已经了解了源系统的类型和它们生成的数据，我们接下来要看一下存储这些数据的方法。

5.7 补充资料

- Confluent's "Schema Evolution and Compatibility" documentation (*https://oreil.ly/6uUWM*)
- *Database Internals* by Alex Petrov (O'Reilly)
- *Database System Concepts* by Abraham (Avi) Silberschatz et al. (McGraw Hill)
- "The Log: What Every Software Engineer Should Know About Real-Time Data's Unifying Abstraction" (*https://oreil.ly/xNkWC*) by Jay Kreps
- "Modernizing Business Data Indexing" (*https://oreil.ly/4xzyq*) by Benjamin Douglas and Mohammad Mohtasham
- "NoSQL: What's in a Name" (*https://oreil.ly/z0xZH*) by Eric Evans
- "Test Data Quality at Scale with Deequ" (*https://oreil.ly/XoHFL*) by Dustin Lange et al.
- "The What, Why, and When of Single-Table Design with DynamoDB" (*https://oreil.ly/jOMTh*) by Alex DeBrie

第 6 章

存储

存储是数据工程生命周期的基石（如图 6-1 所示），并且是数据获取、转换和服务主要阶段的基础。当数据在生命周期中移动时，它会被多次存储。套用一句老话：存储无处不在。无论数据在几秒、几分钟、几天、几个月或几年后被需要，它都必须在存储中持续存在，直到系统准备好消费它以进一步处理和传输。了解数据的使用情况和你将来检索它的方式是为你的数据架构选择合适的存储解决方案的第一步。

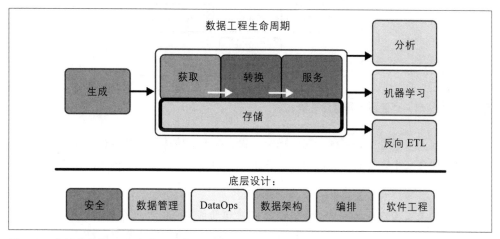

图 6-1：存储在数据工程生命周期中至关重要

我们在第 5 章也讨论了存储问题，但更侧重于控制领域。源系统通常不是由数据工程师维护或控制的。数据工程师直接处理的存储，也就是我们在本章中重点讨论的存储，包含了数据工程生命周期的各个阶段，包括从源系统中提取数据，到为数据提供分析、数据科学研究等价值。许多形式的存储以某种方式贯穿了整个数据工程生命周期。

要了解存储，我们首先要研究构成存储系统的原材料，包括硬盘、固态硬盘和系统内存

（如图 6-2 所示）。了解物理存储技术的基本特征，对于评估任何存储架构中内在的权衡是至关重要的。本章还将讨论序列化和压缩，这是实用存储的关键软件元素。（对序列化和压缩的更深入的技术讨论请见附录 A。）我们还将讨论缓存，这对存储系统的组装至关重要。

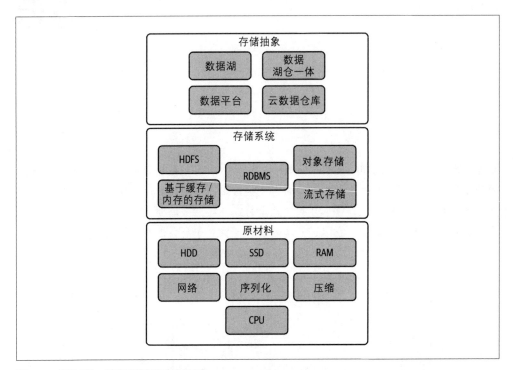

图 6-2：原材料、存储系统和存储抽象

接下来，我们来看看*存储系统*。在实践中，我们并不直接访问系统内存或硬盘。这些物理存储组件存在于服务器和集群内，这些服务器和集群可以使用各种访问模式获取和检索数据。

最后，我们来看看*存储的抽象性*。存储系统被组装成一个云数据仓库，一个数据湖等。当构建数据管道时，随着数据经过获取、转换和服务阶段，工程师会选择适当的抽象来存储他们的数据。

6.1 数据存储的原材料

存储是如此普遍，以至于人们很容易把它视为理所当然。我们经常惊讶于每天使用存储的软件工程师和数据工程师的数量，但他们几乎不知道它幕后是如何工作的，也不知道各种存储介质的内在权衡。因此，我们看到存储被用在一些相当……有趣的地方。尽管目前的管理服务有可能将数据工程师从管理服务器的复杂性中解放出来，但数据工程师仍然需要了解底层组件的基本特征、性能考量、耐久性和成本。

在大多数数据架构中，数据在通过数据管道的各个处理阶段时，经常会经过磁性存储、SSD 和内存。数据存储和查询系统通常遵循复杂的方法，涉及分布式系统、众多服务和多个硬件存储层。这些系统需要正确的原材料才能正常运行。

让我们来看看数据存储的一些原材料：磁盘驱动器、内存、网络和 CPU、序列化、压缩和缓存。

6.1.1 磁盘驱动器

磁盘是涂有铁磁薄膜的旋转盘片（如图 6-3 所示）。这层薄膜在写操作中被读 / 写头磁化，对二进制数据进行物理编码。读 / 写头在读操作中检测磁场并输出比特流。磁盘驱动器已经存在了很长时间。它们仍然是大容量数据存储系统的骨干，因为它们每千兆字节的存储数据的成本远低于固态硬盘。

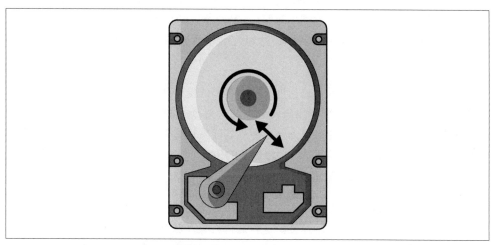

图 6-3：磁盘磁头的移动和旋转对随机访问的延迟至关重要

一方面，这些磁盘在性能、存储密度和成本方面已经有了非凡的改进[注 1]。另一方面，固态硬盘在各种指标上都大大超过了磁盘。目前，商用磁盘驱动器的成本约为每千兆字节 3 美分。［请注意，我们将经常使用 HDD（Hard Disk Drive，硬盘驱动器）和 SSD 的缩写，分别表示旋转式磁盘和固态硬盘］。

IBM 公司在 20 世纪 50 年代开发了磁盘驱动器技术。从那时起，磁盘的容量就开始稳步

注 1：Andy Klein, "Hard Disk Drive (HDD) vs. Solid-State Drive (SSD): What's the Diff？" Backblaze 博客，October 5, 2021，*https://oreil.ly/XBps8.*

增长。第一台商用磁盘驱动器 IBM 350 的容量为 3.75MB。截至本书撰写时，存储 20TB 的磁驱动器已在市场上销售。事实上，磁盘到现在也仍在快速地创新，诸如热助磁记录（Heat-Assisted Magnetic Recording，HAMR）、叠瓦式磁记录（Shingled Magnetic Recording，SMR）和充氦磁盘存储器等方法被用来实现越来越大的存储密度。尽管硬盘容量不断提高，但硬盘性能的其他方面却受到了物理学的阻碍。

第一个主要限制是*磁盘传输速度*，即数据的读写速度，与磁盘容量不成正比。磁盘容量与*面积密度*（每平方英寸[编辑注1]存储的千兆位）成比例，而传输速度与线性密度（每英寸[编辑注2]的比特数）成比例。这意味着，如果磁盘容量增加 4 倍，传输速度只增加 2 倍。因此，目前的数据中心硬盘支持 200～300MB/s 的最大数据传输速度。换个角度看，假设传输速度为 300MB/s，读取一个 30TB 的磁盘的全部内容需要 20 多个小时。

第二个主要限制是检索时间。为了访问数据，硬盘必须将读/写头物理性地重新定位到磁盘上的适当轨道。第三，为了在磁盘上找到一个特定的数据，磁盘控制器必须等待该数据在读/写头下旋转。这导致了*旋转延迟*。典型的商业驱动器以每分钟 7200 转（Revolutions Per Minute，RPM）的速度旋转，检索时间和旋转延迟一起导致了超过 4 毫秒的整体平均延迟（访问选定数据的时间）。第四个限制是每秒输入/输出操作（Input/Output Operations Per Second，IOPS），这对交易型数据库至关重要。一个磁驱动器的 IOPS 在 50～500 之间。

各种技巧可以改善延迟和提升传输速度。使用更高的旋转速度可以提高传输速度，减少旋转延迟。限制磁盘盘面的半径或只将数据写入磁盘上的一个窄带，可以减少检索时间。然而，这些技术都不能使磁驱动器在随机访问查询方面与固态硬盘有竞争力。固态硬盘可以以更低的延迟、更高的 IOPS 和更高的传输速度提供数据，部分原因是固态硬盘没有物理旋转的磁盘或磁头需要等待。

如前所述，磁盘因其低数据存储成本而在数据中心中仍然受到重视。此外，磁驱动器可以通过并行方式维持极高的传输速度。这就是云对象存储背后的关键理念：数据可以分布在集群中的数千个磁盘上。通过同时从众多磁盘中读取数据，数据传输率大幅提高，这时读取速度主要受限于网络性能而不是磁盘传输率。因此，网络和 CPU 也是存储系统的关键原材料，我们很快就会回到这些话题上。

6.1.2 固态硬盘

*固态硬盘*将数据作为电荷存储在闪存单元中。固态硬盘不需要磁盘的机械部件，数据是通过纯粹的电子手段读取的。固态硬盘可以在不到 0.1 毫秒（100 微秒）的时间内查询

编辑注 1：1 平方英寸等于 6.4516×10^{-4} 平方米。

编辑注 2：1 英寸等于 0.0254 米。

到随机数据。此外，固态硬盘可以通过将存储切成具有众多并行运行的存储控制器的分区来扩展数据传输速度和 IOPS。商用固态硬盘可以支持每秒数千兆字节的传输速度和数以万计的 IOPS。

由于这些卓越的性能特点，固态硬盘已经彻底改变了事务数据库，成为 OLTP 系统商业部署的公认标准。固态硬盘支持关系数据库（如 PostgreSQL、MySQL 和 SQL Server）每秒处理成千上万的交易。

然而，固态硬盘目前并不是大规模分析数据存储的默认选项。同样，这归结于成本。商用固态硬盘每千兆字节容量的成本通常为 20~30 美分（USD），几乎是磁盘每容量成本的 10 倍。因此，磁盘上的对象存储已经成为数据湖和云数据仓库中大规模数据存储的主要选择。

SSD 在 OLAP 系统中仍然发挥着重要作用。一些 OLAP 数据库利用 SSD 缓存来支持对频繁访问数据的高性能查询。随着低延迟的 OLAP 变得更加流行，我们预计 SSD 在这些系统中的使用也会随之而来。

6.1.3 随机存取存储器

我们通常交替使用*随机存取存储器*（Random Access Memory，RAM）和*内存*这两个术语。严格来说，磁盘和固态硬盘也是存储数据的存储器，供以后随机访问检索，但 RAM 有几个具体的特点。

- 它附属于 CPU，并映射到 CPU 的地址空间。

- 它存储 CPU 执行的代码和该代码直接处理的数据。

- 它是*易失性*存储器，而磁盘和 SSD 是非易失性存储器。虽然它们偶尔会出现故障并损坏或丢失数据，但驱动器在关闭电源时一般会保留数据。RAM 在断电后不到一秒就会丢失数据。

- 它的传输速度和检索时间明显优于 SSD 存储。DDR5 内存——最新广泛使用的 RAM 标准——提供了 100ns 的数据检索延迟，大约比 SSD 快 1000 倍。一个典型的 CPU 可以支持 100GB/s 的带宽到附加内存和数百万的 IOPS。（统计数据因内存通道的数量和其他配置细节不同而有很大的不同。）

- 它比固态硬盘存储贵得多，大约为 10 美元 /GB（在撰写本书时）。

- 连接到单个 CPU 和内存控制器的 RAM 数量上是有限的。这进一步增加了复杂性和成本。高内存服务器通常在一块板上使用许多相互连接的 CPU，每个 CPU 都有一个连接的 RAM 块。

- 它仍然比 CPU 缓存慢得多，CPU 缓存是一种直接位于 CPU 芯片上或同一封装中的存储器。CPU 缓存经常存储最近访问的数据，以便在处理过程中进行超快速检索。CPU 的设计包含了几层不同大小和性能特点的高速缓存。

当我们谈论系统内存时，我们几乎总是指*动态 RAM*，一种高密度、低成本的内存形式。动态 RAM 将数据作为电荷储存在电容器中。这些电容器会随着时间的推移而泄漏，因此必须经常*刷新*（读取和重写）数据以防止数据丢失。硬件内存控制器处理这些技术细节，而数据工程师只需要担心带宽和检索延迟的特性。其他形式的内存，如*静态 RAM*，被用于专门的应用，如 CPU 缓存。

目前的 CPU 几乎都是采用*冯·诺依曼体系结构*，代码和数据存储在同一个内存空间。然而，CPU 通常也可以设定禁止在特定内存页中执行代码，以增强安全性。这一特点让人想起了*哈佛体系结构*，它将代码和数据分开。

RAM 被用于各种存储和处理系统，可以用于缓存、数据处理或索引。一些数据库将RAM 作为主要存储层，允许超快的读写性能。在这些应用程序中，数据工程师必须始终牢记 RAM 的易失性。即使存储在内存中的数据是在集群中复制的，导致几个节点瘫痪的停电也会导致数据丢失。想要持久存储数据的架构可能需要电池备份，并在停电时自动将所有数据转储到磁盘。

6.1.4 网络和 CPU

为什么在存储数据的原材料中分我们会提到网络和 CPU？因为越来越多的存储系统为了提高性能、耐久性和可用性采用分布式。我们特别提到，单个磁性磁盘提供了相对较低的传输性能，但一个磁盘集群可以并行读取，可以实现显著的性能扩展。虽然独立磁盘冗余阵列（Redundant Arrays of Independent Disk，RAID）等存储标准在单个服务器上实现了并行化，但云对象存储集群的运行规模要大得多，磁盘分布在一个网络甚至多个数据中心和可用区。

*可用区*是一种标准的云结构，由具有独立电力、水和其他资源的计算环境组成。多区存储增强了数据的可用性和耐久性。

CPU 处理服务请求、聚合读取和分配写入的细节。存储成为一个具有 API、后端服务组件和负载平衡的网络应用。网络设备性能和网络拓扑结构是实现高性能的关键因素。

数据工程师需要了解网络将如何影响他们构建和使用的系统。工程师需要持续平衡下面这两个因素：一方面是通过在地理上分散数据实现的耐用性和可用性；另一方面是将存储保持在一个小的地理区域和靠近数据消费者或写入者的性能和成本优势。附录 B 涵盖了云网络和主要的相关考量。

6.1.5 序列化

*序列化*是另一个原材料，也是数据库设计的一个关键因素。围绕序列化的决策将决定查询在网络上的表现、CPU 开销、查询延迟等。例如，设计一个数据湖，需要选择一个基本的存储系统（如亚马逊 S3）以及平衡互操作性和性能的序列化标准。

究竟什么是序列化？通过软件存储在系统内存中的数据通常不是适合存储在磁盘或通过网络传输的格式。序列化是将数据扁平化并打包成一个读取者能够解码的标准格式的过程。序列化格式提供了一个数据交换的标准。我们可能会以基于行的方式将数据编码为XML、JSON 或 CSV 文件，然后将其传递给另一个用户，后者可以使用一个标准对其进行解码。一个序列化算法有处理类型的逻辑，对数据结构施加规则，并允许数据在编程语言和 CPU 之间流通。序列化算法也有处理异常的规则。例如，Python 对象可能包含循环引用，序列化算法可能会在遇到循环时抛出一个错误或限制嵌套深度。

低级别的数据库存储也是一种序列化的形式。面向行的关系数据库将数据组织成磁盘上的行，以支持快速查找和就地更新。列式数据库将数据组织成列文件，以优化高效压缩并支持对大数据量的快速扫描。每种序列化的选择都伴随着一系列的权衡，数据工程师对这些选择进行调整，以根据需求优化性能。

我们在附录 A 中提供了一个更详细的常用的数据序列化技术和格式的目录。我们建议数据工程师熟悉常见的序列化实践和格式，特别是当前最流行的格式（如 Apache Parquet）、混合序列化（如 Apache Hudi）和内存序列化（如 Apache Arrow）。

6.1.6 压缩

*压缩*是存储工程的另一个重要组成部分。简单来说，压缩使数据变小，另外压缩算法也与存储系统的其他细节复杂地相互影响。

高效的压缩在存储系统中有三个主要优势。第一，数据更小，因此在磁盘上占用的空间更少。第二，压缩增加了每个磁盘的实际扫描速度。在 10：1 的压缩比下，我们从每块磁盘 200MB/s 的扫描速度变成了每块磁盘 2GB/s 的高效扫描速度。第三，在网络性能方面，鉴于亚马逊 EC2 实例和 S3 之间的网络连接提供 10GB/s 的带宽，10：1 的压缩比将有效的网络带宽增加到 100GB/s。

压缩也是有缺点的。压缩和解压缩数据需要额外的时间和资源消耗来读取或写入数据。我们将在附录 A 中对压缩算法和权衡进行更详细的讨论。

6.1.7 缓存

我们在讨论 RAM 的时候已经提到了缓存。缓存的核心思想是将经常或最近访问的数据存储在一个快速访问层。缓存的速度越快，成本越高，可用的存储空间越少。不太频繁访问的数据则存储在更便宜、更慢的存储中。缓存对于数据服务、处理和转换至关重要。

当我们分析存储系统的时候，把我们所利用的每一种类型的存储放在一个*缓存的对比层次结构*中是很有帮助的（如表 6-1 所示）。大多数实用数据系统都依赖于多个高速缓存层，它们由具有不同性能特征的存储所组成。这是从 CPU 内部开始的。处理器可以部署多达四个高速缓存层。我们顺着层级往下走，会有 RAM 和 SSD。云对象存储是一个较低的层级，支持长期的数据保留和耐久性，同时允许数据服务和数据管道中的动态数据移动。

表6-1：启发式缓存对比层次结构的例子，展示了具有近似价格和性能特征的存储类型
（ 1μs=1000ns，1ms=1000μs）

存储类型	数据提取延长	带宽	价格
CPU 缓存	1ns	1TB/s	N/A
RAM	0.1μs	100GB/s	$10/GB
SSD	0.1μs	4GB/s	$0.20/GB
HDD	4μs	300MB/s	$0.20/GB
对象存储	100μs	10GB/s	$0.02/GB 每月
归档存储	12h	只要数据可取，和对象存储一样	$0.004/GB 每月

我们可以把归档存储看作是一种*反向的缓存*。归档存储以较低的成本提供了较差的访问特性。归档存储一般用于数据备份和满足数据保留的合规性要求。在通常情况下，这些数据只有在紧急情况下才会被访问（例如，数据库中的数据可能丢失并需要恢复，或者公司可能需要回顾历史数据以进行法律探索）。

6.2 数据存储系统

本节涵盖了你作为数据工程师会遇到的主要数据存储系统。存储系统是存在于原材料之上的抽象层次。例如，磁盘是一种原始存储材料，而主要的云对象存储平台和 HDFS 是利用磁盘的存储系统。还有更高层次的存储抽象，如数据湖和湖仓一体（我们将在 6.3 节中介绍）。

6.2.1 单机存储和分布式存储

随着数据存储和访问模式变得越来越复杂，并超出了单一服务器能做到的支持，将数据分布到一个以上的服务器上变得很有必要。数据可以被存储在多个服务器上，被称为分布式存储。一个分布式系统，其目的是以分布的方式存储数据（如图 6-4 所示）。

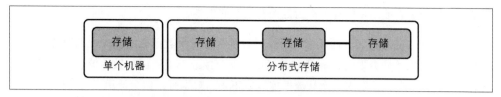

图 6-4：单个机器与多个服务器上的分布式存储

分布式存储协调多个服务器的活动，以更快的速度和更大的规模存储、检索和处理数据，同时在一个服务器不可用的情况下提供冗余备份。分布式存储在架构中是很常见的，因为你想为大量的数据提供内置的冗余性和可扩展性。例如，对象存储、Apache Spark 和云数据仓库都依赖于分布式存储架构。

数据工程师必须始终意识到分布式系统的一致性范式，我们接下来将探讨这个问题。

6.2.2 最终一致性和强一致性

分布式系统的一个挑战是，你的数据分散在多个服务器上。这个系统如何保持数据的一致性？不幸的是，分布式系统给存储和查询的准确性带来了困境。在系统的各个节点上复制变化是需要时间的。在分布式数据库中，往往存在着获取当前数据和获取"差不多"是当前数据的平衡。让我们来看看分布式系统中两种常见的一致性模式：最终一致性和强一致性。

从第 5 章开始，我们已经在本书中介绍了 ACID 符合性。另一个缩写是 *BASE*，它代表了*基本可用*（Basically Available）、*软状态* Soft-state、*最终一致性*（Eventual consistency）。可以把它看作 ACID 的反面。BASE 是最终一致性的基础。让我们简单地探讨一下它的组成部分。

基本可用

不保证一致性，但数据库的读写是在尽力而为的基础上进行的，这意味着大多数时候都是一致的数据。

软状态

事务的状态是模糊的，不确定该事务是已提交还是未提交的。

最终一致性

在某些时候，读取数据会返回一致的值。

如果在一个最终一致的系统中读取数据是不可靠的，为什么还要使用它呢？在大规模的分布式系统中，最终一致性是一种常见的权衡。如果你想横向扩展（跨越多个节点）来处理大量的数据，那么最终一致性往往是你要付出的代价。最终一致性允许你快速检索数据，而不需要验证你在所有节点上是否有最新的版本。

与最终一致性相反的是*强一致性*。有了强一致性，分布式数据库就能确保写到任何节点的数据都是首先共同分发的，而且对数据库的任何读取都能返回一致的值。当你可以容忍更高的查询延迟，并要求每次从数据库读取正确的数据时，你会使用强一致性。

一般来说，数据工程师出于三个方面的考虑来决定一致性的选择。第一，数据库技术本身为某种程度的一致性奠定了基础。第二，数据库的配置参数会对一致性产生影响。第三，数据库通常在单个查询层面支持一些一致性配置。例如，DynamoDB（*https://oreil.ly/qJ6z4*）支持最终一致性读取和强一致性读取。强一致性读取速度较慢，消耗的资源较多，所以最好少用，但在需要一致性的时候可以使用。

你应该了解你的数据库如何处理一致性。同样，数据工程师的任务是深入了解技术，并适当地使用它来解决问题。数据工程师可能需要与其他技术和业务利益相关者协商一致性要求。请注意，这既是一个技术问题，也是一个组织问题。确保你已经从你的利益相关者那里收集了需求，并适当地选择技术。

6.2.3 文件存储

我们每天都与文件打交道，但文件的概念有些微妙。一个*文件*是一个具有特定的读、写和引用特性的数据实体，由软件和操作系统使用。我们定义一个文件需要具有以下特征。

有限长度
　　一个文件是一个有限长度的字节流。

追加操作
　　我们可以在主机存储系统的限制范围内向文件追加字节。

随机访问
　　我们可以从文件中的任何位置读取，或向任何位置写入更新。

*对象存储*的行为很像文件存储，但有关键的区别。虽然我们首先讨论文件存储，为对象存储奠定了基础，但对于你今天要做的数据工程类型来说，对象存储可以说是更加重要的。在接下来的内容中，我们将广泛地讨论对象存储。

文件存储系统将文件组织成一个目录树。一个文件的目录参考可能看起来像这样：

    /Users/matthewhousley/output.txt

当这个文件引用被传递给操作系统时，它从根目录 / 开始，找到 Users、matthewhousley，最后是 output.txt。从左边开始，每个目录都包含在一个父目录里面，直到我们最后到达 output.txt 这个文件。这个例子使用了 Unix 的语义，但 Windows 的文件引用语义是相似的。文件系统将每个目录作为其包含的文件和目录的元数据来存储。这个元数据包括每个实体的名称、相关的权限细节和一个指向实际实体的指针。为了在磁盘上找到一个文件，操作系统会查看每个层次的元数据，并跟踪指向下一个子目录实体的指针，直到最后到达文件本身。

请注意，其他类似文件的数据实体一般不一定具有所有这些属性。例如，对象存储中的*对象*只支持第一个特性，即有限长度，但仍然非常有用。我们在 6.2.5 节中讨论了这个问题。

当文件存储范式对数据管道来说非常重要时，要小心处理其状态，尽量使用短暂的环境。即使你必须在有连接磁盘的服务器上处理文件，也要使用对象存储作为处理步骤之间的中间存储。尽量将手动的、低级别的文件处理保留给一次性的获取步骤或管道开发的探索阶段。

本地磁盘存储

人们最熟悉的文件存储类型是操作系统管理的文件系统，底层是固态硬盘或磁盘的本地磁盘分区。新技术文件系统（New Technology File System，NTFS）和 ext4 分别是 Windows 和 Linux 上流行的文件系统。操作系统处理存储目录实体、文件和元数据的细节。文件系统的设计是为了在写入过程中发生断电时容易恢复，否则任何未写入的数据都会丢失。

本地文件系统通常支持完全的写后读取一致。写后立即读取将返回所写数据。操作系统还采用各种锁定策略来管理对一个文件的并发写入尝试。

本地磁盘文件系统也可以支持高级功能，如日记、快照、冗余、文件系统在多个磁盘上的扩展、全磁盘加密和压缩。在 6.2.4 节中，我们将讨论 RAID。

网络附属存储

网络附属存储（Network-Attached Storage，NAS）系统通过网络为客户提供一个文件存储系统。NAS 是一种普遍的服务器解决方案，它们通常带有内置的专用 NAS 接口硬件。虽然通过网络访问文件系统会有性能上的损失，但存储虚拟化也有很大的优势，包括冗余备份、可靠性、对资源的精细控制、为大型虚拟卷在多个磁盘上建立存储池，以及在多台机器上共享文件。工程师应该了解他们的 NAS 解决方案所提供的一致性模型，特别是当多个客户可能会访问相同的数据时。

NAS 的一个流行的替代方案是存储区域网络（Storage Area Network，SAN），但 SAN 系统提供块级访问，而没有文件系统的抽象。我们将在 6.2.4 节介绍 SAN 系统。

云文件系统服务

云文件系统服务提供一个完全托管的文件系统，用于多个云虚拟机和应用程序，可能包括云环境之外的客户端。云文件系统不应该与连接到虚拟机的标准存储（一般来说，是由虚拟机操作系统管理的带有文件系统的块存储）相混淆。云文件系统的行为很像 NAS 解决方案，但网络、管理磁盘集群、故障和配置的细节完全由云供应商处理。

例如，亚马逊弹性文件系统（Elastic File System，EFS）是一个非常流行的云文件系统服务的例子。存储是通过 NFS 4 协议（*https://oreil.ly/GhvpT*）公开的，NAS 系统也使用这种协议。EFS 提供自动扩展和按存储量付费的定价，不需要高级存储预订。该服务还提供本*地*写后读的一致性（当从执行写的机器上读取时）。它还在整个文件系统中提供关闭后开放的一致性。换句话说，一旦一个应用程序关闭了一个文件，随后的读取者将看到保存在已关闭文件中的变化。

6.2.4 块存储

从根本上说，*块存储*是由固态硬盘和磁盘提供的原始存储类型。在云中，虚拟化的块存储是虚拟机的标准。这些块存储的抽象允许对存储的大小、可扩展性和数据的持久性进行精细的控制，这超过了原始磁盘所提供的。

在我们之前对固态硬盘和磁盘的讨论中，我们提到，通过这些随机访问设备，操作系统可以在磁盘上寻找、读取和写入任何数据。一个块是磁盘支持的最小的可寻址数据单位。在旧的磁盘上，这通常是 512 字节的可用数据，但目前大多数的磁盘已经增长到 4096 字节，使得写入的精细程度降低，但大大减少了管理块的开销。块通常还包含用于错误检测 / 纠正和其他元数据的额外存储位。

磁盘上的块在物理盘面上呈几何状排列。同一轨道上的两个块可以在不移动磁头的情况下被读取，而读取不同轨道上的两个块则需要进行寻道。固态硬盘上的块之间可能会出现寻道时间，但这与磁盘轨道的寻道时间相比，是微不足道的。

块存储应用程序

事务数据库系统通常在块级访问磁盘，以布局数据获得最佳性能。对于面向行的数据库来说，这最初意味着数据行是作为连续的数据流写入的。随着固态硬盘的到来及其相关的寻道时间性能的提高，情况变得更加复杂，但事务数据库仍然依赖于直接访问块存储设备所提供的高随机访问性能。

块存储仍然是云虚拟机上操作系统启动磁盘的默认选项。块设备的格式化与直接在物理磁盘上的格式化很相似，但存储通常是虚拟化的。（我们将在后面介绍云虚拟化块存储）。

RAID

如前所述，*RAID 是独立磁盘冗余阵列的意思*。RAID 同时控制多个磁盘，以提高数据的耐久性、增强性能，并结合多个驱动器的容量。一个阵列在操作系统中可以显示为一个单一的块设备。许多编码和奇偶校验方案是可用的，这取决于增强的有效带宽和更高的容错性（对许多磁盘故障的容忍度）之间的理想平衡。

存储区域网络

存储区域网络系统通过网络提供虚拟化的块存储设备，通常来自一个存储池。SAN 的抽象可以允许细粒度的存储扩展，并提高性能、可用性和耐久性。如果你在处理本地存储系统，你可能会遇到 SAN 系统。你还可能会遇到云版本的 SAN，如下面我们将讨论的部分。

云虚拟化块存储

云虚拟化块存储解决方案与 SAN 类似，但云使工程师无须处理 SAN 集群和网络细节。我们将把亚马逊弹性块存储（Elastic Block Store，EBS）作为一个标准例子，其他公有云也有类似的产品。EBS 是亚马逊 EC2 虚拟机的默认存储。其他云供应商也将虚拟化对象存储作为其虚拟机产品的一个关键组成部分。

EBS 提供了几个级别的服务，具有不同的性能特征。一般来说，EBS 的性能指标是以 IOPS 和吞吐量（传输速度）给出的。性能较高的 EBS 存储层由固态硬盘支持，而由磁盘支持的存储层提供较低的 IOPS，但每 GB 的成本较低。

EBS 卷与实例主机服务器分开存储数据，但位于同一区域，以支持高性能和低延迟（如图 6-5 所示）。这使得 EBS 卷在 EC2 实例关闭时、主机服务器故障时，甚至实例被删除时也能持续存在。EBS 存储适用于数据库等应用程序，在这些应用程序中，数据的持久性是非常重要的。此外，EBS 将所有数据复制到至少两个独立的主机上，在一个磁盘发生故障时保护数据。

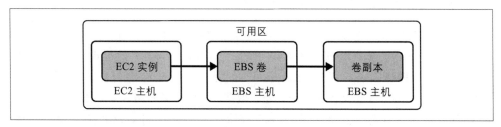

图 6-5：EBS 卷将数据复制到多个主机和磁盘上，以实现高耐久性和高可用性，但对可用性区域的故障没有弹性

EBS 存储虚拟化还支持几个高级功能。例如，EBS 卷允许在使用驱动器时进行即时的时间点快照。虽然快照复制到 S3 还需要一些时间，但 EBS 可以在拍摄快照时有效冻结数据块的状态，同时允许客户机继续使用该磁盘。此外，初始完全备份后的快照是差异性的，只有变化的块被写入 S3，以尽量减少存储成本和备份时间。

EBS 卷也是高度可扩展的。在撰写本书的时候，一些 EBS 卷可以扩展到 64TiB、256 000IOPS 和 4000MiB/s。

本地实例卷

云提供商还提供了物理连接到运行虚拟机的主机服务器上的块存储卷。这些存储卷的成本通常很低（例如亚马逊 EC2 实例存储，其费用包含在虚拟机的价格中）并提供低延迟和高 IOPS。

实例存储卷（如图 6-6 所示）的行为本质上就像一个物理连接到数据中心的服务器上的磁盘。一个关键的区别是，当一个虚拟机关闭或被删除时，本地连接的磁盘的内容就会丢失，无论这个事件是否由用户有意的行为引起。这确保了新的虚拟机不能读取属于不同客户的磁盘内容。

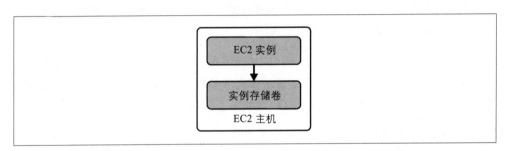

图 6-6：实例存储卷提供了高性能和低成本，但不能在磁盘故障或虚拟机关闭的情况下保护数据

本地连接的磁盘不支持 EBS 等虚拟化存储服务所提供的高级虚拟化功能。本地连接的磁盘没有被复制，所以即使主机虚拟机继续运行，物理磁盘故障也会丢失或损坏数据。此外，本地连接的卷不支持快照或其他备份功能。

尽管有这些限制，本地连接的磁盘是非常有用的。在许多情况下，我们使用磁盘作为本地缓存，因此不需要 EBS 等服务的所有高级虚拟化功能。例如，假设我们正在 EC2 实例上运行 AWS EMR。我们可能正在运行一个短暂的工作，从 S3 消耗数据，将其暂时存储在跨实例运行的分布式文件系统中，处理数据，并将结果写回 S3。EMR 文件系统建立了复制和冗余，作为一个缓存而不是永久存储。在这种情况下，EC2 实例存储是一个完全合适的解决方案并且可以提高性能，因为数据可以在本地读取和处理，而不需要通过网络传递（如图 6-7 所示）。

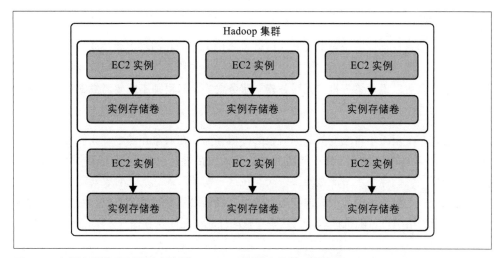

图 6-7：实例存储卷可以作为短暂的 Hadoop 集群中的处理缓存使用

我们建议工程师在考虑本地附加存储时设想最坏的情况。本地磁盘故障的后果是什么？是虚拟机或集群的意外关闭，还是区域性或地区性的云断电？如果这些情况都不会在本地附加卷上的数据丢失时产生灾难性后果，那么本地存储可能是一个具有成本效益和性能的选项。此外，简单的缓解策略（定期检查点备份到 S3）可以防止数据丢失。

6.2.5 对象存储

对象存储包含各种形状和大小的对象（如图 6-8 所示）。*对象存储*这个术语有些令人困惑，因为*对象*在计算机科学中具有多种含义。在这种情况下，我们谈论的是一种专门的类似文件的结构。它可以是任何类型的文件——TXT、CSV、JSON、图像、视频或音频。

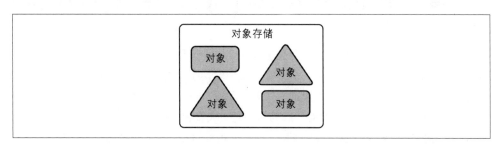

图 6-8：对象存储包含各种形状和大小的不可改变的对象。与本地磁盘上的文件不同，对象不能被就地修改

随着大数据和云计算的兴起，对象存储的重要性和受欢迎程度也在增加。Amazon S3、Azure Blob Storage 和 Google Cloud Storage（GCS）是广泛使用的对象存储。此外，许多云数据仓库（以及越来越多的数据库）利用对象存储作为其存储层，而云数据湖通常

位于对象存储上。

尽管许多本地对象存储系统可以安装在服务器集群上，但我们将主要关注完全管理的云对象存储。从操作的角度来看，云对象存储最吸引人的特点之一是它可以直接管理和使用。对象存储可以说是第一批"无服务器"服务之一，工程师不需要考虑底层服务器集群或磁盘的特性。

对象存储是一个用于不可改变的数据对象的键值存储。在对象存储中，我们失去了许多我们期望在本地磁盘上的文件存储所具有的写入灵活性。对象不支持随机写入或追加操作。相反，它们作为字节流被写入一次。在这个初始写入之后，对象就变得不可改变了。要改变一个对象中的数据或向其追加数据，我们必须重写整个对象。对象存储通常支持通过范围请求进行随机读取，但这些查找的性能可能比从存储在 SSD 上的数据中随机读取要差得多。

对于一个习惯于利用本地随机访问文件存储的软件开发者来说，对象的特性可能看起来像是约束，但少即是多。对象存储不需要支持锁或更改同步，允许跨大规模磁盘集群存储数据。对象存储支持在许多磁盘上进行性能极高的并行流写入和读取，这种并行性对工程师来说是隐藏的，他们可以简单地处理流，而不是与单个磁盘进行通信。在云环境中，写入速度会随着被写入的流的数量增多而扩展，并达到供应商设定的配额限制。读取带宽可以随着并行请求的数量、用于读取数据的虚拟机的数量和 CPU 核心的数量增多而扩展。这些特点使对象存储成为服务于大流量网络流量或向高度并行的分布式查询引擎提供数据的理想选择。

典型的云对象存储将数据保存在几个可用区，极大地降低了存储完全离线或以不可恢复的方式丢失的概率。这种耐用性和可用性是内置于成本中的。云存储供应商以折扣价格提供其他存储类别，以换取降低的耐用性或可用性。我们将在本节中讨论这个问题。

云对象存储是分离计算和存储的一个关键因素，允许工程师用短暂的集群处理数据，并按需扩大和减少这些集群。这是一个关键因素，它使小型组织可以使用大数据，这些组织没有预算为其只是偶尔运行的数据工作配置硬件。一些大型科技公司将继续在其硬件上运行永久的 Hadoop 集群。然而，总的趋势是，大多数组织将把数据处理转移到云中，使用对象存储作为基本的存储和服务层，同时在短暂的集群上处理数据。

在对象存储中，可用的存储空间也是高度可扩展的，这是大数据系统的理想特征。存储空间受到存储提供商所拥有的磁盘数量的限制，但这些提供商处理的数据都是艾字节的。在云环境中，可用的存储空间几乎是无限的。在实践中，公有云客户对存储空间的主要限制是预算。从实用的角度来看，工程师可以迅速为项目存储大量的数据，而不需要提前几个月为必要的服务器和磁盘做计划。

数据工程应用程序的对象存储

从数据工程的角度来看，对象存储为大批量读取和批量写入提供了出色的性能。这与大规模 OLAP 系统的使用情况非常吻合。有一些数据工程的民间传说表示，对象存储不适合更新，但这只是部分正确。对象存储不适合每秒有许多小更新的事务工作负载，这些用例最好由事务数据库或块存储系统来完成。对象存储对于低更新率的操作来说效果很好，每个操作都会更新大量的数据。

对象存储现在是数据湖存储的黄金标准。在数据湖的早期，一次写入，多次读取（Write Once, Read Many，WORM）是操作标准，但这不是 HDFS 和对象存储的局限，而与管理数据版本和文件的复杂性有很大关系。从那时起，Apache Hudi 和 Delta Lake 等系统已经出现，以管理这种复杂性，而 GDPR 和 CCPA 等隐私法规使得删除和更新功能更为重要。对象存储的更新管理是我们在第 3 章中介绍的数据湖库概念背后的核心思想。

对象存储是这些结构化数据应用之外的任何格式的非结构化数据的理想存储库。对象存储可以存放任何二进制数据，不受类型或结构的限制，并且经常在原始文本、图像、视频和音频的 ML 管道中发挥作用。

对象寻找

正如我们提到的，对象存储是键值存储。这对工程师来说意味着什么？关键是要理解，与文件存储不同，对象存储不利用目录树来寻找对象。对象存储使用一个顶级的逻辑容器（S3 和 GCS 中的桶），并通过键来引用对象。在 S3 中，一个简单的例子可能看起来像这样。

    S3://oreilly-data-engineering-book/data-example.json

在这种情况下，S3://oreilly-data-engineering-book/ 是桶的名称，而 data-example.json 是指向特定对象的键。S3 桶的名称在所有 AWS 中必须是唯一的。键在一个桶内是唯一的。虽然云对象存储可能看起来支持目录树语义，但不存在真正的目录层次。我们可能会用下面的全路径来存储一个对象。

    S3://oreilly-data-engineering-book/project-data/11/23/2021/data.txt

从表面上看，这看起来就像你在一个普通的文件夹系统中可能找到的子目录：project-data、11、23 和 2021。许多云控制台界面允许用户查看"目录"内的对象，而且云命令行工具通常支持 Unix 风格的命令，如对象存储目录内的 ls。然而，在幕后，对象系统并没有穿越目录树来到达对象。相反，它只是看到一个恰好符合目录语义的键（project-data/11/23/2021/data.txt）。这可能看起来是一个小的技术细节，但工程师们需要理解，在对象存储中，某些"目录"级的操作是很昂贵的。要运行 aws ls S3://oreilly-data-engineering-book/project-data/11/，对象存储必须过滤键前缀

project-data/11/ 的键。如果桶中包含数百万个对象，这个操作可能需要一些时间，即使"子目录"中只有几个对象。

对象的一致性和版本管理

如前所述，作为一般规则，对象存储不支持原地更新或追加。我们在同一个键下写一个新的对象来更新一个对象。当数据工程师在数据流程中利用更新时，他们必须了解所使用的对象存储的一致性模型。对象存储可能是最终一致的或强一致的。例如，直到最近，S3 是*最终一致的*。在同一键下写入一个对象的新版本后，对象存储有时可能返回该对象的旧版本。*最终一致性*的最终部分意味着，在足够长的时间过去后，存储集群达到一个状态，即只返回对象的最新版本。这与我们所期望的连接到服务器的本地磁盘的*强一致性*模型形成鲜明对比：写完后的读取将返回最近写入的数据。

出于各种原因，在对象存储中强调强一致性可能是可取的，标准方法也被用来实现这一点。一种方法是将强一致性的数据库（例如 PostgreSQL）加入其中。更新一个对象现在是一个两步的过程。

1. 写下对象。

2. 将返回的对象版本元数据写入强一致性数据库。

版本元数据（一个对象的哈希值或一个对象的时间戳）可以与对象的键一起唯一地识别一个对象的版本。为了读取一个对象，读取器进行了以下步骤。

1. 从强一致性数据库中获取最新的对象元数据。

2. 使用对象键查询对象元数据。如果对象数据与从一致性数据库中获取的元数据相匹配，则读取该对象数据。

3. 如果对象元数据不匹配，则重复步骤 2，直到返回对象的最新版本。

举一个实际例外情况和边缘情况的例子，对象在这个查询过程中被重写。这些步骤可以在 API 后面进行管理，这样对象读者就可以看到一个强一致性的对象存储，但代价是更高的对象访问的延迟。

对象版本与对象一致性密切相关。当我们在对象存储的现有键下重写一个对象时，我们基本上是在写一个全新的对象，从现有的键设置对该对象的引用，并删除旧的对象引用。更新整个集群的所有引用需要时间，因此有可能出现陈旧的读取。最终，存储集群的垃圾收集器会将专用于取消引用的数据的空间重新分配和回收磁盘容量供新对象使用。

随着对象版本的开启，我们为对象添加了额外的元数据来规定一个版本。当默认的键位引用被更新以指向新的对象时，我们保留其他指向以前版本的指针。我们还维护了一个版本列表，以便客户端可以获得所有对象版本的列表，然后拉取一个特定的版本。因为对象的旧版本仍然被引用，所以它们不会被垃圾收集器清理掉。

如果我们用版本来引用一个对象，一些对象存储系统的一致性问题就会消失：键和版本元数据一起形成对一个特定的、不可改变的数据对象的唯一引用。当我们使用这对对象时，只要我们没有删除它，我们将总是得到相同的对象。当客户端请求一个对象的"默认"或"最新"版本时，一致性问题仍然存在。

工程师需要考虑的对象版本管理的主要开销是存储成本。对象的历史版本通常具有与当前版本相同的相关存储成本。对象版本的成本可能几乎是微不足道的，也可能是灾难性的昂贵，这取决于各种因素。数据大小是一个问题，更新频率也是一个问题，更多的对象版本会导致数据大小明显增大。请记住，我们正在谈论的是粗略的对象版本控制。对象存储系统通常为每个版本存储完整的对象数据，而不是差异化的快照。

工程师还可以选择部署存储生命周期策略。生命周期策略允许在满足某些条件时自动删除旧的对象版本（例如，当一个对象版本达到一定的年龄或存在许多更新的版本时）。云供应商还以大幅折扣的价格提供各种归档数据层，归档过程可以使用生命周期政策进行管理。

存储类别和层级

云供应商现在提供不同的存储等级，以降低访问量或降低耐用性为交换条件，对数据存储定价进行折扣。我们在这里使用*减少访问*的术语，因为许多存储层仍然使数据高度可用，但以高的检索成本换取少的存储成本。

让我们看看 S3 中的几个例子，因为亚马逊是云服务标准的一个基准。S3 的 Standard-Infrequent Access 存储类别为增加的数据检索成本提供了每月存储成本的折扣。（参见4.6.2 节以了解关于云存储层级的经济学的理论讨论。）亚马逊还提供了 S3 的 One Zone-Infrequent Access 层，数据只复制到一个区。预计可用性从 99.9% 下降到 99.5%，以考虑到区域性中断的可能性。亚马逊仍然声称有极高的数据耐用性，但要注意的是，如果一个可用区被破坏，数据就会丢失。

在减少访问的层级中，更进一步的是 S3 Glacier 的归档层级。S3 Glacier 承诺以更高的访问成本大幅降低长期存储成本。用户有不同的检索速度选项，从几分钟到几小时不等，更高的检索成本可以获得更快的访问。例如，在撰写本书的时候，S3 Glacier Deep Archive 的存储成本进一步打折。亚马逊宣称，存储成本从每月每太字节 1 美元开始。作为交换，数据恢复需要 12 小时。此外，这种存储类别是为那些将被存储 7~10 年，每年只被访问 1～2 次的数据而设计的。

要注意你计划如何利用归档存储，因为它很容易访问，而且访问数据的成本往往很高，特别是当你需要它的频率超过预期时。见第 4 章关于档案存储经济的更广泛讨论。

对象存储支持的文件系统

对象存储同步解决方案已经变得越来越流行。像 s3fs 和 Amazon S3 File Gateway 这样的工具允许用户将 S3 桶挂载为本地存储。这些工具的用户应该了解向文件系统写入的特性，以及这些特性将如何与对象存储的特性和价格相互作用。例如，File Gateway 通过使用 S3 的高级功能将对象的一部分组合成一个新的对象，相当有效地处理对文件的更改。然而，高速的事务写入将使对象存储的更新能力不堪重负。将对象存储作为一个本地文件系统挂载，对于不经常更新的文件来说是很好的。

6.2.6 缓存和基于内存的存储系统

正如 6.1 节中所讨论的，RAM 提供了出色的低延迟和高传输速度。然而，传统的 RAM 极易受到数据丢失的影响，因为哪怕是一秒钟的断电都会抹去数据。基于 RAM 的存储系统一般专注于缓存应用程序，呈现数据的快速访问和高带宽。出于保留的目的，数据一般应被写入更持久的介质中。

当数据工程师需要以超快的检索和低延迟来提供数据时，这些超快的缓存系统是非常有用的。

例子：分布式内存缓存系统和轻量级对象缓存

分布式内存缓存系统（Memcached）是一个键值存储，用于缓存数据库查询结果、API 调用响应等。Memcached 使用简单的数据结构，支持字符串或整数类型。Memcached 可以以非常低的延迟提供结果，同时也减轻了后端系统的负担。

例子：Redis，具有可选的持久性的内存缓存

和 Memcached 一样，*Redis* 是一个键值存储，但它支持更复杂的数据类型（如列表或集合）。Redis 还建立了多种持久性机制，包括快照和日记。在一个典型的配置中，Redis 大约每两秒钟写一次数据。因此，Redis 适用于极高性能的应用程序，但可以容忍少量的数据丢失。

6.2.7 Hadoop 分布式文件系统

在最近，"Hadoop"实际上是"大数据"的同义词。Hadoop 分布式文件系统基于谷歌文件系统（Google File System，GFS）（*https://oreil.ly/GlIic*），最初是为了用 MapReduce 编程模型（*https://oreil.ly/DscVp*）处理数据而设计的。Hadoop 类似于对象存储，但有一个

关键区别：Hadoop 在同一节点上结合了计算和存储，而对象存储通常对内部处理的支持有限。

Hadoop 将大文件分成块，即大小小于几百兆字节的数据块。文件系统由 *NameNode* 管理，它维护目录、文件元数据以及描述集群中文件块位置的详细目录。在一个典型的配置中，每个数据块被复制到 3 个节点。这增加了数据的耐久性和可用性。如果一个磁盘或节点发生故障，一些文件块的复制系数将低于 3。NameNode 将指示其他节点复制这些文件块，使它们再次达到正确的复制系数。因此，丢失数据的概率非常低，除非发生*相关的故障*（例如，小行星撞击数据中心）。

Hadoop 不是简单的一个存储系统。Hadoop 将计算资源与存储节点结合起来，以实现就地数据处理。这最初是通过 MapReduce 编程模型实现的，我们将在第 8 章讨论。

Hadoop 已死，Hadoop 万岁！

我们经常听到有人说 Hadoop 已经死了。这只是部分事实。Hadoop 不再是一个炙手可热的前沿技术。许多 Hadoop 生态系统的工具，如 Apache Pig，现在都在维持生命，主要用于运行传统的工作。纯粹的 MapReduce 编程模型已经被淘汰了。HDFS 仍然在各种应用程序和组织中广泛使用。

Hadoop 仍然出现在许多传统的应用程序中。许多在大数据热潮高峰期采用 Hadoop 的组织并没有立即计划迁移到更新的技术。对于那些运行大规模（千节点）Hadoop 集群并拥有有效维护本地系统资源的公司来说，这是一个不错的选择。较小的公司可能要重新考虑运行一个小型 Hadoop 集群的成本开销和规模限制，而不是迁移到云解决方案。

此外，HDFS 是目前许多大数据引擎的关键成分，如 Amazon EMR。事实上，Apache Spark 仍然普遍运行在 HDFS 集群上。我们将在 6.4.4 节详细讨论这一点。

6.2.8 流式存储

流数据与非流数据有不同的存储要求。在消息队列中，存储的数据是时间性的，预计在一定时间后会消失。然而，像 Apache Kafka 这样的分布式、可扩展的流框架现在允许极长的流数据保留。Kafka 通过将旧的、不经常访问的消息推送到对象存储中来支持无限期的数据保留。Kafka 的竞争对手（包括 Amazon Kinesis、Apache Pulsar 和 Google Cloud Pub/Sub）也支持长期数据保留。

与这些系统中的数据保留密切相关的是重放的概念。*重放允许流媒体系统返回一系列的历史存储数据*。重放是流式存储系统的标准数据检索机制。重放可以用来在一个时间范围内运行批处理查询，也可以用来重新处理流管道中的数据。第 7 章将更深入地介绍重放。

用于实时分析应用程序的其他的存储引擎也出现了。从某种意义上说，事务数据库是最早的实时查询引擎，数据一经写入就会被查询。然而，这些数据库有众所周知的扩展和锁定限制，特别是对于在大量数据上运行的分析查询。虽然面向行的事务数据库的可扩展版本已经克服了其中的一些限制，但它们仍然没有为大规模的分析进行真正的优化。

6.2.9 索引、分区和聚类

索引为特定字段提供了一个表格图，并允许极快地查找个别记录。如果没有索引，则数据库将需要扫描整个表来找到满足 WHERE 条件的记录。

在大多数 RDBMS 中，索引被用于主表键（允许对行进行唯一识别）和外键（允许与其他表进行连接）。索引也可以应用于其他列，以满足特定应用程序的需要。使用索引，一个 RDBMS 可以每秒查询和更新数千条记录。

在本书中，我们并没有深入地介绍事务数据库记录。关于这个主题，有许多技术资源可以使用。相反，我们感兴趣的是在面向分析的存储系统中脱离索引的演变，以及用于分析用例的索引的一些新发展。

从行到列的演变

早期的数据仓库通常建立在用于事务性应用的同一类型的 RDBMS 上。MPP 系统的日益普及意味着向并行处理的转变，以显著改善用于分析目的的大量数据的扫描性能。然而，这些面向行的 MPP 仍然使用索引来支持连接和条件检查。

在 6.1 节中，我们讨论了列式序列化。*列式序列化*允许数据库只扫描特定查询所需的列，有时会极大地减少从磁盘上读取的数据量。此外，按列排列的数据将相似的值放在一起，产生高压缩率，而压缩开销最小。这使得数据可以更快地从磁盘和网络上被扫描。

列式数据库在事务用例（即当我们试图异步查询大量的单独行时）中的表现很差。然而，当必须扫描大量的数据（例如，用于复杂的数据转换、聚合、统计计算或对大型数据集的复杂条件进行评估）时，它们的表现非常好。

在过去，列式数据库在连接上的表现很差，所以对数据工程师的建议是对数据进行非标准化处理，尽可能使用宽模式、数组和嵌套数据。近年来，列式数据库的连接性能得到了极大的改善，因此，虽然在去规范化方面仍有性能优势，但这已不再是必要的。你将在第 8 章中学习更多关于规范化和反规范化的知识。

从索引到分区和聚类

虽然列式数据库允许快速的扫描速度，但尽可能减少扫描的数据量仍然是有帮助的。除了只扫描与查询相关的列中的数据之外，我们还可以通过在一个字段上进行分割，将一个表分割成多个子表。在分析和数据科学的用例中，在一个时间范围内进行扫描是很常见的，所以基于日期和时间的分区是非常普遍的。列式数据库通常也支持其他各种分区方案。

*集群*允许在分区内对数据进行更精细的组织。在列式数据库中应用的聚类方案按一个或几个字段对数据进行排序，将相似的值集中在一起。这提高了过滤、排序和连接这些值的性能。

例子：Snowflake 微分区

我们提到 Snowflake 微分区（*https://oreil.ly/nQTaP*），因为它是列存储方法最近发展和演变的一个好例子。微分区是指未压缩的大小在 50 兆～500 兆字节之间的行集。Snowflake 使用一种算法方法，试图将相似的行聚在一起。这与传统的在单一指定字段（如日期）上进行分区的传统方法形成对比。Snowflake 会特别去寻找在许多行的字段中重复出现的值。这允许积极*修剪*基于谓词的查询。例如，一个 WHERE 子句可能规定如下：

```
WHERE created_date='2022-01-02'
```

在这样的查询中，Snowflake 排除了任何不包括这个日期的微分区，有效地修剪了这些数据。Snowflake 也允许重叠的微分区，有可能在多个字段上显示显著的重复。

Snowflake 的元数据库促进了高效的修剪，它存储了每个微分区的描述，包括行数和字段的值范围。在每个查询阶段，Snowflake 分析微分区，以确定哪些需要被扫描。Snowflake 使用的术语是*混合列式存储*[注2]，也指它的表被分成小的行组，尽管存储从根本上是列式的。元数据数据库的作用类似于传统关系数据库中的索引。

6.3 数据工程存储抽象

*数据工程存储抽象*是数据组织和查询模式，位于数据工程生命周期的核心，建立在之前讨论的数据存储系统之上（如图 6-2 所示）。我们在第 3 章中介绍了许多这样的抽象，在这里我们将重新审视它们。

我们要关注的主要抽象类型是那些支持数据科学、分析和报告用例的抽象。这些包括数据仓库、数据湖、数据湖仓一体、数据平台和数据目录。我们不会涉及源系统，因为它们已在第 5 章中讨论了。

作为一名数据工程师，你所需要的存储抽象可以归结为几个关键的考虑。

注 2：Benoit Dageville, "The Snowflake Elastic Data Warehouse," *SIGMOD '16: Proceedings of the 2016 International Conference on Management of Data* (June 2016): 215-226, *https://oreil.ly/Tc1su*.

目的和用例

你必须首先确定存储数据的目的。它的用途是什么？

更新模式

抽象是否针对批量更新、流式插入或上载进行了优化？

成本

直接和间接的财务成本是什么？实现价值的时间是什么？机会成本是什么？

分离存储和计算

现在的趋势是将存储和计算分离，但大多数系统是混合分离和主机托管。我们将在 6.4.4 节中介绍这一点，因为它影响到目的、速度和成本。

你应该知道，将存储与计算分离的流行意味着 OLAP 数据库和数据湖之间的界限越来越模糊。主要的云数据仓库和数据湖正在发生碰撞。在未来，这两者之间的差异可能只是名义上的差异，因为它们在功能和技术上可能是非常相似的。

6.3.1 数据仓库

数据仓库是一个标准的 OLAP 数据架构。正如第 3 章所讨论的，*数据仓库*一词指的是技术平台（如 Google BigQuery 和 Teradata）、数据集中化的架构以及公司内部的组织模式。在存储趋势方面，我们已经从在传统交易数据库、基于行的 MPP 系统（如 Teradata 和 IBM Netezza）和列式 MPP 系统（如 Vertica 和 Teradata Columnar）上建立数据仓库发展到云数据仓库和数据平台。关于 MPP 系统的更多细节，请参见我们在第 3 章关于数据仓库的讨论。

在实践中，云数据仓库经常被用来将数据组织到数据湖中，这是一个存储大量未处理的原始数据的区域，最初是由 James Dixon 构想的[注3]。云数据仓库可以处理大量的原始文本和复杂的 JSON 文档。其局限性在于，与真正的数据湖不同，云数据仓库不能处理真正的非结构化数据，如图像、视频或音频。云数据仓库可以与对象存储结合起来，提供一个完整的数据湖解决方案。

6.3.2 数据湖

*数据湖*最初被认为是一个大规模的存储，数据以原始的、未处理的形式被保留。最初，数据湖主要建立在 Hadoop 系统上，廉价的存储允许保留大量的数据，而没有专有 MPP 系统的成本开销。

注 3：James Dixon, "Data Lakes Revisited", *James Dixon's blog*, September 25, 2014, *https://oreil.ly/FH25v*.

在过去的五年里，数据湖存储的发展有两个主要的进展。首先，出现了*计算和存储分离*的重大迁移。在实践中，这意味着从 Hadoop 转向云对象存储以长期保留数据。其次，数据工程师发现，MPP 系统提供的许多功能（模式管理；更新、合并和删除功能），以及最初在匆忙建立数据湖概念时被放弃的功能，事实上是非常有用的。这促进了数据湖仓一体概念的产生。

6.3.3 数据湖仓一体

*数据湖仓一体*是一个结合了数据仓库和数据湖的架构。按照一般的设想，湖仓一体在对象存储中存储数据，就像一个湖一样。然而，湖仓一体为这种安排增加了一些功能，旨在简化数据管理，并创造一个类似于数据仓库的工程体验。这意味着强大的表和模式支持以及管理增量更新和删除的功能。湖仓一体通常也支持表的历史和回滚，这是通过保留文件和元数据的旧版本来实现的。

湖仓一体系统是一个元数据和文件管理层，与数据管理和转换工具一起部署。Databricks 公司通过 Delta Lake 这个开源的存储管理系统大力推广湖仓一体概念。

我们不能不指出，数据湖仓一体的架构与各种商业数据平台所使用的架构相似，包括 BigQuery 和 Snowflake。这些系统将数据存储在对象存储中，并提供自动元数据管理、表历史和更新 / 删除功能。管理底层文件和存储的复杂性对用户来说是完全隐藏的。

与专有工具相比，数据湖仓一体的关键优势是互操作性。当存储在一个开放的文件格式中时，在工具之间交换数据要容易得多。从专有的数据库格式重新序列化数据会产生处理、时间和成本上的开销。在一个数据湖仓一体架构中，各种工具可以连接到元数据层，并直接从对象存储中读取数据。

需要强调的是，数据湖仓一体中的许多数据可能没有强加表结构。我们可以在湖仓一体需要的地方强加数据仓库的功能，而将其他数据留在原始甚至非结构化的格式中。

数据湖仓一体技术正在迅速发展，已经出现了 Delta Lake 的各种新竞争者，包括 Apache Hudi 和 Apache Iceberg。更多细节见附录 A。

6.3.4 数据平台

越来越多的供应商将他们的产品定位为*数据平台*。这些供应商已经创建了可互操作的工具的生态系统，与核心数据存储层紧密结合。在评估平台时，工程师必须确保平台所提供的工具能够满足他们的需求。如果平台中没有直接提供的工具仍然可以互操作，数据交换就会产生额外开销。平台还强调与非结构化用例的对象存储的紧密集成，正如我们在讨论云数据仓库时提到的。

在这一点上，数据平台的概念坦率地说还没有被完全充实起来。然而，创建一个私有技术的数据工具的竞赛正在进行，这样的工具既简化了数据工程的工作，又生成了重要的供应商黏性锁定客户。

6.3.5 从流到批处理存储架构

流到批处理的存储架构与 Lambda 架构有很多相似之处，尽管有些人可能会对技术细节有争议。从本质上讲，流式存储系统中流经一个主题的数据被写出来给多个消费者。

其中一些消费者可能是实时处理系统，对流生成统计。此外，一个批处理存储消费者写入数据用于长期保留和批处理查询。批量消费者可能是 AWS Kinesis Firehose，它可以根据可配置的触发器（例如，时间和批量大小）生成 S3 对象。BigQuery 等系统将流式数据获取到一个流式缓冲区。这个流式缓冲区被自动重新序列化为列状对象存储。查询引擎支持对流式缓冲区和对象数据的无缝查询，为用户提供一个当前的、近乎实时的表视图。

6.4 存储的重要思想和趋势

在本节中，我们将讨论存储方面的一些重要思想和趋势——当你构建存储架构时，你需要牢记一些关键考虑。这些考虑因素中有许多是大趋势的一部分。例如，数据目录就属于"企业级"数据工程和数据管理的趋势。在云数据系统中，计算和存储的分离在很大程度上已经成为事实。当企业采用数据技术时，数据共享就显得越来越重要。

6.4.1 数据目录

*数据目录*是一个集中的元数据存储，用于整个组织的所有数据。严格来说，数据目录不是一个顶级的数据存储抽象，但它与各种系统和抽象相集成。数据目录通常跨运营和分析数据源工作，集成数据脉络和数据关系的呈现，并允许用户编辑数据描述。

数据目录通常被用来提供一个中央场所，人们可以在那里查看他们的数据、查询和存储数据。作为一名数据工程师，你可能会负责设置和维护与数据目录整合的数据管道、存储系统的各种数据，以及数据目录本身的完整性。

目录应用集成

理想情况下，数据应用程序被设计成与目录 API 集成，直接处理其元数据和更新。随着目录在一个组织中被更广泛地使用，接近这一理想状态变得更加容易。

自动扫描

在实践中，目录系统通常需要依赖一个自动扫描层，从各种系统中收集元数据，如数据湖、数据仓库和操作数据库。数据目录可以收集现有的元数据，也可以使用扫描工具来推断元数据，如关键关系或敏感数据的存在。

数据门户和社会层

数据目录通常还通过网络界面提供一个用户访问层，用户可以在那里搜索数据并查看数据关系。数据目录可以通过提供 Wiki 功能的社会层来加强。这允许用户提供关于他们的数据集的信息，向其他用户索取信息，并在有更新可用时发布更新。

数据目录用例

数据目录有组织和技术两方面的用例。数据目录使元数据容易被系统使用。例如，数据目录是数据湖仓一体的一个关键成分，允许查询时发现表。

在组织上，数据目录允许业务用户、分析师、数据科学家和工程师搜索数据以回答问题。数据目录简化了跨组织的沟通和协作。

6.4.2 数据共享

*数据共享*允许组织和个人与特定实体共享特定的数据和精心定义访问权限。数据共享允许数据科学家与组织内的合作者共享沙盒中的数据。在整个组织中，数据共享促进了伙伴企业之间的协作。例如，一家广告技术公司可以与它的客户共享广告数据。

云端多租户环境使组织间的协作更加容易。然而，它也带来了新的安全挑战。企业必须仔细控制管理谁可以与谁共享数据的政策，以防止意外的暴露或故意的泄露。

数据共享是许多云数据平台的一个核心特征。关于数据共享的更多讨论见第 5 章。

6.4.3 模式

数据的预期形式是什么？文件的格式是什么？是结构化的、半结构化的，还是非结构化的？预计有哪些数据类型？数据如何融入一个更大的层次结构？它是否通过共享键或其他关系与其他数据相连？

请注意，模式不一定是关系型的。相反，当我们拥有尽可能多的关于数据结构和组织的信息时，数据变得更加有用。对于存储在数据湖中的图像，这种模式信息可以解释图像的格式、分辨率以及图像融入更大的层次结构的方式。

模式可以作为一种罗塞达石，指示我们如何阅读数据。存在两种主要的模式：写时模式和读时模式。*写时模式*基本上是传统的数据仓库模式：一个表有一个集成的模式，任何对该表的写入都必须符合。为了支持写时模式，数据湖必须集成一个模式元存储。

在*读时*模式下,模式是在数据写入时动态创建的,而读者在读取数据时必须确定模式。理想情况下,读时模式是使用实现内置模式信息的文件格式来实现的,例如 Parquet 或 JSON。CSV 文件因模式不一致而臭名昭著,在这种情况下不推荐使用。

写时模式的主要优点是,它可以执行数据标准,使数据在未来更容易被消费和利用。读时模式强调的是灵活性,允许几乎任何数据被写入。这样做的代价是在未来消费数据时更加困难。

6.4.4 计算与存储的分离

我们在本书中反复提到的一个关键思想是计算与存储的分离。在今天的云时代,这已经成为一种标准的数据访问和查询模式。正如我们所讨论的,数据湖将数据存储在对象存储中,并启动临时计算能力来读取和处理数据。大多数完全托管的 OLAP 产品现在都依赖于幕后的对象存储。为了理解分离计算和存储的动机,我们应该首先看一下计算和存储的主机托管。

计算和存储的主机托管

计算和存储的主机托管长期以来一直是提高数据库性能的标准方法。对于事务数据库来说,数据主机托管允许快速、低延迟的磁盘读取和高带宽。即使我们将存储虚拟化(例如,使用亚马逊 EBS),数据也是位于相对靠近主机的位置。

同样的基本理念也适用于跨机器集群运行的分析查询系统。例如,对于 HDFS 和 MapReduce,标准的方法是在集群中找到需要扫描的数据块,然后向这些数据块推送单个 map 作业。map 步骤的数据扫描和处理是严格的本地操作。*reduce* 步骤涉及在集群中变换数据位置,但保持 map 步骤在本地有效地保留了更多的带宽用于变换数据位置,提供更好的整体性能。大量过滤的 map 步骤也大大减少了需要变换位置的数据量。

计算和存储的分离

如果计算和存储的主机托管提供了高性能,那么为什么会转向计算和存储的分离呢?有几个动机。

短暂性和可扩展性。在云中,我们已经看到了向短暂性的巨大转变。一般来说,购买和托管一台服务器要比从云提供商那里租来的便宜,*只要你每天 24 小时不停地运行它,连续数年*。在实践中,工作负荷变化很大,如果服务器可以扩大和缩小,那么采用即付即得模式就能实现显著的效率。在线零售业的网络服务器是如此,对于可能只是周期性运行的大数据批处理工作也是如此。

短暂的计算资源允许工程师部署大规模集群以按时完成工作,然后在这些工作完成后删除集群。暂时以超高规模运行的性能优势可以超过对象存储的带宽限制。

数据的耐久性和可用性。云对象存储大大减轻了数据丢失的风险，通常提供极高的正常运行时间（可用性）。例如，S3 在多个区域存储数据，如果自然灾害摧毁了一个区域，其余区域的数据仍然可以使用。有多个区域可用也减少了数据中断的概率。如果一个区的资源发生故障，工程师可以在不同的区启动同样的资源。

因错误配置而破坏对象存储中数据的可能性仍然有些可怕，但有简单部署的缓解措施。将数据复制到多个云区域可以减少这种风险，因为配置的改变通常一次只部署到一个区域。将数据复制到多个存储提供商可以进一步降低风险。

混合分离和主机托管

将计算与存储分离的实际情况比我们所想象的更为复杂。在实践中，我们不断地将主机托管和分离混合起来，以实现这两种方法的好处。这种混合通常以两种方式进行：多层缓存和混合对象存储。

通过*多层缓存*，我们利用对象存储进行长期的数据保留和访问，但在查询和数据管道的各个阶段使用本地存储来启动。谷歌和亚马逊都提供混合对象存储的版本（与计算紧密结合的对象存储）。

让我们来看看一些流行的处理引擎是如何混合存储和计算的分离和主机托管的。

例子：AWS EMR 与 S3 和 HDFS

像亚马逊 EMR 这样的大数据服务会启动临时 HDFS 集群来处理数据。工程师们可以选择同时引用 S3 和 HDFS 作为文件系统。一个常见的模式是在 SSD 驱动器上建立 HDFS，从 S3 中拉取，并在本地 HDFS 上保存中间处理步骤的数据。这样做可以实现比直接从 S3 处理更显著的性能提升。一旦集群完成了它的步骤，完整的结果将被写回 S3，并且集群和 HDFS 被删除。其他消费者直接从 S3 读取输出数据。

例子：Apache Spark

在实践中，Spark 通常在 HDFS 或其他一些短暂的分布式文件系统上运行作业，以支持处理步骤之间的数据的高性能存储。此外，Spark 在很大程度上依赖于数据的内存存储来改善处理。拥有运行 Spark 的基础设施的问题是，动态 RAM（DRAM）是非常昂贵的。通过在云中分离计算和存储，我们可以租用大量的内存，然后在作业完成后释放这些内存。

例子：Apache Druid

Apache Druid 在很大程度上依赖 SSD 来实现高性能。由于固态硬盘比磁盘贵得多，Druid 在其集群中只保留一份数据，将"实时"存储成本降低为原来的三分之一。

当然，保持数据的持久性仍然是至关重要的，所以 Druid 使用对象存储作为其持久性层。

当数据被获取时，它被处理，被序列化为压缩列，并被写入集群 SSD 和对象存储。在节点故障或集群数据损坏的情况下，数据可以被自动恢复到新的节点。此外，集群可以被关闭，然后从 SSD 存储中完全恢复。

例子：混合对象存储

谷歌的 Colossus 文件存储系统支持对数据块位置的细粒度控制，尽管这一功能没有直接暴露给公众。BigQuery 利用这一功能将客户表集中在一个位置，允许在该位置进行超高带宽的查询[注4]。我们把这称为*混合对象存储*，因为它结合了对象存储的简洁抽象和计算存储的一些优势。亚马逊还通过 S3 Select 提供了一些混合对象存储的概念，这个功能允许用户在数据通过网络返回之前直接在 S3 集群中过滤 S3 数据。

我们推测，公有云将更广泛地采用混合对象存储，以提高其产品的性能，更有效地利用可用的网络资源。有些人可能已经在这样做了，但没有公开披露。

混合对象存储的概念强调了对硬件进行低层次的访问，而不是依赖公有云已有的优势。公有云服务不会公开硬件和系统的低级细节（例如，Colossus 的数据块位置），但这些细节在性能优化和增强方面可能非常有用。正如我们在第 4 章中对云经济的讨论。

虽然我们现在看到了数据向公有云的大规模迁移，但我们相信，许多目前在其他供应商提供的公有云上运行的超大规模数据服务供应商可能会在未来建立自己的数据中心，不再将网络深度集成到公有云中。

零拷贝克隆

基于对象存储的云系统支持*零拷贝克隆*。零拷贝克隆通常意味着一个对象的新的虚拟副本被创建（例如，一个新的表），而不一定要物理复制基础数据。通常情况下，新的指针被创建到原始数据文件，未来对这些表的改变将不会被记录在旧表中。对于那些熟悉面向对象语言（如 Python）内部工作的人来说，这种"浅层"复制的类型是很熟悉的，常见于其他的情况。

零拷贝克隆是一个引人注目的功能，但工程师必须了解它的优点和局限性。例如，在数据湖环境中克隆一个对象，然后删除原对象中的文件，可能也会抹去新对象。

对于完全管理的基于对象存储的系统（如 Snowflake 和 BigQuery），工程师需要非常熟悉浅层复制的确切限制。工程师在数据湖系统（如 Databricks）中有更多的机会接触到底层对象存储，这既是好事也是坏事。在删除底层对象存储中的任何原始文件之前，数据工程师应该非常谨慎。Databricks 和其他数据湖管理技术有时也支持*深度复制*的概念，即所有底层数据对象都被复制。这是一个更昂贵的过程，但在文件被无意中丢失或删除

注 4 ：Valliappa Lakshmanan and Jordan Tigani, *Google BigQuery: The Definitive Guide* (Sebastopol, CA: O'Reilly, 2019), 16–17, 188, *https://oreil.ly/5aXXu*.

的情况下，这也是更加稳健的过程。

6.4.5 数据存储的生命周期和数据保留

储存数据并不是简单地把它保存到对象存储或磁盘上就可以不再管理它。你需要考虑数据存储的生命周期和数据保留。当你考虑访问频率和用例时，要问："数据对下游用户有多重要，他们需要多久访问一次？"这就是数据存储的生命周期。你应该问的另一个问题是："我应该把这些数据保留多长时间？"你是需要无限期地保留数据，还是过了某个时间段就丢弃它？这就是数据保留。让我们来深入了解一下每一种情况。

热数据、暖数据和冷数据

你知道数据是有温度的吗？根据数据被访问的频率，我们可以把数据的存储方式大致归纳为三类持久性：热、暖和冷。每个数据集的查询访问模式都不同（如图 6-9 所示）。通常情况下，较新的数据和比较旧的数据被查询得更频繁。让我们依次看看热数据、暖数据和冷数据。

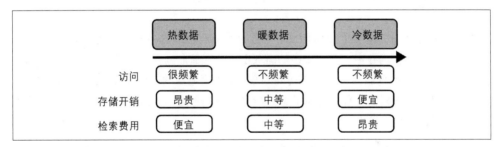

图 6-9：与访问频率有关的热数据、暖数据和冷数据费用

热数据。*热数据*有即时或频繁的访问要求。热数据的底层存储适合于快速访问和读取，如 SSD 或内存。由于热数据涉及的硬件类型，存储热数据往往是最昂贵的存储形式。热数据的用例包括检索产品推荐和产品页面结果。储存热数据的成本是这三个存储层中最高的，但检索往往是廉价的。

查询结果缓存是另一个热数据的例子。当一个查询被运行时，一些查询引擎会将查询结果持久化在缓存中。在有限的时间内，当同一查询被运行时，查询结果缓存将提供缓存的结果，而不是针对存储重新运行同一查询。这允许更短的查询响应时间，而不是重复地触发相同的查询。在接下来的章节中，我们将更详细地介绍查询结果缓存。

暖数据。*暖数据*的访问是半定期的，例如每月一次。没有硬性规定表明暖数据的访问频率，但它比热数据少，比冷数据多。主要的云提供商提供了适应暖数据的对象存储层。例如，S3 提供了一个 Infrequently Accessed Tier，Google Cloud 有一个类似的存储层，叫作 Nearline。供应商给出了他们推荐的访问频率模型，工程师也可以进行成本建模和监控。暖数据的存储比热数据便宜，检索成本稍高。

冷数据。在另一个极端，*冷数据*是不经常访问的数据。用于归档冷数据的硬件通常是廉价和耐用的，如 HDD、磁带存储和基于云的归档系统。当几乎没有人打算访问这些数据时，冷数据主要是为了长期存档。虽然存储冷数据很便宜，但检索冷数据往往很昂贵。

存储层的考虑。在考虑你的数据的存储层时，要考虑每层的成本。如果你将所有的数据存储在热存储中，所有的数据都可以被快速访问。但是，这需要付出巨大的代价！相反，如果你把所有的数据存储在冷存储中以节省成本，你当然会降低你的存储成本，但代价是延长检索时间，如果你需要访问数据，则要付出高昂的检索费用。存储价格在更快／更高性能的存储中更高，并在更低的存储中逐渐降低。

冷存储在归档数据方面很受欢迎。历史上，冷存储涉及物理备份，并经常将这些数据邮寄给第三方，由其在字面上的保险库中存档。冷存储在云中越来越受欢迎。每个云供应商都提供冷数据解决方案，你应该权衡将数据推入冷存储的成本与检索数据的成本和时间。

数据工程师需要考虑从热存储到暖／冷存储的溢出问题。内存是昂贵而有限的。例如，如果热数据存储在内存中，当有太多的新数据需要存储而内存不足时，它就会溢出到磁盘上。一些数据库可能会将不经常访问的数据转移到暖层或冷层，将数据卸载到 HDD或对象存储。由于对象存储的成本效益，后者越来越普遍。如果你在云中并使用托管服务，磁盘溢出将自动发生。

如果你使用基于云的对象存储，则为你的数据创建自动化的生命周期策略。这将极大地减少你的存储成本。例如，如果你的数据每月只需要访问一次，就把数据移到不经常访问的存储层。如果你的数据已经有 180 天的历史，并且不被当前的查询访问，那么就把它移到一个归档的存储层。在这两种情况下，你都可以自动将数据从常规的对象存储中迁移出来，而且你会节省资金。也就是说，考虑检索成本——包括时间和金钱——使用不经常使用的或归档式的存储层。访问和检索的时间和成本可能因云提供商而异。一些云提供商将数据迁移到归档存储中是很简单和便宜的，但检索你的数据是很昂贵和缓慢的。

数据保留

在"大数据"的早期，有一种错误的倾向，那就是尽可能地积累每一条数据，而不管其是否有用。人们的期望是，"我们在未来可能需要这些数据"。这种数据囤积不可避免地变得笨重和肮脏，引起了数据沼泽和数据保留的崩溃，以及其他后果和噩梦。如今，数据工程师需要考虑数据保留问题：你需要保留什么数据，以及你应该保留多长时间？以下是数据保留需要考虑的一些问题。

价值。数据是一种资产，所以你应该知道你所存储的数据的价值。当然，价值是主观的，取决于它对你眼前的用例和你更广泛的组织的价值。这些数据不可能重新创建，还是很容易通过查询上游系统重新创建？如果这些数据可用，对下游用户的影响是什么，不可用又是什么样？

时间。对下游用户的价值也取决于数据的年龄。新的数据通常比旧的数据更有价值，更容易被访问。技术限制可能决定了你在某些存储层中可以存储多长时间的数据。例如，如果你在缓存或内存中存储热数据，你很可能需要设置一个生存时间（Time To Live，TTL），这样你就可以在某个时间点后使数据过期，或将其持久化到暖或冷存储中。否则，你的热存储就会变满，对热数据的查询会受到性能滞后的影响。

合规性。某些法规［如 HIPAA 和支付卡行业（Payment Card Industry，PCI）］可能要求你在一定时间内保留数据。在这些情况下，数据只需要根据要求进行访问，即使访问请求的可能性很低。其他法规可能要求你只保留有限的时间，你需要有能力在合规准则内及时删除特定信息。你需要一个存储和归档的数据流程，以及搜索数据的能力，以符合你需要遵守的特定法规的保留要求。当然，你要平衡合规性和成本。

成本。数据是一种资产，（希望）有一个投资回报率。在投资回报率的成本方面，一个明显的存储费用是与数据相关的。考虑你需要保留数据的时间线。鉴于我们对热数据、暖数据和冷数据的讨论，实施自动数据生命周期管理措施，如果你不需要数据超过规定的保留日期，就把数据移到冷存储。或者如果真的不需要，就删除数据。

6.4.6 单租户与多租户存储的对比

在第 3 章中，我们介绍了单租户和多租户架构之间的权衡。概括地说，在*单租户架构*下，每组租户（如个人用户、用户组、账户或客户）都得到自己的专用资源，如网络、计算和存储。*多租户架构*则相反，在各组用户之间共享这些资源。这两种架构都被广泛使用。本节将探讨单租户和多租户存储的影响。

采用单租户存储意味着每个租户都得到他们的专用存储。在图 6-10 所示的例子中，每个租户得到一个数据库。这些数据库之间没有数据共享，存储是完全隔离的。使用单租户存储的一个例子是，每个客户的数据必须隔离存储，不能与任何其他客户的数据混合在一起。在这种情况下，每个客户得到他们自己的数据库。

独立的数据存储意味着独立的模式、桶结构以及与存储有关的一切。这意味着你可以自由地将每个租户的存储环境设计成统一的，或者让他们任意发展。不同客户之间的模式差异可以是一种优势，也可以是一种复杂的情况。像往常一样，要考虑权衡。如果每个租户的模式在所有租户之间不统一，如果你需要查询多个租户的表来创建一个所有租户数据的统一视图，这将产生重大影响。

图 6-10：在单租户存储中，每个租户都得到他们自己的数据库

多租户存储允许在一个单一的数据库中存储多个租户。例如，与客户得到自己的数据库的单租户情况不同，多个客户可能驻留在多租户数据库的相同数据库模式或表中。存储多租户数据意味着每个租户的数据被存储在同一个地方（如图 6-11 所示）。

图 6-11：在多租户存储中，四个租户占用了同一个数据库

你需要注意查询单租户和多租户存储，这一点我们将在第 8 章详细介绍。

6.5 你和谁一起工作

存储是数据工程基础设施的核心。你将与拥有你的 IT 基础设施的人互动——通常是 DevOps、安全和云架构师。界定数据工程和其他团队之间的责任范围是至关重要的。数据工程师是否有权在 AWS 账户中部署他们的基础设施，还是必须由其他团队来处理这些变化？与其他团队合作，定义精简的流程，以便团队能够高效、快速地合作。

数据存储的责任划分将在很大程度上取决于相关组织的成熟度。如果公司处于数据成熟度的早期，则数据工程师可能会管理存储系统和工作流。如果公司的数据成熟度较高，则数据工程师可能会管理存储系统的一个部分。这个数据工程师也可能与存储获取和转换的任何一方的工程师交互。

数据工程师需要确保下游用户使用的存储系统是安全可用的、包含高质量的数据、有充足的存储容量，并在查询和转换运行时执行。

6.6 底层设计

存储的底层设计很重要，因为存储是数据工程生命周期的所有阶段的关键枢纽。与其他阶段的数据可能处于移动状态（获取）或被查询和转换的底层设计不同，存储的底层设计是不同的，因为存储是无处不在的。

6.6.1 安全

虽然工程师们经常认为安全是他们工作的障碍，但他们应该接受安全是一个关键的促成因素的想法。强大的静态和动态安全以及细粒度的数据访问控制使数据可以在企业内部更广泛地共享和使用。当这成为可能时，数据的价值就会大大增加。

像往常一样，行使最小特权的原则。除非需要，否则不要给任何人完整的数据库访问权。这意味着大多数数据工程师在实践中不需要完全的数据库访问。另外，注意你的数据库中的列、行和单元格级别的访问控制。只给用户他们需要的信息。

6.6.2 数据管理

当我们用存储系统读写数据时，数据管理至关重要。

数据目录和元数据管理

数据通过强大的元数据得到加强。数据目录使数据科学家、分析师和 ML 工程师能够实现数据发现。数据血缘加快了追踪数据问题的时间，并使消费者能够找到上游的原始来源。

当你建立你的存储系统时，你应该投资于你的元数据。将数据字典与这些其他工具整合在一起，使用户能够有力地分享和记录机构知识。

元数据管理也大大加强了数据治理。除了简单地实现被动的数据编目和血缘，考虑在这些系统上实施分析，以获得关于你的数据所发生的事情的清晰、主动的画面。

对象存储中的数据版本管理

主要的云对象存储系统能够实现数据版本管理。数据版本管理可以帮助在进程失败和数据损坏时进行错误恢复。版本管理也有利于跟踪用于建立模型的数据集的历史。就像代码版本控制允许开发人员追踪导致错误的提交，数据版本控制可以帮助 ML 工程师追踪导致模型性能下降的变化。

隐私

GDPR 和其他隐私法规对存储系统设计产生了重大影响。任何具有隐私影响的数据都有一个生命周期，数据工程师必须管理。数据工程师必须准备好响应数据删除请求，并根据需要选择性地删除数据。此外，工程师可以通过匿名化和屏蔽来满足隐私和安全的要求。

6.6.3 Data Ops

DataOps 与数据管理并不是正交的，而且存在一个重要的重叠区域。DataOps 关注的是存储系统的传统操作监测和监测数据本身，与元数据和质量密不可分。

系统监控

数据工程师必须以各种方式监控存储。这包括监控基础设施存储组件（如果存在的话），但也要监控对象存储和其他"无服务器"系统。数据工程师应该在 FinOps（成本管理）、安全监控和访问监控方面发挥主导作用。

观测和监控数据

虽然我们所描述的元数据系统是至关重要的，但好的工程必须考虑数据的熵的性质，积极寻求以了解其特征并观察重大变化。工程师可以监控数据统计、应用异常检测方法或简单的规则，并积极测试和验证逻辑上的不一致。

6.6.4 数据架构

第 3 章涵盖了数据架构的基础知识，因为存储是数据工程生命周期的关键基础。

请考虑以下的数据架构提示。设计所需的可靠性和耐久性。了解上游的源系统，以及这些数据一旦被获取，将如何被存储和访问。了解下游的数据模型和查询的类型。

如果数据预计会增长，你能与你的云提供商协商存储吗？对 FinOps 采取积极的态度，并将其作为架构对话的核心部分。不要过早地进行优化，但如果在大数据量的操作中存在商业机会，就要为规模做准备。

向完全托管的系统倾斜，并了解提供商的 SLA。完全托管的系统通常比必须要你照看的系统更加强大和可扩展。

6.6.5 编排

编排与存储高度相关。存储允许数据在管道中流动，而编排是泵。结合许多存储系统和查询引擎，编排还可以帮助工程师应对数据系统的复杂性。

6.6.6 软件工程

我们可以从两个方面来考虑存储背景下的软件工程。第一，你写的代码应该在你的存储系统中表现良好。确保你写的代码能正确地存储数据，不会意外地造成数据、内存泄漏或性能问题。第二，将你的存储基础设施定义为代码，当需要处理你的数据时，使用短暂的计算资源。因为存储与计算越来越不同，你可以自动启动或关闭资源，同时将你的数据保持在对象存储中。这可以使你的基础设施保持干净，并避免存储和查询层的耦合。

6.7 总结

存储无处不在，并且支撑着数据工程生命周期的许多阶段。在本章中，你了解了存储系统的原材料、类型、抽象和重要思想；深入了解你将使用的存储系统的内部运作和限制；了解适合你的存储的数据类型、活动和工作负载。

6.8 补充资料

- "Column-Oriented DBMS" Wikipedia page (*https://oreil.ly/FBZH0*)
- "The Design and Implementation of Modern Column-Oriented Database Systems" (*https://oreil.ly/Q570W*) by Daniel Abadi et al.
- *Designing Data-Intensive Applications* by Martin Kleppmann (O'Reilly)
- "Diving Into Delta Lake: Schema Enforcement and Evolution" (*https://oreil.ly/XSxuN*) by Burak Yavuz et al.
- "Hot Data vs. Cold Data: Why It Matters" (*https://oreil.ly/h6mbt*) by Afzaal Ahmad Zeeshan
- IDC's "Data Creation and Replication Will Grow at a Faster Rate than Installed Storage Capacity, According to the IDC Global DataSphere and StorageSphere Forecasts" press release (*https://oreil.ly/Kt784*)
- "Rowise vs. Columnar Database? Theory and in Practice" (*https://oreil.ly/SB63g*) by Mangat Rai Modi
- "Snowflake Solution Anti-Patterns: The Probable Data Scientist" (*https://oreil.ly/is1uz*) by John Aven
- "What Is a Vector Database?" (*https://oreil.ly/ktw0O*) by Bryan Turriff
- "What Is Object Storage? A Definition and Overview" (*https://oreil.ly/ZyCrz*) by Alex Chan
- "The What, When, Why, and How of Incremental Loads" (*https://oreil.ly/HcfX8*) by Tim Mitchell

第 7 章

获取

你已经了解了作为数据工程师可能会遇到的各种数据源系统以及存储数据的方法。现在让我们把注意力转移到从不同源系统获取数据的模式和选择上。在本章中，我们会讨论数据获取（如图 7-1 所示）、数据获取阶段关键的工程考虑因素、批量获取与流式获取的主要模式、可能会遇到的获取技术、在开发时要与谁合作，以及在数据获取阶段的底层设计。

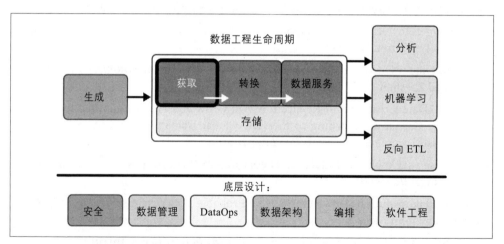

图 7-1：我们需要在处理数据前进行数据获取

7.1 什么是数据获取

*数据获取*是将数据从一个地方移动到另一个地方的过程。数据获取是数据工程生命周期中将数据从源系统移入存储的一个中间步骤（图 7-2）。

图 7-2：数据从源系统获取到目标存储

现在我们快速对比一下数据获取和数据集成。*数据获取*是将数据从 A 点移动到 B 点，而*数据集成*则是将来自不同来源系统的数据组合到一个新的数据集。例如，你可以使用数据集成将来自 CRM 系统、广告分析和网络分析的数据组合成用户标签，再保存到数据仓库。然后使用反向 ETL，你可以把用户标签写回 CRM 系统，这样销售人员就可以使用这些数据来确定潜在用户的优先级。我们将在第 8 章讨论数据转换时更全面地介绍数据集成。反向 ETL 将在第 9 章中讨论。

这里还需要指出，数据获取与系统*内部*获取是不同的。在数据库中将数据从一个表复制到另一个表，或者将流数据临时写入缓存，我们认为这是第 8 章中所涉及的一般数据转换过程的一部分。

数据管道的定义

数据管道从源系统开始，但获取是数据工程师开始投入精力设计数据管道的最初阶段。在数据工程领域，围绕着数据移动和处理模式产生了若干既定的模式（比如 ETL）、较新的模式（比如 ELT），以及反向 ETL 和数据共享。

所有这些概念都包含在*数据管道*中。了解这些不同模式的细节，并知道现代数据管道包括所有这些模式是至关重要的。随着数据工程技术从对数据移动有严格限制的传统单体方法，转向一个开放的云服务生态系统（像乐高积木一样用组装的方式实现新产品），数据工程师需要优先考虑使用正确的工具来完成预期的结果，而不是坚持狭隘的旧理念。

我们对数据管道做如下定义：

> 数据管道是在数据工程生命周期的各个阶段用来移动数据的架构、系统和过程的组合。

我们故意做一个模糊定义，以便数据工程师可以加入需要的东西来完成手头的任务。数据管道可以是一个传统的 ETL 系统，数据从本地事务处理系统中获取，通过单一的处理器，然后写入数据仓库中。或者它可以是一个基于云的数据管道，从 100 个数据源提取数据，将其合并到 20 个宽表，训练 5 个机器学习模型，然后再将它们部署到生产环境中，并持续监控性能。数据管道应该足够灵活，以适应数据工程生命周期中的需求。

在学习本章的过程中，让我们牢牢记住数据管道这个概念。

7.2 数据获取阶段的关键工程考虑因素

当设计架构或构建数据获取系统时，我们需要考虑并回答下面这些关键的问题：

- 我正在获取的数据有什么用处？

- 我可以重复使用这些数据并避免获取同一数据集的多个版本吗？

- 这些数据要去哪里？目标存储是什么？

- 数据应该多久从源头更新一次？

- 预期的数据量是多少？

- 数据是什么格式的？下游的存储和转换能接受这种格式吗？

- 下游系统是否可以直接使用源数据？换句话说，数据的质量是否良好？需要什么样的后续处理？哪些风险因素会影响数据质量（例如，机器人访问网站会不会污染数据）？

- 如果数据来自流，那么数据是否需要快速处理，以便于下游的获取？

无论是批量获取还是流式获取系统，这些问题都适用于你将创建、构建和维护的数据架构。无论数据获取的频率如何，在设计获取架构时，你都要考虑这些因素：

- 有边界与无边界数据。

- 频率。

- 同步获取与异步获取。

- 序列化和反序列化。

- 吞吐量和可扩展性。

- 可靠性和持久性。

- 有效负载。

- 推送、拉取与轮询模式。

让我们逐一探讨以上问题。

7.2.1 有边界与无边界数据

你可能还记得第 3 章的内容，数据有两种形式：有边界和无边界（如图 7-3 所示）。*无边界数据*是现实中存在的数据，是事件发生时的数据，要么是间断的，要么是连续的、持续的和流动的。*有边界数据*是跨越某种边界（如时间）对数据进行归类的一种便捷方式。

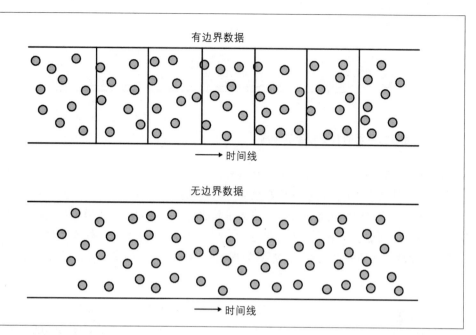

图 7-3：有边界与无边界数据

让我们采用这个说法：所有的数据在有边界之前都是无边界的。像许多其他说法一样，这个说法并不是 100% 准确的。今天下午我写的购物清单是有边界数据。我把它作为意识流（无界数据）写在一张废纸上，现在这些想法作为我需要在杂货店购买的东西的清单（有边界数据）存在。这个说法在大多数业务环境中都是正确的。例如，一个网上零售商将每天 24 小时处理客户交易，直到业务失败，经济停滞，或者世界末日。

长期以来，业务流程通过切割离散的批次对数据施加人为的限制。牢记数据的真正无边界性。流式获取系统是一种用于保持数据的无边界性的工具，以便数据生命周期中的后续步骤也能连续地处理数据。

7.2.2 频率

数据工程师在设计数据获取过程时必须做出的一个关键决定是数据获取频率。获取过程可以是批处理、微批处理或实时处理。

获取的频率从慢到快有很大的不同（如图 7-4 所示）。在较慢的一端，一家企业可能每年向会计公司发送一次税务数据。在较快的一端，变更数据捕获系统可以每分钟从源数据库中检索一次新的日志更新。更快的是，系统可以连续从物联网传感器获取事件并在几秒内处理这些事件。在一家公司里，数据获取的频率往往是混合的，这取决于使用场景和技术。

图 7-4：批量获取到实时获取频率的频谱

我们发现"实时"获取模式正变得越来越普遍。我们把"实时"放在引号里，因为没有一个获取系统是真正实时的。任何数据库、队列或管道在向目标系统提供数据时都有固有的延迟。更准确的说法是*近实时*，但为了简洁起见，我们经常使用*实时*。近实时模式通常没有明确的更新频率，当事件到达时，要么会在管道中被逐一处理，要么会以微批（在简短的时间间隔内批处理）的形式处理。在本书中，我们将交替使用*实时*和*流*两个术语。

即使使用流式数据获取过程，下游使用批处理也是相对常见的。在撰写本书时，虽然连续的在线训练正变得越来越普遍，但多数机器学习模型仍然是在批处理的基础上进行训练的。数据工程师很少有机会建立一个没有批处理组件的纯粹的近实时管道。数据在生命周期中将被分解成不同的批次。一旦选择批处理，处理频率就会成为所有下游处理的瓶颈。

另外，流式系统是许多数据源的最佳选择。在物联网应用程序中，典型的模式是每个传感器将事件或测量值直接写入流式系统。虽然这些数据也可以直接写入数据库，但流式获取平台（如 Amazon Kinesis 或 Apache Kafka）更适合这类场景。软件应用程序可以采用类似的模式，在事件发生时将其写入消息队列，而不是让下游系统从后端数据库拉取事件和状态信息。这种模式对于已经通过队列交换消息的事件驱动型架构来说效果特别好。此外，流式架构通常与批处理共存。

7.2.3 同步获取与异步获取

在*同步获取*的情况下，数据源、获取过程和写入目标有复杂的依赖关系并且是紧密耦合的。正如你在图 7-5 中看到的，整个数据工程生命周期中的过程 A、B 和 C 直接相互依赖。如果过程 A 失败，过程 B 和 C 就不能启动；如果过程 B 失败，过程 C 就不能启动。这种类型的同步工作流在旧的 ETL 系统中很常见，从源系统中提取的数据必须在加载到数据仓库之前进行转换。在批处理中的所有数据获取完成前，获取的下游过程都不能启动。如果获取或转换过程失败，整个过程必须重新运行。

这里有一个关于如何不设计数据管道的小型案例研究。在某家公司，数据转换过程本身是一系列紧密耦合的同步工作流，整个过程需要超过 24 小时才能完成。如果该转换管道有任何一个步骤失败，那么整个转换过程必须从头开始！在这个例子中，任务流程因为某些未知的问题失败。此时修复整个数据管道就像一个需要一星期时间来诊断和解决的打地鼠游戏。同时，在这段时间里，企业没有办法更新业务报表。这也会引起管理层的不满。

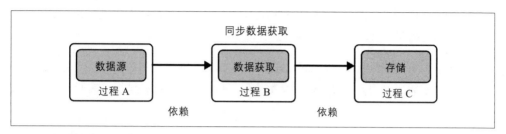

图 7-5：以离散批处理步骤运行的同步数据获取过程

在*异步获取*的情况下，依赖关系现在可以体现在单个事件的层面上，就像它们在由微服务构建的软件后端一样（如图 7-6 所示）。事件一旦被获取，就会在存储中可用。以 AWS 上的一个 Web 应用程序为例，该应用程序将事件写入 Amazon Kinesis Data Streaw（这里充当缓冲器）。这个流被 Apache Beam 读取，它对事件进行解析和拓展，然后将它们发送到第二个 Kinesis 流。Kinesis Data Firehose 将事件聚合并将其写入 Amazon S3。

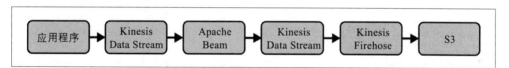

图 7-6：AWS 中事件流的异步处理流程示例

这个示例表达的重要思想是，无须依赖异步的流程，只要满足相应的触发条件，数据管道的每个阶段都可以在 Beam 集群中并行地处理数据。处理速率取决于可用资源。Kinesis Data Stream 作为缓冲器来调节负载，从而避免事件速率过高对下游处理能力造成冲击。当事件产生的速率变低并且管道中没有任何积压时，新增的事件会快速通过管道。注意，我们可以修改该方案，使用 Kinesis Data Stream 进行存储，将数据流中的事件在过期前提取到 S3。

7.2.4 序列化与反序列化

将数据从源头移动到目的地会涉及序列化和反序列化。*序列化*意味着对来自源头的数据进行编码，这种编码会作为传输和中间存储阶段的数据结构。

在获取数据时，要确保你的下游能够反序列化它所收到的数据。我们曾见过从源头获取的数据，但由于数据不能被正确地反序列化，因此在目标中处于惰性且不可用状态。请参阅附录 A 中关于序列化的更多讨论。

7.2.5 吞吐量与可扩展性

理论上讲，数据获取不应该是系统的瓶颈。但在实践中，数据获取瓶颈是相当常见的。随着你数据量的增长和需求的变化，数据吞吐量和系统可扩展性会变得至关重要。设计可扩展和收缩的系统以确保其可以灵活地匹配不同的数据吞吐量。

你从哪里获取数据是很重要的。如果数据一生成你就会获取，那么上游系统是否会影响你的下游获取管道？例如，源数据库发生故障。当它重新上线并试图迅速回填失效的数据时，你的获取是否能够跟上这个突然涌入的大批量数据？

另一件要考虑的事情是你处理突发性数据获取的能力。数据很少以恒定的速率生成，速率往往是起伏不定的。你的系统需要内置的缓存来收集高峰期的事件，以防止数据丢失。缓存在系统扩展时起到桥梁作用，使存储系统在动态可扩展的系统中适应突发情况。

只要有可能，就使用托管服务来处理系统扩展问题。虽然你可以通过手动添加更多的服务器、分片或工作节点来解决这个问题，但和全自动的托管服务比，这些手工的工作并不能给你带来额外的收益，反而可能会带来不可预知的错误。现在这种扩展工作大部分都是可以自动化的。如果没有必要，就不要重新造轮子。

7.2.6 可靠性与持久性

可靠性和持久性在数据管道的获取阶段是至关重要的。*可靠性*意味着获取系统的高正常运行时间和适当的故障转移。*持久性*需要确保数据不会丢失或损坏。

一些数据源（如物联网设备和缓存）中的数据如果没有被正确获取，则可能会丢失。数据一旦丢失，它就永远消失了。在这种情况下，数据获取系统的*可靠性*会直接影响生成数据的*持久性*。理论上，如果数据已经被获取，在下游进程暂时中断的情况下理论上可能会延迟运行。

我们的建议是评估风险，并根据丢失数据的影响和成本建立适当的冗余和自我修复机制。可靠性和持久性都有直接和间接的成本。例如，如果一个 AWS 区域发生故障，你的获取过程会继续吗？如果整个区域都发生故障呢？如果是电网或互联网中断呢？当然，没有什么是免费的。这将花费你多少钱？你可能会建立一个高度冗余的系统，并有一个团队 24 小时待命来处理故障。这也意味着你的云计算和劳动力成本会变得令人望而却步（直接成本），而且持续的工作会对你的团队造成巨大的损失（间接成本）。这里没有标准答案，你需要评估你的可靠性和持久性需要的成本和带来的收益。

不要假设你能建立一个在所有可能的场景下都能可靠和持久地获取数据的系统。在许多极端情况下，获取数据实际上并不重要。如果互联网瘫痪，即使你在有独立电源的地下掩体中建立了多个空气密封的数据中心，那么也无法获取数据。所以一定要不断地评估可靠性和持久性的成本与收益。

7.2.7 有效负载

*有效负载*是你正在获取的数据集并且具有种类、形态、大小、模式和数据类型以及元数据等特征。让我们看看这些特征以了解为什么有效负载很重要。

种类

你所处理的数据*种类*直接影响到它在数据工程生命周期中下游的处理方式。数据的种类包括类型和格式。数据类型包括表格、图片、视频、文本等。类型直接影响到数据的格式或表现形式，包括字节、名称和文件扩展名等。例如，一个表格类的数据可能是 CSV 或 Parquet 这样的格式，每一种格式都有不同的序列化和反序列化字节模式。另一种数据是图像，它的格式是 JPG 或 PNG，它本质上是非结构化的。

形态

每个有效负载都有一个描述其维度的*形态*。数据形态在整个数据工程生命周期中都是至关重要的。例如，了解图像的像素和红绿蓝（Red, Green, Blue，RGB）维度对于训练深度学习模型是必要的。再举一个例子，如果你想把 CSV 文件导入数据库表，而你的 CSV 文件的列数比数据库表的列数多，那么你很可能在导入过程中出现错误。下面是一些各种数据形态的例子：

表格
    数据集中的行和列的数量，通常表示为 M 行和 N 列。

半结构化的 JSON
    键值对和嵌套深度与子元素一起出现。

非结构化文本
    文本正文中的字数、字符数或字节数。

图像
    宽度、高度和 RGB 颜色深度（例如，每像素 8 位）。

无压缩的音频
    通道数（例如，两个立体声）、采样深度（例如，每样本 16 位）、采样率（例如，48kHz）和长度（例如 10 003s）。

大小

数据的大小描述了一个有效负载的字节数。一个有效负载的大小范围可能是从单个字节到太字节，甚至更大。为了减少有效负载的大小，它可以被压缩成各种格式，如 ZIP 和 TAR（见附录 A 关于压缩的讨论）。

一个超大的有效负载也可以被分割成若干个块，这可以有效地将有效负载的数据减少到较小的子段中。当把一个巨大的文件加载到云对象存储或数据仓库时，分割是一种常见的做法，因为小文件更容易在网络上传输（特别是当它们被压缩后）。较小的块文件被发送到目的存储，然后在所有数据到达后对它们进行重新组装。

模式和数据类型

大多数数据的有效负载都有相应的模式，如表格和半结构化数据。正如本书前面提到的，模式描述了字段和这些字段的数据类型。其他数据，如非结构化文本、图像和音频，并没有一个明确的模式或数据类型。但是它们带有关于形态、数据和文件格式、编码、大小等的技术文件描述。

尽管你可以很容易地通过各种方式（如文件导出、变更数据捕获、JDBC/ODBC）连接到数据库，但工程挑战最大的部分是理解模式的含义。应用程序有多种多样的数据组织方式，工程师需要对数据的组织和相关的更新模式非常熟悉。Java 或 Python 等语言可以根据对象结构自动生成模式的对象关系映射（Object-Relational Mapping，ORM），这在某种程度上使理解模式变得更加困难。面向对象的语言中的自然结构映射到操作数据库中往往会带来一些问题。数据工程师还需要熟悉应用程序代码中的类结构。

模式不仅仅是针对数据库的。正如我们讨论的，API 也有极其复杂的模式问题。许多供应商的 API 都有为分析工作准备数据的友好的报告方法。但是在有些情况下，数据工程师就没那么幸运了。有些 API 只是底层系统的一个简单的封装，为使用数据，工程师必须了解应用程序的内部结构。

大部分从源模式中获取数据的工作都发生在数据工程生命周期的转换阶段，我们将在第 8 章中讨论。我们之所以这里讨论这个问题是因为一旦数据工程师计划从一个新的数据源获取数据，他们就需要开始研究源系统的模式。

沟通是理解源数据的关键，数据工程师也有机会扭转沟通的方向，并帮助软件工程师优化数据产生的方式。我们将在 7.6 节中继续谈论这个话题。

检测和处理上游与下游的模式变化。 模式的变化经常发生在源系统中，而且往往不受数据工程师的控制。模式变化的例子包括：

- 添加一个新的列

- 改变一个列的类型

- 创建一个新的表

- 重命名一个列

越来越多的获取工具可以自动检测模式变化甚至自动更新目标表。这既有好处也有坏处。因为模式的变化仍然会破坏下游的数据获取管道。

数据工程师需要采取一些策略来自动响应模式变化，同时对不能自动适应模式的变化发出警报。自动化是件好事，当数据发生变化时，依赖数据的分析师和数据科学家应该被告知对其工作的影响。即使自动化能够适应模式变化，新的模式也可能对报表和机器学习模型产生负面影响。当数据模式需要发生改变时，与数据的使用方沟通和使用自动化同样重要。

模式注册表。在流数据中，每个消息都有一个模式，这些模式可能在生产者和消费者之间演变。*模式注册*表是一个元数据存储库，用于在不断变化的模式面前保持模式和数据类型的完整性。模式注册表还可以跟踪模式的版本和历史。它描述了消息的数据模型，允许生产者和消费者之间进行一致的序列化和反序列化。大多数主要的数据工具和云平台都使用了模式注册表。

元数据

除了刚刚讲到的明显特征外，有效负载还经常包含我们在第 2 章中首次讨论的元数据。元数据是关于数据的数据。元数据和数据本身一样重要。早期的数据湖——或者说可能会成为一个数据超级集散地的数据沼泽——的重要局限性之一是完全没有注意到元数据。没有对数据的详细描述，它就可能没有什么价值。我们已经讨论了一些类型的元数据（例如，模式），并将在本章中多次提到它们。

7.2.8 推送、拉取与轮询模式

在第 2 章介绍数据工程生命周期时，我们提到过推送与拉取。*推送*策略（如图 7-7 所示）涉及源系统向目标系统发送数据，而*拉取*策略（如图 7-8 所示）则需要目标系统直接从源系统读取数据。正如我们在讨论中提到的，这些策略之间的界限是模糊的。

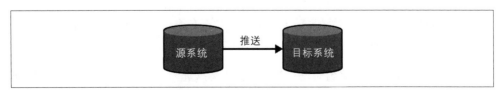

图 7-7：从源系统向目标系统推送数据

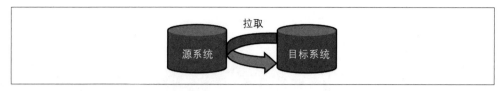

图 7-8：目标系统从源系统主动拉取数据

另一个与拉取有关的模式是*轮询*（如图 7-9 所示）。轮询包括定期检查数据源的任何变化。当检测到变化时，目标系统就会主动拉取数据。

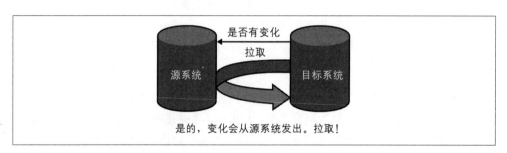

图 7-9：对源系统中的变化进行轮询

7.3 批量获取的考虑因素

批量获取，通常是获取数据的一种便捷方式。这意味着通过从源系统中抽取一个数据子集，根据时间间隔或累积数据的大小来获取数据（如图 7-10 所示）。

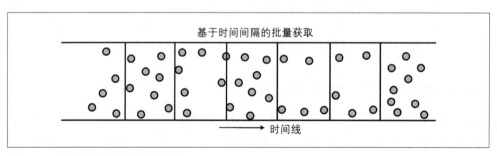

图 7-10：基于时间间隔的批量获取

*基于时间间隔的批量获取*在传统 ETL 的数据仓库中很普遍。这种模式通常每天在非工作时间（也可以按其他频率）处理一次数据，目的是提供每日的业务报表。

当数据从基于流的系统转移到对象存储时，*基于数据量大小的批量获取*（如图 7-11 所示）是很常见的。你需要把数据分成离散的块，以便后续在数据湖中进行处理。一些基于数据量大小的获取系统可以根据不同标准（比如事件总数的字节大小）将数据分成对象。

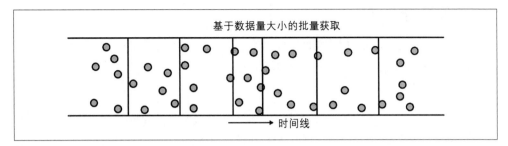

图 7-11：基于数据量大小的批量获取

我们在本节中讨论的一些常用的批量获取数据模式包括：

- 快照或差异数据提取

- 基于文件的导出和获取

- ETL 与 ELT

- 插入、更新和批大小

- 数据迁移

7.3.1 快照或差异数据提取

数据工程师必须选择是捕获源系统的全速快照还是捕获差异（有时称为*增量*）更新。使用*全速快照*，工程师在每次读取更新时都会抓取源系统的整个当前状态。使用*差异更新*模式，工程师可以只提取自上次从源系统读取后的更新和变化。虽然差异更新是最小化网络流量和节省目标存储空间的理想选择，但全速快照读取由于其简单性仍然非常普遍。

7.3.2 基于文件的导出和获取

数据经常以文件为介质在数据库和其他系统之间移动。数据以可交换的格式序列化为文件，然后这些文件被提供给获取系统。我们认为基于文件的导出是一种基于推送的获取模式。这是因为数据导出和准备工作是在源系统一侧完成的。

与数据库直连的方式相比，基于文件的获取有几个潜在的优势。出于安全原因，允许直接访问后端系统往往是不可取的。通过基于文件的获取，导出过程在数据源端运行，让源系统工程师完全控制哪些数据被导出以及数据如何被预处理。一旦文件完成，它们就可以以各种方式提供给目标系统。常见的文件交换方法是对象存储、安全文件传输协议（Secure File Transfer Protocol，SFTP）、电子数据交换（Electronic Data Interchange，EDI）或安全拷贝（Secure Copy，SCP）。

7.3.3 ETL 与 ELT

第 3 章介绍的 ETL 和 ELT 都是在批处理工作负载中极为常见的获取、存储和转换模式。下面是 ETL 和 ELT 的提取和加载部分的简要定义：

提取

提取意味着从一个源系统中获取数据。虽然*提取*通常是*拉取*数据，但它也可以是基于推送的。提取也可能需要读取元数据和模式变化。

加载

一旦数据被提取出来，就可以在其被加载到目标存储之前对其进行转换（ETL），或者简单地将数据加载到存储中，以便将来进行转换。在加载数据时，你应该注意你要加载的系统类型、数据的模式，以及因加载产生的性能影响。

我们将在第 8 章中详细地介绍 ETL 和 ELT。

7.3.4 插入、更新和批大小

当用户试图执行许多小批量的操作而不是数量较少的大操作时，批处理系统往往表现不佳。例如，虽然在事务数据库中一次插入一行是很常见的，但对于许多列式数据库来说，这是一个糟糕的模式，因为它迫使系统创建许多小的、零碎的文件，并运行大量的*创建对象*操作。运行许多小批量的就地更新操作是一个更大的问题，因为这会导致数据库需要扫描每个现有的列文件来执行更新。

了解你正在使用的数据库或数据存储的更新模式。同时，了解某些技术是专门为高写入速率而设计的。例如，Apache Druid 和 Apache Pinot 可以处理高写入速率。SingleStore 可以管理结合 OLAP 和 OLTP 特性的混合工作负载。BigQuery 在高速率的 SQL 单行插入中表现不佳，但如果数据通过其流缓冲器输入，则表现非常好。要了解你的工具的限制和特点。

7.3.5 数据迁移

将数据迁移到一个新的数据库或环境中通常不是一件简单的事，数据需要被以批量的方式迁移。有时这意味着移动的数据规模达到数百太字节或更大，往往涉及特定表和整个数据库和系统的迁移。

作为一名数据工程师，数据迁移可能不是经常发生的事情，但你应该了解它们。和数据获取的情况一样，模式管理是一个重要的考虑因素。假设你正在将数据从一个数据库系统迁移到另一个数据库（例如，SQL Server 到 Snowflake）。无论这两个数据库多么相似，它们处理模式的方式几乎总是存在细微的差异。幸运的是，在进行完全表迁移之前，通常很容易通过测试数据样本的获取并发现模式问题。

大多数数据系统在批量移动数据时性能表现得比以单行或单个事件移动数据更好。文件或对象存储通常是转移数据的一个很好的中间介质。另外，数据库迁移的最大挑战之一不是数据本身的移动，而是数据管道连接从旧系统到新系统的移动。

请注意有许多工具可用于各种类型数据的自动化迁移。特别是对于大型和复杂的迁移，我们建议在手动操作或编写自己的迁移解决方案之前，先了解这些工具。

7.4 消息和流获取的考虑因素

获取事件数据是很常见的。本节在第 5 章和第 6 章的基础上讨论获取事件时应考虑的因素。

7.4.1 模式演进

模式演进在处理事件数据时是很常见的。字段可能被添加或删除，值类型也可能发生变化（例如，字符串类型转换为整型）。模式演进可能会对你的数据管道和目标存储产生意想不到的影响。例如，物联网设备获得固件更新，为它传输的事件增加一个新的字段，或者第三方 API 对其事件的有效负载或很多其他情况进行的更改。所有这些都有可能影响你下游系统的功能。

这里的一些建议可以减轻模式演进引发的问题。首先，如果你的事件处理框架有一个模式注册表（在本章前面讨论过），使用它来对你的模式变化进行版本管理。其次，一个死信队列（将在 7.4.7 节描述）可以帮助你检查那些没有被正确处理的事件的问题。最后，最简单粗暴的方式（也是最有效的）是定期与上游利益相关者就潜在的模式变化进行沟通，并与引入这些变化的团队一起主动解决模式变化，而不是只在接收端对发生破坏性变化的数据作出反应。

7.4.2 迟到数据

尽管你希望所有的事件数据都能按时到达，但事件可能会迟到。一组事件可能发生在同一时间段（相近的事件发生时间），但由于复杂的情况，一些事件可能比其他事件晚到达（晚的获取时间）。

例如，物联网设备可能因为网络延迟问题而迟迟不能发送消息。这在获取数据时是很常见的。你应该意识到迟到的数据以及它们对下游系统和使用的影响。假设你认为获取或处理时间与事件发生时间相同，如果你的报告或分析依赖准确的事件发生时间，那么你可能会得到一些奇怪的结果。为了处理迟到的数据，你需要设置一个截止时间，即迟到的数据将不再被处理。

7.4.3 顺序和重复发送

流平台通常是由分布式系统构建的，这会导致一些复杂的问题。具体来说，消息可能不按预想的顺序传输，而且相同的消息可能被传输多次（至少一次交付）。更多细节请参见第 5 章关于的事件流平台的讨论。

7.4.4 重放

*重放*允许消息的使用者从历史数据中请求一系列的消息，允许你将事件倒退到一个过去的特定时间点。重放是许多流式获取平台的关键功能，当你需要重新获取和处理特定时间范围的数据时，它非常有用。例如，RabbitMQ 通常会在所有订阅者消费完消息后将其删除。Kafka、Kinesis 和 Pub/Sub 都支持事件保留和重放。

7.4.5 生存时间

你的事件记录需要保存多长时间？一个关键参数是*最大消息保留时间*，也被称为*生存时间*。生存时间是你希望事件在被确认和获取之前保存多长时间的设置。任何在生存时间过期后没有被获取的未确认事件都会自动消失。这有助于减少事件获取管道中的背压和非必要的事件量。

要找到生存时间对我们数据管道影响的正确平衡点。一个极短的生存时间（几毫秒或几秒）可能会导致大多数消息在处理前就消失。一个很长的生存时间（几周或几个月）会造成许多未处理消息的积压，从而导致很长的等待时间。

让我们看看（在写这本书时），一些流行的平台如何处理生存时间。Google Cloud Pub/Sub 支持最长 7 天的保留期。Amazon Kinesis Data Stream 的保留期可以到 365 天。Kafka 可以被配置为无限期保留，仅受限于可用的磁盘空间。（Kafka 还支持将旧消息写入云对象存储的选项，解锁几乎无限的存储空间和保留期。）

7.4.6 消息大小

消息大小是一个容易被忽视的问题：你必须确保你的流框架能够处理你预期内最大的消息。Amazon Kinesis 支持的最大消息大小为 1MB。Kafka 默认为这个尺寸，但可以配置为最大 20MB 或更大。（可配置性在不同的托管服务平台上可能有所不同。）

7.4.7 错误处理和死信队列

有时候事件没有被成功地获取。因为消息大小超标，或者已经过了生存时间，所以事件可能被发送到一个不存在的主题或消息队列。不能被获取的事件需要被重新路由并存储在一个单独的位置，称为*死信队列*。

死信队列将有问题的事件和消费者可以正确获取的事件分开（如图 7-12 所示）。如果没有被重新路由到死信队列，这些错误的事件就有可能阻碍其他消息的获取。数据工程师可以使用死信队列来诊断为什么会发生获取错误，并解决数据管道问题。在找到错误的根本原因并解决后，就可以重新处理队列中的消息了。

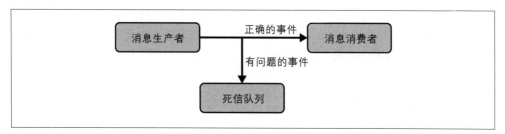

图 7-12：正确的事件被传递给消费者，而有问题的事件被储存在一个死信队列中

7.4.8 消费者的推送和拉取

订阅一个主题的消费者可以通过两种方式获得事件：推送和拉取。我们来看看一些流技术拉取和推送数据的方式。Kafka 和 Kinesis 只支持拉取式订阅。订阅者从一个主题中读取消息，并在它们被处理后进行确认。除了拉取式订阅，Pub/Sub 和 RabbitMQ 还支持推送式订阅，允许这些服务将消息写到监听器上。

拉取式订阅是大多数数据工程应用程序的默认选择，但你可能想为专门的应用程序考虑推送功能。如果你添加一个额外的层来处理这个问题，纯拉取式的消息获取系统仍然可以推送。

7.4.9 位置

通常情况下，为了增强冗余度，我们会集成来自不同位置的数据流并在靠近数据生成的位置消费数据。一般来说，你的获取点越靠近数据生成的位置，你的带宽和延迟就越好。然而，你需要平衡位置与在区域之间移动数据以在组合数据集上运行分析的成本。网络流量费用可能会迅速飙升。当你设计架构时需要仔细权衡这些问题。

7.5 获取数据的方式

我们已经描述了一些批量获取和流式获取的重要模式，现在让我们关注一下获取数据的方法。虽然我们将引用一些常见的方法，但请记住，数据获取的实践和技术的范围是巨大的，而且每天都在增加。

7.5.1 数据库直连

数据可以通过网络连接直接从数据库中通过查询和读取的方式来获取。通常这种连接是使用 ODBC 或 JDBC 进行的。

ODBC 使用一个部署在客户端的驱动程序，将标准的 ODBC API 翻译成向不同数据库发出的命令。数据库通过网络返回查询结果，驱动程序接收这些结果并将其翻译成标准形式供客户端读取。利用 ODBC 驱动的应用是一个数据获取工具。数据获取工具可以通过许多小的查询或单一的大查询来拉取数据。

JDBC 在概念上与 ODBC 非常相似。一个 Java 驱动程序作为标准 JDBC API 和目标数据库的本地网络接口之间的转换层连接到一个远程数据库。让数据库 API 专用于单一的编程语言虽然很奇怪，但这是有强烈的动机的。Java 虚拟机可以跨硬件架构和操作系统进行移植，并通过即时（Just-In-Time，JIT）编译器提高代码性能。JVM 是一种极为流行的以可移植的方式运行代码的编译虚拟机。

JDBC 提供了非凡的数据库驱动程序可移植性。ODBC 驱动程序是基于操作系统和计算机架构提供的原生二进制文件。数据库供应商必须为它们希望支持的每个架构和操作系统版本维护多个版本。另外，对于 JDBC，数据库供应商只需要提供一个可以与任何 JVM 语言（如 Java、Scala、Clojure 或 Kotlin）和 JVM 数据框架（即 Spark）兼容的驱动程序。JDBC 已经变得如此流行，甚至被用作非 JVM 语言（如 Python）的接口。Python 生态系统提供翻译工具，允许 Python 代码与运行在本地 JVM 上的 JDBC 驱动程序通信。

回归到数据库直连的一般概念，JDBC 和 ODBC 被广泛用于从关系数据库的数据获取。各种改进措施被用来加速数据获取。许多数据框架可以并行处理几个同时进行的连接，并对查询进行分区，以并行地拉取数据。但是没有什么是无成本的，使用并行连接也会增加源数据库的负载。

JDBC 和 ODBC 长期以来是数据库数据获取的黄金标准，但对于许多数据工程应用程序来说，这些连接标准已经开始显示出它们年头已久。这些连接标准在处理嵌套数据时很吃力，而且它们以行的形式发送数据。这意味着原生嵌套数据必须被重新编码为字符串数据，以便在网络上发送，而来自列式数据库的列必须被重新序列化为行。

正如 7.3.2 节所讨论的，许多数据库现在支持本地文件导出，绕过了 JDBC 和 ODBC，直接以 Parquet、ORC 和 Avro 等格式导出数据。另外，许多云数据仓库提供直接的 REST API。

JDBC 连接通常应该与其他获取技术集成。例如，我们通常使用一个读取器进程通过 JDBC 连接到数据库，将抽取的数据写入多个对象，然后再通过编排将数据写入下游系统（如图 7-13 所示）。读取器进程可以在一个完全临时的云实例中运行，也可以在一个编排系统中运行。

图 7-13：一个获取进程使用 JDBC 从源数据库中读取数据，然后将数据写入对象存储。目标数据库（图中未显示）可以通过编排工具触发 API 调用来获取数据

7.5.2 变更数据捕获

第 2 章中介绍的*变更数据捕获*是指从源数据库系统中获取变化的过程。例如，我们有一个源 PostgreSQL 系统，它支持一个应用程序定期或连续地获取表的变化以进行分析。

本书会介绍常见的模式，但我们在这里不会做细节讨论，建议你阅读特定数据库的文档来了解变更数据捕获策略的细节。

面向批处理的变更数据捕获

如果相关的数据表有一个包含记录被写入或更新最后时间的 updated_at 字段，我们可以查询该表以找到自指定时间以来的所有更新行。我们根据最后一次从表中捕获变更的行的时间来设置过滤器的时间戳。这个过程允许我们拉取数据变更并增量更新目标表。

这种形式的面向批处理的变更数据捕获有一个关键的限制：虽然我们可以很容易地确定自某一时间点以来哪些行发生了变化，但我们不一定能获得应用于这些行的全部变化。考虑一下每 24 小时在一个银行账户表上运行批处理变更数据捕获的例子。这个操作表显示了每个账户的当前账户余额。当资金进出账户时，银行应用程序会运行一个事务来更新余额。

当我们运行查询来返回账户表中在过去 24 小时内发生变化的所有行时，我们会看到每个记录交易的账户的记录。假设某位客户在过去 24 小时内用借记卡取了五次钱。我们的查询将只返回 24 小时内记录的最后一个账户余额，期间的其他记录将不会出现。这个问题可以通过使用仅插入模式来解决，在这个模式中，每个账户交易都被记录为表中的一个新记录（参见 5.2.9 节）。

连续变更数据捕获

*连续变更数据捕获*捕获表的所有历史，并可以支持近实时数据获取，无论是用于实时数

据库复制还是为实时流分析提供数据。连续变更数据捕获不是通过运行定期查询来获取一批表的变化，而是将每一次对数据库的写入作为一个事件。

我们可以通过几种方式为连续变更数据捕获捕获事件流。对于像 PostgreSQL 这样的事务数据库，最常见的方法之一是*基于日志的变更数据捕获*。数据库的二进制日志按顺序记录了数据库的每一次变化（参见 5.2.7 节）。一个变更数据捕获工具可以读取这个日志并将事件发送到一个目的地，比如 Apache Kafka Debezium 流平台。

一些数据库支持简化的、托管的变更数据捕获范式。例如，许多云托管的数据库可以配置为直接触发无服务函数，或在数据库发生变化时直接写入事件流。这让工程师们完全不用担心事件在数据库中的捕获和转发的细节问题。

变更数据捕获和数据库的备份

变更数据捕获可以用来在数据库之间进行备份：事件被缓冲到一个数据流中并*异步地*写入第二个数据库。然而，许多数据库原生支持可以使副本与主数据库保持完全同步的紧耦合的复制（同步复制）版本。同步复制通常要求主数据库和副本是同一类型的（例如，PostgreSQL 到 PostgreSQL）。同步复制的优点是从数据库可以通过作为一个读副本来分担主数据库的负载，读查询可以被重定向到副本。查询会返回与主数据库相同的结果。

读副本通常用于批量数据获取模式，以允许大量扫描运行的同时不使主生产数据库过载。此外，一个应用程序可以被配置为在主数据库不可用时将故障转移到副本上。在故障转移中没有数据丢失，因为副本与主数据库完全同步。

异步变更数据捕获复制的优势在于松耦合的架构模式。虽然副本可能比主数据库稍有延迟，但对于分析应用程序来说通常不是问题，而且事件现在可以写入不同的目的地。我们可以在运行变更数据捕获复制的同时将事件引导到对象存储和流分析处理器。

变更数据捕获的考虑因素

像技术领域的任何东西一样，变更数据捕获也不是没有代价的。它会消耗各种数据库资源，如内存、磁盘带宽、存储、CPU 时间和网络带宽。在生产系统上开启变更数据捕获之前，数据工程师应该与业务开发团队合作进行测试，以避免出现操作问题。类似的考虑也适用于同步复制。

对于批处理变更数据捕获来说，要注意针对事务生产系统运行任何大型批处理查询都会造成过度的负载。要么只在非工作时间运行这类查询，要么使用读副本以避免给主数据库带来负担。

7.5.3 API

软件工程的大部分工作只是接水管[注1]。

—— Karl Hughes

正如我们在第 5 章中提到的，API 是一个重要性和受欢迎程度不断提高的数据源。一个典型的组织可能有数百个外部数据源，如软件即服务平台或合作伙伴公司。但现状其实是并不存在通过 API 进行的数据交换的通用标准。数据工程师可能会花费大量的时间来阅读文档，与外部数据所有者进行沟通，并编写和维护 API 连接代码。

有三个趋势正在慢慢改变这种状况。第一个趋势是许多供应商为各种编程语言提供 API 客户端库，消除了 API 访问的大部分复杂性。

第二个趋势是现在有许多数据连接器平台可以作为 SaaS、开源或托管开源的形式存在。这些平台提供了与许多数据源的统包式数据连接；它们也提供了为不支持的数据源编写自定义连接器的框架。参见 7.5.5 节。

第三个趋势是数据共享的出现（在第 5 章中讨论过），即通过标准平台（如 BigQuery、Snowflake、Redshift 或 S3）交换数据的能力。一旦数据登录这些平台，就可以直接存储、处理或转移到其他地方。数据共享在数据工程领域产生了巨大的影响。

当无法使用数据共享且必须直接使用 API 访问的时候，不要重复发明轮子。虽然托管服务可能看起来是一个昂贵的选择，但是当你可以把时间花在更有价值的工作上的时候，考虑一下你的时间价值和建立 API 连接器的机会成本。

另外，许多托管服务现在支持构建自定义的 API 连接器。这或许可以提供标准规格的 API 技术规范，或者编写可以在无服务函数框架（如 AWS Lambda）中运行的连接器代码，同时让托管服务处理编排和同步的细节。这些服务可以为工程师节省大量时间，无论是开发还是持续维护。

为那些现有框架不支持的 API 保留自定义连接工作，你会发现仍有很多这样的工作需要做。处理自定义 API 连接有两个主要方面：软件开发和运营。遵循软件开发的最佳实践，你应该使用版本控制、持续交付和自动化测试。除了遵循 DevOps 的最佳实践，考虑一个编排框架，它可以极大地简化数据获取的操作负担。

7.5.4 消息队列和事件流平台

消息队列和事件流平台是从网络和移动应用程序、物联网传感器和智能设备获取实时数

注 1：Karl Hughes, "The Bulk of Software Engineering Is Just Plumbing," Karl Hughes website, July 8, 2018, *https://oreil.ly/uIuqJ*.

据的普遍方法。随着实时数据变得越来越普遍，你经常会发现自己在需要在获取工作流中引入或改造处理实时数据。因此，了解如何获取实时数据是十分重要的。流行的实时数据获取包括消息队列或事件流平台，我们在第 5 章中介绍了这些。虽然这些都是源系统，但它们也是获取数据的方式。在这两种情况下，你都从你订阅的发布者那里消费事件。

回顾一下消息和流之间的区别。*消息*是在单个事件层面上处理的，并且是短暂的。一旦消息被消费，它就被确认并从队列中删除。*流*将事件获取到一个有序的日志中。日志会在你期望的时间内一直存在，允许在不同的范围内对事件进行查询、聚合，并与其他流结合，以创建可以发布给下游消费者的新的变换。在图 7-14 中，我们有两个生产者（生产者 1 和生产者 2）向两个消费者（消费者 1 和消费者 2）发送事件。这些事件被组合成一个新的数据集，并被发送到一个生产者，供下游消费。

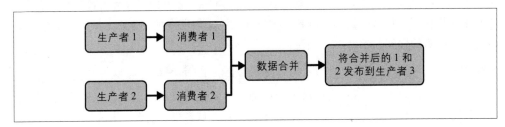

图 7-14：两个被生产和消费的数据集（生产者 1 和生产者 2），合并后发布到一个新的生产者（生产者 3）

最后一点是批量获取和流式获取之间的本质区别。批量获取通常涉及静态工作流（获取数据、存储数据、转换数据和提供数据服务），而消息和流是动态的。获取可以是非线性的，数据被发布、消费、重新发布和重新消费。当设计你的实时获取工作流时，请记住数据如何流动。

另一个考虑因素是你的实时数据管道的吞吐量。消息和事件的流动应该有尽可能小的延迟，这意味着你应该提供足够大的分区（或分片）带宽和吞吐量。为事件处理提供足够的内存、磁盘和 CPU 资源，如果你正在管理你的实时管道，则应结合自动扩展来处理峰值，并在负载减少时节省资金。基于以上情况，管理你的流平台可能需要大量的开销。考虑为你的实时获取管道使用托管服务，将你的注意力集中在如何从你的实时数据中获得价值。

7.5.5 托管数据连接器

最近，如果你正在考虑为数据库或 API 编写一个数据获取连接器，请问你自己：是否有现成的工具可以用？此外，是否有一个服务可以为我管理这个连接的细枝末节？ 7.5.3

节提到了托管数据连接器平台和框架的流行。这些工具旨在提供一套开箱即用的标准连接器，以使数据工程师不必构建复杂的管道来连接一个特定的源。你应该将这项服务外包给第三方，而不是自己创建和管理一个数据连接器。

一般来说，这里的可选方案允许用户设置目标和源，以各种方式获取（如变更数据捕获、复制、截断和重载）、设置权限和证书、配置更新频率，然后开始同步数据。幕后的供应商或云端完全管理和监控数据同步。如果数据同步失败，你会收到一个警报，其中有关于错误原因的记录信息。

我们建议使用托管连接器平台，而不是自建和管理连接器。供应商和开源软件项目通常都有数百个预置的连接器可供选择，并且可以轻松地创建自定义连接器。如今，数据连接器的创建和管理在很大程度上是需要尽可能外包的繁重工作。

7.5.6 使用对象存储移动数据

对象存储是一个公有云中支持存储海量数据的多租户系统。这使得对象存储成为在数据湖、团队之间、组织之间转移数据的理想选择。你甚至可以通过一个签名的 URL 提供对一个对象的短期访问，给予用户临时权限。

在我们看来，对象存储是处理文件交换的最理想和最安全的方式。公有云存储实现了最新的安全标准，具有强大的可扩展性和可靠性，接受任意类型和大小的文件，并且提供高性能的数据移动。我们在第 6 章更广泛地讨论过对象存储。

7.5.7 电子数据交换

数据工程师的另一个实际选择是*电子数据交换*（EDI）。这个术语很模糊，可以指任何数据移动方法。它通常指的是有些古老的文件交换方式，如通过电子邮件或闪存驱动器。数据工程师会发现，一些数据源由于 IT 系统过于老旧或人类过程限制，不支持更现代的数据传输手段。

工程师至少可以通过自动化来强化 EDI。例如，他们可以建立一个基于云的电子邮件服务器，在收到文件后立即将其保存到公司的对象存储中。然后触发获取和处理数据的调度任务。这比我们仍然经常看到的员工下载附件文件并手动上传到内部系统要强得多。

7.5.8 数据库和文件导出

工程师应该了解源数据库系统如何处理文件导出。导出涉及大型的数据扫描，对于许多事务性系统来说，这些扫描会给数据库带来很大的负荷。源系统工程师必须评估何时可以在不影响应用程序性能的情况下运行这些扫描，并选择一种策略来减轻数据库负载。导出查询可以按照查询键值范围或一次查询一个分区分解成若干个较小的导出。另外，读副本也可以减轻数据库负载。如果导出每天发生很多次，并且与源系统的高负载时间段相吻合，那么读副本就特别合适。

主要的云数据仓库对直接文件导出进行了高度优化。例如，Snowflake、BigQuery、Redshift 等支持直接导出到各种格式的对象存储。

7.5.9 常见文件格式的问题

工程师们还应该注意导出的文件格式。在写这本书的时候，CSV 仍然是无处不在而且极易出错的。也就是说，CSV 的默认分割符是英语中最常见的字符——逗号！但情况越来越糟。

CSV 不是一种统一的格式。工程师必须定义分隔符、引号字符和转义以适当地处理字符串数据的导出。CSV 也没有对模式信息进行原生编码或直接支持嵌套结构。为了确保正确的数据获取，CSV 文件的编码和模式信息必须在目标系统中进行配置。自动检测是许多云环境中提供的便利功能，但不适合用于生产环境的获取。作为一个最佳实践，工程师应该在文件元数据中记录 CSV 编码和模式细节。

更加强大的导出格式包括 Parquet（*https://oreil.ly/D6mB5*）、Avro（*https://oreil.ly/X6lOx*）、Arrow（*https://oreil.ly/CUMZf*）和 ORC（*https://oreil.ly/9PvA7*）或 JSON（*https://oreil.ly/dDWrx*）。这些格式对模式信息进行原生编码，并且可以无须特别干预地处理任意字符串数据。它们中的许多还能原生地处理嵌套数据结构，因此 JSON 字段是使用内部嵌套结构而不是简单的字符串来存储的。对于列式数据库，列式格式（Parquet、Arrow、ORC）允许更有效的数据导出，因为列可以在格式之间直接转码。这些格式通常也为查询引擎进行了更多的优化。Arrow 文件格式被设计为直接将数据映射到处理引擎内存中，在数据湖环境中提供高性能。

这些较新的格式的缺点是它们中的许多并不被源系统所支持。数据工程师往往被迫使用 CSV 数据，然后建立强大的异常处理和错误检测，以确保获取的数据质量。关于文件格式的更多讨论见附录 A。

7.5.10 命令行

命令行（shell）是一个你可以通过执行命令来获取数据的接口。命令行可以用来为几乎所有的软件工具编写工作流，而且命令行脚本仍然被广泛用于数据获取过程。一个命令行脚本可以从数据库中读取数据，将其重新序列化为不同的文件格式上传到对象存储，并在目标数据库中触发一个获取进程。虽然在单个实例或服务器上存储数据的可扩展性

不高，但我们的许多数据源并不是特别大，因此这个方法很好用。

此外，云供应商通常提供强大的基于 CLI 的工具。通过使用 AWS CLI（*https://oreil.ly/S6Buc*）执行命令，就可以运行复杂的数据获取过程。随着获取过程越来越复杂，SLA越来越严格，工程师应该考虑转移到一个适当的编排系统。

7.5.11 SSH

SSH 不是一种获取策略，而是一种与其他获取策略一起使用的协议。我们在几个场景使用 SSH。首先，如前所述，SSH 可以与 SCP 一起用于文件传输。其次，SSH 隧道被用来允许安全、隔离地连接到数据库。

应用程序数据库不应该直接暴露在互联网上。工程师可以设置一个堡垒主机，即一个可以连接到相关数据库的中间主机实例。这台主机暴露在互联网上，只能从指定的 IP 地址到指定的端口进行最小的访问。如果一台远程机器需要连接到数据库，则首先需要建立一个 SSH 隧道连接到堡垒主机，然后从堡垒主机再连接到数据库。

7.5.12 SFTP 和 SCP

从 SFTP 和 SCP 访问和发送数据都是你应该熟悉的技术，即使数据工程师不经常使用他们（IT 或安全 /secOps 会处理这个问题）。

当提到 SFTP 的时候，工程师常常会皱起眉头（有时我们甚至听到生产环境中使用 FTP的例子）。不管怎么说，SFTP 对许多企业来说仍然是一个实际的选择。工程师与使用SFTP 的企业合作消费或提供数据，并且不愿意依赖其他标准。为了避免数据泄露，安全性分析在这些情况下是至关重要的。

SCP 是一个通过 SSH 连接运行的文件交换协议。在配置正确的情况下，SCP 可以成为一个安全的文件传输选项。同样，强烈建议增加额外的网络访问控制（深度防御）来加强SCP 的安全性。

7.5.13 Webhook

我们在第 5 章讨论过的 *Webhook* 也常常被称为反向 API。对于一个典型的数据 RESTAPI，数据提供者提供 API 规范，工程师用来编写数据获取代码。这些代码会发出 API请求，并在获得的响应中接收数据。

使用 Webhook（如图 7-15 所示）时，数据提供者定义了一个 API 请求规范，但是数据提供者*进行 API 调用*，而不是被调用。数据消费者负责提供一个 API 服务端供数据提供者调用。消费者负责获取每个 API 请求中的数据，并对数据进行聚合、存储和处理。

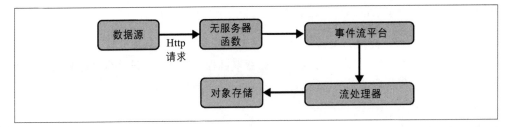

图 7-15：一个由云服务构建的基本 Webhook 数据获取架构

基于 Webhook 的数据获取架构可能很脆弱，难以维护且低效。使用适当的工具，数据工程师可以建立更强大的 Webhook 架构，并降低维护和基础设施成本。例如，AWS 中的 Webhook 模式可以使用无服务函数框架（Lambda）来接收传入的事件、使用托管的事件流平台（Kinesis）来存储和缓冲消息、使用流处理框架（Flink）来进行实时分析，以及使用对象存储（S3）进行长期存储。

你已经注意到这个架构所做的事情远不只简单地获取数据。这强调了数据获取与数据工程生命周期其他阶段的依赖关系。通常如果你不对存储和数据处理做出决策，就不可能完成数据获取架构的设计。

7.5.14 网络接口

用于数据访问的网络接口对数据工程师来说仍然是一个现实的选择。我们经常遇到的情况是 SaaS 平台中并非所有的数据和功能都通过 API 和文件导出对外公开。相反，人们必须手动访问一个网络接口，手动生成一个报告，然后下载文件到本地机器。这有明显的缺点，比如人们忘记生成报告，或者他们的笔记本计算机死机了。在可能的情况下应该选择允许自动访问数据的工具和流程。

7.5.15 网络抓取

*网络抓取*通过梳理网页的各种 HTML 元素自动从网页上抽取数据。你可能会通过抓取电子商务网站抽取产品价格信息，或者为你的新闻聚合器抓取多个新闻网站。网络抓取很普遍，作为一名数据工程师，你会遇到它。这也是一个道德和法律界限模糊的领域。

这里有一些在进行任何网络抓取项目之前要注意的事项。第一，问问你自己，你是否应该进行网络抓取，或者是否可以从第三方获得数据。如果你的决定是进行网络抓取，则要做一个好公民。不要在无意中造成拒绝服务（Denial-Of-Service DoS）攻击，也不要让你的 IP 地址被封锁。了解你会生成多少流量，并适当地调整你的网络抓取程序。你有能力同时启动数千个 Lambda 函数进行抓取，但并不意味着你可以这样做。过度的网络抓取也可能导致你的 AWS 账户被禁用。

第二，要注意你行为的法律影响。造成 DoS 攻击可能会带来法律后果。违反服务条款的行为可能会给你的雇主或你个人带来麻烦。

第三，网页会不断地改变 HTML 元素结构，更新你的网络抓取程序会变得很麻烦。问问你自己，维护这些头痛的系统是否值得？

网络抓取对数据工程生命周期的处理阶段有着有趣的影响。工程师在网络抓取项目开始前应该考虑很多因素。你打算用这些数据做什么？你是否只是通过使用 Python 代码从 HTML 中提取所需字段，然后再将这些值写入数据库？你是否打算维护被抓取网站的完整 HTML 代码，并使用 Spark 这样的框架来处理这些数据？这些决定可能会导致在获取的下游使用非常不同的架构。

7.5.16 用于数据迁移的传输设备

对于海量的数据（100TB 或更多），直接通过互联网传输可能是一个缓慢而高成本的过程。在这种规模下，最快最有效的数据传输方式不是通过网络，而是通过卡车来移动数据。云计算供应商提供了通过物理的"装硬盘的箱子"发送数据的能力。只需订购一个存储设备（称为*传输设备*）从你的服务器上加载数据，然后把它送回可以帮你上传数据的云供应商。

如果你的数据规模在 100TB 左右，那么我们建议你使用一个传输设备。在极端情况下，AWS 甚至提供 Snowmobile（*https://oreil.ly/r9vLY*），这是一个用半挂车送来的传输设备。Snowmobile 旨在转移数据规模为 PB 或更大的数据中心。

传输设备对于创建混合云或多云很方便。例如，亚马逊的数据传输设备（AWS Snowball）支持导入和导出。为了迁移到第二个云中，用户可以将他们的数据导出到 Snowball 设备，然后再将数据转移到 GCP 或 Azure。这听起来可能很别扭，但即使在云之间通过互联网推送数据是可行的，数据出口费也是非常昂贵的。当数据量很大时，物理传输设备是一个更便宜的选择。

请记住传输设备和数据迁移服务是一次性的数据获取，不建议用于持续的获取工作。假设你有工作需要在混合云或多云场景中不断移动数据。在这种情况下，你的数据大小可能是在持续的基础上批量获取或流式获取的数据大小。

7.5.17 数据共享

*数据共享*已经变成了消费数据的一种流行方案（见第 5 章和第 6 章）。数据提供者会向第三方用户免费或有偿提供数据集。这些数据集通常以只读方式共享，这意味着你可以将这些数据集与你自己的数据（以及其他第三方数据集）整合，但你没有数据的所有权。

从严格意义上讲，你没有数据的所有权。如果数据提供者决定取消你对数据集的访问权限，你将无法访问它。

许多云平台提供数据共享，允许你分享你的数据的同时也消费来自不同提供商的数据。其中一些平台还提供数据市场，以便部分公司或组织可以进行数据销售。

7.6 你和谁一起工作

数据获取位于不同组织的边界。在开发和管理数据获取管道时，数据工程师将同时与上游（数据生产者）和下游（数据消费者）的人员和系统合作。

7.6.1 上游利益相关者

负责*生成数据的人*——通常是软件工程师——与为分析和数据科学准备这些数据的数据工程师之间往往存在着明显的脱节。软件工程师和数据工程师通常位于不同的组织中。软件工程师通常会把数据工程师简单地看作应用程序生成数据的下游消费者，而不是利益相关者。

我们认为这种现状是一个问题，同时也是一个机遇。数据工程师可以通过邀请软件工程师成为数据项目成果的利益相关者来提高数据质量。绝大多数的软件工程师都很清楚分析和数据科学的价值，但不一定有动机直接为数据工程工作做出贡献。

简单地改善沟通是关键的第一步。通常情况下，软件工程师已经清楚地知道哪些数据对下游最有价值。建立沟通渠道可以鼓励软件工程师将数据变成消费者需要的形态，并就数据的变化进行沟通，以防止数据管道出问题。

除了沟通，数据工程师还可以向团队成员、管理层，特别是产品经理强调软件工程师的贡献。让产品经理参与到结果中来，并将下游数据处理作为产品的一部分，鼓励他们将稀缺的软件工程师分配到与数据工程师的合作中来。理想情况下，软件工程师可以部分地作为数据工程团队的延伸。这使得他们可以在各种项目上进行合作，例如创建一个事件驱动的架构来实现实时分析。

7.6.2 下游利益相关者

谁是数据获取的最终客户？数据工程师专注于数据从业者和技术领导者，如数据科学家、分析师和首席技术官。他们最好也能了解更广泛的业务上的利益相关者，如营销总监、负责供应链的副总裁和首席执行官。

我们经常看到数据工程师在追求创建复杂的项目（例如，实时流总线或复杂的数据系统），而隔壁的数字营销经理却只能手动下载谷歌广告报告。将数据工程视为一项业务，并认识到你的客户是谁。通常情况下，获取过程的自动化具有重要的价值，特别对于像市场营销这样控制大量预算并处于业务收入核心的部门。基础的获取工作可能看起来乏味，但为公司的这些核心部分提供价值可以让数据工程获得更多预算并且打开更令人兴奋的长期数据工程机会。

数据工程师也可以邀请更多的高管参与到这个合作过程。一个很好的理由是数据驱动的文化在商业领导圈中是相当时尚的。数据工程师和其他数据从业者还是应该为高管提供关于数据驱动业务的最佳结构指导。这意味着要强调降低数据生产者和数据工程师之间的障碍的价值，同时支持高管们打破孤岛，建立激励机制，形成更统一的数据驱动文化。

再一次强调，*沟通*是关键词。坦诚地与利益相关者尽早并且频繁沟通，将很大程度上为你的数据获取增加价值。

7.7 底层设计

几乎所有的底层设计都涉及获取阶段，但在这里我们将只强调最重要的。

7.7.1 安全

移动数据会带来安全风险，因为你必须在不同地点之间传输数据。你最不希望的就是在移动过程中破坏数据。

考虑一下数据现在的位置和它的去处。在 VPC 内移动的数据应该使用安全的终端，并且永远不要离开 VPC 的范围。如果你需要在云和本地网络之间发送数据，请使用虚拟专用网络或专用私人连接。这可能要额外花费，但安全是一项好的投资。如果你的数据需要经过公共互联网，请确保传输是加密的。在网络上对数据进行加密始终是一个好的实践。

7.7.2 数据管理

数据管理自然地从数据获取开始。这是数据血缘和数据目录的起点。从这一点开始，数据工程师需要考虑模式变化、道德、隐私和合规。

模式变化

从我们的角度来看，模式的改变（如增加、改变或删除数据库表中的列）仍然是数据管理中一个未解决的问题。传统的方法是经过一个严格的审查过程。在与某大型企业的客户合作时，我们曾被告知增加一个字段需要六个月的预备时间。这对敏捷来说是不可接受的。

相反，数据源的任何模式变化都会触发目标表以新的模式重新创建。这解决了获取阶段的模式问题，但仍可能破坏下游数据管道和目标存储系统。

一个我们思考了很久的方案，是由 Git 版本控制开创的。当 Linus Torvalds 开发 Git 的时候，并发版本系统（Concurrent Versions System，CVS）的限制给了他许多启发。CVS 是完全中心化的，它只支持一个存储在中央项目服务器上的官方版本代码。为了使 Git 成为一个真正的分布式系统，Torvalds 使用了树的概念。每个开发者可以维护自己处理过的代码分支，然后合并到其他分支或从其他分支合并。

几年前，这种处理数据的方式是不可想象的。本地 MPP 系统通常在接近最大存储容量的情况下运行。然而，在大数据和云数据仓库环境中，存储是很便宜的。人们可以很容易地维护具有不同的模式甚至不同的上游转换的表的多个版本。团队可以通过使用编排工具（如 Airflow）来支持一个表的各种“开发”版本；模式变化、上游转换和代码变化可以在正式改变主表之前出现在开发表中。

数据道德、隐私和合规

客户经常询问我们关于数据库中敏感数据加密的建议，通常我们会问一个基本问题：你在尝试加密时真的需要敏感数据吗？事实证明，在创建需求和解决它们时，这个问题经常被忽视。

数据工程师在每次配置数据获取管道时都应该问自己这个问题。他们将不可避免地遇到敏感数据。自然的倾向是获取它们并将其转发到管道的下游。但是，如果下游不需要这些数据，为什么还要收集它们？为什么不在存储数据前简单地删除敏感字段？如果不收集敏感数据，那么它们就不会泄漏。

在确实有必要跟踪敏感的个人信息的时候，通常的做法是在模型训练和分析中应用令牌化对敏感信息做匿名处理。工程师们应该关注需要在什么阶段应用令牌化做处理。如果可能的话，在获取时就对数据进行哈希。

数据工程师在某些情况下会不可避免地与高度敏感的数据打交道。一些分析系统必须呈现可识别的敏感信息。工程师在处理敏感数据时必须按照最高的道德标准行事。此外，工程师也可以采取多种做法来减少对敏感数据的直接处理。在涉及敏感数据的情况下，尽可能实现*无接触生产环境*。这意味着工程师可以在开发和预生产环境中用模拟或脱敏的数据来开发和测试代码，然后用自动化的方式将代码部署到生产中。

工程师应该努力实现无接触生产环境的目标，但在开发和预生产环境中难免会出现问题无法完全解决的情况。如果无法访问导致错误的真实数据，那么有些问题可能是无法重现的。对于这些情况，要建立这样一个流程：对生产环境中敏感数据的访问至少需要两个人批准。这种访问应严格限制在特定问题上，并附有截止日期。

我们对敏感数据的最后一个建议是：对人为问题的技术解决方案要保持警惕。加密和令牌化往往被当作处理隐私数据的灵丹妙药。大多数基于云的存储系统和几乎所有的数据库都默认对静态和动态的数据进行加密。一般来说，我们看到的不是加密问题，而是数据访问问题。是对单一字段做额外的加密层，还是控制对该字段的访问？毕竟，我们仍然需要严格管理对密钥的访问。单字段加密存在合规的用例，但要防止形式主义的加密。

在令牌化方面，使用常识并评估数据访问情况。如果有人有你客户的电子邮件，他们能轻易地哈希这个电子邮件并在你的数据中找到该客户吗？不假思索地对数据进行哈希而不添加其他策略，可能无法很好地保护隐私。

7.7.3 DataOps

可靠的数据管道是数据工程生命周期的基石。当它们失败时，下游的所有依赖项都会戛然而止。数据仓库和数据湖得不到新鲜数据的补充，数据科学家和分析师无法有效地完成他们的工作，导致业务被迫在没有数据支撑的情况下运行。

确保你的数据管道得到合适的监控是实现可靠性和有效的故障响应的关键步骤。如果说在数据工程的生命周期中，有一个阶段的监控是至关重要的，那就是获取阶段。弱监控或无监控意味着无法确定管道是否在工作。回到我们之前关于时间的讨论，确保你跟踪了不同种类的时间，包括事件创建、获取、处理和处理过程中的各个环节。你的批量获取或者流式获取数据管道应该是可预测的。我们已经看到了无数的从未更新的数据中生成报表和机器学习模型的例子。在一个极端的案例中，一个获取管道的故障在六个月都没有被发现（人们可能会质疑这个例子中数据的具体效用，但这是另一回事）。这在很大程度上是可以通过合适的监控来避免的。

你应该监控什么？正常运行时间、延迟和处理的数据量是很好的开始。如果一个获取任务失败，你将如何应对？一般来说，应该从一开始就将监控纳入你的管道，而不是等到部署后。

监控是关键，了解你所依赖的上游系统的行为以及它们如何生成数据也是关键。你应该知道你关注的每个时间间隔产生的事件数量（事件数/分钟，事件数/秒，等等）以及每个事件的平均大小。你的数据管道应该同时满足所获取的事件的频率和大小的要求。

这也适用于第三方服务。在使用了这些服务的情况下，你在精益运营（减少人员）方面获得的收益被你所依赖的无法控制的系统取代。如果你正在使用第三方服务（云、数据集成服务等），出现故障的时候你将如何得到提醒？如果你依赖的服务突然断线，你的应对计划是什么？

不幸的是，并不存在对于第三方故障的通用的响应计划。如果你可以做故障转移，最好将服务放在另一个区域或地域。

如果你的数据获取过程是内部构建的，你是否有适当的测试和自动化部署，以确保代码在生产中的功能是正确的？如果代码有问题或失败，你能把它回滚到上一个工作版本吗？

数据质量测试

我们经常把数据称为无声的杀手。如果优质且有效的数据是当今企业成功的基础，那么使用糟糕的数据来做决策比没有数据要更糟糕。糟糕的数据给企业带来了难以计数的损失，这有时被称为*数据灾难*[注2]。

数据是有熵力的，它经常在没有警告的情况下以意想不到的方式变化。DevOps 和 DataOps 之间的内在区别之一是软件回归只有在部署变更时才会遇到，而数据经常因为我们无法控制的事件而出现回归现象。

DevOps 工程师通常能够使用二元条件来检测问题。请求失败率是否突破了某个阈值？响应延迟如何？在数据空间，回归往往表现为微妙的统计异常。搜索词统计的变化是客户行为的结果吗？是僵尸机器人流量激增的结果吗？是公司其他部门部署的网站测试工具吗？

就像 DevOps 中的系统故障一样，一些数据故障是立即可见的。例如，在 21 世纪初，谷歌对外提供用户使用其搜索服务时的关键词。直到 2011 年，谷歌开始在某些情况下不再对外提供这个信息，以便更好地保护用户隐私。分析师很快就在他们的报告中看到了"未提供"的字样[注3]。

真正危险的数据故障是悄无声息的，可能来自企业内部或外部。应用程序开发人员可能会改变数据库字段的含义，而不与数据团队进行充分的沟通。第三方来源的数据变化可能会被忽视。在最好的情况下，报表很明显地会中断。但决策者往往不知道业务指标出错了。

只要有可能，就与软件工程师一同从源头上解决数据质量问题。令人惊讶的是，许多数据质量问题可以通过遵从软件工程中的基本最佳实践来处理，如记录数据变化的历史，检查（空值等）和异常处理（尝试、捕获等）。

传统的数据测试工具通常建立在简单的二元逻辑上。空值是否出现在一个非空字段中？新的、非预期的条目是否出现在类别型字段中？统计数据测试是一个新领域，但在未来

注2：Andy Petrella, "Datastrophes," *Medium*, March 1, 2021, *https://oreil.ly/h6FRW*.

注3：Danny Sullivan, "Dark Google: One Year Since Search Terms Went 'Not Provided,'" *MarTech*, October 19, 2012, *https://oreil.ly/Fp8ta*.

五年内可能会急剧增长。

7.7.4 编排

获取通常位于大且复杂的数据流图的起始位置。由于获取是数据工程生命周期的第一阶段，获取的数据将流入更多的处理过程，来自许多数据源的数据将以复杂的方式组合在一起。正如我们在本书中所强调的那样，编排是协调这些过程的一个重要工具。

处于数据成熟度早期阶段的组织可能会选择将获取过程部署为简单的 cron 任务。但是要认识到这种方法是脆弱的，会减缓数据工程部署和开发的速度。

随着数据管道复杂性的增加，编排工具是必要的。所谓编排工具，指的是一个能够编排完整任务图而不是单个任务的系统。一个编排系统可以在适当的计划时间启动每个数据获取任务。当获取任务完成时，下游的处理和转换步骤会开始。再往下走，处理步骤会触发更多的处理步骤。

7.7.5 软件工程

数据工程生命周期的数据获取阶段是工程密集型的。这个阶段位于数据工程领域的边缘，经常与外部系统对接，软件和数据工程师必须建立各种定制化的数据管道。

在幕后，数据获取是非常复杂的，经常需要一整个团队运维像 Kafka 或 Pulsar 等的开源框架，或者一些大的科技公司在维护他们自己的分支或自建的数据获取解决方案。本章所讨论的托管数据连接器简化了获取过程，如 Fivetran、Matillion 和 Airbyte。数据工程师应该利用现有的最好的工具——主要是可以为你做很多繁重工作的托管工具和服务——然后在其他更重要的领域提高能力。为任何与数据获取有关的代码使用适当的版本控制和代码审查，并添加适当的测试都是值得的。

在开发软件时，你的代码需要解耦。避免编写对源系统或目标系统有严格依赖的单体系统。

7.8 总结

在你作为数据工程师的工作中，数据获取可能会消耗你很大一部分的时间和精力。数据获取的核心是数据管道，将管道连接到其他管道，确保数据持续安全地流向目的地。有时数据获取的细枝末节会令人感到乏味，但如果没有它，就无法实现令人兴奋的数据应用程序（如数据分析和机器学习）。

正如我们所强调的，我们正处于一场巨大的变革之中，从批处理转向流数据管道。这对数据工程师来说是一个机会，他们可以发现流数据的有趣应用程序，与业务人员交流这些应用，然后再部署令人兴奋的技术。

7.9 补充资料

- Airbyte's "Connections and Sync Modes" web page (*https://oreil.ly/mCOvd*)

- Chapter 6, "Batch Is a Special Case of Streaming," in *Introduction to Apache Flink* by Ellen Friedman and Kostas Tzoumas (O'Reilly)

- "The Dataflow Model: A Practical Approach to Balancing Correctness, Latency, and Cost in Massive-Scale, Unbounded, Out-of-Order Data Processing" (*https://oreil.ly/ktS3p*) by Tyler Akidau et al.

- Google Cloud's "Streaming Pipelines" web page (*https://oreil.ly/BC1Np*)

- Microsoft's "Snapshot Window (Azure Stream Analytics)" documentation (*https://oreil.ly/O7S7L*)

第 8 章

查询、建模和转换

到目前为止，数据工程生命周期的各个阶段主要是将数据从一个地方转移到另一个地方，或将其保存起来。在本章中，你将学习如何使数据变得有用。通过理解查询、建模和转换（如图 8-1 所示），你会掌握将原始数据转化为下游利益相关者可用数据的工具。

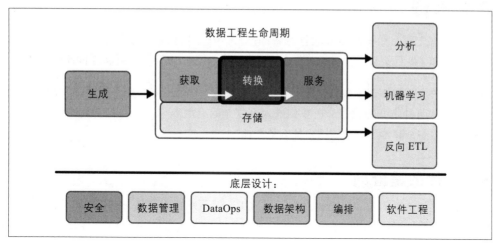

图 8-1：数据转换使我们能够从数据中创造价值

我们首先讨论查询和它们背后的重要模式。其次，我们会看一下主要的数据建模方式，你可以用它们把业务逻辑引入你的数据。再次，我们讨论转换，它将实现你的数据模型的逻辑，并让查询结果对下游消费者更有用处。最后，我们将介绍你和谁一起工作，以及与本章有关的底层设计。

在 SQL 和 NoSQL 数据库中，有多种多样的技术可以用来查询、建模和转换数据。本节的重点是对数据仓库或数据湖等 OLAP 系统的查询。尽管存在许多用于查询的语言，在本章的大部分内容中，我们将主要关注使用方便的同时也被很多人熟知的 SQL，这是最流行和通用的查询语言。大多数关于 OLAP 数据库和 SQL 的概念可以转换成其他类型的数据库和查询语言。本章会假定你对 SQL 语言和相关概念（如主键和外键）有所了解。如果这些概念对你来说是陌生的，会有很多的资源可以帮助你入门。

关于本章中使用的术语，为方便起见，我们将使用*数据库*一词作为查询引擎和引擎所查询的存储的简称。这可能是一个云数据仓库或通过 Apache Spark 查询存储在 S3 的数据。我们假设数据库有一个用来在内部组织数据的存储引擎。这延伸到了基于文件的查询（将 CSV 文件加载到 Python notebook）和针对文件格式的查询（如 Parquet）。

另外，请注意本章主要关注数据工程师经常使用的结构化和半结构化数据相关的查询、建模和转换。所讨论的许多方法也可以应用于处理非结构化数据，如图像、视频和原始文本。

在我们开始介绍建模和转换之前，我们看看查询——它是什么，如何工作，提高查询性能的注意事项有哪些，以及如何对流数据进行查询？

8.1 查询

查询是数据工程、数据科学和数据分析的基础。在了解数据转换的基本模式和技术之前，你需要了解什么是查询、它如何在各种数据上工作，以及如何提高查询性能。

本节主要关注数据库二维表和半结构化数据的查询。作为一名数据工程师，你最经常查询和转换这两种类型的数据。在我们进入更复杂的有关查询、建模和转换的话题之前，我们先回答一个非常简单的问题：什么是查询？

8.1.1 什么是查询

我们经常遇到这样的人，他们知道如何写 SQL，但不熟悉查询在内部是如何工作的。对于有经验的数据工程师，如果你已经很熟悉有些关于查询的介绍性材料，请随意跳过。

*查询*允许你检索和处理数据。回顾我们在第 5 章关于 CRUD 的讨论。当一个查询检索数据时，它是在发出请求来读取记录。这就是 CRUD 中的 R（读取）。你可以发起一个查询，从表 foo 中获取所有记录，比如 SELECT * FROM foo。或者，你可以应用一个谓词（逻辑条件）来过滤你的数据，只检索 id 为 1 的记录，使用 SQL 查询 SELECT * FROM foo WHERE id=1。

许多数据库允许你新建、更新和删除数据。这些是 CRUD 中的 *CUD*。你的查询将创建、修改或销毁现有记录。让我们回顾一下在使用查询语言时，你会遇到的其他一些常见的缩写词。

数据定义语言

总的来说，你首先需要在添加任何数据之前创建数据库对象。你需要使用数据定义语言（Data Definition Language，DDL）命令来执行对数据库对象的操作，如数据库本身、模式、表或用户。数据定义语言定义了数据库中对象的状态。

数据工程师使用的常见的 SQL DDL 表达式包括：CREATE，DROP 和 UPDATE。例如，你可以通过使用 DDL 表达式创建一个数据库（CREATE DATABASE bar）。之后，你还可以创建新表（CREATE table bar_table）或删除一个表（DROP table bar_table）。

数据操作语言

在使用 DDL 定义数据库对象后，你需要在这些对象中添加和修改数据，这就是*数据操作语言*的主要用途。作为一名数据工程师，你会用到的常见的 DML 命令如下：

```
SELECT
INSERT
UPDATE
DELETE
COPY
MERGE
```

例如，你可以向数据库表插入（INSERT）新的记录，更新（UPDATE）现有的记录，并选择（SELECT）特定的记录。

数据控制语言

你很可能想限制对数据库对象的访问，并细粒度地控制谁可以访问什么。数据控制语言（Data Control Language，DCL）允许你通过使用 SQL 命令［如授予（GRANT）、拒绝（DENY）和撤销（REVOKE）］来控制对数据库对象或数据的访问。

让我们通过一个简短的例子来了解使用 DCL 命令的情况。一个名叫 Sarah 的新数据科学家加入了你的公司，她需要对一个叫作 *data_science_db* 的数据库进行只读访问。你通过使用下面的 DCL 命令让 Sarah 访问这个数据库：

```
GRANT SELECT ON data_science_db TO user_name Sarah;
```

但这是一个炙手可热的就业市场，Sarah 只在公司工作了几个月就被一家大型科技公司挖走了。再见了，Sarah！作为一个有安全意识的数据工程师，你删除了 Sarah 从数据库中读取数据的权限。

```
REVOKE SELECT ON data_science_db TO user_name Sarah;
```

访问控制的需求和问题是很常见的，如果你或团队成员不能访问他们需要的数据，了解 DCL 将帮助你解决问题，同时也可以避免他们访问不需要的数据。

事务控制语言

顾名思义，事务控制语言（Transaction Control Language，TCL）是支持控制事务细节的命令。通过事务控制语言，我们可以定义检查点，以及操作回滚的条件。两个常见的事务控制语言命令包括提交（COMMIT）和回滚（ROLLBACK）。

8.1.2 查询的生命周期

查询是如何工作的，当查询被执行时会发生什么？让我们通过一个在数据库中执行的典型 SQL 的例子来介绍一下查询执行的高级基础知识（如图 8-2 所示）。

图 8-2：数据库中的 SQL 查询的生命周期

虽然执行一个查询看起来很简单——写代码、运行，然后得到结果——但在内部有很多事情要做。以下是对你执行一个 SQL 查询时所发生情况的总结。

1. 数据库引擎编译 SQL，解析代码以检查语义是否正确，确保引用的数据库对象存在，并且当前用户对这些对象有访问权。

2. SQL 代码会被转换为字节码。这个字节码以一种有效的、机器可读的形式表示查询在数据库引擎中的执行步骤。

3. 数据库的查询优化器分析字节码，以确定如何执行查询、重新排序和重构步骤，尽可能有效地使用资源。

4. 查询被执行，并产生结果。

8.1.3 查询优化器

根据查询的执行方式，执行时间会有很大的不同。查询优化器的任务是优化查询性能，并通过有效的顺序将查询分成适当的步骤，使成本最小化。优化器将评估连接、索引、扫描数据大小和一些其他因素。查询优化器试图以成本最低的方式执行查询。

查询优化器是你的查询如何执行的基础。每个数据库都是不同的，其执行查询的方式也有明显或细微的区别。你不会直接与查询优化器打交道，但了解它的一些功能将有助于你写出更高性能的查询。你需要知道如何分析一个查询的性能，可以继续了解在 8.1.4 节详细介绍的查询计划解释或查询分析。

8.1.4 优化查询性能

在数据工程中，你一定会遇到性能不佳的查询。知道如何识别和修复这些查询是非常有价值的。不要和你的数据库死磕，要学会利用它的优势，避免它的劣势。本节会介绍提高查询性能的多种方法。

优化你的连接策略和模式

通常一个数据集（如表或文件）很少会被单独使用，我们通过将其与其他数据集相结合来创造价值。*连接*是组合数据集和创建新数据集的最常见手段之一。我们假定你已经熟悉了连接的主要类型（如内连接、外连接、左连接、交叉连接）和连接关系的类型（如一对一、一对多、多对一、多对多）。

连接在数据工程中担任很关键的角色，许多数据库都支持连接操作并具有很好的性能。即使是过去以连接性能差而闻名的列式数据库，现在也普遍具有出色的性能。

提高查询性能的一个常见技术是*预连接*数据。如果你发现分析查询多次连接相同的数据，那么提前连接数据并让查询读取预连接的数据往往是有帮助的，这样你就不会重复进行计算密集型的工作了。使用表并利用新的数据结构（如数组或结构体）来取代经常连接的实体关系，这可能意味着改变模式和放宽标准化条件。另一个策略是保持一个更规范化的模式，但为最常见的分析和数据科学用例创建预连接表。我们可以很容易地创建预连接表，并培训用户利用这些表或在物化视图内进行连接（详见 8.3.2 节）。

接下来，考虑你的连接条件的细节和复杂度。复杂的连接逻辑可能会消耗大量的计算资源。我们可以通过一些方法来提高复杂连接的性能。

许多行式数据库允许你对来自行的计算结果进行索引。例如，PostgreSQL 允许你在一个转换为小写字母的字符串字段上创建一个索引。当优化器遇到一个在谓词中出现 `lower()` 函数的查询时，它可以应用这个索引。你也可以为连接创建一个新的衍生列，但是你需要培训用户使用这个列进行连接操作。

行爆炸

一个不常见但会带来麻烦的问题是行爆炸（*https://oreil.ly/kUsO9*）。当我们有大量的多对多的匹配时就会发生这种情况，这是重复的连接键引发的后果。假设表 A 的连接键有重复 5 次的 this 值，而表 B 的连接键包含重复 10 次的相同值。这会导致这些行的交叉连接：表 A 中的每一 this 行与表 B 中的每一 this 行配对，这会在结果中创建 5×10=50 行。假设在连接键中有许多其他的重复值。行爆炸往往会产生大量的结果从而消耗大量的数据库资源，甚至导致查询失败。

> 了解你的查询优化器如何处理连接也是至关重要的。一些数据库可以调整连接和谓词的执行顺序，而其他数据库则不能。在查询早期阶段的行爆炸可能会导致查询失败，即使后续的谓词会正确地删除许多重复的输出。谓词的重新排序可以大大减少查询所需的计算资源。

最后，使用公用表表达式（Common Table Expression，CTE）而不是嵌套子查询或临时表。公用表表达式允许用户以一种可读的方式将复杂的查询组合在一起，帮助你理解查询的流程。可读性对于复杂查询的重要性是不可低估的。

在许多情况下，公用表表达式会比创建中间表的性能更好。如果你必须创建中间表，可以考虑创建临时表。如果你想了解更多关于公用表表达式的信息，在网上快速搜索一下就能得到很多有用的信息。

使用解释计划并了解你的查询性能

8.1.3 节讲到数据库的查询优化器会影响查询的执行。查询优化器的解释计划将向你展示查询优化器如何确定其最佳的最低成本的查询，使用了哪些数据库对象（表、索引、缓存等），以及每个查询阶段的各种资源消耗和性能统计。一些数据库提供了查询阶段的可视化展示。另一些数据库可以通过 SQL 的 EXPLAIN 命令提供解释计划，显示数据库执行查询的步骤顺序。

除了使用 EXPLAIN 来了解你的查询将*如何*运行之外，你还应该监控查询的性能，查看数据库资源消耗的指标。下面是一些需要监控的内容：

- 关键资源的使用情况，如磁盘、内存和网络。
- 数据加载时间与处理时间。
- 查询的执行时间、记录数、扫描的数据大小，以及重分配的数据量。
- 可能导致数据库资源争夺的竞争性查询。
- 使用的并发连接数与可用连接数。并发连接过多会导致一些用户无法连接数据库。

避免全表扫描

所有的查询都会扫描数据，但扫描的数据量是不一样的。作为一个经验法则，你应该只查询你需要的数据。当你运行没有谓词的 SELECT * 时，你就会扫描整个表并检索每一行和每一列。这在性能上是非常低效和昂贵的，特别是如果你使用的是即付即得的数据库（在查询运行时对扫描的字节或利用的计算资源收费）。

只要有可能，就使用*剪枝*来减少查询中扫描的数据量。列式数据库和行式数据库需要不同的剪枝策略。在一个列式数据库中，你应该只选择你需要的列。大多数面向列的

OLAP 数据库还提供了额外的工具来优化你的表以提高查询性能。例如，如果你有一个非常大的表（几 TB 或更大），Snowflake 和 BigQuery 允许你在表上定义一个集群键，它可以将数据排序，从而更高效地访问非常大的数据集。BigQuery 还允许你将表分割成更小的部分，允许你只查询特定的部分，而不是整个表。（请注意，不适当的聚类和键分配策略会降低性能。）

在行式数据库中，剪枝通常以表索引为中心，这一点你在第 6 章中学过。一般的策略是创建表索引以提高对性能最敏感的查询的性能，同时不要让表的索引太多，以免降低性能。

了解你的数据库如何处理提交

数据库的*提交*是指在数据库中产生的一个变更，如创建、更新或删除一条记录、表或其他数据库对象。许多数据库都支持事务，即以一种保持一致状态的方式同时提交几个操作的概念。请注意，事务这个词有点过重了，参见第 5 章。事务的目的是在数据库处于健康状态和发生故障时，保持数据库的一致状态。当多个并发事件在同一数据库对象中进行读、写和删除时，事务也会处理隔离问题。如果没有事务，用户在查询数据库时就会得到潜在的不一致的信息。

你应该非常熟悉你的数据库如何处理提交和事务，并确认查询结果预期的一致性。你的数据库是否以符合 ACID 标准的方式处理写入和更新？如果不符合 ACID，你的查询可能会返回意外的结果。这可能是由于脏读造成的，脏读是指在一行数据被读取的同时，另一个未提交的事务改变了该行数据。脏读是你数据库的预期行为吗？如果是的话，你是如何处理的？另外，请注意，在更新和删除事务期间，一些数据库会创建新的文件来代表数据库的新状态，并保留旧的文件作为失败检查点的参考。在这些数据库中，运行大量的小提交会消耗大量的存储空间且产生许多杂乱的文件，需要定期进行数据清理。

让我们简单地以三个数据库为例来了解提交的影响（注意这些例子是截至本书写作时的最新情况）。首先，假设我们看的是 PostgreSQL RDBMS 并应用 ACID 事务。每个事务由一个操作包组成，这些操作包作为一个群体要么全部失败，要么全部成功。我们还可以在多行上运行分析查询，这些查询将在某一时间点上呈现出数据库的一致情况。

PostgreSQL 方法的缺点是它需要*行锁定*（阻止对某些行的读写），这在很多情况下可能会降低性能。PostgreSQL 没有针对大规模扫描或适合大规模分析应用程序的数据进行优化。

接下来看谷歌的 BigQuery。它利用了一个时间点全表提交模型。当一个读查询被发出时，BigQuery 将从表最新提交的快照中读取数据。无论查询运行一秒还是两小时，它将只读取该快照，不理会后续的任何数据更新。当我从表中读取时，BigQuery 不会锁定该表。相反，后续的写操作将创建新的提交和新的快照，而查询只会在它最开始的快照上继续运行。

为了防止出现不一致的状态，BigQuery 一次只允许一个写操作。从这个意义上说，BigQuery 没有提供任何的写入并发性（但它可以*在一个单一写查询中并行地写入大量的数据，这个操作是高度并发的*）。如果多个用户试图同时写入，写入将按到达顺序排队。BigQuery 的提交模型与 Snowflake、Spark 和其他一些公司使用的提交模型相似。

最后，我们来看一下 MongoDB。我们把 MongoDB 称为*可变一致性数据库*。工程师们有各种可配置的一致性选项，包括数据库和单个查询层面。MongoDB 因其非凡的可扩展性和写入并发性而闻名，但当工程师们滥用它时，它也会出现一些臭名昭著的问题[注1]。

例如，在某些模式下，MongoDB 支持超高的写入性能。但代价是如果数据库写入流量过大，它会在没有通知的情况下放弃部分写入。这完全适用于可以忍受一些数据丢失的应用程序——例如，物联网应用，我们只想获得尽可能多的测量数据，并不关心捕获的测量数据是否完整。但是对于需要捕捉精确数据和统计数据的应用程序来说，这不是一个很好的选择。

注意这并不是说这些都是不好的数据库。当它们用在适当的场景并正确配置时，它们都是很棒的数据库。几乎所有的数据库技术都是如此。

公司雇用工程师并不只是让他们写代码。为了配得上头衔，工程师应该对要解决的问题和使用的技术工具有深刻的理解。例如理解提交、一致性模型以及技术性能的方方面面。恰当的技术选型和配置是项目成功的关键。关于一致性的深入讨论，请参考第 6 章。

清理"死"记录

正如我们刚才所讨论的，事务在某些操作中会产生创建新记录的开销，比如更新、删除和索引操作，同时保留旧记录作为数据库最后状态的指针。这些旧记录在数据库文件系统中会逐渐积累，而且永远不再需要使用。你应该在一个叫作*清理*的过程中删除这些记录。

你可以对单个表、多个表或数据库中的所有表进行清理。无论你选择怎样的清理方式，删除"死"记录是很重要的，有几个原因。首先，它为新记录释放了空间，从而减少了表的臃肿，加快了查询速度。其次，经过清理后的记录意味着查询计划可以更准确，过时的记录会导致查询优化器产生次优和不准确的执行计划。最后，可以清理低效的索

注 1：Emin Gün Sirer, "NoSQL Meets Bitcoin and Brings Down Two Exchanges: The Story of Flexcoin and Poloniex," *Hacking, Distributed*, April 6, 2014, *https://oreil.ly/RM3QX*.

引，使索引性能更好。

根据数据库的类型，清理操作的处理方式不同。例如，在由对象存储支持的数据库中（BigQuery、Snowflake、Databricks），保留旧数据的唯一缺点是它占用了存储空间，根据数据库的存储定价模式，可能会多花钱。在 Snowflake，用户不能主动清理。但是可以控制一个叫作"时间旅行"的参数，它决定表快照被自动清理前会保留的时长。BigQuery 利用一个固定的七天历史窗口。Databricks 通常无限期地保留数据，直到它被手动清理。清理对于控制 AWS S3 的存储成本很重要。

Amazon Redshift 集群的磁盘支持多种配置方式[注2]，清理会影响其性能和可用存储。VACUUM 在后台自动运行，但用户也可以手动运行它以达到调整的目的。

清理对于如 PostgreSQL 和 MySQL 等关系数据库是非常关键的。大量的事务性操作会导致"死"记录的快速积累，使用这些系统的工程师需要熟悉清理的细节和影响。

利用缓存查询结果

假设你经常在数据库上运行一个计算密集的查询，该数据库按你查询的数据量收费。每次运行查询都会产生费用。与其在数据库上重复运行同一个查询并产生巨额费用，将查询结果保存起来供即时检索岂不是更好？幸运的是许多云 OLAP 数据库对查询结果进行了缓存。

当一个查询初次运行时，它将从各种数据源检索数据，对其进行过滤和连接，并输出一个结果。这个初始查询——冷查询——类似于我们在第 6 章探讨的冷数据的概念。我们假设一个查询需要 40 秒的执行时间。如果你的数据库缓存了查询结果，重新运行同一个查询可能会在 1 秒或更短时间内返回结果。结果被缓存了，而且查询不需要冷启动。只要有可能，就利用查询缓存结果来减少数据库的压力，为频繁运行的查询提供更好的用户体验。还要注意的是，*物化视图*提供了另一种形式的查询缓存（详见 8.3.2 节）。

8.1.5 流数据上的查询

流数据是不断产生的。正如你想象的那样，查询流数据与批处理数据非常不同。为了充分利用数据流的优势，我们必须调整查询模式，以反映其实时性。例如，Kafka 和 Pulsar 这样的系统使查询流数据源变得更加容易。让我们来看看一些常见的方法。

流数据的基本查询模式

回顾一下第 7 章中讨论的连续变更数据捕获。CDC 基本上是将分析数据库设置为生产数据库的从库。历史最悠久的流查询模式之一是查询分析数据库，在略微滞后于生产数据

注 2：一些 Redshift 的配置方式依赖对象存储（*https://oreil.ly/WgLcV*）．

库的情况下查询统计结果和聚合。

快速追随者的方法。这怎么会是一种流查询的模式呢？我们不能简单地在生产数据库上运行查询来完成同样的事情吗？在原则上是可以的，但在实践中不是。生产数据库一般不具备在处理生产工作负载的同时又运行大型分析扫描的能力。运行这样的查询会让生产环境的应用程序速度变慢，甚至导致其崩溃[注3]。基本的变更数据捕获查询模式允许我们在对生产系统影响最小的情况下提供实时分析。

快速追随者模式可以利用传统的事务数据库作为跟随者，但使用适当的 OLAP 系统也有很大优势（如图 8-3 所示）。Druid 和 BigQuery 都将流缓存与列存储结合起来，其设置有点类似于 Lambda 架构（参见第 3 章）。这对于计算具有近乎实时更新的大量历史数据的跟踪统计来说，效果非常好。

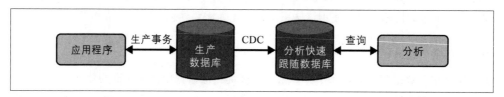

图 8-3：带有快速追随者分析数据库的变更数据获取

快速追随者变更数据捕获方法有一个局限性。它没有从根本上重新思考批处理查询模式。你仍在对表的当前状态运行 SELECT 查询，错过了根据流中的变更动态触发事件的机会。

Kappa 架构。接下来，回顾一下我们在第 3 章讨论的 Kappa 架构。这个架构的主要思想是像处理事件一样处理所有数据，并将这些事件存储为一个流而不是一个表（如图 8-4 所示）。当生产应用程序数据库是数据源时，Kappa 架构存储来自变更数据捕获的事件。事件流也可以直接从应用程序后端、物联网设备群或任何生成事件并能通过网络推送的系统中流出来。Kappa 架构不是简单地把流式存储系统当作一个缓冲区，而是在一个较长的保留期将事件保留在存储中，并且可以直接从这个存储中查询数据。保留期可以相当长（几个月或几年）。请注意，这比纯粹的实时系统（通常最多一个星期）中使用的保留期要长得多。

Kappa 架构的"核心思想"是将流式存储作为用于检索和查询历史数据的实时传输层和数据库。这可以通过流式存储系统的直接查询功能或在外部工具的帮助下发生。例如，Kafka KSQL 支持聚合、统计计算，甚至会话。如果查询要求更加复杂，或者需要将数

注3：作者知道这样一个事故。一个新入职的分析师在大型连锁杂货店的生产数据库上运行 SELECT *，导致一个关键的库存数据库瘫痪了三天。

据与其他数据源结合起来，那么 Spark 等外部工具就会从 Kafka 读取一个时间范围的数据，并计算出查询结果。流式存储系统也可以为其他应用程序或流处理器（如 Flink 或 Beam）提供支持。

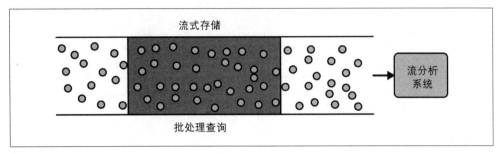

图 8-4：Kappa 架构是围绕流式存储和获取系统建立的

窗口、触发器、统计数据和迟到的数据

传统批处理查询的一个基本限制是将查询引擎视为一个外部观测者。外部的操作者触发查询的运行——例如一个每小时执行的 cron 任务，或者当产品经理打开报表时触发。

相反，大多数广泛使用的流式系统支持直接由数据本身触发计算的概念。它们可能会在每次缓冲区收集到一定数量的记录时发出平均数和中位数的统计数据，或者在用户会话关闭时输出一个摘要。

窗口是流查询和处理的一个基本特性。窗口是通过动态触发器进行处理的小批次数据。窗口是以某种方式根据时间动态生成的。我们来看看一些常见的窗口类型：会话窗口、固定时间窗口和滑动窗口。我们也会学习什么是水印。

会话窗口。*会话窗口*将发生在一起的事件分组，并过滤掉没有事件发生的非活动期。我们可以说，一个用户会话是任何事件发生间隔不超过 5 分钟的时间区间。我们的批处理系统通过一个用户 ID 键来收集数据、排序事件、确定间隙和会话边界，并计算每个会话的统计数据。数据工程师经常通过对网络和桌面应用程序的用户活动应用时间条件来追溯数据的会话窗口。

在流会话中，这个过程可以动态地发生。请注意，会话窗口是与键值有关的。在前面的例子中，每个用户有他们自己的一组窗口。系统会收集每个用户的数据。如果出现 5 分钟没有活动的情况，系统会关闭窗口，发送其计算结果，并清洗数据。如果有新的事件到达，系统会启动一个新的会话窗口。

会话窗口也可以为迟到的数据做要求。考虑到网络条件和系统延迟，允许数据迟到 5 分钟，如果迟到的事件表明在最近 5 分钟内有活动发生，系统会将窗口再次打开。在本章中，我们将介绍如何处理迟到的数据。图 8-5 展示了 3 个会话窗口，每个窗口之间有 5 分钟非活动时间。

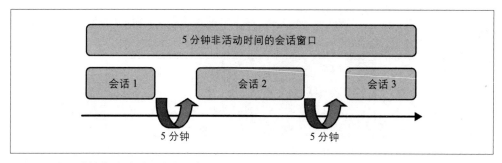

图 8-5：有 5 分钟非活动时间的会话窗口

动态和接近实时的会话从根本上改变了它的作用。有了回顾性的会话，我们可以在用户会话结束后的一天或一小时内自动执行特定的任务（例如，通过电子邮件为用户查看的产品发送后续优惠券）。通过动态会话，用户可以根据他们在过去 15 分钟内的活动，在移动应用程序中得到一个即时提醒。

固定时间窗口。 *固定时间*（又称滚动）窗口的特点是按固定的时间段运行并处理自上一个窗口关闭后的所有数据。例如，我们可以每 20 秒关闭一个窗口，并处理自上一个窗口结束后到达的所有数据，给出平均数和中位数的统计结果（如图 8-6 所示）。窗口关闭后，统计结果会在计算完毕后立即发送。

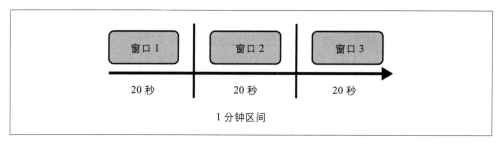

图 8-6：滚动 / 固定窗口

这类似于传统的批量 ETL 处理，我们可以每天或每小时运行一个数据更新作业。流式系统允许我们更频繁地生成窗口，并以更低的延迟交付结果。正如我们反复强调的那样，批处理是流处理的一个特例。

滑动窗口。 滑动窗口中的事件被归入固定时间长度的窗口中，窗口可能会重叠在一起。例如，我们可以每 30 秒生成一个新的 60 秒的窗口（如图 8-7 所示）。就像我们之前做的那样，我们可以发送平均数和中位数的统计结果。

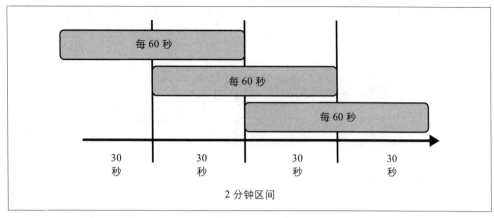

图 8-7：滑动窗口

窗口的滑动方式有很多种。例如，我们可以认为窗口是连续滑动的，在满足某些条件（触发器）时发送统计结果。假设我们使用了一个 30 秒的连续滑动窗口，当用户点击了一个特定的广告条时才会计算出一个统计结果。这会导致在大量用户点击广告条时有极高的输出率，而在用户没有点击时没有任何计算。

水印。我们已经介绍了各种类型的窗口和它们的用途。正如第 7 章所讨论的，数据有时会不按照数据源的生成顺序获取。*水印*（如图 8-8 所示）是一个窗口用来确定数据是否属于既定的时间间隔或是否被认为迟到的阈值。如果到达的数据对窗口来说是新的，但比水印的时间戳要早，那么它就被认为是迟到的数据。

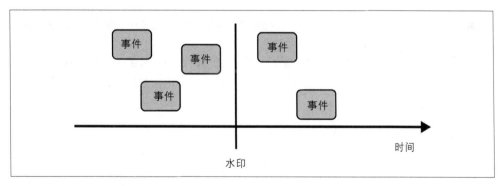

图 8-8：水印作为迟到的数据的阈值

将数据流与其他数据结合起来

正如我们之前提到的，我们经常通过将数据与其他数据相结合来获取价值。流数据也不例外。例如，可以将多个数据流结合起来，或者将一个数据流与批量历史数据结合起来。

传统的表连接。有些表可能是由流写入的（如图 8-9 所示）。解决这个问题的最基本方法是简单地在数据库中连接这两个表。流可以为这些表中的一个或两个提供数据。

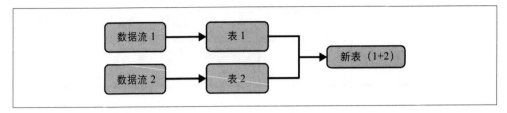

图 8-9：连接由流提供的两个表

丰富性。*丰富性*意味着我们将流加入其他数据中（如图 8-10 所示）。通常情况下，这样做是为了向另一个流提供增强的数据。例如，一个在线零售商从一个伙伴企业收到一个包含产品和用户 ID 的事件流。零售商希望用产品细节和用户的人口统计信息来增强这些事件。零售商将这些事件反馈给一个云上的无服务器函数，该函数在内存数据库（例如缓存）中查找产品和用户，将所需信息添加到事件中，并将增强后的事件输出到另一个流。

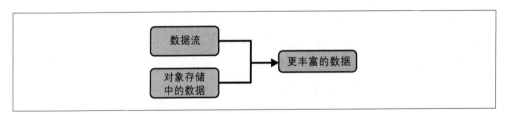

图 8-10：在这个例子中，对象存储中的数据对流做数据增强。形成了一个新的丰富的数据集

在实践中，用于增强的数据源几乎可以来自任何地方——云数据仓库、RDBMS 中的表，或对象存储中的文件。这只是一个从源头读取并将所需的丰富数据存储在一个适当的地方供流查询的问题。

流对流的连接。越来越多的流式系统支持流对流的直接连接。假设一个在线零售商希望将其网站的事件数据与来自广告平台的流数据结合起来。该公司可以将这两个数据流输入 Spark，但会出现各种复杂的情况。例如，在流式系统中处理连接的地方，流数据可能有明显不同的到达延迟。广告平台提供的数据可能有 5 分钟的延迟。一些事件也可能会有较长的延迟——例如，用户的会话关闭事件或发生在手机上的离线事件，只有在用户回到移动网络范围内才会显示在流中。

因此，典型的流数据连接架构依赖于流的缓存。缓存数据的保留时间是可配置的。更长的保留间隔需要更多的存储和其他资源。事件会和缓存中的数据进行连接操作，并会保留在缓存中直到过期（如图 8-11 所示）注4。

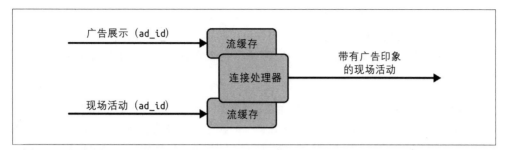

图 8-11：一个流对流连接的架构首先对每个流进行缓存，如果在保留时间内发现相关的事件，就进行连接操作

现在我们已经介绍了在批处理和流数据中如何进行查询，接下来让我们讨论一下通过建模使你的数据变得有用。

8.2 数据建模

数据建模经常会被忽视。我们常常看到数据团队在不清楚什么样的数据规划对业务有用的情况下就急于建立数据系统。这么做是不对的。良好的数据架构必须反映出使用这些数据的组织的业务目标和业务逻辑。数据建模涉及为数据设计一个承上启下的结构，是使数据对业务有用的一个关键步骤。

数据建模已经以这样或那样的形式实践了几十年。例如，各种类型的规范化技术（将在 8.2.3 节讨论）从 RDBMS 的早期就被用于数据建模。数据仓库的建模技术至少从 20 世纪 90 年代初就开始出现了。作为一个摇摆不定的技术，数据建模在 21 世纪 10 年代早期到中期变得有些过时。数据湖 1.0、NoSQL 和大数据系统的兴起，使工程师们有时是为了合理的性能提升去忽略传统的数据建模。有些时候，由于缺乏严格的数据建模，造成了数据沼泽，以及大量的冗余、不匹配或错误的数据。

如今，技术又开始倾向于使用数据建模。数据管理（尤其是数据治理和数据质量）的日益普及，推动了对连贯业务逻辑的需求。数据在企业中的地位急剧上升，人们越来越认识到，建模对于实现数据科学需求层次金字塔中更高层次的价值至关重要。也就是说，我们认为需要新的范式来真正拥抱流数据和机器学习的需求。在本节中，我们将研究当前的主流数据建模技术，并思考数据建模的未来。

注 4：图 8-11 的例子主要基于 Tathagata Das 和 Joseph Torres 的 "Introducing Stream—Stream Joins in Apache Spark 2.3"（*https://oreil.ly/LG4EK*）（Databricks *Engineering Blog*, March 13, 2018）。

8.2.1 什么是数据模型

*数据模*型代表了数据与现实世界的联系方式。它反映了数据需要如何结构化和标准化才能最好地反映你的组织的流程、定义、工作流和逻辑。一个好的数据模型可以反映出组织内部的沟通和工作是如何流动的。相反，一个糟糕的（或不存在的）数据模型是杂乱的、含糊不清的、不连贯的。

一些数据专家认为数据建模是乏味的，是"大企业"才会做的事情。就像大多数良好的卫生习惯一样——例如使用牙线和睡个好觉——数据建模被认为是一件好事，但在实践中却经常被忽视。理想情况下，每个组织都应该对其数据进行建模，哪怕只是为了确保业务逻辑和规则在数据层被正确转化。

对数据进行建模的关键是要关注如何将模型转化为业务成果。一个好的数据模型要关联到商业决策的影响。例如，对公司的不同部门来说，*客户*可能有不同的定义。在过去 30天内从你这里买过东西的人是客户吗？如果他们在过去 6 个月或 1 年内没有从你这里买过东西呢？仔细地定义和建模这些客户数据可以对下游的客户行为报告或客户流失模型的创建产生巨大的影响，因为自上次购买以来的时间是一个关键的变量。

 一个好的数据模型包含前后一致的定义。在实践中，公司内部对事情的定义往往是混乱的。你能想到在你的公司里有哪些概念或术语可能对不同的人意味着不同的事情吗？

我们的讨论主要集中在数据建模技术需求比较多的批处理数据建模上，我们也会研究一些流数据建模的方法和建模的一般考虑。

8.2.2 概念、逻辑和物理数据模型

数据建模的思想就是从抽象的建模概念移动到具体的实现。沿着这个演进路径（如图8-12 所示），三个主要的数据模型是概念模型、逻辑模型和物理模型。这些模型构成了我们在本章中描述的各种建模技术的基础。

图 8-12：数据建模的演进路径——概念模型、逻辑模型、物理模型

概念模型

　　包含业务逻辑和规则，描述系统的数据，如模式、表和字段（名称和类型）。当创建

一个概念模型时，使用实体关系（Entity-Relationship，ER）图中对其进行可视化通常是有帮助的，实体关系图是一个用于可视化数据中各种实体（订单、客户、产品等）之间的关系的标准工具。例如，一个 ER 图可能编码了客户 ID、客户姓名、客户地址和客户订单之间的联系。为了设计一个一致的概念数据模型，强烈建议将实体关系可视化。

逻辑模型

通过添加更多的细节来详细说明概念模型在实践中如何实现。例如，我们会添加关于客户 ID、客户名称和自定义地址的类型的信息。此外，我们也将映射出主键和外键。

物理模型

定义了逻辑模型如何在数据库系统中实现。我们将为逻辑模型添加具体的数据库、模式和表，包括配置细节。

成功的数据建模在过程的开始阶段就引入业务利益相关者。工程师需要获得数据的定义和业务目标。数据建模应该是一项全接触式的活动，目标是为企业提供高质量的数据，最终获得可操作的洞见和智能自动化。这是一项每个人都需要持续参与的实践。

数据建模的另一个重要考虑因素是数据的*粒度*，也就是数据的存储和查询的最小单元。粒度通常位于表中的主键的层级（如客户 ID、订单 ID 和产品 ID），它通常伴随着一个日期或时间戳以提精确性。

例如，假设一家公司刚刚开始部署 BI 报告。公司规模很小，数据工程师和分析员由同一个人担任。现在有一个需求，要提供一个总结每日客户订单的报告。具体来说，该报告应该列出所有订购的客户，他们当天的订单数量，以及他们花费的总金额。

这个报告本质上是粗粒度的。它不包含每个订单的支出或每个订单中商品的细节。数据工程师 / 分析师可能想从生产订单数据库中获取数据，并将其分解为一个报告表，其中只有报告所需的基本汇总数据。然而，当有人要求提供更细粒度的数据汇总的报告时，这就需要从头开始。

由于数据工程师实际上很有经验，他们选择了创建包含客户订单详细数据的表，包括每个订单、商品、商品成本、商品 ID 等。基本上，他们的表包含了所有关于客户订单的细节。数据的颗粒位于客户订单层级。这些客户订单数据可以按原样进行分析，也可以汇总为客户订单活动的汇总统计。

一般来说，你应该努力将你的数据建模维持在尽可能低的粒度层级。因为很容易对这个高度细化的数据集做汇总。反之则不然，通常也不可能从汇总的数据还原回明细。

8.2.3 范式化

范式化是一种对数据库中的表和列的关系进行严格控制的数据建模实践。范式化的目标是消除数据库中的冗余数据，并确保参照完整性。基本上，它是在数据库中实践"不要重复自己"（Don't Repeat Yourself，DRY）的原则[注5]。

范式化通常适用于包含有行和列的表的关系数据库（我们在本节中交替使用*列*和*字段*这两个术语）。它是由关系数据库的先驱 Edgar Codd 在 20 世纪 70 年代初首次提出的。

Codd 认为范式化有四个主要目标[注6]：

- 把关系集合从不合适的插入、更新和删除依赖中解放出来。
- 当新的数据类型被引入时，尽可能减少关系集合的重组，从而增加应用程序的寿命。
- 使得关系模型对用户来说更有信息价值
- 使得关系集合对于查询统计是中立的，这些统计可能会随着时间的推移而改变。

Codd 引入了*范式*的概念。范式是有顺序的，每个范式都包含了之前范式的条件。我们在这里描述 Codd 的前三种范式：

无范式
　　没有范式化。允许嵌套和冗余的数据。

第一范式（First Normal Form, 1NF）
　　每一列都是唯一的，有一个单一的值。该表有一个唯一主键。

第二范式（Second Normal Form, 2NF）
　　满足第一范式的要求，并移除部分依赖。

第三范式（Third Normal Form, 3NF）
　　满足第二范式的要求，再加上每个表只包含与其主键相关的字段，并且没有传递依赖。

现在值得花点时间来解读一下刚刚的几个术语。唯一主键是一个单一的字段或多个字段的组合，它唯一地确定了表中的行。每个键值最多出现一次，否则一个值会映射到表中的多条记录。因此，这一行除主键外的其他数据都可以从主键得到。当复合键中的一个

注5：关于"不要重复自己"原则的更多细节，请参阅 David Thomas 和 Andrew Hunt 的 *The Pragmatic Programmer*（Addison-Wesley Professional, 2019）。

注6：E. F. Codd, "Further Normalization of the Data Base Relational Model," IBM Research Laboratory (1971), *https://oreil.ly/Muajm*.

字段子集可以用来确定表中的一个非键列时，就会出现*部分依赖*。当一个非键字段依赖于另一个非键字段时，就会出现*传递依赖*。

让我们使用电子商务订单的例子（如表 8-1 所示）看看范式化的各个层级——从无范式到第三范式。我们将对上一段中介绍的每个概念提供具体的解释。

表 8-1: OrderDetail

OrderID	OrderItems	CustomerID	CustomerName	OrderDate

100	[{
	  "sku": 1,
	  "price": 50,
	  "quantity": 1,
	  "name:": "Thingamajig"
	}, {
	  "sku": 2,
	  "price": 25,
	  "quantity": 2,
	  "name:": "Whatchamacallit"
	}]
		5	Joe Reis	2022-03-01

首先，这个无范式的 OrderDetail 表包含五个字段。主键是 OrderID。注意 OrderItems 字段包含一个嵌套对象，其中有两个 SKU 以及它们的价格、数量和名称。

为了将这个表转换为第一范式，让我们将 OrderItems 移到四个字段中（如表 8-2 所示）。现在我们有一个 OrderDetail 表，其中的字段不包含重复或嵌套数据。

表 8-2: 不包含重复或嵌套数据的 OrderDetail

OrderID	Sku	Price	Quantity	ProductName	CustomerID	CustomerName	OrderDate
100	1	50	1	Thingamajig	5	Joe Reis	2022-03-01
100	2	25	2	Whatchamacallit	5	Joe Reis	2022-03-01

现在的问题是我们没有一个唯一主键。也就是说，Order ID 为 100 的记录出现了两次。为了更好地理解这种情况，让我们看一下有更多数据的表（如表 8-3 所示）。

表 8-3: 包含更多数据的 OrderDetail

OrderID	Sku	Price	Quantity	ProductName	CustomerID	CustomerName	OrderDate
100	1	50	1	Thingamajig	5	Joe Reis	2022-03-01
100	2	25	2	Whatchamacallit	5	Joe Reis	2022-03-01
101	3	75	1	Whozeewhatzit	7	Matt Housley	2022-03-01
102	1	50	1	Thingamajig	7	Matt Housley	2022-03-01

为了创建一个唯一主键（或复合键），让我们添加一个叫作 LineItemNumber 的列来给每个订单中的行编号（如表 8-4 所示）。

表 8-4：包含 LineItemNumber 列的 OrderDetail

Order ID	LineItem Number	Sku	Price	Quantity	Product Name	Customer ID	Customer Name	OrderDate
100	1	1	50	1	Thingama jig	5	Joe Reis	2022-03-01
100	2	2	25	2	Whatchama callit	5	Joe Reis	2022-03-01
101	1	3	75	1	Whozee whatzit	7	Matt Housley	2022-03-01
102	1	1	50	1	Thingama jig	7	Matt Housley	2022-03-01

复合键（OrderID，LineItemNumber）现在是唯一主键。

为了满足第二范式，我们需要确保不存在部分依赖。*部分依赖*是指完全由唯一主键（复合键）中的一个子集决定的非键列。部分依赖只有在主键是复合键时才会出现。在我们的例子中，最后三列是由订单号决定的。为了解决这个问题，让我们把 OrderDetail 分成两个表：Orders 和 OrderLineItem（如表 8-5 和表 8-6 所示）。

表 8-5：Orders

OrderID	CustomerID	CustomerName	OrderDate
100	5	Joe Reis	2022-03-01
101	7	Matt Housley	2022-03-01
102	7	Matt Housley	2022-03-01

表 8-6：OrderLineItem

OrderID	LineItemNumber	Sku	Price	Quantity	ProductName
100	1	1	50	1	Thingamajig
100	2	2	25	2	Whatchamacallit
101	1	3	75	1	Whozeewhatzit
102	1	1	50	1	Thingamajig

复合键（OrderID，LineItemNumber）是 Order LineItem 表的唯一主键，而 OrderID 是 Orders 表的唯一主键。

注意 Sku 决定了 OrderLineItem 中的 ProductName。也就是说，Sku 依赖于复合键，而 ProductName 依赖于 Sku。这是一个传递依赖。让我们把 OrderLineItem 分成 OrderLineItem 和 Skus（如表 8-7 和表 8-8 所示）。

表 8-7：OrderLineItem

OrderID	LineItemNumber	Sku	Price	Quantity
100	1	1	50	1
100	2	2	25	2
101	1	3	75	1
102	1	1	50	1

表 8-8：Skus

Sku	ProductName
1	Thingamajig
2	Whatchamacallit
3	Whozeewhatzit

现在，OrderLineItem 和 Skus 都已经符合第三范式。但是 Orders 表还不满足第三范式。有什么传递依赖存在？你将如何解决这个问题？

还有其他的范式形式存在（在 Boyce-Codd 的体系中会一直到第六范式），但这些范式与前三种形式比很少使用。如果一个数据库符合第三范式，则通常被认为是范式化的，这也是我们在本书中使用的惯例。

你需要使用哪种成程度的范式化取决于具体的用例。没有一个放之四海而皆准的解决方案，特别是在数据库中，一些无范式的设计会带来性能上的优势。尽管去范式化看起来像是一种反模式，但它在许多存储半结构化数据的 OLAP 系统中很常见。研究范式化和数据库的最佳实践来选择一个合适的策略。

8.2.4 批量分析数据的建模技术

在描述数据湖或数据仓库的建模时，你要假设原始数据有多种形式（例如，结构化和半结构化），但输出是行和列的结构化数据模型。有若干种数据建模的方法可以在这些环境中使用，大体上你可能会遇到的技术是 Kimball、Inmon 和 Data Vault。

在实践中，这些技术可以被结合起来。例如，我们看到一些数据团队从 Data Vault 开始，然后在其旁边添加 Kimball 的星型模式。我们还将研究宽表和无范式化的数据模型以及其他的一些批量数据建模技术。当我们讨论这些技术的时候，我们会使用电商订单系统中的建模交易示例。

 我们会粗略地介绍前三种方法——Inmon、Kimball 和 Data Vault，并且不对它们各自的复杂性和细微差别做出评价。在每一种方法的末尾，我们列出了这项技术发明者的相关书籍。对于数据工程师来说，这些书是必读的，我们强烈建议你阅读这些书，哪怕只是为了了解数据建模如何以及为何成为批量分析数据的核心。

Inmon 模型

数据仓库之父 Bill Inmon 在 1989 年提出了他的数据建模方法。在数据仓库之前，分析往往直接发生在源系统内部，其明显的副作用是长时查询造成了生产环境事务数据库的性能问题。数据仓库的目标是将源系统与分析系统分离。

Inmon 对数据仓库的定义如下[注7]：

> 数据仓库是一个面向主题的、集成的、非易失的和反映历史变化的数据集合，以支持管理层的决策。数据仓库包含细粒度的企业数据。数据仓库中的数据可以用在许多不同的场景，包括未来的某种需求。

数据仓库的四个关键部分可以描述如下：

面向主题的

数据仓库专注于一个特定的主题域，如销售或营销。

集成的

来自不同数据源的数据会被整合并范式化。

非易失的

数据存储在数据仓库后保持不变。

反映历史变化的

不同的时间范围的数据都可以被查询到。

让我们依次了解这些特性并且熟悉其对 Inmon 数据模型的影响。首先，逻辑模型必须专注于一个特定的领域。例如，如果主题是"销售"，那么逻辑模型就包含所有与销售有关的细节——业务键、关系、属性等。接下来，这些细节被集成到一个综合的、高度范式化的数据模型中。最后，数据以非易失的和能反映历史变化的方式保存，这意味着只要存储包含历史，你就可以查询最原始的数据（理论上）。Inmon 数据仓库必须严格遵循这四个关键部分以支持管理层的决策。这是一个巧妙的观点，它将数据仓库定位为分析，而不是 OLTP。

下面是 Inmon 数据仓库的另一个关键特征[注8]：

注 7：H. W. Inmon, *Building the Data Warehouse* (Hoboken: Wiley, 2005).

注 8：Inmon, *Building the Data Warehouse*.

数据仓库的第二个突出特点是它是集成的。在数据仓库的所有特性中，集成是最重要的。数据从多个不同的来源接入数据仓库。随着数据的接入，它被转换、重新格式化、重新排序、总结等。其结果是数据一旦驻留在数据仓库中，就有一个单一的物理形象。

在 Inmon 数据仓库，整个组织的数据都被整合到一个细粒度、高度范式化的并且注重 ETL 的实体关系模型中。Inmon 数据仓库面向主题的特性决定了数据仓库中包含组织中使用的关键源数据库和信息系统。来自关键业务源系统的数据被获取并整合到一个高度范式化（3NF）的数据仓库中，该仓库通常与源系统本身的范式化结构非常相似。数据从优先级最高的业务领域开始被逐步引入。严格的范式化确保了数据很少重复，数据不会产生不一致或者出现冗余，这也减少了下游数据分析的错误。数据仓库代表了一个"权威信息源"，它支持整体业务的信息需求。数据通过业务或部门专有的数据集市提供给下游的报告和分析，这些数据也可能被去范式化。

让我们来看看 Inmon 数据仓库如何用于电子商务（如图 8-13 所示）。业务源系统是订单、库存和营销。来自这些源系统的数据被以符合第三范式的要求加载到数据仓库。理想情况下，数据仓库包含了业务的完整信息。为了给特定部门的信息需求提供数据，ETL 从数据仓库中获取数据、转换数据，并将其置于下游用于报表的数据集市中。

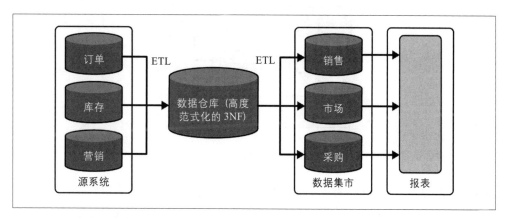

图 8-13：一个电子商务数据仓库

在数据集市中对数据进行建模的另一个流行方式是星型模式，理论上任何访问方便简单的数据模型也都是满足要求的。在前面的例子中，销售、营销和采购都有自己的星型模式，集市中的数据也来自数据仓库上游的明细。这使得每个部门都有自己独特的数据结构，数据结构也会根据其特定需求进行优化。

Inmon 本人持续地在数据仓库领域进行创新，目前他专注于数据仓库中的文本 ETL。他也是一个多产的作家和思想家，写了 60 多本书和无数的文章。关于 Inmon 数据仓库的进一步阅读，请参考在第本章补充资料中列出的他本人的书籍。

Kimball 模型

如果说数据建模有频谱的话，那么 Kimball 就在 Inmon 的另一端。由 Ralph Kimball 在 20 世纪 90 年代初创建，这种数据建模方法不太注重范式化，在某些情况下还接受去范式化。正如 Inmon 在谈到数据仓库和数据集市的区别时所说，"数据集市永远不能替代数据仓库"[注9]。

Inmon 在数据仓库中整合了完整的业务数据，并通过数据集市为特定部门提供分析服务，而 Kimball 模型是自底向上的，鼓励你在数据仓库内建模并为部门或业务提供分析服务（Inmon 认为这种方法歪曲了数据仓库的定义）。Kimball 方法有效地使数据集市成为数据仓库本身。这也会使迭代和建模的速度比 Inmon 更快，但代价是潜在的更松散的数据集成、数据冗余和重复。

在 Kimball 的方法中，数据被建模为两种类型的表：事实和维度。你可以把*事实*表看作一个数字表，而*维度*表则是引用事实的定性数据。维度表以一种叫作*星型模式*的关系围绕着一个事实表（如图 8-14 所示）[注10]。

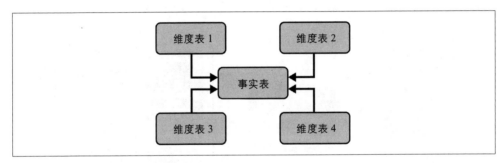

图 8-14：带有维度表和事实表的 Kimball 星型模式

事实表。星型模式中的第一种表是事实表，它包含了*事实的*、定量的和与事件相关的数据。事实表中的数据是不可改变的，因为事实与事件有关。因此，事实表只能做追加而不会被更新。事实表通常又窄又长，意味着它们没有很多列，但有很多代表事件的行。事实表应该是尽可能细粒度的。

星型模式的查询从事实表开始。事实表的每一行都代表数据的粒度。避免在事实表中聚合或衍生数据。如果你需要执行聚合或衍生，则可以在下游的数据集市表或视图中进

注 9：Inmon, *Building the Data Warehouse*.

注 10：维度和事实经常与 Kimball 联系在一起，它们的首次使用发生在 20 世纪 60 年代的通用磨坊公司和达特茅斯大学，并在尼尔森和 IRI 以及其他公司中得到早期采用。

行。最后，事实表不引用其他事实表，它们只引用维度。

让我们看一下一个基本事实表的例子（如表 8-9 所示）。在你的公司中，一个常见的问题可能是这样的：显示每个客户每天每个订单的销售总额。事实表应该是细粒度的——在这个例子中需要包含销售的订单 ID、客户、日期和销售总额。注意，事实表中的数据类型都是数字（整数和浮点数），没有字符串。在这个例子中，Customer Key 等于 7 的用户在同一天有两个订单，这反映了表的粒度。相反，事实表的键引用了不同的维度表，如客户和日期信息等。销售总额代表销售*事件*的总销售额。

表 8-9：一个基本事实表

OrderID	CustomerKey	DateKey	GrossSalesAmt
100	5	20220301	100.00
101	7	20220301	75.00
102	7	20220301	50.00

维度表。Kimball 数据模型中的第二种类型的表是*维度表*。维度表为存储在事实表中的事件提供参考数据、属性和关系上下文。维度表比事实表小（形状相反），通常是宽而短。当连接到事实表时，维度可以描述事件的内容、地点和时间。维度是去范式化的，有可能出现重复的数据。这在 Kimball 数据模型中是允许的。让我们来看看前面事实表例子中提到的两个维度。

在 Kimball 数据模型中，日期通常被存储在一个日期维度中，允许你在事实和日期维度表之间引用日期键（DateKey）。通过日期维度表，你可以很容易地回答这样的问题："我在 2022 年第一季度的总销售额是多少？"或者"星期二购物的顾客比星期三多多少？"注意，除了日期键之外，我们还有五个字段（如表 8-10 所示）。日期维度的好处在于，你可以根据分析数据的需要添加尽可能多的新字段。

表 8-10：一个日期维度表的例子

DateKey	Date-ISO	Year	Quarter	Month	Day-of-week
20220301	2022-03-01	2022	1	3	Tuesday
20220302	2022-03-02	2022	1	3	Wednesday
20220303	2022-03-03	2022	1	3	Thursday

表 8-11 还通过 CustomerKey 字段引用了另一个维度——客户维度。客户维度包含几个描述客户的字段：姓氏、名字、邮政编码和两个看起来很奇怪的日期字段。让我们来看看这两个日期字段，它们描述了 Kimball 数据模型中的另一个概念：一个第二类缓慢变化维度，接下来我们会更详细地介绍这个概念。

表 8-11：一个第二类客户维度表

CustomerKey	FirstName	LastName	ZipCode	EFF_StartDate	EFF_EndDate
5	Joe	Reis	84108	2019-01-04	9999-01-01
7	Matt	Housley	84101	2020-05-04	2021-09-19
7	Matt	Housley	84123	2021-09-19	9999-01-01
11	Lana	Belle	90210	2022-02-04	9999-01-01

例如，看一下 CustomerKey 的值为 5 的记录，EFF_StartDate（EFF_StartDate 指开始日期）为 2019-01-04，EFF_EndDate 为 9999-01-01。这意味着 Joe Reis 的客户记录是在 2019 年 01 月 04 日在客户维度表中创建的，其结束日期为 9999 年 01 月 01 日。有趣的是，这个结束日期是什么意思？它意味着客户记录是有效的而且没有被更新。

现在我们来看看 Matt Housley 的两条记录（CustomerKey = 7）。注意 Housley 的开始日期有两条记录：2020-05-04 和 2021-09-19。看起来 Housley 在 2021 年 09 月 19 日更新了邮编，这使得他的客户记录发生了变化。

当需要查询客户最新的一条记录时，你可以将查询到结束日期设置为 9999-01-01。

使用一个缓慢变化维度表（Slowly Changing Dimension，SCD）跟踪这些变化是必要的。前面的例子是一个第二类缓慢变化维度，即当现有记录发生变化时，会插入一条新的记录。缓慢变化维度可以达到 7 个类别，这本书中我们看最常见的三个。

第一类

覆盖现有的维度记录。这是很简单的但是这意味着你无法访问被删除的历史维度记录。

第二类

保留完整的历史维度记录。当一个记录发生变化时，这个特定的记录会被标记为已更新，并创建一个新的维度记录来反映属性的当前状态。在我们的例子中，Housley 使用了一个新的邮政编码，这反映到了他的初始的记录的有效的结束日期中，我们也创建了一个新的记录，用来保存他的新邮政编码。

第三类

第三类缓慢变化维度与第二类相似，但是在第三类中不是创建一个新行，而是创建一个新的字段。继续使用前面的例子，让我们看看在下面的表格中的第三类缓慢变化维度。

在表 8-12 中，Housley 的邮政编码为 84101。当 Housley 搬到一个新的地方，第三类缓慢变化维度创建了两个新的字段，一个是他的新邮编，一个是变化的日期（如表 8-13 所示）。原来的邮编字段也被重新命名为旧邮编。

表 8-12：第三类缓慢变化维度表

CustomerKey	FirstName	LastName	ZipCode
7	Matt	Housley	84101

表 8-13：第三类客户维度表

CustomerKey	FirstName	LastName	Original ZipCode	Current ZipCode	CurrentDate
7	Matt	Housley	84101	84123	2021-09-19

在所描述的缓慢变化维度的类型中，第一类是大多数数据仓库的默认行为，而第二类是我们在实践中最常看到的一种。关于维度有很多东西需要了解，我们建议以本节为起点，熟悉维度的工作方式和使用方法。

星型模式。现在你已经对事实和维度有了基本的了解，是时候将它们整合到一个星型模式中了。*星型模式*代表了企业的数据模型。与高度范式化的数据建模方法不同，星型模式是被必要维度包围的事实表。这使得星型模式需要比其他数据模型更少的连接操作，从而加快了查询性能。星型模式的另一个优点是它可以更容易被业务用户理解和使用。

请注意，星型模式不应该反映一个特定的报表，尽管你可以在下游的数据集市或直接在你的 BI 工具中建立一个报表。星型模式应该反映你的*业务逻辑*的事实和属性，并且足够灵活，以回答各自的关键问题。

因为一个星型模式只有一个事实表，有时你会有多个星型模式来表示不同的业务事实。你应该尽可能地减少维度的数量，因为这些参考数据有可能在不同的事实表中被重复使用。一个在多个星型模式中重复使用的维度会共享相同的字段，这类维度被称为*一致性维度*。一致性维度允许你在多个星型模式中将多个事实表组合在一起。记住，Kimball 方法允许冗余数据的存在，但是要避免复制相同的维度表，以避免业务定义和数据完整性的漂移。

Kimball 数据模型和星型模式有很多细微的差别。你应该知道这种模式只适合于批处理数据而不适合于流处理数据。Kimball 数据模型很受欢迎，你很有可能会在工作中遇到它。

Data Vault 模型

Kimball 和 Inmon 专注于数据仓库中的业务逻辑结构，而 *Data Vault* 则提供了一种不同的数据建模方法[11]。由 Dan Linstedt 在 20 世纪 90 年代创建的 Data Vault 方法将源系统

注 11：Data Vault 有两个版本，1.0 和 2.0。本节重点介绍 Data Vault 2.0 版本，但为了简洁起见，我们还是叫它 *Data Vault*。

数据的结构与属性分离。Data Vault 不是用事实、维度或高度范式化的表来表示业务逻辑，而是简单地将数据从源系统直接加载到少数几个特制的表中，只需插入即可。与你所了解的其他数据建模方法不同，在 Data Vault 中没有好的、坏的或符合要求的数据的概念。

如今数据的发展非常迅速，需要数据模型足够敏捷、灵活和可扩展。Data Vault 方法旨在满足这一需求。这个方法的目标是使数据尽可能地与业务保持一致，甚至在业务数据的演进过程中。

一个 Data Vault 模型由三种主要类型的表组成：中心表、链接表和卫星表（如图 8-15 所示）。简而言之，*中心表*存储业务主键，*链接表*维护业务主键之间的关系，*卫星表*表示业务主键的属性和上下文。用户将查询中心表，它将链接到一个包含查询的相关属性的卫星表。让我们更详细地探讨中心表、链接表和卫星表。

图 8-15：Data Vault 的表——中心表、链接表和卫星表

中心表。查询通常涉及通过业务主键进行搜索，例如客户 ID 或我们电子商务例子中的订单 ID。中心表是 Data Vault 的中心实体，它保留了加载到 Data Vault 中的所有唯一业务主键的记录。

一个中心表总是包含以下标准字段：

哈希键
　　用来连接系统间数据的主键。这是一个哈希字段（MD5 或类似的方法）。

加载日期
　　数据被加载到中心表的日期。

记录源
　　获得唯一记录的来源。

业务主键
　　用来识别唯一记录的主键。

要注意一个中心表是只允许插入的，数据在中心表是不会改变的。一旦数据被加载到中心表，它就是固定不变的。

当设计一个中心表时，确定业务主键是至关重要的。问问你自己：什么是*可识别的业务*

元素[注12]？换句话说，用户通常是如何查找数据的？理想情况下，在你建立你的概念模型时，以及在你开始建立你的数据仓库之前，就可以识别到这一点。

以我们的电子商务场景为例，让我们看一下产品的中心表的例子。首先，让我们看一下产品中心表的物理设计（如表 8-14 所示）。

表 8-14：产品中心表的物理设计

HubProduct
ProductHashKey
LoadDate
RecordSource
ProductID

在实践中，产品中心表在插入数据后如表 8-15 所示。在这个例子中，数据仓库从 ERP 系统中分别在两天加载了三个不同的产品。

表 8-15：产品中心表（样例数据）

ProductHashKey	LoadDate	RecordSource	ProductID
4041fd80ab...	2020-01-02	ERP	1
de8435530d...	2021-03-09	ERP	2
cf27369bd8...	2021-03-09	ERP	3

让我们使用与产品中心表相同的方式，为订单创建另一个中心表（如表 8-16 所示），然后填入一些订单样例数据。

表 8-16：订单中心表（样例数据）

OrderHashKey	LoadDate	RecordSource	OrderID
f899139df5...	2022-03-01	Website	100
38b3eff8ba...	2022-03-01	Website	101
ec8956637a...	2022-03-01	Website	102

链接表。*链接表*跟踪中心表之间的业务主键的关系。链接表最好以最细的粒度来连接中心表。因为链接表连接来自不同中心表的数据，它们是多对多的关系。Data Vault 模型的关系可以直接通过对链接表的改变来处理。在底层数据发生变化时这种方式提供了极好的灵活性。你只需创建一个新的链接表，将业务概念（或中心表）关联起来以表示新的关系。现在让我们来看看使用卫星表查看数据上下文的方法。

注 12：Kent Graziano, "Data Vault 2.0 Modeling Basics," Vertabelo, October 20, 2015, *https://oreil.ly/iuW1U*.

回到我们的电子商务例子，我们想把订单和产品联系起来。让我们看看订单和产品的链接表会是什么样子（如表 8-17 所示）。

表 8-17：产品和订单链接表的示例

LinkOrderProduct
OrderProductHashKey
LoadDate
RecordSource
ProductHashKey
OrderHashKey

LinkOrderProduct 表有数据后如表 8-18 所示。注意，在这个例子中我们使用的是订单的记录源。

表 8-18：一个连接订单和产品的链接表

OrderProductHashKey	LoadDate	RecordSource	ProductHashKey	OrderHashKey
ff64ec193d...	2022-03-01	Website	4041fd80ab...	f899139df5...
ff64ec193d...	2022-03-01	Website	de8435530d...	f899139df5...
e232628c25...	2022-03-01	Website	cf27369bd8...	38b3eff8ba...
26166a5871...	2022-03-01	Website	4041fd80ab...	ec8956637a...

卫星表。我们已经描述了中心表和链接表之间的关系，这些关系涉及键、加载日期和记录来源。你如何了解这些关系的含义？卫星表的描述性的属性可以给中心表赋予更多的含义和上下文。卫星表既可以连接到中心表也可以连接到链接表。卫星表中唯一需要的字段是一个由父级中心表的业务键组成的主键和一个加载日期。除此之外，一个卫星表可以包含多个有意义的属性。

让我们看看产品（Product）中心表的一个卫星表的例子（如表 8-19 所示）。在这个例子中，SatelliteProduct 表包含了关于产品的额外信息，例如产品名称和价格。

表 8-19：SatelliteProduct 表

SatelliteProduct
ProductHashKey
LoadDate
RecordSource
ProductName
Price

这里我们给 SatelliteProduct 表加入一些样例数据（如表 8-20 所示）。

表 8-20：带有样例数据的产品卫星表

ProductHashKey	LoadDate	RecordSource	ProductName	Price
4041fd80ab...	2020-01-02	ERP	Thingamajig	50
de8435530d...	2021-03-09	ERP	Whatchamacallit	25
cf27369bd8...	2021-03-09	ERP	Whozeewhatzit	75

让我们把这所有的表连接起来，把中心表、卫星表和链接表连接到 Data Vault 中（如图 8-16 所示）。

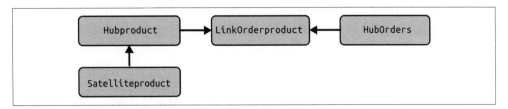

图 8-16：订单和产品的 Data Vault

现实中也存在其他类型的 Data Vault 表，包括时刻表和桥接表。本书暂时不涉及这些，但提到它们是因为 Data Vault 是相当全面的。我们的目标是简单地介绍一下 Data Vault 的功能。

与我们讨论过的其他数据建模技术不同，在 Data Vault 中，业务逻辑在查询这些表的数据时才被创建和解释。请注意，Data Vault 模型可以与其他数据建模技术一起使用。Data Vault 是分析性数据的着陆区，然后在数据仓库中单独建模，常见的做法是使用星型模式。Data Vault 模型也适用于 NoSQL 和流数据源。Data Vault 是一个很大的话题，本节只是为了让你初步了解它。

去范式化的宽表

我们所描述的对模式要求严格的建模方法（特别是 Kimball 和 Inmon）是在数据仓库价格高、企业自建、资源严重受限、计算和存储紧耦合的情况下提出的。虽然传统的批处理数据建模与这些方法相关，但是对模式要求越来越简单的方法正变得流行。

原因是这样的。第一，云计算的普及意味着存储是非常便宜的。存储数据的成本已经低到不值得花时间去寻找最省空间的方式。第二，嵌套数据（JSON 和类似的）的流行意味着模式在源和分析系统中是灵活的。

你可以选择像我们所描述的那样对你的数据进行严格的建模，或者你可以选择把所有的数据都扔到一个宽表中。宽表就像它听起来那样，是一个常在列式数据库中创建的、高度去范式化的、包含许多字段的集合。一个字段可能是一个单一的值或包含嵌套的数据。数据是按照一个或多个键来组织的，这些键与数据的粒度紧密相连。

一个宽表有可能有成千上万个列，而关系数据库中的表通常少于 100 列。宽表通常是稀疏的；一个给定字段中的绝大部分条目可能是空的。这在传统的关系数据库中会消耗大量存储，因为数据库为每个字段都分配了固定的空间，但空值在列式数据库中几乎不占空间。关系数据库中的宽表也会大大降低读取速度，因为每一行都必须分配模式所指定的所有空间，而且数据库必须完整地读取每一行的内容。相反，列式数据库只读取查询中选择的列，而且读取空值基本上是无开销的。

宽表一般是通过模式演化产生的，工程师随着时间的推移逐渐增加字段。关系数据库中的模式演化是一个缓慢且耗费资源的过程。在列式数据库中，增加一个字段只是对元数据的一个改变。当数据写入新的字段时会创建新的文件。

对宽表的分析查询往往比对需要许多连接的高度范式化的数据运行得快。移除连接操作可以对查询性能产生巨大影响。宽表包含了你在一个更严格的建模方法中加入的所有数据，且事实和维度在同一张表。不严谨的数据模型通常意味着欠缺思考。把你的数据加载到一个宽的表中，然后开始查询。特别是来自大批量事务的数据的模式越来越灵活。将这些数据作为嵌套数据放在你的分析表中，会有很多好处。

把所有的数据都扔到一个表中，对于一个铁杆的数据建模者来说，似乎是不可接受的，我们看到了很多批评。具体有哪些呢？最大的批评是当你将数据放到宽表时，你会失去分析中的业务逻辑。另一个批评是更新一个元素（例如数组中的元素）的性能可能是非常差的。

让我们看一个基于前文范式化例子的宽表例子（如表 8-21 所示）。这个表可以有更多的列（几百个甚至更多！）为了简洁和便于理解，我们只列出少数几个。正如你所看到的，这个表包含了某个日期细粒度的订单数据。

表 8-21：去范式化数据的例子

OrderID	OrderItems	CustomerID	Customer Name	OrderDate	Site	Site Region

100	[{
	  "sku": 1,
	  "price": 50,
	  "quantity": 1,
	  "name:":
	    "Thingamajig"
	}, {
	  "sku": 2,
	  "price": 25,
	  "quantity": 2,
	  "name:":
	    "Whatchamacallit"
	}]
		5	Joe Reis	2022-03-01	abc.com	US

我们建议当你不关心数据建模，或者当你有大量的数据且需要更多的灵活性时，可以使用宽表。宽表也适合于流数据，我们接下来会讨论这个问题。随着数据朝着快速变化的模式和流优先的方向发展，我们期望看到新的数据建模方式，也许是类似于"轻范式化"的东西。

如果不对数据进行建模会怎样

你也可以选择不对你的数据进行建模。在这种情况下，只需直接查询数据源。这种模式经常在公司刚起步，需要快速获得洞察力或与用户分享分析结果的时候使用。虽然它可以让你得到各种问题的答案，但你应该考虑以下问题：

- 如果我不对数据进行建模，我如何知道查询结果是否一致？

- 我在源系统中对业务逻辑是否有正确的定义，我的查询会产生可信的答案吗？

- 我给源系统带来了怎样的查询负载，对这些系统的用户有什么影响？

在某些时候，你可能会倾向于不依赖源系统的且更严格的批处理数据模型范式和一个专门的数据架构来完成任务。

8.2.5 流数据的建模

虽然许多数据建模技术在批处理方面已经很成熟，但对于流数据来说，情况并非如此。由于流数据的无界性和连续性，将 Kimball 这样的批处理技术转化为流范式是很困难的，甚至是不可能的。例如，给定一个数据流，你如何连续地更新一个第二类缓慢变化维度表？

这个世界正在从批处理逐渐演变为流处理，从本地逐渐演变为云服务，旧的批处理方法的限制不再适用。尽管如此，关于如何对数据进行建模以平衡业务逻辑的需求与数据模式的变化、快速产生的数据以及自助服务等，仍然存在很大的问题。前面的批处理数据模型方法在流数据中的对等技术是什么？目前还没有一个关于流式数据建模的共识方法。我们与许多流数据系统的专家交谈过，他们中的许多人告诉我们，传统的面向批处理的数据建模并不适用于流数据。有几个人建议将 Data Vault 作为流数据建模的一个选择。

你可能还记得，存在两种主要类型的流：事件流和变更数据捕获。大多数时候，这些流中的数据是半结构化的，如 JSON。对流数据进行建模的挑战是数据的结构可能会临时改变。例如，你有一个物联网设备，最近升级了它的固件并引入了一个新字段。在这种情况下，你的下游目标数据仓库或处理管道有可能因不知道这一变化而中断。这并不友好。另一个例子是，变更数据捕获系统可能会将一个字段重塑为不同的类型——例如，一个字符串而不是标准的日期时间格式。同样，目标存储如何处理这种看似随机的变化？

绝大部分与我们交谈过的流数据专家都建议预测源数据的变化，并保持一个灵活的模式。这意味着在分析数据库中没有固定的数据模型。否则，我们只能假设源系统就像今天存在的那样提供正确的数据以及正确的业务定义和逻辑。因为存储很便宜，所以可以将近期发生的增量数据和历史的存量数据放在一起查询。我们需要针对具有灵活模式的数据集进行综合分析和优化。此外，与其对报表端提出的异常做出响应，为什么不使用自动化的方式对流数据中的异常和变化做出反应呢？

数据建模这个领域正在发生变化，我们相信数据模型范式很快就会发生巨大变化。这些新的方法可能会将指标和语义层、数据管道和传统的分析工作流纳入直接位于源系统之上的流数据层。由于数据是实时生成的，人为地将源系统和分析系统分成两部分可能不像数据移动更慢、更可预测时那样有意义。时间会告诉我们答案。

关于流数据的未来，我们在第 11 章做更多介绍。

8.3 转换

> 数据转换的净收益是统一和整合数据的能力。当数据被转换的时候，数据可以看作一个单一的实体。但是，如果不对数据进行转换，你就无法在整个组织内对数据有一个统一的看法。
>
> ——Bill Inmon[注 13]

我们已经介绍了查询和数据建模，你可能会想如果我可以对数据进行建模、查询并获得结果，为什么我还需要考虑转换呢？数据转换可以为下游修改、增强和保存数据，以可扩展、可靠和经济的方式增加其价值。

想象一下当你每次想查看某个特定数据集的结果时都要执行一个查询。你每天要运行相同的查询几十次或几百次。假设这个查询涉及 20 个数据集的解析、清洗、连接、联合和聚合。更痛苦的是该查询需要 30 分钟的运行时间，消耗大量的资源，并在多次重复中产生大量的云计算费用。你和你的利益相关者可能会疯掉。幸运的是你可以*保存你的查询结果*，或者至少只运行一次最密集的计算部分，这样就可以简化后续的查询。

转换与查询不同。*查询*是根据过滤和连接逻辑从各种来源检索数据。*转换*将结果持久化，供其他转换或查询使用。这些结果可以被短暂地或永久地保存。

除了持久性，转换区别于查询的另一个特点是复杂性。你可能会建立复杂的数据管道，结合来自多个来源的数据，并为多个最终输出重复使用中间结果。这些复杂的流水线可能会对数据进行范式化、模型化、聚合或提取特征。虽然你可以使用普通的表达式、脚

注 13：Bill Inmon, "Avoiding the Horrible Task of Integrating Data," LinkedIn Pulse, March 24, 2022, *https://oreil.ly/yLb71*.

本或 DAG 在单个查询中建立复杂的数据流，但这很快就会变得不方便、不一致和难以维护。请考虑使用转换。

转换化在很大程度上依赖于本书中的一个主要底层设计：编排。编排整合了许多分散的操作，比如中间转换，它们或临时或永久地存储数据，供下游转换或服务使用。越来越多的转换不仅跨越了多个表和数据集，而且还跨越了多个系统。

8.3.1 批量转换

*批量转换*在离散的数据集上运行，而流式转换是在数据到达时连续处理。为了支持报表、数据分析和机器学习模型，批量转换会在固定的时间运行（例如每天、每小时，或每 15 分钟）。在本节中，你将学习各种批量转换模式和技术。

分布式连接

分布式连接的基本思想是将一个*逻辑连接*（由查询逻辑定义的连接）分解成更小的*节点连接*，节点连接在集群中的各个服务器上运行。基本的分布式连接模式无论在 MapReduce、BigQuery、Snowflake 或 Spark 中都适用，尽管处理步骤之间的细节有所不同（在磁盘或内存中）。在最好的情况下，连接的一方的数据小到可以在一个节点上完成（*广播连接*）。但通常需要耗费更多资源的洗牌哈希连接。

广播连接。 *广播连接*的数据通常是不对称的，一个大表分布在各节点上，一个小表可以很容易地加载到单个节点（如图 8-17 所示）。查询引擎将小表（表 A）广播到所有节点，它在每个节点都被连接到大表（表 B）的一部分。广播连接的计算量远小于洗牌哈希连接。

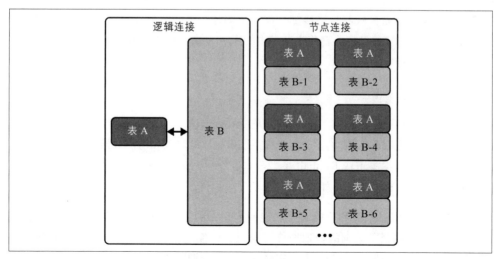

图 8-17：在广播连接中，查询引擎将表 A 发送给集群中的每个节点，以便与表 B 的不同部分进行连接

在实践中，表 A 往往是查询引擎收集和广播的一个向下过滤的大表。查询优化器的首要任务之一是连接重排。尽早地使用过滤条件，以及将小表向左移动（对于左连接），通常可以大大减少每个连接中处理的数据量。预先过滤数据以便在可能的情况下创建广播连接，这样可以极大地提高性能并减少资源消耗。

洗牌哈希连接。如果两个表都小到可以放在一个节点上，查询引擎将使用*洗牌哈希连接*。在图 8-18 中，虚线上方和下方代表相同的节点。虚线上方的区域表示表 A 和 B 在节点上的初始分区。一般来说，这种分区与连接键没有关系。通常会使用连接键哈希的方式重新划分数据。

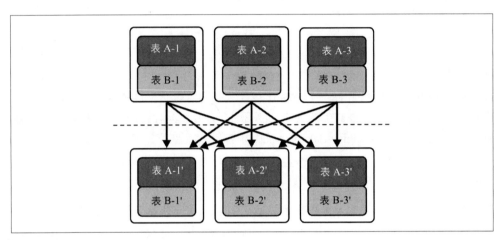

图 8-18：洗牌哈希连接

在这个例子中，哈希模式将把连接键分成三个部分，每个部分分配给一个节点。然后，数据被重新放到相应的节点，在每个节点上的表 A 和表 B 的分区相连接。洗牌哈希连接通常比广播连接耗费更多资源。

ETL、ELT 和数据管道

正如我们在第 3 章中所讨论的，批量 ETL 是一种可以追溯到关系数据库早期的广泛使用的转换模式。传统的 ETL 依赖于一个外部系统来拉取、转换和清洗数据，同时为目标模式做准备，比如数据集市或 Kimball 星型模式。然后，转换后的数据将被加载到一个可以进行业务分析目标系统中，如数据仓库。

ETL 模式本身是由源系统和目标系统的限制所驱动的。抽取阶段往往是一个主要的瓶颈，源 RDBMS 限制了数据的拉取速度。同时，转换通常是在一个专门的系统中处理的，因为目标系统在存储和 CPU 方面都受到极大的资源限制。

现在流行的 ETL 的演变方向是 ELT。随着数据仓库系统在性能和存储容量上的增长，简单地从源系统中抽取原始数据，用最小的转换将其导入数据仓库，然后直接在仓库系统中进行清洗和转换已经变得很普遍（关于 ETL 和 ELT 之间的区别，请看我们在第 3 章中对数据仓库的讨论）。

另一种略有不同的 ELT 概念是随着数据湖的出现而普及的。在这个版本中，数据在加载时并没有被转换。事实上，数据可以在没有准备和任何使用计划的情况下加载。其假设是，转换步骤将在未来某个未确定的时间发生。在没有计划的情况下加载数据是造成数据沼泽的一个重要原因。正如 Inmon 所说[注 14]：

> 我一直是 ETL 的粉丝，因为 ETL 迫使你在把数据放到你可以使用的形式之前进行转换。但有些组织希望简单地获取数据，将其放入数据库，然后进行转换……我见过太多的案例，比如一个组织说我们只是把数据放进去，然后再进行转换。然后你猜怎么着？六个月后，这些数据从来没有被碰过。

我们还看到，在湖仓一体的环境中，ETL 和 ELT 之间的界限可能变得有些模糊。有了对象存储作为基础层，什么在数据库里，什么在数据库外就不再清楚了。随着数据联邦、虚拟化和实时表的出现，这种模糊性进一步加剧（我们在本节后面讨论这些话题）。

我们越来越觉得 *ETL* 和 *ELT* 这两个术语只应该在微观层面（在单个转换管道内）而不是在宏观层面（描述整个组织的转换模式）应用。企业不再需要对 ETL 或 ELT 进行标准化，而是可以在建立数据管道的过程中，专注于根据具体情况应用适当的技术。

SQL 和基于代码的转换工具

在这个时候，基于 SQL 的和非 SQL 的转换系统之间的区别让人感觉有些做作。自从 Hadoop 平台上引入 Hive 后，SQL 已经成为大数据生态系统中的一等公民。例如，Spark SQL 是 Apache Spark 的一个早期功能。Kafka、Flink 和 Beam 等流优先框架也支持 SQL，其特点和功能各不相同。

相对于那些支持更强大的、通用的编程范式的工具来说，考虑只支持 SQL 的工具更合适。纯粹的 SQL 转换工具有各种各样的开源和非开源的选择。

SQL 是声明式的，但它仍然可以建立复杂的数据工作流。我们经常听到有人因为 SQL 是"非面向过程的"而将其否定。这在技术上是正确的。SQL 是一种声明式语言：SQL 作者用集合理论语言规定他们最终数据的特征，而不是编码数据处理程序。SQL 编译器和优化器决定将数据置于这种状态所需的步骤。

人们有时觉得因为 SQL 不是面向过程的，所以它不能建立复杂的管道。这种观点是不对

注 14：Alex Woodie, "Lakehouses Prevent Data Swamps, Bill Inmon Says," Datanami, June 1, 2021, *https://oreil.ly/XMwWc.*

的。SQL 可以使用公用表表达式、SQL 脚本或编排工具有效地用于建立复杂的 DAG。

这里需要明确的是 SQL 也有其局限性，但我们经常看到工程师在 Python 和 Spark 中做的事情，在 SQL 中可以更容易、更有效地完成。为了更好地了解我们所说的权衡，让我们看一下 Spark 和 SQL 的几个例子。

例子：什么时候在 Spark 中避免使用 SQL 进行批量转换？ 当你决定是否使用原生的 Spark 或 PySpark 代码而不是 Spark SQL 或其他 SQL 引擎时，请问自己以下问题：

1. 用 SQL 编写转换代码的困难程度是什么？

2. SQL 代码的可读性和可维护性如何？

3. 是否应该将一些转换代码推送到一个自定义库中，以便将来在整个组织内重复使用？

针对问题 1，许多在 Spark 中编码的转换可以用相当简单的 SQL 语句实现。如果转换在 SQL 中无法实现，或者实现起来非常麻烦，那么原生的 Spark 是一个更好的选择。例如，我们也许能够在 SQL 中实现词干提取，方法是将词的后缀放在一个表中，与该表连接，使用解析函数来寻找词的后缀，然后通过使用子串函数将词还原为词干。然而，这听起来是一个极其复杂的过程，有许多边缘情况需要考虑。在这里，更强大的面向过程的编程语言是更适合的。

问题 2 是密切相关的。词干查询可读性不高也难以维护。

针对问题 3，SQL 的主要限制之一是它不包括库或可重用代码的概念。一个例外是一些 SQL 引擎允许你把用户定义函数（User-Defined Function，UDF）作为数据库中的对象来维护[注15]。然而，如果没有外部的 CI/CD 系统来管理部署，这些函数不会被提交到 Git 仓库。此外，对于更复杂的查询组件，SQL 并没有很好的重用概念。当然，在 Spark 和 PySpark 中，可重用的库很容易创建。

我们要补充的是，可以通过两种方式重用 SQL。首先，我们可以通过提交到一个表或创建一个视图来轻松地重用一个 SQL 查询的结果。这个过程最好在一个编排工具中处理，比如 Airflow，这样一旦源查询完成，下游的查询就可以开始。其次，数据构建工具促进了 SQL 语句的重用，并提供了一种使定制更容易的模板语言。

例子：优化 Spark 和其他处理框架。 Spark 的信徒们经常抱怨 SQL 没有给他们对数据处理的控制权。SQL 引擎接收你的语句，对其进行优化，并将其编译到其处理步骤中（在实践中，优化可能发生在编译之前或之后，或者在两者中都发生）。

注15：我们提醒你要小心地使用用户定义函数。SQL 用户定义函数通常表现得相当好。但是我们看到一些 JavaScript 用户定义函数将查询时间从几分钟增加到几小时。

这是一个合理的抱怨，但也导致下面的情况发生。有了 Spark 和其他重代码的处理框架，代码编写者就需要手动地优化原本 SQL 的引擎中自动优化的部分。Spark 的 API 是强大而复杂的，这意味着识别数据重排、组合或分解的可能情况并不那么容易。在使用 Spark 时，数据工程团队需要积极地参与 Spark 的优化问题，特别是对于耗费资源且长时间运行的作业。这意味着要在团队中建立起优化的专业知识，并培训每个工程师如何进行优化。

在使用原生 Spark 进行编码时，需要记住几条建议：

1. 尽早和尽可能多地使用过滤条件。

2. 尽可能多地依赖核心的 Spark API，并学会理解原生 Spark 的工作流。如果原生 Spark API 不支持你的用例，尽量依靠维护得较好的公共库。好的 Spark 代码基本上是声明式的。

3. 对用户定义函数要小心。

4. 考虑混合使用 SQL。

建议 1 也适用于 SQL 的优化，不同的是 Spark 可能无法像 SQL 一样会自动为你处理重排序。Spark 是一个大数据处理框架，但是你需要处理的数据越少，你的代码就越不占资源，性能就越好。

如果你发现自己在写极其复杂的自定义代码，请暂停并确定是否有一种更原生的方式来完成你想要完成的事情。通过阅读例子和教程来学习理解 Spark 的常见概念。在 Spark 的 API 中是否有一些东西可以完成你想做的事情？是否有一个维护良好和优化过的公共库可以帮助你？

建议 3 对于 PySpark 来说是至关重要的。一般来说，PySpark 是 Scala Spark 的一个 API 封装器。你的代码通过调用 API 将工作推送到 JVM 中运行的本地 Scala 代码中。运行 Python 用户定义函数会迫使数据被传递给处理效率较低的 Python。如果你发现自己在使用 Python 用户定义函数，请寻找一种更适合 Spark 的方式来完成你正在做的事情。回到建议上来：是否有一种方法可以通过使用核心 API 或维护良好的库来完成你的任务？如果你必须使用用户定义函数，考虑用 Scala 或 Java 重写它们以提高性能。

至于建议 4，使用 SQL 可以让我们利用 Spark Catalyst 优化器，它可能会比原生 Spark 代码性能更优。对于简单的操作，*SQL* 通常更容易编写和维护。将原生 Spark 和 SQL 结合起来，可以让我们同时利用两种技术的优点——强大的、通用的功能与简洁性相结合。

本节中的许多优化建议是相当通用的，也同样适用于 Apache Beam。主要的一点是，可编程的数据处理 API 需要比 SQL 更多的优化，SQL 可能没有那么强大但是更容易使用。

数据更新

由于转换会持久化数据，我们经常会在原地更新持久化后的数据。更新数据是数据工程团队的一个主要痛点，尤其是在数据工程技术之间过渡时。我们将讨论 SQL 中的 DML，这在本章前面介绍过。

我们在书中多次提到，最初的数据湖概念并没有真正考虑到更新数据。现在看来这似乎是讲不通的，原因有几个。长期以来，尽管大数据社区不这么认为，但更新数据一直是处理数据转换结果的关键部分。因为没有办法更新数据而重新运行大量的任务是很愚蠢的。因此，现在的湖仓一体概念很多都建立在解决更新问题的基础上。此外，GDPR 和其他数据删除标准要求组织使用一些特定方式删除数据，即便是在原始数据集中。

让我们考虑几个基本的更新模式。

清空和重新加载。*清空*是一种更新模式，不更新任何东西。它只是简单地擦除旧数据。在一个清空和重新加载的更新模式中，一个表被清除了数据，重新运行转换任务然后把结果并加载到这个表中，有效地生成了一个新版本的表。

仅插入。*仅插入*插入新记录而不改变或删除旧记录。仅插入模式可用于维护最新数据的视图——例如，插入新版本的记录而不删除旧记录。一个查询或视图可以通过主键找到最新的记录来呈现当前的数据状态。请注意，列式数据库通常不强制要求表有主键。主键是工程师用来维护表的最新状态的一种构造。这种方法的缺点是在查询时找到最新记录的计算成本极高。除此之外，我们也可以使用一个物化视图（在本章后面会讲到），一个维护全部记录的仅插入表，以及一个保持服务数据最新状态的清空和重新加载表。

 在向列式 OLAP 数据库中插入数据时，常见的问题是从行式数据库系统过渡的工程师试图使用单行插入。这种非正常操作给系统带来了巨大的负荷。它还会导致数据被写入许多独立的文件中。这对于后续的读取来说是非常低效的，而且数据必须在以后重排。相反，我们建议以定期微批或批处理的方式加载数据。

这里有一个针对不频繁写入的一个例外：BigQuery 和 Apache Druid 使用的增强型 Lambda 架构，它将流缓冲器与列存储混合在一起。删除和原地更新仍然是高成本的，我们接下来要讨论这部分内容。

删除。当源系统需要删除数据以满足最新的监管变化时，删除就是非常重要的功能。在列式系统和数据湖中，删除比插入成本更高。

当删除数据时，考虑你需要做一个硬删除还是软删除。*硬删除*是将一条记录从数据库中永久删除，而*软删除*则是将该记录标记为"已删除"。当你因为性能原因需要删除数据时（比如，一个表太大了），或者有法律或合规的原因需要这样做时，硬删除很有用。当你不想永久地删除一条记录，但又想把它从查询结果中过滤掉时，就可以使用软删除。

第三种删除方法与软删除密切相关：*插入式删除*插入一条带有 deleted 标志的新记录，而不修改该记录的先前版本。这使我们能够遵循仅插入模式，但仍要考虑到删除的问题。请注意，我们获取最新表状态的查询变得更复杂了。我们现在必须进行重复数据删除，按键查找每条记录的最新版本，并且不显示任何最新版本显示 deleted 的记录。

upsert/merge。 在这些更新模式中，upsert 和 merge 模式一直是给数据工程团队带来最大麻烦的模式，特别是对于从基于行的数据仓库转换到基于列的云系统的人来说。

upsert 通过使用主键或其他逻辑条件的方式为一组源记录寻找与目标表的匹配。（同样，数据工程团队有责任通过运行适当的查询来管理这个主键。大多数列式系统不会强制要求唯一性。）当一个键匹配发生时，目标记录被更新（被新的记录取代）。当不存在匹配时，数据库会插入新的记录。merge 模式在此基础上增加了删除记录的能力。

那么，问题出在哪里？ upsert/merge 模式最初是为基于行的数据库设计的。在基于行的数据库中，更新是一个自然的过程：数据库查找相关的记录并在原地进行修改。

相反，基于文件的系统实际上并不支持原地的文件更新。所有这些系统都使用写时复制（Copy On Write，COW）的方式。如果一个文件中的一条记录被改变或删除，整个文件必须重写。

这也是大数据和数据湖的早期采用者拒绝更新的原因：管理文件和更新似乎过于复杂。因此，他们简单地使用了仅插入的模式，并假设数据消费者将在查询时或在下游转换中确定数据的当前状态。实际上，像 Vertica 这样的列式数据库长期以来一直支持原地更新，向用户隐藏了写时复制的复杂性。他们扫描文件、改变相关记录、写入新文件，并改变表的文件指针。主要的列式云数据仓库支持更新和合并，如果工程师们考虑采用一种新的技术，则应该调查其对更新的支持。

这里有几件关键的事情需要了解。即使分布式列式数据系统支持本地更新命令，合并也是有代价的：更新或删除单一记录的性能影响可能相当大。另外，合并的性能对于大型更新集来说是非常高的，甚至可能超过事务型数据库的性能。

此外，要理解写时复制很少需要重写整个表。写时复制可以根据相关的数据库系统在不同的粒度（分区、集群、块）下运行。为了实现高性能的更新，请根据你的需求和相关数据库的内部情况，开发一个适当的分区和集群策略。

和插入一样，要注意你的更新或合并频率。我们已经看到许多从数据库系统过渡来的工程团队，像在旧系统一样试图利用变更数据捕获近乎实时做作合并。这根本行不通。无论你的变更数据捕获系统有多好，这种方法都会使大多数列式数据仓库陷入困境。我们看到过一些系统的更新延迟数周，但其实每小时合并的方法会更有意义。

我们可以使用很多方法来使列式数据库更接近实时。例如，BigQuery 允许我们流式插入新记录到表中，然后支持专门的物化视图来呈现高效、接近实时的表。Druid 使用两层存储和固态硬盘来支持超快的实时查询。

模式更新

数据是会发生变化的，而且变化可能会在你无法控制或没有你许可的情况下发生。外部数据源可能会有模式改变，比如应用程序开发团队会在模式中添加新的字段。与基于行的系统相比，列式系统虽然更新数据比较困难，但优势是更新模式比较容易。通常添加、删除和重命名一个列并不难。

尽管有这些技术上的改进，但实际的模式管理却非常具有挑战性。模式的更新会自动进行吗（这是 Fivetran 在从源头复制时使用的方法）？尽管这听上去会很方便，但有一个风险是下游的数据转换会被破坏。

是否有一个直接的模式更新请求过程？假设一个数据科学团队想从一个以前没有获取的源中添加一个列。审批过程会是什么样子？下游流程是否会中断？（是否有运行 SELECT * 而不是使用显式列选择的查询？这在列式数据库中通常是不好的做法。）实施变更需要多长时间？是否有可能创建一个分叉表，即一个专门针对这个项目的新版本的表？

半结构化数据出现了一个新的有趣的选项。借用一个文档存储的想法，许多云数据仓库现在支持编码任意 JSON 数据的类型。一种方法是将原始 JSON 存储在一个字段中，同时将经常访问的数据存储在相邻的扁平化字段中。这占用了额外的存储空间，但利用了扁平化数据的便利性，并为高级用户提供半结构化数据的灵活性。JSON 字段中经常访问的数据可以随着时间的推移直接添加到模式中。

当数据工程师必须从具有频繁变化模式的应用程序文件存储中获取数据时，这种方法效果非常好。在数据仓库中作为一等公民提供的半结构化数据非常灵活，为数据分析师和数据科学家提供了新的机会，因为数据不再受限于行和列。

数据整理

*数据整理*将混乱的、畸形的数据，变成有用的、干净的数据。这通常是一个批量转换过程。

长期以来，数据整理一直是数据工程师的主要痛点和工作的价值点。假设开发人员从合作企业收到关于交易和发票的 EDI 数据（参见第 7 章），可能是结构化数据和文本的组合。首先尝试获取这些数据是数据整理的典型过程之一。通常情况下，数据需要进行大量的文本预处理。开发人员可能会选择将数据作为一个单一文本字段表来获取——整个行作为一个单一字段。随后，开发人员开始编写查询来解析和拆解数据。随后他们会发现数据的异常情况和边缘案例。最终，他们会找到数据大致稳定的模式。到那时下游转换的过程才能开始。

数据整理工具旨在简化这一过程的关键部分。这些工具常常让数据工程师们望而却步，因为他们声称不需要写代码，这听起来让人觉得过于简单。我们更愿意把数据整理工具看作处理异常数据的集成开发环境（Integrated Development Envi onment，IDE）。在实践中，数据工程师花了太多的时间来解析这些麻烦的数据。自动化工具允许数据工程师把时间花在更有趣的任务上。整理工具也可以让工程师把一些解析和获取的工作交给分析师。

图形化的数据整理工具通常在一个可视化的界面中展示数据样本，包括推断的类型、统计数据，包括分布、异常数据、异常值和空值。然后，用户可以添加处理步骤来解决数据问题。一个步骤可以提供处理错误数据的指令、将一个文本字段分割成多个字段，或与另一个表做连接。

当工作准备好后，用户可以在一个完整的数据集上运行这些步骤。实际任务通常会被推送到一个可扩展的数据处理系统，如处理大数据集的 Spark。任务运行完成后，它将返回错误和未处理的异常。用户可以进一步细化配置来处理这些异常值。

我们强烈建议经验丰富的工程师尝试使用数据整理工具。主要的云提供商都有付费版本的数据整理工具，还有许多第三方工具可以选择。数据工程师可能会发现，这些工具大大简化了他们的工作。在公司内部，如果数据工程团队经常从新的、混乱的数据源获取数据，他们可能要考虑培训数据整理方面的专家。

例子：Spark 中的数据转换

让我们来看看数据转换的一个实际的、具体的例子。假设我们建立一个管道，以 JSON 格式从三个 API 数据源获取数据。最初的获取步骤是在 Airflow 中处理的。每个数据源在 S3 桶中获得其前缀（文件路径）。

然后，Airflow 通过调用 API 来触发 Spark 任务。这个 Spark 任务将三个数据源中的数据加载到 DataFrame 中，然后将数据转换为有嵌套的关系格式。Spark 任务将这三个数据源合并到一个表中，然后用 SQL 语句过滤结果。结果最后存储在 S3 中的 Parquet 格式的 Delta Lake 表。

在实践中，Spark 根据我们为数据获取、连接和写出数据编写的代码创建有向无环图。数据的获取发生在集群的内存中。如果其中一个数据源非常大，在获取过程中将会溢出到磁盘。（这个数据被写入集群的磁盘存储；后续会被重新加载到内存中进行处理。）

连接需要一个洗牌操作。一个键值被用来在集群中重新分配数据。当数据被写到每个节点时，会再次发生需要溢出到磁盘的情况。SQL 转换会对内存中的行进行过滤，并丢弃不使用的行。最后，Spark 将数据转换为 Parquet 格式，进行压缩，并将其写回到 S3。Airflow 会定期回调 Spark，查看作业是否已经完成。一旦确认作业完成，它就把整个 Airflow DAG 标记为完成。（注意，我们在这里有两个 DAG 结构，一个是 Airflow 的 DAG，一个是特定于 Spark 任务的 DAG。）

业务逻辑和衍生数据

数据转换最常见的用例之一是将业务逻辑翻译成代码。我们把这个放在批处理转换的章节去讨论，因为这种转换常常通过批处理进行，但请注意，它也可能发生在一个流数据管道中。

假设一家公司使用若干种利润的计算方法。一个版本可能是看去除营销成本之前的利润，另一个版本可能是看去除营销成本之后的利润。尽管这似乎是一个简单的会计工作，但这些指标中的每一个实现起来可能都会涉及复杂的数据转换。

营销成本前的利润可能需要考虑去掉欺诈性订单。确定前一个工作日的合理利润，需要评估在反欺诈团队调查可疑订单时，未来几天取消的订单最终会损失多大百分比的收入和利润。数据库中是否有特殊的标志，表明订单的欺诈概率很高，或者是否是一个已经被自动取消的订单？在具体订单的欺诈风险评估过程完成之前，企业是否假设一定比例的订单会因为欺诈而被取消？

对于扣除营销成本后的利润，我们必须考虑到前一个指标的所有复杂性，再加上归属于具体订单的营销成本。公司是否有一个原生的归因模型——例如，营销成本是否归因于按价格加权分摊到每个订单？营销成本也可以按部门或商品类别归因，或者在复杂的组织中，按用户广告点击的单个商品归因。

这种差异化利润计算业务逻辑的转换必须整合归因的所有细节，即一个将订单与特定广告和广告成本联系起来的模型。归因数据是存储在 ETL 脚本中，还是从广告平台自动生成的表格中拉取？

这种类型的报表数据是*衍生数据*（从存储在系统中的其他数据计算出来的数据）的典型例子。衍生数据的批评者会指出 ETL 要保持衍生指标的一致性是很有挑战性的[注16]。例

注 16：Michael Blaha, "Be Careful with Derived Data," Dataversity, December 5, 2016, *https://oreil.ly/garoL*.

如，如果公司更新了它的归因模型，则这种变化可能需要合并到许多 ETL 脚本中进行报告（ETL 脚本因破坏 DRY 原则而臭名昭著）。更新这些 ETL 脚本是一个需要手工进行的劳动密集型过程，而且涉及处理逻辑和以前更改的领域专业知识。更新后的脚本还必须进行一致性和准确性的验证。

从我们的角度来看，这些都是合理的批评，但不一定很有建设性，因为衍生数据的替代方案同样非常不完美。如果利润相关的数据和计算逻辑没有存储在数据仓库中，分析师则需要运行他们的报告去查询。更新复杂的 ETL 脚本以准确表示业务逻辑的变化是一项繁重的劳动密集型任务，但让分析师持续更新他们的报告查询是几乎不可能的。

一个有趣的替代方案是将业务逻辑推入*度量层*[注17]，但仍然利用数据仓库或其他工具来完成计算繁重的工作。度量层对业务逻辑进行编码，允许分析师和仪表板用户从定义的度量库中建立复杂的分析。度量层从度量标准中生成查询，并将这些查询发送到数据库中。我们将在第 9 章中详细讨论语义层和度量层。

MapReduce

任何不涉及 MapReduce 批量转换的讨论都是不完整的。这并不仅是因为 MapReduce 现在被数据工程师广泛使用。MapReduce 是大数据时代标志性的批处理数据转换方式，它仍然影响着许多数据工程师今天使用的分布式系统，而且对于数据工程师来说，理解它的基本概念是很有用的。MapReduce（*https://oreil.ly/hdptb*）是由谷歌在其关于 GFS 的论文的后续文章中引入的。它最初是 Hadoop 的非官方标准，Hadoop 是我们在第 6 章介绍的 GFS 的开源版本。

一个简单的 MapReduce 作业由一系列的 map 任务组成，这些任务读取分散在各节点上的单个数据块，然后重新分配集群中的单个数据块计算结果，最后在各节点上汇总数据的 reduce 步骤。假设我们想运行以下 SQL 查询：

```
SELECT COUNT(*), user_id
FROM user_events
GROUP BY user_id;
```

表的数据分布在各个节点的数据块中。MapReduce 作业为每个数据块生成一个 map 任务。每个 map 任务基本上都是在一个数据块上运行查询，也就是说，它为数据块上出现的每个用户 ID 生成一个计数。虽然一个块可能包含数百兆字节，但整个表的大小可能是 PB 级的。然而，任务的 map 部分是一个几乎完美的易并行计算的例子。整个集群的数据扫描效率基本上与节点的数量呈线性关系。

注 17：Benn Stancil, "The Missing Piece of the Modern Data Stack," *benn.substack*, April 22, 2021, *https://oreil.ly/GYf3Z*.

然后我们需要聚合（reduce）来收集整个集群的结果。我们不是把结果收集到一个节点上。相反，我们按键重新分配结果，使每个键最终出现在一个而且只有一个节点上。这就是洗牌步骤，通常使用键值的哈希算法来执行。一旦 map 结果被洗牌，我们就对每个键的结果进行求和。键 / 计数对可以写到对应节点的本地磁盘上。我们收集跨节点存储的子结果来查看完整的查询结果。

现实世界的 MapReduce 作业可能比我们这里描述的要复杂得多。一个用 WHERE 子句过滤的复杂查询会连接三个表，并应用一个窗口函数，这将包括许多 map 和 reduce 阶段。

在 MapReduce 之后

谷歌最初的 MapReduce 模型是非常强大的，但现在被认为过于死板。它利用了许多短任务从磁盘上读取和写入数据。特别是中间状态没有保存在内存中，所有的数据都通过磁盘或网络推送的方式在任务之间传输。这简化了状态和工作流的管理，也最大限度地减少了内存的消耗，但它也会使磁盘带宽利用率和处理时间有所增加。

MapReduce 范式是围绕着这样的想法构建的：磁盘容量和带宽非常便宜，所以简单地使用大量磁盘处理数据以实现超快速查询是有意义的。这在一定程度上是有效的。在 Hadoop 的早期，MapReduce 多次创造了数据处理记录。

然而，我们已经在后 MapReduce 时代生活有一段时间了。后 MapReduce 处理并没有真正抛弃 MapReduce，它仍然包括 map、shuffle 和 reduce 等元素，但它放松了 MapReduce 的限制，允许在内存中进行缓存[注18]。回想一下，RAM 在传输速度和寻道时间方面比 SSD 和 HDD 快得多。在内存中保留哪怕是极少量的数据，都可以极大地加快特定的数据处理任务，并彻底提高性能。

例如，Spark、BigQuery 和其他各种数据处理框架都是围绕内存处理设计的。这些框架将数据视为驻留在内存中的一个分布式集合。如果数据量超过了可用的内存容量，就会导致数据溢出到磁盘。尽管磁盘仍然非常有价值，但被视为二等数据存储层。

云服务商是更广泛地采用内存缓存的驱动者之一。在特定的处理工作中租赁内存比拥有它要有效得多。在可预见的未来，利用内存进行转换仍然是有优势的。

8.3.2 物化视图、联邦查询和数据虚拟化

在这一节中，我们将探讨几种通过将查询结果呈现为类似于表的对象来实现虚拟化技术。这些技术可以成为转换管道的一部分，也可以在终端用户数据消费之前使用。

注 18："What Is the Difference Between Apache Spark and Hadoop MapReduce?," Knowledge Powerhouse YouTube video, May 20, 2017, *https://oreil.ly/WN0eX*.

视图

第一，为物化视图做个铺垫，让我们回顾一下视图。*视图*是一个数据库对象，我们可以像其他表一样从中查询。在实践中，一个视图只是一个引用其他表的查询。当我们从一个视图中查询时，该数据库会创建一个新的查询，将子查询与我们的查询相结合。然后，查询优化器对完整的查询进行优化。

视图在数据库中会发挥非常多的作用。第一，视图可以保护数据安全。例如，视图可以只选择特定的列和行，从而提供有限的数据访问。根据用户的数据访问，可以为工作角色创建各种视图。

第二，视图可以用来帮助展示去重后的数据。如果我们使用仅插入的模式，视图可以用来返回一个去重版本的表，只显示每个记录的最新版本。

第三，视图可以用来展示常见的数据访问模式。假设营销分析人员必须经常运行一个连接五个表的查询。我们可以创建一个视图，将这五个表连接成一个宽表。然后，分析师可以在这个视图上编写过滤和聚合的查询。

物化视图

我们在前面关于查询缓存的讨论中提到过物化视图。非物化视图的一个潜在缺点是它们不做任何预计算。在一个连接五个表的视图的例子中，每次营销分析师在这个视图上运行查询时都必须运行这五个连接，而这五个连接可能是非常耗时的。

物化视图提前进行了部分或全部的视图计算。在我们的例子中，每次源表发生变化时，物化视图可能会保存五个表的连接结果。然后，当用户引用该视图时，他们就会从预先连接的数据中进行查询。物化视图是一个事实上的数据转换步骤，但数据库可以更方便地管理查询的执行。

根据不同的数据库，物化视图也可以起到重要的查询优化作用，即使是不直接引用它们的查询。许多查询优化器可以识别看起来像物化视图的查询。如果分析师运行一个使用过条件的查询，该过滤条件出现在一个物化视图中，优化器就会重写查询，从预先计算的结果中进行选择。

可组合的物化视图

一般来说，物化视图不允许组合，也就是说，一个物化视图不能从另一个物化视图中查询数据。然而，我们最近看到出现了一些支持这种能力的工具。例如，Databricks 已经引入了*实时表*的概念。每个表都会随着数据来源的到来而更新。数据以异步方式流向后续的表。

联邦查询

*联邦查询*是数据库的一种功能，它允许 OLAP 数据库从外部数据源查询数据，如对象存储或 RDBMS。假设你需要在对象存储以及 MySQL 和 PostgreSQL 数据库中的各种表之间组合数据。你的数据仓库可以向这些来源发出联邦查询，并返回组合后的结果（如图 8-19 所示）。

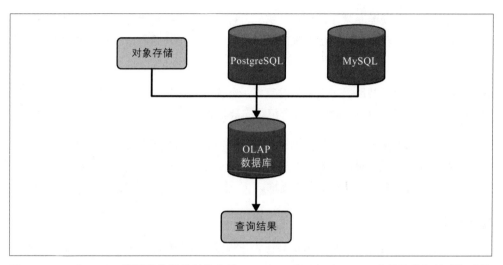

图 8-19：一个 OLAP 数据库发起从对象存储、MySQL 和 PostgreSQL 中获取数据的联邦查询请求，然后返回组合后的查询结果

另一个例子是 Snowflake 支持在 S3 桶上定义的外部表。在创建表时定义一个外部数据位置和文件格式，但数据没有被获取到 Snowflake 的表中。当查询外部表时，Snowflake 从 S3 读取数据，并根据创建表时设置的参数来处理数据。我们甚至可以将 S3 数据连接到内部数据库表。这使得 Snowflake 和类似的数据库与数据湖环境更加兼容。

一些 OLAP 系统可以将联邦查询转换为物化视图。这为我们提供了类似本地表的查询性能，而不需要在每次外部源变化时手动获取数据。每当外部数据发生变化时，物化视图就会主动更新。

数据虚拟化

*数据虚拟化*与联邦查询密切相关，但通常需要一个不在内部存储数据的处理和查询系统。现在，Trino（如 Starburst）和 Presto 是比较优秀的例子。任何支持外部表格的查询 / 处理引擎都可以作为一个数据虚拟化引擎。数据虚拟化最重要的考虑因素是支持外部数据源和性能。

一个密切相关的概念是*查询下推*。假设我想从 Snowflake 查询数据，连接来自 MySQL

数据库的数据，并过滤结果。查询下推的目的是将尽可能多的工作转移到源数据库。计算引擎可能会设法将过滤条件推送到源系统的查询中。这有两个目的：第一，它减少了虚拟化层的计算量，利用了源系统的查询性能。第二，它减少了必须通过网络推送的数据量，这是虚拟化性能的另一个关键瓶颈。

对于有不同数据源的组织来说，数据虚拟化是一个很好的解决方案。然而，数据虚拟化不应该被滥用。例如，虚拟化一个生产型 MySQL 数据库并不能解决分析查询对生产系统产生不利影响的核心问题，因为 Trino 并不在内部存储数据，它每次运行查询时都会从 MySQL 中拉取数据。

另外，数据虚拟化可以作为数据获取和处理管道的一个组成部分。例如，Trino 可能被用来在生产系统负载较低时，每天午夜从 MySQL 中抽取一次数据。结果可以被保存到 S3 中，供下游转换和日常查询使用，也避免了 MySQL 被直接分析查询。

数据虚拟化可以被看作一种通过去除组织间数据孤岛并将数据湖扩展到更多的数据源的工具。一个组织可以在 S3 中存储经常访问的、经过转换的数据，并在公司的各个部分之间进行虚拟化访问。这与数据网格的概念密切相关（在第 3 章中讨论过），其中小团队负责准备他们的数据进行分析，并与公司其他部门共享。虚拟化可以作为实际共享的关键访问层。

8.3.3 流转换和处理

我们已经在介绍查询的部分讨论了流处理。流转换和流查询之间的区别是细微的，需要更多的解释。

基础知识

如前所述，流查询动态地呈现数据的当前状况。流转换的目的是为下游消费准备数据。

例如，一个数据工程团队可能有一个物联网事件的输入流。这些物联网事件带有设备 ID 和事件数据。我们希望用其他设备元数据动态地让这些事件更丰富，这些元数据存储在一个单独的数据库中。流处理引擎通过设备 ID 查询包含该元数据的独立数据库，用这些数据生成新的事件，并将其传递到另一个流。实时查询和触发的指标会在这个新的流上运行（如图 8-20 所示）。

转换和查询是一个连续的过程

在批处理中，转换和查询之间的界限很模糊，但在流数据领域，两者的区别变得更细微。例如，我们动态地计算窗口的聚合统计，然后将输出发送到目标流中，这是一个转换还是一个查询？

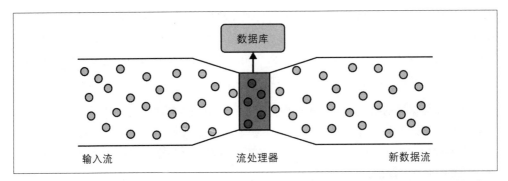

图 8-20：一个流事件处理平台从输入流获取数据，然后将更丰富的数据传递给一个新数据流

也许我们最终采用新的流计算术语，以更好地表现现实世界的用例。目前，我们将尽力使用现有的术语。

流式有向无环图

一个与流数据增强和连接相关的术语是*流式有向无环图*[注 19]。我们在第 2 章讨论编排时首次谈到了这个概念。编排本质上是一个批处理的概念，但如果我们想实时地丰富、合并和拆分多个流呢？

让我们举一个简单的利用流式有向无环图的例子。假设我们想把网站点击流数据和物联网数据结合起来。这将使我们获得一个统一的用户活动视图。此外，每个数据流需要被预处理成标准格式（如图 8-21 所示）。

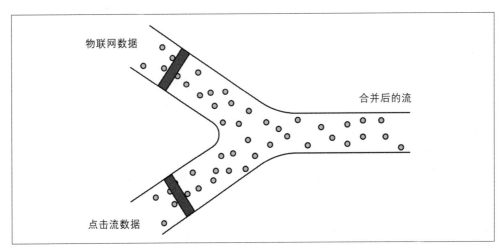

图 8-21：一个简单的流式有向无环图

注 19：关于流式有向无环图概念的详细应用，见 "Why We Moved from Apache Kafka to Apache Pulsar"，作者 Simba Khadder, StreamNative blog, April 21, 2020, *https://oreil.ly/Rxfko*。

我们很早就可以通过将流式存储（如 Kafka）与流处理器（如 Flink）相结合。创建流式有向无环图相当于建立一个复杂的 Rube Goldberg 机械，有许多主题和处理任务。

Pulsar 通过将有向无环图作为一个核心的流抽象极大地简化了这个过程。工程师可以将他们的流式有向无环图定义为单一系统内的代码，而不是在多个系统进行管理。

微批处理与真正的流处理

在微批处理和真正的流处理方法之间一直存在着一些争议。从根本上说，了解你的用例、性能要求和架构的性能很重要的。

微批处理是一种将面向批处理的框架应用于流的方式。一个微批处理可能以每两分钟到每秒钟的频率运行。一些微批处理框架（如 Apache Spark Streaming）就是为这种用例而设计的，在适当分配资源的情况下，较高的批处理频率性能会很好。（事实上，DBA 和工程师长期以来一直在使用更传统的数据库进行微批处理，这往往导致可怕的性能和资源消耗。）

真正的流处理系统（例如 Beam 和 Flink）一次只处理一个事件。但是这也带来了巨大的开销。另外需要注意的是，即使在这些真正的流处理系统中，许多进程仍然是分批进行的。一个将额外数据添加到单个事件的过程可以在低延迟的情况下一次处理一个事件。然而，一个在窗口上的指标计算可能每隔几秒、每隔几分钟运行一次。

当你使用窗口和触发器（批处理）时，窗口的更新频率是多少？可接受的延迟是多少？如果你正在收集每隔几分钟发布的黑色星期五的销售指标，只要你设置一个适当的微批频率，微批就能很好的工作。相反，如果你的运维团队为了检测 DDoS 攻击，需要每秒钟都计算指标，那么真正的流处理就是你的选择。

什么时候你应该使用一个而不是另一个？坦率地说，没有一个通用的答案。*微批处理*这个词经常被用来否定竞争性技术，但它可能对你的用例很有效，而且根据你的需求，在很多方面都会有优势。如果你的团队已经有了 Spark 的专业知识，你将能够极快地给出一个 Spark（微批处理）流处理解决方案。

领域知识和实际测试是无可替代的。与能够提出中立意见的专家交谈。你也可以通过在云基础设施上轻松地测试不同的替代方案。另外，要注意供应商提供的不真实的基准指标。供应商有时会挑选一个与现实场景不符合的性能基准或者配置（回顾我们在第 4 章中关于基准的讨论）。通常情况下，供应商会在基准结果中展示巨大的优势，但在现实世界中却无法帮助到你的用例。

8.4 你和谁一起工作

查询、转换和建模影响着数据工程生命周期中的所有利益相关者。在这个阶段，数据工程师要负责几件事。从技术角度来看，数据工程师负责设计、建立和维护数据系统的完整性。数据工程师还在这个系统中实现数据模型。这是最"全面接触"的阶段，你的重点是尽可能多地创造价值，无论是在完善系统功能还是构建可靠的和值得信赖的数据方面。

8.4.1 上游利益相关者

当涉及转换时，上游利益相关者可以分成两大类：控制业务定义的人和控制系统生成数据的人。

当与上游利益相关者就业务定义和逻辑进行交流时，你需要了解数据源——它们分别是什么，它们如何被使用，以及涉及的业务逻辑和定义是什么。你将与负责这些源系统的工程师以及管理产品和应用程序的业务利益相关者合作。数据工程师还可能与业务和技术利益相关者一起建立数据模型。

数据工程师需要参与到数据模型的设计中，并在以后因为业务逻辑变化或新的流程而进行更新数据模型。转换是很容易做到的，只要写一个查询，然后把结果放到一个表或视图中。创建并使它们既能执行又对业务有价值是另一回事。在转换数据时，要始终把业务的要求和期望放在首位。

上游利益相关者希望确保你的查询和转换对他们的系统影响最小。确保对源系统中数据模型的变化（例如列和索引的变化）进行双向沟通，因为这些会直接影响到查询、转换和分析的数据模型。数据工程师应该了解模式的变化，包括字段的增加或删除，数据类型的变化，以及其他任何可能对查询和转换数据产生实质性影响的情况。

8.4.2 下游利益相关者

转换是数据开始向下游利益相关者提供服务的地方。你的下游利益相关者包括许多人：数据分析师、数据科学家、机器学习工程师和业务人员。与他们合作，确保你提供的数据模型和转换是高性能且有用的。在性能方面，查询应该以最具成本效益的方式尽可能快地执行。我们所说的*有用*是什么意思？分析师、数据科学家和机器学习工程师应该能够查询数据源，并确信数据具有最高的质量和完整性，能被集成到他们的工作流和数据产品中。业务人员应该能够相信转换后的数据是准确的和可使用的。

8.5 底层设计

转换阶段使你的数据变得对业务有用。在这个阶段，由于有许多部分会发生变动，底层设计尤为关键。

8.5.1 安全

查询和转换将不同的数据集组合成新的数据集。谁可以访问这个新的数据集？如果有人确实可以访问一个数据集，则要继续控制谁可以有数据集的列、行和单元格级别的访问权限。

在查询时要注意针对你的数据库的攻击向量。对数据库的读写权限必须进行严格的监视和控制。对数据库的查询访问的控制，必须以你的组织对系统和环境的访问控制相同的方式进行。

保证身份验证信息的隐蔽性；避免复制和粘贴密码、访问令牌或其他凭证到代码或未加密的文件。令人震惊的是，在 GitHub 存储库中，经常会看到数据库用户名和密码被直接粘贴在代码库中的情况。不言而喻，不要与其他用户共享密码。最后，不要让不安全或未加密的数据通过公共互联网传输。

8.5.2 数据管理

尽管数据管理在源系统阶段（以及数据工程生命周期的其他每个阶段）是必不可少的，但在转换阶段尤其关键。转换本质上创造了需要加以管理的新的数据集。与数据工程生命周期的其他阶段一样，让所有的利益相关者参与到数据模型和转换中来并管理他们的期望是至关重要的。此外，确保每个人都同意与数据的各自业务定义相一致的命名规则。正确的命名约定应该反映在易于理解的字段名中。用户也可以在数据目录中查看，以更清楚地了解字段创建时的含义，谁在维护数据集以及其他相关信息。

对定义的准确性进行解释是转换阶段的关键。转换是否遵守了预期的业务逻辑？独立于转换的语义层或度量层的概念正在变得越来越流行。与其运行时在转换中执行业务逻辑，为什么不在转换层之前将这些定义单独设计为一个处理阶段？虽然现在还处于早期阶段，但预计会看到语义层和度量层在数据工程和数据管理中变得越来越流行和普遍。

因为转换涉及数据的变换，所以确保你所使用的数据没有问题并且可以代表真实情况是至关重要的。如果你的公司在做主数据管理，请继续实施它。一致的维度和其他转换都依赖于主数据管理来保持数据的原始完整性和正确性。如果没办法依赖主数据管理，请与控制数据的上游利益相关者合作，以确保你所转换的任何数据是正确的，并符合大家都认可的业务逻辑。

数据转换使你很难知道一个数据集是如何从同一行衍生出的。在第 6 章，我们讨论了数据目录。当我们转换数据时，*数据血缘*工具变得非常有价值。数据血缘工具既可以帮助数据工程师在创建新的转换时了解以前的转换步骤，也可以帮助分析师在运行查询和建立报告时了解数据的来源。

最后，合规要求对你的数据模型和转换有什么影响？如果有必要，敏感字段的数据是否需要屏蔽或混淆？你是否有能力响应删除请求？你的数据血缘跟踪是否允许你看到从被删除的数据中衍生出来的数据，并重新运行转换以删除原始源下游的数据？

8.5.3 DataOps

通过查询和转换，DataOps 有两个需要关注的领域：数据和系统。你需要对这些领域的变化或异常情况进行监控和告警。数据可观测性领域正在爆发，这个领域非常关注数据的可靠性。最近甚至有一个新的职位名称叫作*数据可靠性工程师*。本节强调了数据可观测性和数据健康，其重点是查询和转换阶段。

让我们从 DataOps 的数据方面开始。当你查询数据时，输入和输出是否正确？你怎么知道？如果这个查询被保存到一个表中，其模式是否正确？数据的相关的统计信息（如最小/最大值、空值等）的情况如何？你应该对输入数据集和转换后的数据集运行数据质量测试，这将确保数据符合上游和下游用户的期望。如果在转换过程中出现了数据质量问题，你要记录这个问题，回滚代码并调查问题的原因。

现在让我们来看看 DataOps 的运维部分。系统的性能如何？监测指标，如查询队列长度、查询并发数、内存使用、存储利用率、网络延迟和磁盘 I/O。使用这些指标来发现瓶颈和性能不佳的查询，这些查询将是重构和调整的候选对象。如果查询完全没有问题，你就会对调优数据库本身有很好的想法（例如，通过对表进行聚类以提高查询性能）。或者，你可能需要升级数据库的计算资源。如今的云服务和 SaaS 数据库为你提供了灵活的方式来快速升配（或降配）系统。采取数据驱动的方法并利用你的可观测性指标来确定你是否有查询或系统的问题。

向基于 SaaS 的分析数据库的转变改变了数据消费的成本状况。在本地数据仓库的时代，系统和许可证是预先购买的，后续没有额外的使用成本。传统的数据工程师会专注于性能优化，尽可能地利用这些昂贵的软件。而以实际用量为收费基础的云数据仓库的数据工程师需要专注于成本管理和成本优化。这就是 FinOps（参见第 4 章）的实践。

8.5.4 数据架构

我们在第 3 章中介绍的优秀数据架构的一般规则也适用于数据转换阶段。构建健壮的能够处理和转换数据系统的同时保证稳定性。你对数据获取和存储的技术选型将直接影响你执行可靠的查询和转换。如果获取和存储适合你的查询和转换模式，你就不会有什么问题。相反，如果你的查询和转换不能与你的上游系统很好地配合，你就会有麻烦。

例如，我们经常看到数据团队使用错误的数据管道和数据库来完成工作。一个数据团队可能将实时数据管道连接到 RDBMS 或 Elasticsearch，并将其作为数据仓库使用。这些系统并没有针对大批量的聚合 OLAP 查询进行优化，在这种工作负载下会出现问题。这个数据团队显然不了解他们的架构选择将如何影响查询性能。花点时间了解你的架构选择中的利弊，弄清楚你的数据模型将如何与数据获取和存储系统一起工作，以及查询将如何执行。

8.5.5 编排

数据团队经常使用简单的基于时间表的方式来管理他们的数据转换管道，例如，cron jobs。这在开始时效果还不错，但随着工作流越来越复杂，就会变成一场噩梦。使用基于依赖关系的编排工具来管理复杂的管道。编排工具也是一种黏合剂，使我们能够组装跨越多个系统的管道。

8.5.6 软件工程

在编写转换代码时，你可以使用多种语言（如 SQL、Python 和基于 JVM 的语言）和多种数据平台（从数据仓库到分布式计算集群）。每种语言和平台都有其优势和缺点，所以你应该了解你使用的工具的最佳实践。例如，你可能用由 Spark 或 Dask 这样的分布式系统提供支持的 Python 编写数据转换。当运行数据转换时，内置函数性能更好时你是否还在使用用户定义函数？我们已经看到一些案例，其中写得不好、迟缓的用户定义函数的被一个内置的 SQL 函数取代后，性能立即得到了极大的改善。

分析工程的兴起为终端用户带来了软件工程实践和*分析即代码*的概念。像 dbt 这样的分析工程转换工具已经快速流行起来，给分析师和数据科学家提供了使用 SQL 编写数据库内转换的能力，而无须 DBA 或数据工程师的直接干预。在这种情况下，数据工程师负责设置分析师和数据科学家使用的代码库和 CI/CD 管道。这对数据工程师的角色来说是一个很大的改变，在历史上，他们会建立和管理底层的基础设施以及实现数据转换。数据工具降低了准入门槛，整个数据团队也变得更加民主化，看到数据团队的工作流如何变化将是非常有趣的。

使用一个基于图形用户界面的低代码工具，你可以得到转换工作流的可视化展示。你仍然需要了解底层的工作原理是什么。这些基于图形用户界面的转换工具通常会在幕后生成 SQL 或其他语言。虽然低代码工具的意义在于减少使用者对底层细节的了解，但了解幕后的代码将有助于调试和性能优化。盲目地假设工具会生成高性能的代码往往是错误的。

我们建议数据工程师在查询和转换阶段特别注意软件工程的最佳实践。虽然简单地在数据集上投入更多的处理资源可以在一定程度上解决问题，但知道如何编写干净的、高性能的代码是一个更好的方法。

8.6 总结

转换是数据管道的核心。牢记转换的目的是十分重要的。归根结底，雇用工程师不是为了玩最新的技术，而是为了服务客户。转换是为业务增加价值和投资回报率的地方。

我们认为使用令人兴奋的转换技术为利益相关者服务是可行的。第 11 章将谈到*实时数据栈*，本质上是围绕流数据获取重新配置数据栈，并使数据转换工作流更接近源系统应用程序本身。那些把实时数据看作为了技术而技术的工程团队将重复大数据时代的错误。但实际上，与我们合作的大多数组织都有可以从流数据中受益的业务用例。在选择技术和复杂系统之前，关键的步骤是确定这些业务用例并关注其价值。

在我们进入第 9 章的数据工程生命周期的数据服务阶段时，请思考技术作为实现组织目标的工具。如果你是一个在职的数据工程师，想想转换系统的改进如何能帮助你更好地服务你的最终客户。如果你刚刚踏上数据工程的道路，请思考你有兴趣用技术来解决什么样的业务问题。

8.7 补充资料

- "Building a Real-Time Data Vault in Snowflake" (*https://oreil.ly/KiQtd*) by Dmytro Yaroshenko and Kent Graziano
- *Building a Scalable Data Warehouse with Data Vault 2.0* (Morgan Kaufmann) by Daniel Linstedt and Michael Olschimke
- *Building the Data Warehouse* (Wiley), *Corporate Information Factory*, and *The Unified Star Schema* (Technics Publications) by W. H. (Bill) Inmon
- "Caching in Snowflake Data Warehouse" Snowflake Community page (*https://oreil.ly/opMFi*)
- "Data Warehouse: The Choice of Inmon vs. Kimball" (*https://oreil.ly/pjuuz*) by Ian Abramson
- *The Data Warehouse Toolkit* by Ralph Kimball and Margy Ross (Wiley)
- "Data Vault—An Overview" (*https://oreil.ly/Vxsm6*) by John Ryan
- "Data Vault 2.0 Modeling Basics" (*https://oreil.ly/DLvaI*) by Kent Graziano
- "A Detailed Guide on SQL Query Optimization" tutorial (*https://oreil.ly/WNate*) by Megha
- "Difference Between Kimball and Inmon" (*https://oreil.ly/i8Eki*) by manmeetjuneja5
- "Eventual vs. Strong Consistency in Distributed Databases" (*https://oreil.ly/IU3H1*) by Saurabh.v
- "The Evolution of the Corporate Information Factory" (*https://oreil.ly/j0pRS*) by

Bill Inmon

- Gavroshe USA's "DW 2.0" web page (*https://oreil.ly/y1lgO*)
- Google Cloud's "Using Cached Query Results" documentation (*https://oreil.ly/lGNHw*)
- Holistics' "Cannot Combine Fields Due to Fan-Out Issues?" FAQ page (*https://oreil.ly/r5fjk*)
- "How a SQL Database Engine Works," (*https://oreil.ly/V0WkU*) by Dennis Pham
- "How Should Organizations Structure Their Data?" (*https://oreil.ly/00d2b*) by Michael Berk
- "Inmon or Kimball: Which Approach Is Suitable for Your Data Warehouse?" (*https://oreil.ly/ghHPL*) by Sansu George
- "Introduction to Data Vault Modeling" document, (*https://oreil.ly/3rrU0*) compiled by Kent Graziano and Dan Linstedt
- "Introduction to Data Warehousing" (*https://oreil.ly/RpmFV*), "Introduction to Dimensional Modelling for Data Warehousing" (*https://oreil.ly/N1uUg*), and "Introduction to Data Vault for Data Warehousing" (*https://oreil.ly/aPDUx*) by Simon Kitching
- Kimball Group's "Four-Step Dimensional Design Process" (*https://oreil.ly/jj2wI*), "Conformed Dimensions" (*https://oreil.ly/A9s6x*), and "Dimensional Modeling Techniques" (*https://oreil.ly/EPzNZ*) web pages
- "Kimball vs. Inmon vs. Vault" Reddit thread (*https://oreil.ly/9Kzbq*)
- "Modeling of Real-Time Streaming Data?" Stack Exchange thread (*https://oreil.ly/wC9oD*)
- "The New 'Unified Star Schema' Paradigm in Analytics Data Modeling Review" (*https://oreil.ly/jWFHk*) by Andriy Zabavskyy
- Oracle's "Slowly Changing Dimensions" tutorial (*https://oreil.ly/liRfT*)
- ScienceDirect's "Corporate Information Factory" web page (*https://oreil.ly/u2fNq*)
- "A Simple Explanation of Symmetric Aggregates or 'Why on Earth Does My SQL Look Like That?'" (*https://oreil.ly/7CD96*) by Lloyd Tabb
- "Streaming Event Modeling" (*https://oreil.ly/KQwMQ*) by Paul Stanton
- "Types of Data Warehousing Architecture" (*https://oreil.ly/gHEJX*) by Amritha Fernando
- US patent for "Method and Apparatus for Functional Integration of Metadata" (*https://oreil.ly/C3URp*)
- Zentut's "Bill Inmon Data Warehouse" web page (*https://oreil.ly/FvZ6K*)

第9章

为分析、机器学习和反向 ETL 提供数据服务

恭喜你！你已经走到了数据工程的最后一个阶段，为下游用例提供数据服务（如图 9-1 所示）。在这一章，你可以体会作为数据工程师为三个使用场景提供数据服务的各种方法。首先是为分析和 BI，也就是统计分析、报表和仪表板提供数据服务，这些是数据服务最为常见的目标。值得一提的是，这些概念的提出早于 IT 和数据库，但是它们对于了解业务、组织和财务流程的利益相关者来说仍然至关重要。

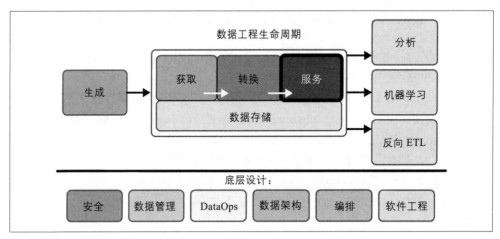

图 9-1：服务为用例提供数据

然后是为机器学习应用程序提供数据服务。机器学习完全依赖于高质量的数据。数据科学家和机器学习工程师需要在数据工程师的帮助下来获取、转化以及交付必要的数据，从而训练模型。

最后是为反向 ETL 提供数据服务。*反向 ETL* 是一种将数据回传给数据源的过程。例如，我们有可能会从广告技术平台获取数据，进行数据分析后给出每次点击的竞价，并将结果回传给广告技术平台。反向 ETL 和 BI 以及机器学习有着深度的共生关系。

在介绍这三种主要数据服务方式之前，让我们先来了解一下提供数据服务的常见关注点。

9.1 提供数据服务的常见关注点

在开始提供数据服务之前，我们有一些需要特别关注的地方。首要的是信任，人们需要相信你提供的数据。另外，你需要了解你的用例和用户、产出的数据产品以及如何提供数据服务（是否自助服务）、数据定义和逻辑，以及数据网格。这些在这里讨论的关注点是较为通用的并且适用于这三种数据服务方式。了解这些关注点会帮助你更有效地为数据客户提供数据服务。

9.1.1 信任

> 花 20 年建立的名誉可能只需要 5 分钟就可以毁掉。如果你明白这一点，你就会换种方式做事情。
>
> ——沃伦·巴菲特（Warren Buffett）[注1]

信任是提供数据服务的根本关注点。终端用户需要信任他们接收的数据。如果终端用户不信任收到的数据能可靠地代表他们的业务，那么无论数据架构多么地炫酷又复杂，它实际上都和数据服务层脱钩了。失去信任通常是数据项目无声的丧钟，即使这个项目直到几个月或几年后才正式取消。数据工程师的职责是提供能力范围内最好的数据，所以需要确保数据产品永远囊括最高质量和值得信任的数据。

在深入学习本章内容的过程中，我们会不断强调增加数据可信度的理念并且提供实用的办法。我们见过太多的团队在征询利益相关者是否信任数据之前，就专注于推送数据了。这样做往往导致利益相关者失去对数据的信任。而信任一旦丢失就极难挽回。最后不可避免的结局是业务方不能发挥数据的潜在价值，数据团队也会丢失信誉（甚至被解散）。

要实现数据质量并建立利益相关者信任，需要利用数据验证流程以及数据可观测性流程，同时与利益相关者一起目视检查和确认数据有效性。*数据验证* 使用数据分析方法来保证数据可以忠实反映财务信息、客户行为以及销售记录等信息。*数据可观测性* 提供了

注 1：引用自 Benjamin Snyder，"7 Insights from Legendary Investor Warren Buffett," CNBC *Make It*, May 1, 2017, *https://oreil.ly/QEqF9*.

一个观测数据和数据处理的持续视图。只有在*数据工程的全生命*周期充分运用上述这两个流程，项目才会有成效。我们会在 9.8 节深入讨论这些。

除了通过数据质量建立信任，SLA 和 SLO 也是工程师建立终端用户和上游利益相关者信任的必要手段。当用户开始依赖数据来完成业务需求时，会要求使用的数据有持续的可用性以及数据工程师保障的最新状态。高质量的数据在没有达到预期内的可用性时很难发挥辅助商业决策的价值。另外，SLA 和 SLO 也可以采用正式或者非正式的*数据契约*形式（见第 5 章）。

虽然第 5 章已经对 SLA 进行了讨论，但是有必要在这再谈几句。SLA 有着多种形式。无论其形式如何，SLA 都给了用户对于数据产品的预期。这是你和利益相关者的契约。SLA 的一个例子可能是，"数据的可用性是值得信赖的，同时能保持高质量。"而 SLO 是 SLA 的关键部分，阐述了用于衡量契约的方法。例如，给定上文的 SLA，对应的 SLO 可能是，"为仪表板或者机器学习工作流服务的数据管道有着 99% 的正常运行时间，95% 的数据是准确无误的。"一定要确保各方的预期是清晰的，并且你有能力验证能否满足约定的 SLA 和 SLO。

对 SLA 达成一致是不够的。持续的沟通才能维持一个好的 SLA：对可能对 SLA 和 SLO 预期有影响的事项进行沟通，并提供补救和改进措施。

信任就是一切。得之难，失之易。

9.1.2 用例是什么，用户又是谁

数据服务层是为了数据的使用。但是怎样才能有效使用数据呢？需要从两个方向思考：用例是什么，用户又是谁？

数据的用例远远超出了查看报告和仪表板的范围。数据在决策中的作用才是核心。例如，高管会根据报告做出战略决策吗？外卖应用程序的用户能在接下来的两分钟内收到吸引他们购买的优惠券吗？一份数据往往被用于多个用例，例如训练高分的机器学习模型或者充实 CRM（反向 ETL）过程。高质量、高影响力的数据自然而然地会吸引很多很有趣的用例。但在帮助数据寻找用例时，可以想想："这份数据会触动什么，能触动谁？""这个过程可以自动发生吗？"

如果可能，尽量挑选有着最高 ROI 的用例。数据工程师喜欢纠结于他们搭建的系统的技术实现细节，而忽略目的。很多工程师只想做最擅长的事情：搞工程。而当工程师能够以价值和用例为导向时，产出就能更有价值和效率。

当开启一个新的数据项目时，倒排工序是很有必要的。为了避免迷失于技术选型，我们推荐你从用例和用户入手。以下是项目启动时可以问自己的一些问题：

- 谁会使用这些数据？怎么用？

- 利益相关者有什么期望？

- 我怎么和数据利益相关者（数据科学家、分析师、业务用户）合作，更好地了解这些数据的用途？

在开展数据工程的时候，一定要从用户及其用例入手。在了解他们的期望和目标后，就会更容易产出优秀的数据产品。接下来让我们展开聊一聊数据产品。

9.1.3 数据产品

数据产品的良好定义是能够通过使用数据促成最终目标的产品。

——D. J. Patil[注2]

数据产品不是凭空产生的。就像许多之前讨论过的组织流程一样，开发数据产品像是一项需要全身心投入的运动，在技术的框架下混合了产品和业务。核心利益相关者参与数据产品的开发是非常重要的。在大多数公司，数据工程师会负责除了终端用户操作外的数据产品全流程。优秀的数据工程师会尽力去了解提供给直接用户（比如数据分析师、数据科学家或公司外部客户）的产物。

当创造一个数据产品时，应该从"完成任务"的角度思考[注3]。用户为了"完成任务"才"雇用"数据产品。一个数据工程师常犯的错误是在不了解终端用户的需求或者没有产品市场调研的情况下盲目开发。这样的灾难发生在没人想用的数据产品诞生之时。

一个好的数据产品应该有着正反馈循环。更多的数据产品使用产生更多的有用数据，产品也因此得以改进。这个过程会一直反复下去。

在构建数据产品时，需要考虑以下几点：

- 人们用数据产品时，期望达成的结果是什么？非常常见的情况是，数据产品是在没有清楚了解用户预期的情况下开发的。

- 数据产品是服务于内部用户还是外部用户？在第 2 章，我们讨论过面向内部和外部的数据工程。开发数据产品时，了解用户是内部的还是外部的会影响提供数据服务的方式。

- 数据产品的产出和 ROI 是什么？

注 2：D. J. Patil, "Data Jujitsu: The Art of Turning Data into Product," *O'Reilly Radar*, July 17, 2012, *https://oreil.ly/IYS9x*.

注 3：Clayton M. Christensen et al., "Know Your Customers ''Jobs to Be Done,'" *Harvard Business Review*, September 2016, *https://oreil.ly/3uU4j*.

做人人都爱用的数据产品是很难的。没用的特性和失信的数据会破坏数据产品的采用。需要专注在数据产品的采用和利用上，并且愿意做出令用户满意的调整。

9.1.4 是否用自助服务

用户如何与数据产品交互？是业务主管让数据团队出报告，还是业务主管可以自己构建报告？自助服务数据产品——让用户可以自己构建数据产品——多年来一直是数据用户的共同愿望。还有什么比让终端用户直接创建报告、分析、机器学习模型更好的呢？

时至今日，用户依然期待自助服务的 BI 和数据科学。但我们很少看见公司能成功运营数据自助服务项目。因为落地难度高，数据自助服务项目容易虎头蛇尾。因此，还需要分析师和数据科学家来执行提供临时报告和维护仪表板的繁重工作。

为什么数据自助服务如此艰难？这个问题可以有多个答案，但是通常涉及对终端用户的理解。如果面向的用户是高管级别的，他们想知道业务运行情况，那么一个清晰且有着可操作指标的预定义仪表板往往就足够了。高管用户会忽略掉可以创建自定义数据视图的自助服务工具。如果报告揭示了更多问题，那么他们可能会找分析师来深挖数据。另外，分析师做自助服务分析时会用更强大的工具，比如 SQL。因此，在 BI 层级的自助服务分析用处不大。数据科学也适用同样的道理。尽管市面上的公司都在鼓吹自助服务赋能机器学习，人人都是数据科学家，但同理，类似产品的采用率并不高。在上述两个极端案例中，自助服务数据产品是不适用的，如同"扳手钉钉子"。

成功搭建自助服务数据项目从找对受众开始，识别自助服务用户和他们要做的"工作"。在什么情况下用户用自助服务比与数据分析师合作更好呢？比如具备数据相关技术背景的业务主管，他们就很适合自助服务，他们可能想要自己对数据进行切片，而又不重拾SQL 技能。再比如响应了公司号召或者参加了培训项目的业务领导们，想要深入学习数据技能，就很能挖掘出数据自助服务的价值。

构建好的数据自助服务要确定如何为特定用户提供数据服务。他们对于新数据的时间要求是怎样的？如果他们不可避免地想要更多的数据或者改变自助服务的需求范围，会发生什么情况？更多的数据带来更多的问题，而这又需要更多的数据来解决。因此，你需要对用户不断增长的需求有所准备。另外，你还需要理解灵活性和范围之间的微妙平衡，这将有助于你的受众找到价值和洞见，而不会产生错误的结果和混乱。

9.1.5 数据定义和逻辑

正如我们所着重讨论的，组织中利用数据看重的是它的准确性和可信度。严格意义上说，数据的准确性不仅仅是对源系统中事件值的忠实再现。数据准确性包括了准确的数据定义和逻辑，这两个要素必须融入数据的全生命周期，从源系统到数据管道，再到 BI

工具等。

*数据定义*指的是数据在一个组织中的共识。比如"客户"在某家公司的不同部门需要有统一精确的定义。当"客户"的定义发生变化时，必须对这些定义进行文档记录，让所有数据使用方都有据可查。

*数据逻辑*规定了指标计算公式，比如销售总额或者客户生命周期价值。合适的逻辑必须融汇数据定义以及完整的统计方法。要计算客户流失率指标，就需要定义谁是客户。而要计算净利润，就需要一系列的规则来规定从收入总额扣除哪些支出。

数据定义和逻辑的存在经常被认为是理所当然的，并且在组织内以组织知识（institutional knowledge）的形式传播。*组织知识*有着自己的生态，很大程度上会以"奇闻"取代数据推动的洞见、决策和行动。为了避免这一现象，要在数据目录和数据工程生命周期的系统中正式声明数据定义和逻辑，对确保数据的准确性、一致性和可信度有很大帮助。

数据定义体现为多种形式，有些是显式的，但是多数是隐式的。隐式是指为查询、仪表板或者机器学习提供数据服务时，数据和指标总是可以被持续准确地展示。当写入SQL查询时，提供给查询的输入总是正确的，这也包括了上游数据管道的逻辑和定义。数据建模（参见第8章）在这种场景非常有用，可以让各类终端用户明白数据定义和逻辑。

语义层可以整合业务定义和逻辑，使其可复用。一次建设，全局通用。这种范式是建设指标、计算规则和逻辑的面向对象思想的体现，这在9.5.6节中有更详细的说明。

9.1.6 数据网格

数据网格是一种日益流行的数据服务提供方式。数据网格从根本上改变了组织内部的数据服务提供方式。与孤立的数据团队服务于内部成员不同，数据网格需要每个业务领域的团队同时担负起去中心化的、点对点的数据服务的责任。

首先，团队要对*其他团队*的数据消费负责。对数据应用程序、仪表板、分析，以及整个组织范围内的BI工具来说，数据必须都是开箱即用的。另外，每个团队要精心准备*自助服务*的仪表板和数据分析方法。这样团队就可以按照各自领域需求消费整个组织内的数据。其他团队消费的数据也可以通过嵌入式分析或者机器学习特性整合到领域团队开发的软件中。

这大大改变了提供数据服务的细节和结构。我们在第3章中介绍了数据网格的概念。以上是提供数据服务的关注点，现在来看第一个关键领域：分析。

9.2 分析

最常见的数据服务用例是*分析*。分析指的是发现、探索、识别以及让数据中的关键洞见和模式变得可见。分析有着许多方面的内容。在实战中，分析是通过统计方法、报告和BI工具等进行的。作为数据工程师，了解各种工具和分析方法是完成工作的关键。以下内容将展示怎样为分析提供数据服务以及一些帮助分析顺利进行的关键点。

在开始为分析提供数据服务前，首先要想的事情是（如果你阅读过之前的章节，听起来就应该很熟悉了）识别终端用例。用户是要找到历史业务的趋势吗？用户是需要获取实时的自动异常通知，如诈骗预警？有人要在手机上使用应用程序的实时仪表板吗？以上三个例子代表了业务分析（通常是BI）、运营分析，以及嵌入式分析各自最明显的特点。每一种分析都有不同的目标和独特的数据服务需求。接下来要讲的是怎样为这几种分析提供数据服务。

9.2.1 业务分析

*业务分析*会运用历史和新产生的数据来做策略性的且可执行的决策。通过统计数据和趋势分析以及领域专家和人为判断的共同配合，来做出会影响长期业务走向的决策。业务分析是一门科学，也是一门艺术。

业务分析通常体现为几个大的方向：仪表板、报告，以及专项分析。单次业务分析可能会涉及以上方向的一个或多个。让我们快速浏览下这些实践和工具的不同点。了解分析师的工作流会帮助数据工程师明白如何提供数据服务。

*仪表板*能简明扼要地将反映组织运行情况的几个核心指标（比如销售和客户留存率）展示给决策层。这些核心指标通过可视化（图表或热力图等）、汇总统计、甚至是单个数字来展示。这很像汽车仪表盘，直接给出驾驶所需的关键信息。组织内可能有多个仪表板，最高决策层会看顶层仪表板，而他们的直属下级会看带有特定指标、KPI或者OKR（Objective and Key Result，目标和关键成果）的仪表板。分析师会创建并且维护这些仪表板。当业务利益相关者接受并且依赖一个仪表板的时候，分析师通常需要负责找出指标问题或者添加新的指标。目前，一些BI平台可以用来创建仪表板，比如Tableau、Looker、Sisense、Power BI，以及Apahe Superset/Preset。

业务利益相关者会要求分析师创建*报告*。使用报告的目的是利用数据得出洞见和决策。例如，某位在网上商城工作的分析师需要调查女士运动短裤退货率飙高的原因。这位分析师在数据仓库中运行了一些SQL查询，分类汇总了一下退货原因，发现运动短裤面料质量差，穿几次就破损了。分析师将这一情况通报给了制造部和质检部的利益相关者。此外，调查结果被汇总在一份报告中，并在仪表板所在的同一BI工具中发布。

分析师的工作也包括深入探究某个潜在的问题并产出洞见，这就是专项分析的一个案例。调查报告通常以专项需求作为起始点。如果专项分析的产出有影响力，那么就会演变成一个报告或仪表板。报告、专项分析和仪表板用的都是类似的工具，比如 Excel、Python、基于 R 的 notebook、SQL 查询等。

好的分析师往往能够参与到业务当中，并且可以深入数据回答问题，解密隐藏或者反直觉的趋势和洞见。他们也可以和数据工程师一同来为数据质量、可靠性问题以及新的数据集需求提供参考意见。数据工程师则需要负责落地这些参考意见并且为分析师提供新的数据集。

回到运动短裤的例子，假设分析师同其他人交流过后，了解到制造商可以提供运动短裤所用材料的各种供应链细节。那么数据工程师就可以开启一个收集这些数据到数据仓库的项目。当供应链数据到位后，分析师就可以将服装批号和面料供应商关联起来。他们发现多数次品和三个供应商中的某一个有关，于是停止采购这家的面料。

业务分析数据常常以批处理模式从数据仓库或者数据湖供应。具体的供应方式在同一公司、部门，甚至数据团队内部都不一样。新的数据可能以每秒、每分钟、每半小时、每天或每周的频率供应。每批数据进入系统的间隔也会出于很多原因产生变动。需要注意的一个关键问题是，数据工程师在分析问题时需要考虑对现有和未来数据的各种潜在应用。为用例提供数据服务时，不同的更新频率经常混合在一起使用。但是需要注意，从上游获取数据的频率是下游所使用数据更新频率的上限。如果数据是由流式应用产生的，那么数据就应该通过流式获取，即使下游使用批处理方式做数据的处理和服务也应如此。

当然，数据工程师必须使用最合适的后端技术方案来为业务分析提供数据服务。有一些 BI 工具使用内部储存层。也有一些工具在数据湖或者数据仓库中运行查询。该方案的优点是可以更好发挥 OLAP 数据库的能力。而该方案的缺点是成本、权限控制，以及时延方面的问题。

9.2.2 运营分析

如果业务分析是利用数据来发掘可供执行的洞见，那么接下来要讲的运营分析是用数据来进行*即时的操作*。

　　运营分析与业务分析 = 即时操作与可供执行的洞见

这两者的巨大差异体现在*时间*上：业务分析用的数据是从更长远的角度看待所考虑的问题。虽然秒级的数据更新是很好的，但是并不会实质性地影响分析结果。运营分析则恰恰相反，数据更新的实时程度对解决时下发生的问题有很大的影响。

运营分析的一个例子是应用程序的实时监控。许多软件工程师团队想要了解他们开发的应用程序的性能，如果出现问题，他们想要马上得到通知。工程师团队可能需要一个仪表板（如图9-2所示）来展示每秒钟请求、数据I/O等核心指标。一些特定的条件会触发资源变动，比如在服务器过载时进行扩容。如果系统达到某个阈值，监控系统也可以通过短信、群聊通知和邮件发送告警。

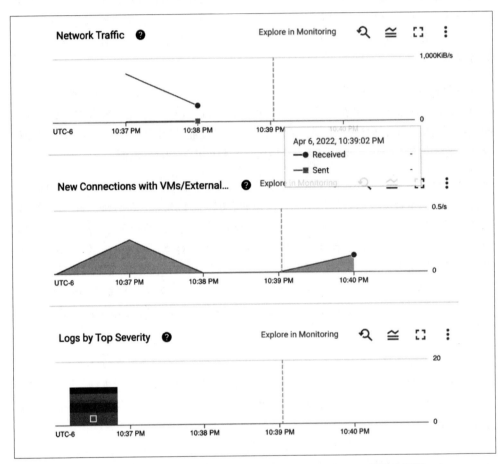

图9-2：一个运营分析仪表板，展示了一些 Google Compute Engine 的核心指标

业务分析与运营分析

业务分析和运营分析的界限日渐模糊。随着流数据和低延迟数据更加普遍，用运营分析的方法解决业务分析的问题才是正确的思路。除了监控"黑色星期五"网站的表现，网络商城也可以实时分析并展示销量、销售额以及广告投放影响。

数据架构会变成可以让"热到发烫"的低时延流数据和暖数据共存一处。数据工程师和项目利益相关者需要了解的核心问题是：如果有了流数据，该怎样利用，以及怎样行动？因为正确的行动才会产生影响力和价值。没有促成行动的实时数据只会变成一团乱麻。

从长远看，流数据会逐渐取代批处理数据。未来十年的数据产品更有可能是流优先，并且有能力无缝衔接历史数据。实时采集的数据仍然可以按需求以批处理的形式来消费和处理。

回到上文例子中，运用分析手段发现在供应链中的劣质面料是一次成功的实践。业务领导和工程师希望找到更多利用数据提高产品质量的机会。数据工程师建议在工厂部署实时分析。工厂已经用了一系列适合产生实时流数据的机器。另外，工厂也有拍摄生产线的摄像头，技师可以观看实时录像发现劣质产品，并且在产品频繁出现问题时警示生产线工作人员。

数据工程师发现可以使用现成的云机器视觉工具来自动实时识别次品。将次品数据和特定产品的序列号绑定并推送，然后再分析实时数据就可以将次品与来自生产线上游机器的流事件绑定在一起。

运用这种方法后，驻工厂的分析师发现每一批原料的面料质量都有所不同。当监控系统发现频发的质量问题时，生产线工人就可以更换这批原料并且找供应商求偿。

在了解到这个质量改进项目成功运作后，供应商决定也采用类似的质量控制流程。来自零售商的数据工程师和供应商共同合作来部署实时数据分析，极大地提高了面料货品质量。

9.2.3 嵌入式分析

业务分析和运营分析更多关注于组织内部，而面向外部的，也就是嵌入式分析成了最新的趋势。一些公司正在持续通过许多数据驱动的应用程序向终端用户提供更多的分析结果。这些应用程序通常指的是数据应用程序，多数在应用程序内部嵌入了分析仪表板。这些面向终端用户仪表板的*嵌入式分析*可以给用户提供他们和应用相关联的关键指标。

比如某智能恒温器通过手机应用程序展示实时温度以及最新的能源消耗指标，让用户可以创建更好的节能温控时间表。再比如一个第三方电子商务平台提供卖家实时的销量、库存和退货仪表板。卖家可以选择利用这些信息来为客户提供近似实时的折扣方案。在以上两个例子中，应用程序帮助用户基于数据做出实时决策（手动或自动）。

嵌入式分析的扩张范围就像滚雪球一样增长，我们预计这种数据应用程序会在未来几年内变得更加普遍。数据工程师一般不会去开发嵌入式分析的前端，有专业的应用程序开发人员来做这项工作。由于数据工程师要维护嵌入式分析使用的数据库，因此需要了解嵌入式分析的速度和时延要求。

提高嵌入式分析的性能需要解决三个问题。第一，应用程序的用户不会像公司内的分析师那样容忍批处理。一个招聘 SaaS 平台的用户在上传简历的那一刻就希望看到他们的个人数据有所变化。用户都希望获得*低延迟*的数据。第二，数据应用程序的用户想要更高的*查询效率*。当在分析仪表板上调整参数后，用户想看到的是结果在几秒内刷新出来。第三，数据应用程序需要支持发生在多个仪表板和众多用户中非常高的查询率。那么支持高并发就是非常关键的。

谷歌和其他早入场的数据应用程序厂商开发了独特的技术来应对这些挑战。对于新入场的厂商，数据应用程序的默认配置是传统的事务数据库。当用户群体扩张后，最开始的架构往往就无法应对了。这时就可以转向新一代拥有快速查询、高并发，以及近实时更新并且易用（例如基于 SQL 的分析）的高性能数据库。

9.3 机器学习

第二个数据服务的主要领域就是机器学习。机器学习正在变得普遍，所以我们假设读者已经了解这些概念了。随着机器学习工程的崛起（它本身也可以算是数据工程的平行宇宙），数据工程师如何服务于机器学习工程的图景是一个问题。

不可否认，机器学习、数据科学、数据工程以及机器学习工程的界限正在变得模糊，并且在各个组织内部都形态各异。在某些组织中，机器学习工程师负责处理为机器学习应用程序处理收集到的数据，有时甚至会形成独立且平行工作的数据组织来处理整个机器学习应用程序生命周期的数据。在另一些组织中，数据工程师负责全部的数据处理流程，然后向机器学习工程师交付模型训练用的数据。数据工程师甚至可能需要处理一些与机器学习强相关的任务，比如特征提取。

让我们回到网售运动短裤生产质量控制的例子。假设流数据已经在短裤的面料工厂落地。数据科学家发现生产的面料质量容易受到输入原聚酯的特性、温度、湿度，以及各种织布机的可控参数的影响。数据科学家开发了一个优化织布机参数的基本模型。机器学习工程师开发了自动化模型训练，并且设计了织布机根据输入参数自动调整的流程。数据工程师和机器学习工程师又共同设计了对应的特征提取管道，最后由数据工程师实现并维护这个管道。

9.4 数据工程师需要理解的机器学习知识

在讨论为机器学习提供数据服务之前，可能需要了解数据工程师对机器学习领域知识的需求。机器学习是一个非常广的领域，并且有非常多的相关书籍和资料，因此本书不会深入这些知识。

虽然数据工程师不必深入理解机器学习，但了解典型的机器学习原理和深度学习基础是很有帮助的。了解基础知识可以很大程度地帮助数据工程师来和数据科学家共同构建数据产品。

下面列举了几个数据工程师需要了解的机器学习领域：

- 监督学习、非监督学习、半监督学习的差别。

- 分类和回归技术的差别。

- 处理时间序列数据的不同手段，包括时间序列分析以及时间序列预测。

- 当在"典型的"方法（逻辑回归、基于树的学习、支持向量机）和深度学习之间进行选择时，尽管可能是杀鸡用牛刀，但数据科学家还是常常立马选择深度学习。作为数据工程师，基础的机器学习知识可以帮助发现机器学习技术是否合适，以及界定所需数据的边界。

- 什么时候用自动机器学习（AutoML），又在什么时候创建自己的机器学习模型？考虑到数据运用，选型过程的考量有哪些？

- 用于结构化和非结构化数据的数据整理技术有哪些？

- 所有用于机器学习的数据都会转成数字。如果提供结构化或者非结构化数据，需要确保数据可以在特征工程过程中被正确转换。

- 如何编码分类数据和各种类型数据的嵌入？

- 批量学习和在线学习的差别，以及它们最合适的用例。

- 数据工程生命周期和机器学习生命周期在公司内怎样产生交集？数据工程师会对接或者支持诸如特征库或机器学习可观测性等机器学习技术吗？

- 了解本地训练、集群训练或者边缘训练的适用场景。什么时候用 GPU 比用 CPU 更好？硬件选型取决于需要解决的机器学习问题的种类、使用的技术以及数据集大小。

- 了解批处理和流数据在机器学习模型训练中的不同应用。例如，批处理数据更适合离线模型训练，流数据更适合在线学习。

- 数据级联是什么（*https://oreil.ly/FBV4g*），对机器学习模型有什么影响？

- 机器学习的结果是实时返回的还是批量返回的？例如，一个批处理的讲话字幕生成模型会处理语音样本并且通过 API 调用的方式批量返回文本。一个产品推荐模型可能需要实时运作来支持客户和在线零售网站的互动。

- 对于结构化和非结构化数据的运用。比如用神经网络聚类表格（结构化）客户数据或者识别图像（非结构化）。

机器学习是一个*广阔*的主题领域，本书不会涉及这些话题，甚至机器学习的概论也不会涉及。如果你对机器学习有兴趣，我们推荐 *Hands on Machine Learning with Scikit-Learn, Keras, and TensorFlow*，作者是 Aurélien Géron（O'Reilly）[编辑注1]。另外还有数不清的在线课程和书籍。因为这些资料已经传播得很广了，你可以自行选择适合自己的。

9.5 为分析和机器学习提供数据服务的方法

在分析工作中，数据工程师为数据科学家和机器学习工程师提供工作所需的数据。我们将为机器学习提供数据服务和为分析提供数据服务并列讨论的原因是它们的管道和流程非常相似。有许多为分析和机器学习提供数据服务的方法。一些常见的方法包括文件交换、数据库、查询引擎和数据共享。让我们一一简述。

9.5.1 文件交换

文件交换在数据服务的过程中无所不在。数据被处理并生成文件传送给数据消费者。

值得注意的一点是文件可以有各种用途。数据科学家可能加载客户消息的文本文档（非结构化数据）来分析客户投诉的情绪。业务部门可能会收到 CSV 格式（结构化数据）存储的合作公司开的发票数据，分析师必须对文件进行统计分析。或者数据供应商提供给电商一些竞争对手网站的产品图像（非结构化数据），用计算机视觉进行自动分类。

提供文件的方式取决于以下几个因素：

- 用例——业务分析、运营分析、嵌入式分析。
- 数据消费者的数据处理流程。
- 储存中单个文件的大小和数量。
- 谁在访问这个文件。
- 数据类型——结构化、半结构化，或非结构化。

其中第二点是主要考虑的因素。通常需要通过文件而不是数据共享提供数据服务，因为数据消费者无法使用数据共享平台。

提供文件的最简单办法是用邮件发送单个 Excel 文件。这种方法即使在当前这个文件可协作共享的时代仍然很常见。不过用邮件发送文件的问题在于每个收件人的文件版本都可能不同。如果收件人编辑了文件，那么这个编辑版就是这个用户独有的了。文件偏差

编辑注1：本书已由机械工业出版社翻译出版，书名为《机器学习实战：基于 Scikit-Learn、Keras 和 TensorFlow（原书第 2 版）》（书号为 978-7-111-66597-7）。

不可避免。另外，如果收件人的文件访问权限需要被收回呢？如果文件已经通过邮件发送出来了，那么收回的手段就很有限了。如果想要维护的文件版本连续和一致，那么最好采用 Microsoft 365 或者 Google Docs 这样的协作平台。

当然，仅靠传文件是很难扩展功能的，而且需求最终会膨胀到超出简单的云文件存储。如果文件又大又多，就需要考虑对象存储了。如果需要稳定的文件供应，就要用数据湖。对象存储可以存储任何类型的二进制大文件，特别适合半结构化或者非结构化文件。

一般来说，通过选择对象存储（数据湖）进行的、以数据共享为基础的数据传输，明显要比单纯的点对点文件传输更有扩展性和效率。

9.5.2 数据库

数据库是为分析和机器学习提供数据服务的关键层。在对数据库的讨论中，我们将更多地关注通过 OLAP 数据库（如数据仓库和数据湖）提供数据服务。在之前的章节中，我们已经讨论了对数据库的查询。提供数据服务会涉及查询数据库然后为用例使用这些结果。分析师或者数据科学家可能会用 SQL 编辑器查询数据库，并且将结果存在 CSV 文件中以供下游应用程序使用，或者在 notebook（将在 9.5.7 节提及）中分析该结果。

从数据库提供数据服务有很多的好处。数据库通过模式来维护数据的顺序和结构。数据库也能针对表、列、行提供细粒度的权限控制，允许数据库管理员为不同角色创建复杂的访问控制规则。数据库可以为大型、计算密集型查询和高查询并发性提供高服务性能。

BI 系统通常会利用源数据库的数据处理能力，但是这两个系统中处理之间的界限有所不同。例如，Tabluau 服务器会运行初始查询以从数据库拉取数据并将其存储在本地。基础的 OLAP/BI 切片和切块（交互过滤和聚合）就会利用本地存储的数据直接在服务器上运行。另外，Looker（或者类似的现代 BI 系统），依靠一种叫作*查询下推*的计算模型。Looker 用一种特殊的语言（LookML）对数据处理逻辑进行编码，将其与动态用户输入结合起来生成 SQL 查询，而后在源数据库上运行并且展示结果（详见 9.5.6 节）。Tableau 和 Looker 都有各自不同的配置选项，可以通过缓存结果来减少频繁运行查询的处理负担。

而数据科学家也会连接数据库、提取数据、执行特征工程和选择。然后将转换后的数据集输入到机器学习模型。这个离线模型训练好后就可以产生预测结果了。

管理数据服务层的任务一般会安排给数据工程师，包括性能和成本的管理。存算分离的数据库与那些固定本地部署的基础设施相比可以说是做了些许的优化。例如，现如今为每个分析或者机器学习任务单独启动一套 Spark 集群或者 Snowflake 仓库是可行的。至少按主要用例（比如 ETL 和为分析 / 数据科学提供数据服务）划分集群是个好的想法。实践中数据团队会分得更细，为每个主要领域分配一个数据仓库。这使得每个团队都可以在数据工程团队的监管下自行管理查询耗费的资源预算。

另外，回顾 9.2.3 节中讨论过的三个影响性能的关注点：延迟、查询性能和并发。从流中直接获取数据的系统可以降低数据延迟。许多数据库架构使用了 SSD 或者内存缓存来增强查询性能和并发性，以满足高要求的嵌入式分析用例。

渐渐地，Snowflake 和 Databricks 这样的数据平台开始允许分析师和数据科学家在单个环境下工作，并在同一套界面下提供了 SQL 编辑器以及数据科学 notebook。因为存算分离，所以分析师和数据科学家可以在互不影响的状态下使用底层数据。这将允许向利益相关者提供高吞吐量和快速交付的数据产品。

9.5.3 流式系统

流式分析在数据服务领域变得越来越重要。想要在更高的层面理解这类数据服务需要先明白*发散指标*（emitted metric），这和传统的查询不太一样。

另外，运营分析数据库在这个领域变得越来越重要（见 9.2.2 节）。这类数据库可以运行大范围历史数据查询，包括查询最新的当前数据。它的一个必要的设计点是将 OLAP 数据库的特点和流处理系统相结合。渐渐地，数据工程师越来越多地用流式系统为分析和机器学习提供数据服务，因此要熟悉这个范式。

本书已经讲述了流式系统的相关知识。对于这类系统的进一步运用，请见第 11 章的相关内容。

9.5.4 联邦查询

第 8 章提到过的联邦查询可以从多个数据源（比如数据湖、RDBMS 和数据仓库）拉取数据。联邦查询越来越受欢迎，人们意识到它的分布式查询虚拟引擎在提供查询服务时不需要解决 OLAP 系统中集中化的数据带来的问题。现在可以找到像 Trino 和 Presto 这样的 OSS 选项以及诸如 Starburst 这样的完全托管服务。有一些服务甚至号称可以赋能数据网格，时间会告诉我们这些服务的发展成果。

当为联邦查询提供数据服务时，需要注意到一些终端用户会用它查询不同系统（OLTP、OLAP、API、文件系统等）的数据（如图 9-3 所示）。不同于通过单一系统提供数据服务，为多系统提供数据服务需要考虑各种路径的使用模式、特性和细微的差别。这些都对提供数据服务提出了挑战。如果联邦查询需要接触生产环境的源系统，则一定要保证联邦查询不会消耗过多的源系统资源。

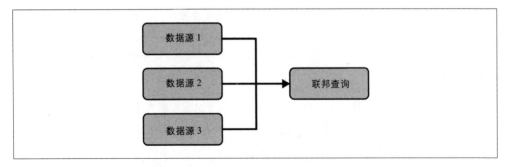

图 9-3：一个带有 3 个数据源的联邦查询

根据我们的经验，当需要数据分析具有灵活性或者使用处在严格控制下的源数据时，联邦查询非常适合。联邦查询能够通过点对点的查询进行探索性分析，将不同的系统数据混合的同时又避开了搭建数据管道或者 ETL 的复杂性。使用联邦查询可以帮助数据工程师做选型决定：是联邦查询就能满足眼前的需求，还是需要将所有需要的数据都获取到并且通过 OLAP 数据库或者数据湖将其中心化。

联邦查询同时也提供源系统的只读权限，这是非常好的一点，尤其是应对你不想提供文件、数据库访问权限、或者数据转储的场景。终端用户只读取他们需要看到的那版数据。联邦查询是访问权限和规章都很严苛的条件下的优秀选项。

9.5.5 数据共享

第 5 章展开讲述了数据共享的内容。任何组织间或者大组织中部门间的数据交换行为都可以看作数据共享。不过，这里的数据共享特指通过云环境中的大规模多租户存储系统进行共享。数据共享通常会将数据服务转换成安全和访问控制问题。

现实中的查询常常由数据消费方（分析师和数据科学家）而不是由发布数据的工程师处理。无论是在组织内部的数据网格中提供数据服务、向公众提供数据服务，还是向合作伙伴提供数据服务，数据共享都是一个引人注目的数据服务模式。数据共享逐渐被采纳为主要数据平台的核心功能，像 Snowflake、Redshift 和 BigQuery 这些数据平台都允许公司之间安全稳妥地共享数据。

9.5.6 语义和度量层

当数据工程师设计数据服务过程时，会倾向于先考虑数据处理和存储技术：使用 Spark 还是云数据仓库？数据存储在对象存储中还是缓存在固态硬盘中？强大的处理引擎虽然能在庞大的数据集上快速得出查询结果，但并不能提供高质量的业务分析。当输入低质量的数据或查询时，强大的查询引擎只会快速返回不准确的结果。

好的数据质量依赖数据自身的特征，另外还需要通过各种技术过滤或改进不良数据。高质量查询是具有适当的逻辑，可以准确回答业务问题的查询。构建高质量的 ETL 查询和报告是费时费心的。很多工具可以自动化该构建过程，同时又能促进一致性、可维护性和持续改进。

本质上，*度量层*是维护和计算业务逻辑的工具[注4]。(*语义层*在概念上和度量层极为相似[注5]，而*无头 BI* 是另一个密切相关的术语)。度量层可以存在于 BI 工具或构建数据转换查询的软件中。这里有两个具体的例子，Looker 和 dbt。

例如，Looker 的 LookML 工具允许用户定义虚拟的、复杂的业务逻辑。报告和仪表板可以用专属的 LookML 来计算指标。Looker 用户也能定义标准指标，并在许多下游的查询中引用它们。这解决了传统 ETL 脚本中重复和不一致的老问题。Looker 使用 LookML 来生成 SQL 查询，并在数据库中使用。查询结果可以在 Looker 服务器中保存，如果数据集比较大也可以在数据库中保存。

dbt 允许用户定义复杂的 SQL 数据流，其中囊括许多查询和业务指标的标准定义，这项功能很像 Looker。与 Looker 不同的是，dbt 虽然只在转换层运行，但可以将查询推送到在查询时计算的视图中。Looker 更多关注查询和报告，而 dbt 是为分析工程师而生的功能强大的数据管道编排工具。

随着更广泛的采用和更多的厂商加入，度量层工具将越来越受欢迎，这也会影响到上游的应用程序。度量层工具有助于解决分析中的一个核心问题，这个问题自有数据分析以来一直困扰着各个组织："这些数字对吗？"除了我们上文提到的两个工具外，还有许多新厂商已经在开发这个领域了。

9.5.7 利用 notebook 提供数据服务

数据科学家在日常工作中经常使用 notebook。无论是探索数据、设计功能，还是训练模型，数据科学家都可能会使用 notebook。在撰写本书时，最流行的 notebook 是 Jupyter Notebook，以及它的下一代——JupyterLab。Jupyter 是开源的，可以托管在笔记本计算机、服务器或各种云托管服务上。*Jupyter* 一词是 *Julia*、*Python* 和 *R* 这几个词的组合，后两种在数据科学相关的应用程序中被广泛运用，特别是 notebook。无论使用哪种语言，首要的问题是如何从 notebook 访问数据。

注 4：Benn Stancil, "The Missing Piece of the Modern Data Stack," *benn.substack*, April 22, 2021, *https:// oreil.ly/wQyPb*.

注 5：Srini Kadamati, "Understanding the Superset Semantic Layer," Preset blog, December 21, 2021, *https://oreil.ly/6smWC*.

在访问数据时，数据科学家可以用代码直接连接到数据源，如 API、数据库、数据仓库或数据湖（如图 9-4 所示）。在 notebook 中，所有的连接都是使用相应的内置库或外部库来创建的，以便从某个路径加载文件、连接到某个 API 端点，或对某个数据库进行 ODBC 连接。远程连接一般需要凭证和权限才能建立。连接建立后，用户可能需要正确访问存储在对象存储中的表（和行 / 列）或文件。数据工程师通常会协助数据科学家找到正确的数据，并且确保数据科学家有权限来访问所需的行和列。

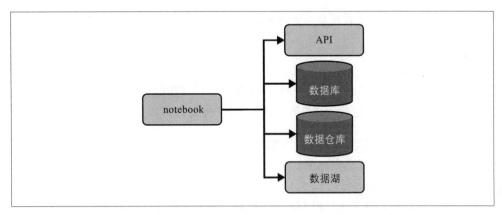

图 9-4：notebook 可以从许多来源（如对象存储、数据库、数据仓库或数据湖）获取数据

数据科学家的工作流常常是这样的：运行本地 notebook 并将数据加载到 pandas dataframe 中。*pandas* 是一个常用的 Python 库，用于操作和分析数据，常用于将数据（例如 CSV 文件）加载到 Jupyter Notebook 中。当 pandas 加载一个数据集时，数据集会被放在内存中。

凭证处理

对 notebook 和数据科学代码中的访问凭证的不当处理是重大的安全风险。这个领域经常发生凭证处理不当的事件。比如在代码中直接写上凭证，凭证就会随着代码泄露到版本控制库中。短信和电子邮件也容易泄露凭证。

数据工程师需要负责审核数据科学代码采用的安全措施，并与数据科学家合作进行改进。数据科学家一般会非常乐意接受更安全的方案。数据工程师应该为处理凭证设定标准。凭证不能直接嵌入代码中，数据科学家需要使用凭证管理器或 CLI 工具来管理访问权限。

当数据集的大小超过本地机器的可用内存时，会发生什么？鉴于笔记本计算机和工作站的内存有限，跑不动的数据集就会使数据科学项目停滞不前。应该考虑扩展现有方案。首先，改用基于云的 notebook，可以灵活地扩展底层存储和内存。其次，可以考虑分

布式执行系统，基于 Python 的常用选项有 Dask、Ray 和 Spark。如果能选择成熟的云托管产品，也可以通过 Amazon SageMaker、Google Cloud Vertex AI 或 Microsoft Azure Machine Learning 建立数据科学工作流。最后，再使用一套开源的端到端机器学习工作流工具，如 Kubeflow 和 MLflow，可以分别在 Kubernetes 和 Spark 中轻松扩展机器学习工作负载。以上措施的最终目标是帮助数据科学家不依赖笔记本计算机，转向利用云的能力和可扩展性来更好地开展工作。

数据工程师和机器学习工程师是促进向可扩展云基础设施转移的重要力量，具体的分工取决于组织的实际情况。他们需要负责带头建立云基础设施、监督各种环境的管理，并培训数据科学家使用基于云的工具。

用好云环境需要大量的运维，例如管理版本和更新、控制访问、维护 SLA 等。与其他运维工作一样，"数据科学运维"如果做得好，也会产生显著的回报。

notebook 甚至可能成为数据科学生产环境的一部分。Netflix 部署了大量 notebook。这是一种有趣的方法，有优点也有缺点。生产化 notebook 能让数据科学家更快地将工作投入生产，但 notebook 的标准化是一个问题。另一种方法是让机器学习工程师和数据工程师将 notebook 生产化，但工作量很大。两种模式混用有可能是个好办法：notebook 用于"小微项目"的上线，完整生产流程用于高价值的项目。

9.6 反向 ETL

反向 ETL 现在是一个热词，意思是将数据从 OLAP 数据库供应回源系统。任何数据工程师都可能做过一些反向 ETL。反向 ETL 在 2020 年前后开始流行，并且逐渐成为数据工程工作的正式内容。

数据工程师可能从 CRM 中拉取客户和订单数据，并存储在数据仓库中。这些数据可以训练出一个线索评分模型，模型的产出又返回到数据仓库中。公司的销售团队想要获取评分后的线索来获得更高销量。数据工程师可以把结果放在仪表板上或者以 Excel 文件的形式通过电子邮件发送给销售团队。

但以上方法面临着一个问题：数据没有被连接到 CRM。为什么不直接把评分后的线索放回销售人员熟悉的 CRM 中去呢？正如之前提到的，好的数据产品需要减少与终端用户的摩擦。在本例中就是减少和销售团队的摩擦。

用反向 ETL 将评分后的线索加载回 CRM 中是最简单和最好用的方法。反向 ETL 从数据工程生命周期的输出端获取处理过的数据，并将其反馈回源系统中（如图 9-5 所示）。

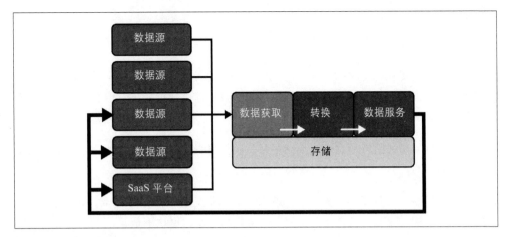

图 9-5：反向 ETL

与其说是反向 ETL，我们这些作者半开玩笑地称其为双向加载和转换（Bidirectional Load and Transform，BLT）（*https://oreil.ly/SJmZn*）。*反向 ETL* 这个词并不能准确地描述这个过程。但反向 ETL 这个用法已经广为流传，所以本书中也会用反向 ETL 一词。进一步说，不管这个词是否会继续存在，把数据从 OLAP 系统送回源系统的操作会经久不衰。

如何用反向 ETL 提供数据服务？可以设计自定义的反向 ETL 解决方案，也有很多现成的反向 ETL 选项可供选择。这里建议使用开源工具或收费服务。但话说回来，反向 ETL 日新月异。目前还没有赢家独占鳌头，许多反向 ETL 产品将被主流云供应商或其他数据产品供应商收购。所以一定要慎重选型。

对于反向 ETL，还有几点需要注意。反向 ETL 本质上会产生反馈循环。例如，下载了 Google Ads 数据，使用一个模型来计算新的出价，把出价加载回 Google Ads，然后周而复始。如果出价模型中有错误，则出价有可能会越来越高，而广告也因此得到越来越多的点击。很快这个循环就会浪费你很多钱。要小心利用反向 ETL，需要密切监控并防止失控。

9.7 你和谁一起工作

在数据服务阶段，数据工程师需要与许多利益相关者接触。这些人包括（但不限于）以下几种角色：

- 数据分析师
- 数据科学家

- MLOps/ 机器学习工程师

- 业务侧——非数据或非技术的利益相关者、经理和高管

需要注意，数据工程师更多的是在*支持*这些利益相关者的工作，不一定对数据的最终使用方式负责。例如，数据工程师为分析师解读的报告提供数据服务，但数据工程师并不对这些解读负责。数据工程师负责的是产出高质量的数据产品。

数据工程走到了交付阶段后会产生反馈循环。数据很少以静态存在，外部环境会影响到被获取和提供的数据，以及被二次获取和提供的数据。

在数据服务阶段，数据工程师的一项重要任务是将职责和工作内容分离。在初创公司，数据工程师可能需要兼任机器学习工程师或数据科学家，但这不是长久之计。公司发展壮大后，会更需要与其他数据团队成员建立明确的职责分工。

采用数据网格会在很大程度上重新分配团队职责，每个领域的团队都需要承担各种提供数据服务的任务。为了使数据网格顺利运转，每个团队都必须切实履行数据服务职责，并且通力合作以确保公司取得成功。

9.8 底层设计

数据服务是数据工程生命周期底层设计的最后一部分内容。数据生命周期是一个闭环，在环中的一切都是一脉相承的。很多情况都是到了数据服务阶段才发现前期的漏洞。因此，数据工程师需要一直寻找底层设计框架下能够帮助数据产品提升的方法。

"数据是一个无声的杀手"，之前章节提到的底层设计运用直到数据服务阶段才会一览无余。提供数据服务是确保交付到终端用户手中的数据质量的最后一道屏障。

9.8.1 安全

无论是与人还是与系统共享数据，都适用同样的安全原则。有很多不分青红皂白地共享数据的案例，几乎没有访问控制，也没有考虑到数据的用途。这是巨大的错误，会产生灾难性的结果，比如数据泄露以及衍生出的罚款、负面新闻甚至是失业。在数据服务阶段要非常认真地对待安全问题。在整个数据工程生命周期阶段，数据服务是最能体现数据安全必要性的一环。

对人和系统都要一如既往地推行最小权限的原则，只提供仅供当前工作所需的访问。高管与分析师或数据科学家相比，需要的数据有什么不同？机器学习管道与反向 ETL 流程之间又是怎样呢？这些用户和服务都有不同的数据需求，因此应该提供相应的访问权限。切忌对任何个人或任何服务给予完全开放许可。

提供数据服务一般只涉及只读权限，除非人或程序需要更新被查询系统中的数据。用户访问权限要限定在对特定数据库和数据集的只读权限，除非他们的工作必须使用更高级的权限，如写入或更新访问。如果条件允许，权限控制可以通过为用户组分配具有某些 IAM 角色（即分析师组、数据科学家组）或自定义 IAM 角色来完成。涉及数据的系统也可以用类似的方式管理服务账户和角色。对于用户和系统，如果有必要，权限控制可以细化到字段、行、列甚至是单元格。访问控制应该尽可能地细化，并在不需要时收回。

访问控制在多租户环境中提供数据服务时是至关重要的。要确保用户只能访问他们自己的数据。可以通过有过滤条件的视图来调整查询结果，从而减弱公用表的安全风险。另外可以在工作流中使用数据共享，这样就可以对数据使用方有只读粒度控制。

要检查数据产品的使用频率，以及考虑停止共享一些无用的数据产品。一个常见的情景是，某高管紧急要求分析师创建一份报告，而这份报告很快就没人用了。如果数据产品没有在使用，就去问问用户是否还需要它们。如果不需要，那就把该数据产品停掉，可以减少一个安全漏洞。

最后，访问权限控制和安全不应该是数据服务的障碍，恰恰相反，它们是推动数据服务的关键因素。在许多情况下，使用复杂、先进的数据系统可能会对整个公司产生重大影响。由于安全措施没有得到正确落实，这些有用的数据可能很少能被访问，最后导致功亏一篑。细致、健壮的访问权限控制意味着可以进行更有价值的数据分析和机器学习，同时对企业及其客户也是一种保护。

9.8.2 数据管理

在数据工程生命周期中加入数据管理的效果可以体现在数据产品的使用上。在数据服务阶段，主要的关注点是确保人们能够获得高质量和值得信赖的数据。

正如在本章开头提到的，信任是数据服务中最关键的因素。如果人们信任他们的数据，就会使用它。不受信任的数据会被闲置。一定要收集用户的反馈，使数据信任和数据改进走向良性循环。当用户与数据交互时，要让他们能够报告问题并提出改进。在响应改进需求时，也要积极地与用户进行沟通。

完成某项任务到底需要哪些数据？在数据团队要面对的一系列监管和合规性问题中，让用户访问原始数据会带来的问题是：即使是有限的字段和行，也可能会追溯到并暴露现实世界中的某个实体，例如一个人或一群人。而使用数据脱敏手段可以向终端用户提供合成、打乱或匿名的数据。这些"假"数据集应该足以让分析师或数据科学家从数据中获得必要的有用信息，且可以防止暴露现实世界的实体。虽然这些脱敏手段不是十全十美的，因为在一些强力的数据处理方法下，许多数据集可以被实名或者逆向工程，但这些脱敏手段或多或少地降低了数据泄露的风险。

此外，将语义层和度量层纳入数据服务层，同时建立可以正确表达业务逻辑和定义的严谨数据模型，能够为分析、机器学习、反向 ETL 或其他服务用途提供可信单一数据源。

9.8.3 DataOps

数据管理，也就是数据质量、数据治理和数据安全，都应该在 DataOps 的监控下。从本质上讲，DataOps 使数据管理具有可操作性。以下是一些需要监控的内容：

- 数据健康程度和数据不可用时间。

- 用来提供数据服务的仪表板、数据库等系统的延迟。

- 数据质量。

- 数据以及系统的安全性和访问权限。

- 提供的数据和模型的版本。

- 达到 SLO 标准的可用时间。

很多新工具能解决各种监控方面的问题。例如，许多流行的数据可观测性工具旨在减少*数据不可用时间*和提高数据质量。可观测性工具可以从数据领域跨越到机器学习领域，支持对模型和模型性能的监控。传统的 DevOps 监控对 DataOps 也很重要，比如监控数据存储、转换和提供数据服务之间所用的连接是否稳定。

数据工程生命周期的每个阶段都要对代码进行版本控制并将代码部署可操作化。分析代码、数据逻辑代码、机器学习脚本和编排作业都需要这样做。使用多阶段的部署（开发、测试、生产）分析报告和模型。

9.8.4 数据架构

数据服务应该与其他数据工程生命周期阶段有相同的架构设计。在提供数据服务阶段，用户反馈循环要快速且紧密。应该让用户能够尽快访问所需数据。

数据科学家总是喜欢在本地机器上进行开发。如上文所述，应该鼓励数据科学家将这些任务流迁移到云环境中的公用系统，而后整个数据团队就可以在开发、测试和生产环境中进行合作，并搭建适当的生产环境架构。这也通过支持轻松发布数据洞察结果的工具为分析师和数据科学家提供了便利。

9.8.5 编排

数据服务是数据工程生命周期的最后阶段。因为提供数据服务是许多数据流程的下游，所以堆叠了一批极其复杂的内容。编排不仅仅是一种将复杂工作变得有组织和自动化的方式，也是协调跨团队数据流的手段，以便在承诺的时间内将数据提供给消费者。

谁来负责数据任务编排是一个关键的组织决策。编排是集中式的还是非集中式的？非集中式方法让小型团队能够管理自己的数据流，但增加了跨团队协调的负担。也就是说，团队不能只管理单一系统内的数据流，而需要直接触发属于其他团队的 DAG 或任务，各团队必须跨系统传递消息或查询。

集中式方法意味着工作更容易协调，但把关也必须存在，以保护唯一的生产环境。例如，一个写得不好的 DAG 会使整个 Airflow 陷入停顿。因为采用了集中式方法，Airflow 挂掉代表整个组织的数据流全部瘫痪。因此集中式的编排需要高标准、自动化的 DAG 测试和对系统的把关。

如果编排是集中式的，谁来负责它？当公司拥有 DataOps 团队时，编排通常会由他们负责。通常情况下，数据团队参与提供数据服务是顺其自然的，因为团队对数据工程生命周期的所有阶段有相对全面的视野。担起这个责任的可能是 DBA、分析工程师、数据工程师，或机器学习工程师。虽然机器学习工程师能协调复杂的模型训练过程，但大概也不想在已经很忙的情况下承担管理编排的任务。

9.8.6 软件工程

与几年前相比，提供数据服务已经变得更加简单。编写代码的需求已被大大简化。随着专注于简化数据服务的开源框架的增加，数据也变得更加以代码为先。许多向终端用户提供数据服务的方法涌现出来，而数据工程师的重点变成了了解这些系统如何工作以及如何交付数据。

尽管数据服务已经被简化了，但如果过程涉及代码，数据工程师仍应了解提供数据服务的主流方法的基础。例如，数据工程师可能需要翻译数据科学家在 notebook 上运行的本地代码，将其转换为可操作的报告或基本的 ML 模型。

数据工程师需要负责的另一部分任务是了解代码和查询对存储系统的性能影响。分析师可以通过各种编程方式生成 SQL，包括 LookML、Jinja via dbt、各种对象关系映射工具和度量层。当这些程序层编译成 SQL 时，这个 SQL 性能如何？数据工程师可以在生成的 SQL 代码不如手写的性能好的时候提出优化建议。

在分析和机器学习领域，基础设施即代码的兴起意味着之前专注写代码的角色正在转向构建可以支持数据科学家和分析师的系统。数据工程师可能会负责建立 CI/CD 管道并为数据科学家和分析师的数据团队建立数据流程。数据工程师也会培训和支持这些数据团队使用数据工程师所建立的 Data/MLOps 基础设施，以便这些数据团队走向自给自足。

对于嵌入式分析，数据工程师需要与应用程序开发人员合作，以确保查询能够快速且经济有效地返回。应用程序开发人员负责面向用户的前端代码，数据工程师负责让前端收到准确的数据。

9.9 总结

数据工程生命周期理论上在提供数据服务阶段后就画上了句号。数据服务与生命周期的其他阶段形成了一个反馈循环（如图 9-6 所示）。通过数据服务阶段，你可以了解数据工程生命周期的各个部分中，哪些能用，哪些可以改进。应该倾听利益相关者的意见，如果他们指出问题（这很难避免），请不要生气。相反，这会是一个改进成果的机会。

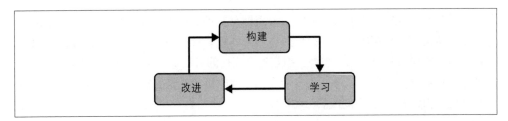

图 9-6：构建、学习、改进

优秀的数据工程师总是乐于接受新的反馈，并不断改进。既然已经了解了数据工程生命周期，那么你也就知道如何设计、架构、构建、维护和改进数据工程系统与产品了。第三部分将介绍数据工程的另一些常见的关注点。

9.10 补充资料

- "Data as a Product vs. Data Products: What Are the Differences?" (*https://oreil.ly/fRAA5*) by Xavier Gumara Rigol
- "Data Jujitsu: The Art of Turning Data into Product" (*https://oreil.ly/5TH6Q*) by D. J. Patil
- *Data Mesh* by Zhamak Dehghani (O'Reilly)
- "Data Mesh Principles and Logical Architecture" (*https://oreil.ly/JqaW6*) by Zhamak Dehghani
- "Designing Data Products" (*https://oreil.ly/BKqu4*) by Seth O'Regan
- "The Evolution of Data Products" (*https://oreil.ly/DNk8x*) and "What Is Data Science" (*https://oreil.ly/xWL0w*) by Mike Loukides
- Forrester's "Self-Service Business Intelligence: Dissolving the Barriers to Creative Decision-Support Solutions" blog article (*https://oreil.ly/c3bpO*)

- "Fundamentals of Self-Service Machine Learning" (*https://oreil.ly/aALpB*) by Paramita (Guha) Ghosh
- "The Future of BI Is Headless" (*https://oreil.ly/INa17*) by ZD
- "How to Build Great Data Products" (*https://oreil.ly/9cI55*) by Emily Glassberg Sands
- "How to Structure a Data Analytics Team" (*https://oreil.ly/mGtii*) by Niall Napier
- "Know Your Customers' 'Jobs to Be Done'" (*https://oreil.ly/1W1JV*) by Clayton M. Christensen et al.
- "The Missing Piece of the Modern Data Stack" (*https://oreil.ly/NYs1A*) and "Why Is Self-Serve Still a Problem?" (*https://oreil.ly/0vYvs*) by Benn Stancil
- "Self-Service Analytics" in the Gartner Glossary (*https://oreil.ly/NG1yA*)
- Ternary Data's "What's Next for Analytical Databases? w/ Jordan Tigani (Mother-Duck)" video (*https://oreil.ly/8C4Gj*)
- "Understanding the Superset Semantic Layer" (*https://oreil.ly/YqURr*) by Srini Kadamati
- "What Do Modern Self-Service BI and Data Analytics Really Mean?" (*https://oreil.ly/Q9Ux8*) by Harry Dix
- "What Is Operational Analytics (and How Is It Changing How We Work with Data)?" (*https://oreil.ly/5yU4p*) by Sylvain Giuliani
- "What Is User-Facing Analytics?" (*https://oreil.ly/HliJe*) by Chinmon Soman

第三部分

安全、隐私和数据工程的未来

第 10 章

安全和隐私

在讲解了数据工程生命周期后，我们想再次强调安全的重要性，并将分享一些你可以融入日常工作流程的简单明了的方法。安全在数据工程的执行层面至关重要。虽然这种重要性是人尽皆知的，但有很多数据工程师还是把安全当成了马后炮。数据安全是数据工程师在其工作和数据工程生命周期的每个阶段需要考虑的首要问题。假设你每天都在处理敏感的数据、信息和访问。那么你的组织、客户和商业伙伴当然就会希望这些宝贵的资产得到最谨慎的处理和关注。一个安全漏洞或数据泄露就会使业务陷入困境。如果这是你的失误造成的，那么你的职业生涯和声誉就会毁于一旦。

安全是隐私立足的根本。隐私对于企业信息技术领域的可信任度一直都很重要。工程师直接或间接地处理与人们隐私相关的数据，包括财务信息、私人通信数据（电子邮件、短信、电话）、医疗记录、教育记录和工作经历。如果有公司被曝光泄露或滥用这些信息，那么它就会成为过街老鼠。

隐私逐渐成为具有重要法律意义的问题。例如，《家庭教育权利和隐私法》（*FERPA*）于20 世纪 70 年代在美国生效；《健康保险携带和责任法案》（*HIPAA*）于 20 世纪 90 年代生效；GDPR 于 21 世纪 10 年代中期在欧洲通过。还有一些隐私法案已经或即将通过。这只是隐私相关法规的一小部分（我们相信这只是一个开始）。违反这些法律造成的任何惩罚对企业来说都是巨大的，甚至是毁灭性的。由于数据系统与教育、医疗和商业的结构交织在一起，数据工程师处理的很多敏感数据与这些法律相关。

数据工程师的安全和隐私职责在不同的组织中会有很大的不同。在小型创业公司，数据工程师可能会兼任数据安全工程师。大型科技公司会有大量专职的安全工程师和安全研究员。即使在这种人员配置下，数据工程师还是能够在他们自己的团队和系统中发现安全实践和技术漏洞。他们可以和安全专员合作，报告和填补这些漏洞。

由于安全和隐私对数据工程至关重要（安全是底层设计之一），我们需要深入探讨。在这一章中，我们将列出一些数据工程师应该考虑的安全问题，特别是在人员、流程和技术方面（排序有先后）。以上三点并不完整，但包括了根据经验得出的推荐改进的主要事项。

10.1 人员

安全和隐私中最薄弱的环节是操作者本身。安全防线往往在人面前失效，所以要从盯防自己开始。恶意的程序或人类会时刻试图渗透你的敏感证书和信息，这就是雷打不动的现实。在线上和线下的一切操作都要多加小心，并坚持发挥逆向思维的力量。

10.1.1 逆向思维的力量

在痴迷于正向思维的世界里，逆向思维是令人厌恶的。然而，美国外科医生 Atul Gawande 于 2007 年在《纽约时报》（*https://oreil.ly/UtwPM*）上写了一篇专栏文章，该文章正是关于逆向思维的。他的中心论点是，正向思维会使我们对恐怖袭击或紧急救护情况准备不足。逆向思维使我们能够考虑灾难的发生，并采取相应行动。

数据工程师应该认真考虑数据使用场景，只有下游实际需要时才收集敏感数据。保护私人和敏感数据的最好方法就是避免获取它们。

数据工程师还应该考虑到所使用的任何数据管道或存储系统遇到攻击和泄露的情况。在决定安全策略时要确保策略能真正保证安全，而不仅是看起来安全。

10.1.2 永远多想一步

当被索要凭证时，一定要谨慎。对索要凭证的行为应该持充分怀疑态度并询问同事和朋友的意见。与其他人确认该要求确实是合理的。和别人聊聊比被邮件钓鱼要好太多。当被索要凭证、敏感数据或机密信息时，不要轻易相信任何人。

作为尊重隐私和道德的第一道防线，如果你对所负责收集的敏感数据感到不舒服，对项目中处理数据的方式有道德上的疑问，那就向同事和领导提出你的担忧。要确保工作内容既合法又符合道德。

10.2 流程

当人们遵循常规的安全流程时，工作内容就变得更安全。让安全成为一种习惯，多进行真正的安全实践，遵守最小特权原则，并理解云的责任共担模式。

10.2.1 要表演式的安全还是深入人心的安全

企业客户普遍关注合规性（内部规则、法律、标准机构的建议），但对潜在的不利因素关注不够。不幸的是，这造成了一种安全的假象，且往往会留下显而易见的漏洞。

安全需要足够简单有效，从而能够在整个组织持续推行。有很多公司的安全政策长达几百页，而没有人阅读，还有过后就忘的安全政策年审，以上两项只是为了应付安全审计。这就是表演式的安全，按照合规性（SOC-2、ISO 27001 等）的剧本表演，根本没有落实责任。

相反，要追求真正的和习惯性的安全精神，将安全思想融入文化中。安全不需要太复杂。例如在我们公司，每月至少进行一次安全培训和政策审查，以将其嵌入我们团队的DNA 中，并让所有人相互促进安全实践。践行安全，人人有责，责任重于泰山。

10.2.2 主动安全

运用逆向思维，实施*主动安全*需要在动态和不断变化的世界中思考和研究安全威胁。要积极地研究成功的网络钓鱼攻击来反思组织内的安全漏洞，而不是简单地进行打好招呼的模拟网络钓鱼攻击。你可以积极排查组织内部的漏洞，研究潜在的员工泄露或滥用私人信息诱因，而不是简单地填写死板的合规性检查表。

关于主动安全，我们在 10.3 节中会有更多介绍。

10.2.3 最小特权原则

*最小特权原则*意味着人或系统应该只有必要的权限和数据。使用云服务有一种不当操作：某普通用户有所有的管理权限，但实际上可能只需要少量的 IAM 角色就足够了。赋予某人全权管理访问是一个巨大的错误，这在最小特权原则下永远不应该发生。

只为用户（或他们所属的组）提供需要的 IAM 角色，不需要这些角色时就收回。服务用的账户也可以这样做，方式是一样的：只在需要的时候给予必要的权限和数据。

最小特权原则对隐私也很关键。要保证满足你的用户和客户的需求：他们的敏感数据只在必要的时候才能访问到。对敏感数据实施列、行和单元格级别的访问控制。考虑隐藏 PII 和其他敏感数据，并创建只包含查看者需要访问的信息的视图。有些数据必须被保留，但只有在紧急情况下才可以访问。这时可以把数据放在紧急情况才能启用的程序之下，用户只有在紧急审批后才能访问这些数据，以解决问题或者查询关键的历史信息等。一旦工作完成，权限就会立即收回。

10.2.4 云服务的责任共担

安全是云中的共同责任。云供应商负责确保其数据中心和硬件的物理层面的安全。同时，开发者也要对云中建立和维护的应用程序和系统的安全负责。大多数云安全漏洞是由终端用户（而不是云）造成的。漏洞发生的原因可能是无意间的错误配置、失误、疏忽和马虎。

10.2.5 始终备份数据

数据是会消失的。有时是因为坏盘或者服务器宕机，也可能是误删除数据库或对象存储桶，还可能是恶意入侵者锁住数据。勒索软件攻击现在很普遍，保险公司正在减少对这类事件的赔付，使你既要恢复数据，又要付赎金。因此要定期备份数据，为了灾备，也是为了业务连续性，防止某个版本的数据在勒索软件攻击中被破坏。此外，还需要定期测试数据备份的恢复情况。

严格意义上讲数据备份并不属于安全和隐私实践，它属于*灾难预防*这一更大的主题，但它在勒索攻击变多的情况下与安全问题关系密切。

10.2.6 安全政策实践

本节将展示一套关于凭证、设备和敏感信息的安全政策。这套政策并不复杂，它简单实用到可以立刻落地。

安全政策范例

保护你的凭证

不惜一切代价保护你的凭证。以下是一些关于凭证的基本规则。

- 一切都使用单点登录。尽可能避免使用密码，并将 SSO 作为默认设置。

- 在 SSO 中使用多因素认证。

- 不要共享密码或凭证，包括客户的密码和凭证。如果有疑问，去询问你的上级。如果还是有疑问，就继续向上询问。

- 小心网络钓鱼和诈骗电话。永远不要透露密码。（同样，优先选用 SSO。）

- 禁用或删除旧的凭证，最好删除。

- 不要把你的凭证放在代码中。将密码作为配置来处理，不要将其提交到代码仓。尽可能地使用密码管理器。

- 始终坚持最小特权原则。永远不要给予超过工作所需的权限。这适用于云端和本地的所有凭证和权限。

保护设备

- 管理所有员工使用的设备。如果有员工离开公司或丢失设备，可以远程擦除设备。

- 对所有设备使用多因素认证。

- 使用你的公司电子邮件凭证登录到设备。

- 所有涉及凭证和行为的政策都适用于你的设备。

- 把你的设备当作你自己的延伸。不要让你指定的设备离开你的视线。

- 在屏幕共享时，要注意你到底在共享什么，以保护敏感信息和通信。只共享单个文件、浏览器标签或窗口，避免共享你的整个桌面。只分享传达你的观点所需的内容。

- 在视频通话时使用勿扰模式。这可以防止在通话或录音中出现弹框、提示音等打扰。

软件更新策略

- 当你看到更新提示时，重新启动浏览器。

- 在公司和个人设备上运行小型操作系统更新。

- 让公司来确定关键的主要操作系统更新并提供指导。

- 不要使用操作系统的测试版。

- 在操作系统重大版本发布后等待 1～2 个星期再用。

以上例子展示了简单而有效的安全措施。根据公司的安全状况，可能需要增加更多的要求让人们去遵守。再次强调，人是安全最薄弱的环节。

10.3 技术

在解决了人员和流程的安全问题后，现在来看看如何利用技术来保护系统和数据资产。以下是应该优先考虑的一些重要方面。

10.3.1 系统补丁和更新

软件会变得陈旧，安全漏洞也不断会被发现。为了避免暴露所使用工具的旧版本的安全漏洞，当有新的更新时，一定要给操作系统与软件打补丁和更新。值得庆幸的是，许多 SaaS 和云托管服务会自动进行升级和其他维护，而无须干预。要更新代码和依赖关系，可以自动构建或者设置版本发布和漏洞警报，以便提示手动执行更新。

10.3.2 加密

加密不是万能的，当人为的安全漏洞暴露了凭证时它就失效了。但加密是所有重视安全和隐私的组织的基本要求。它可以防止基本的攻击，如网络流量拦截。

让我们分别看一下静态加密和传输加密。

静态加密

确保数据在静态（在存储设备上）时被加密。公司笔记本计算机应该启用全盘加密，可以在设备被盗时保护数据。对存储在服务器、文件系统、数据库和云中对象存储中的所有数据实施服务器端加密。所有用于存档的数据备份也应该加密。最后，如果可能，在应用程序层面也进行加密。

传输加密

传输加密是目前各种协议的默认配置。例如，HTTPS 通常是现代云 API 的要求。数据工程师应始终注意密钥的使用方式。不当的密钥使用是数据泄露的重要原因。此外，如果存储桶的权限对公网开放，则 HTTPS 对保护数据毫无帮助，这也是过去十年中几起数据泄露丑闻发生的原因。

工程师还应该意识到旧协议的安全弱点。例如，FTP 在公共网络上根本不安全。虽然在已经公开的数据上使用 FTP 可能问题不大，但 FTP 很容易受到中间人攻击，即攻击者在数据到达客户端之前拦截下载的数据并进行修改。最好的办法是直接避免使用 FTP。

要确保传输加密的全覆盖，传统协议也不例外。如果不确定是否做到了加密，就使用那些带有加密功能的稳定技术。

10.3.3 日志、监控和警报

黑客和入侵者通常不会宣布他们正在渗透你的系统。大多数公司在事后才发现安全事故。观测、检测和警告事件是 DataOps 的组成部分。因此，数据工程师应该设置自动监控、日志和警报，以便能够及时发现系统中的异常事件。如果可能的话也要设置自动异常检测。

以下是应该监控的一些方面。

访问

 谁在访问什么，什么时候，从哪里访问？有哪些新的访问权限被授予？现有用户的异常行为模式可能表明他们的账户被入侵了，例如，试图访问他们不常访问或不应该访问的系统？是否有新的未被识别的用户访问你的系统？要确保定期梳理访问日志、用户和他们的角色，以确保系统正常运行。

资源使用

 监控磁盘、CPU、内存和 I/O，看看是否有不正常的使用模式。资源使用是否有重大变动？如果是的话，则很可能存在安全漏洞。

计费

对于 SaaS 和云托管服务，需要监督成本。设置预算警报来确保不超支。如果账单中突然出现了计划外的大笔花费，则可能有人或程序在窃取资源进行恶意操作。

过宽松的权限

越来越多的供应商提供工具来监控用户或服务账户在一段时间内*未使用*的权限。这些工具通常可以被配置为自动提醒管理员，或在指定的时间内删除权限。

例如，假设某位分析师已经 6 个月没有访问 Redshift 了。这些权限可以被移除，以关闭潜在的安全漏洞。如果该分析师将来需要访问 Redshift，他们可以提交一个工单恢复权限。

最好在监控中结合这些方面的内容以获得你的资源、访问和计费概况的全景图。我们建议让数据团队中的每个成员都能用仪表板查看监控，并在出现异常情况时收到警报。将这些内容与有效的事件响应方案结合起来，及时堵住安全漏洞。还要定期演练，有备无患。

10.3.4 网络访问控制

经常有数据工程师在网络访问控制方面做一些相当疯狂的事情。比如在公开可用的 Amazon S3 存储桶存放大量敏感数据。还有 Amazon EC2 实例对全部公网开放 0.0.0.0/0（所有 IP）的入站 SSH 访问，或者对公网上的所有入站请求开放访问的数据库。以上仅仅是违反网络安全行为的冰山一角。

原则上，网络安全应该由公司的安全专家来负责。（在实践中，数据工程师可能需要在小公司里承担网络安全的责任。）数据工程师经常会用到数据库、对象存储和服务器，因此至少应该了解一些简单的措施确保符合网络访问控制的安全实践。要了解哪些 IP 和端口是开放的、对谁开放，以及为什么开放。仅允许访问这些端口的系统和用户传入 IP 地址（又称白名单 IP），并避免在任何情况下广泛地开放连接。当访问云或 SaaS 工具时使用加密的连接。例如，不要在咖啡馆里使用未加密的网站。

另外，虽然本书几乎只关注在云中运行工作负载，但我们在此补充一个关于托管本地服务器的简短说明。在第 3 章中，我们讨论了强化边界安全和零信任安全之间的区别。云通常更接近于零信任安全——每个操作都需要身份验证。对于大多数组织来说，云是一个更安全的选择，因为它实践了零信任，让公司享受公有云的安全工程师团队的服务。

然而，有时强化边界安全仍然是有意义的。我们从核导弹发射井的空气密封（不与任何网络连接）的知识中找到一些启发。内网服务器是强化边界安全的最终例子。但即使是本地部署，内网服务器同样容易受到人为安全事故的影响。

10.3.5 数据工程底层系统的安全

对于在数据存储和处理系统的核心工作的工程师来说，考虑每一个元素的安全影响是至关重要的。任何软件库、存储系统或计算节点都是潜在的安全漏洞。一个不明显的日志库的缺陷可能允许攻击者绕过访问控制或加密。甚至 CPU 架构和微代码也是潜在的漏洞。敏感数据在内存或 CPU 缓存中静止时也可能受到攻击（*https://meltdownattack.com*）。不能放松链条上的任何一个环节。

当然，本书主要关于更高层次的数据工程——把处理整个生命周期的工具拼接起来。因此，这部分非常现实的细节就留给读者去挖掘了。

内部安全研究

我们在 10.2 节中讨论了*主动安全*的概念。我们也强烈建议在技术层面推行*主动安全*，也就是所有技术人员都应该考虑安全问题。

为什么这一点很重要？每个技术人员都会形成独特的技术领域。即使你的公司雇用了安全研究人员团队，数据工程师还是会对他们职权范围内的特定数据系统和云服务更熟悉。技术领域的专家能够很好地识别该技术中的安全漏洞。

要鼓励每个数据工程师积极参与安全工作，当他们在系统中发现潜在的安全风险时应该思考解决措施，并积极参与部署这些措施。

10.4 总结

安全需要成为一种思想和行动的习惯。对待数据应当像对待钱包或智能手机那样。虽然你不可能负责你公司的安全，但了解基本的安全措施并将安全放在首位，将有助于减少你的组织发生数据安全漏洞的风险。

10.5 补充资料

- *Building Secure and Reliable Systems* by Heather Adkins et al. (O'Reilly)
- Open Web Application Security Project (OWASP) publications (*https://owasp.org*)
- *Practical Cloud Security* by Chris Dotson (O'Reilly)

第 11 章

数据工程的未来

本书写作的理由之一是，作者认识到数据工程领域的快速变化为现有的数据工程师、有兴趣转入数据工程领域的人、技术经理以及希望更好地了解数据工程如何融入公司的高管制造了巨大的知识鸿沟。当我们开始构思这本书时，我们受到了不少朋友的反对，他们问："你怎么敢写一个变化如此迅速的领域？"在某种意义上他们是对的。当然，我们感觉数据工程领域——实际上是所有的数据——每天都在变化。筛选表面上的干扰项和寻找深层次不变的规律是组织和撰写本书最具挑战性的部分之一。

在本书中，我们专注于我们认为对未来几年有用的一些核心思路，也就是数据工程生命周期步骤的组合及围绕它的底层设计。运营的优先级和最佳实践与技术可能会改变，但生命周期的主要阶段会在许多年内保持不变。我们敏锐地意识到，技术继续以令人疲惫的速度变化。在当今技术领域工作会感觉像坐过山车，或者是走入镜子迷宫一样。

几年前，数据工程甚至还没有作为一个领域或岗位存在。现在，你正在阅读一本关于数据工程的书！你已经了解了所有关于数据工程的基础知识，其生命周期、底层设计、技术和最佳实践。你可能在问自己，数据工程的未来是什么？虽然没有人能够预测未来，但我们可以对过去、现在和当前的趋势有一些判断。我们很幸运地在潮头看到了数据工程的起源和演变。本章将介绍我们对未来的想法，包括对正在进行的发展的观测和对未来的疯狂猜想。

11.1 常青的数据工程生命周期

虽然数据科学在最近几年得到了大部分的关注，但数据工程正在迅速成熟为一个独特而明显的领域。它是科技界增长最快的行业之一，而且没有向下的迹象。公司意识到他们首先需要建立一个数据基础，然后再转向"更性感"的东西，如 AI 和机器学习，数据工程的受欢迎程度和重要性因此将继续增长。

有些人质疑越来越易用的工具和实践是否会导致数据工程师的消失。这种想法是浅薄、懒惰和短视的。随着组织以新的方式利用数据，将需要新的基础、系统和工作流来满足这些需求。数据工程师处于设计、架构、构建和维护这些系统的中心位置。如果工具变得更容易使用，数据工程师就会向价值链上游移动，专注于更高级别的工作。数据工程生命周期不会很快消失。

11.2 复杂性的下降和易用的数据工具的兴起

简化的、易用的工具继续降低着数据工程师的准入门槛。这是一件好事，特别是在之前讨论过的数据工程师的短缺情境下。简化的趋势将继续下去。数据工程并不依赖于某种特定的技术或数据规模，它也不只适用于大公司。在 21 世纪 00 年代，部署"大数据"技术需要一个庞大的团队和雄厚的资金。SaaS 托管服务的出现在很大程度上消除了了解各种"大数据"系统的复杂性。现在数据工程是所有公司都可以做的事情。

大数据相关技术总会青出于蓝。例如，谷歌 BigQuery 是 GFS 和 MapReduce 的后裔，可以查询 PB 级的数据。这项强大的技术曾经只在谷歌内部使用，现在任何拥有 GCP 账户的人都可以使用。用户只需为他们存储和查询的数据付费，而不必建立一个庞大的基础设施栈。Snowflake、Amazon EMR 和其他许多可超扩展的云数据解决方案都在这个领域竞争，并提供类似的功能。

云的出现导致开源工具的使用产生重大转折。即使在 21 世纪 10 年代初，使用开源工具通常需要下载代码并自己进行配置。但如今，许多开源数据工具甚至可以在云上使用，与云专有的服务直接竞争。所有主要云上的服务器实例都可以预先配置和安装 Linux。像 AWS Lambda 和 Google Cloud Functions 这样的无服务器平台，使用如 Python、Java 和 Go 主流语言且运行于 Linux 之上，可以在几分钟内部署事件驱动的应用程序。使用 Apache Airflow 的工程师可以采用谷歌的 Cloud Composer 或 AWS 的托管 Airflow 服务。云托管的 Kubernetes 集群使我们可以建立高度可扩展的微服务架构，等等。

这从根本上改变了开源工具。在许多情况下，云托管的开源工具与云专有的服务一样容易使用。有高度专业化需求的公司也可以部署云托管的开源，然后如果它们需要定制底层代码，再转向到自管理的开源工具。

另一个重要的趋势是现成的数据连接器越来越受欢迎（在撰写本书时，流行的连接器包括 Fivetran 和 Airbyte）。数据工程师一般需要花费大量的时间和资源来构建和维护连接到外部数据源的管道。新一代的托管连接器是非常引人注目的，即使对专精于此的工程师来说也是如此，因为他们开始认识到这种工具可以节省时间和精力。API 连接器的功能将通过外包完成，这样数据工程师就可以专注于推动更独特业务问题了。

数据工具领域的白热化竞争以及和数据工程师产生更多交集意味着数据工具的复杂性将继续降低，同时又能增加更多的功能和特性。随着越来越多的公司找到发现数据价值的机会，这种简化只会促进数据工程的实践。

11.3 云数据操作系统及其高互通性

让我们简单了解一下（单一设备）操作系统的内部工作原理，然后将其与数据和云联系起来。无论你使用的是智能手机、笔记本电脑、应用程序服务器还是智能恒温器，这些设备都依赖操作系统来提供基本服务并协调任务和进程。例如，我可以看到大约有 300个进程在我正在用的 MacBook Pro 上运行。在除了打字工具的其他进程中，我看到了诸如 WindowServer(负责提供图形界面的窗口）和 CoreAudio(负责提供低级别的音频功能）等服务。

当我在这台机器上运行一个应用程序时，它并不直接访问声卡和显卡。它会向操作系统服务发送命令，以绘制窗口和播放声音。这些命令是向标准 API 发出的，有规范能告诉软件开发者如何与操作系统服务进行通信。操作系统编排启动过程来提供这些服务，根据它们之间的依赖关系按照正确的顺序启动每个服务。它还监控服务并在服务出现故障时以正确的顺序重新启动它们。

现在让我们回到云上的数据和在本书中提到的简化版的数据服务（例如，Google Cloud BigQuery、Azure Blob Storage、Snowflake 和 AWS Lambda）类似的操作系统服务，但规模要更大，在许多机器上运行而不是单一的服务器。

以上这些简化的服务已经成为现实，因此云数据操作系统这一概念的进化的下一个前沿将在更高层级发展。Benn Stancil 推荐设立标准化的数据 API，以建立数据管道和数据应用程序[注1]。我们预测，数据工程的发展将逐渐围绕几个数据互操作性标准进行。新一代文件格式（如 Parquet 和 Avro）已经开始用于云数据交换，大大改善了 CSV 互操作性和原生 JSON 的性能。

数据 API 生态系统的另一个关键部分是包括了模式和数据层级的元数据目录，目前普遍使用的是传统的 Hive Metastore，我们期待后浪的出现。元数据将在数据互操作性方面发挥关键作用，包括跨应用程序和系统以及跨云和网络，并推动自动化和简化。

管理云数据服务的脚手架也会有重大改进。Apache Airflow 已经成为第一个真正面向云的数据任务编排平台，但仍然需要较大改进。Airflow 将在其巨大的心智份额基础上发力。而 Dagster 和 Prefect 等新玩家将通过重建任务编排架构来进行竞争。

下一代的数据编排平台将以增强数据集成和数据可感知性为特征。任务编排平台将与数

注 1：Benn Stancil, "The Data OS," *benn.substack*, September 3, 2021, *https://oreil.ly/HetE9*.

据目录和数据血缘集成，数据可感知性因此会极大增强。此外，编排平台将建立基础架构即代码功能（类似于 Terraform）和代码部署功能（如 GitHub Actions 和 Jenkins）。这将使工程师能够直接编写管道然后将其传递给编排平台，从而自动构建、测试、部署和监控。工程师将能够直接在管道中编写基础设施规范；需要增加的基础设施和服务（例如，Snowflake 数据库、Databricks 集群和 Amazon Kinesis 流）将在管道运行的第一时间被部署。

*实时数据*领域也会有重大改进，例如，流管道和数据库能够获取和查询流数据。建立流式 DAG 之前是个复杂的过程，有很高的持续运转负载（见第 8 章）。Apache Pulsar 这样的工具为指明了未来，即流式 DAG 可以用相对简单的代码来部署复杂的转换。目前已经有了托管流处理工具（如 Amazon Kinesis Data Analytics 和 Google Cloud Dataflow），我们将看到新一代的编排工具可以管理这些服务，将它们拼接在一起并进行监控。可以结合 11.6.1 节中讨论的实时数据内容思考。

工作内容的更加简化对数据工程师意味着什么？正如我们在本章中所论述的，数据工程师不会消失，但会有很大的改变。相比之下，更复杂的移动操作系统沙盘框架并没有淘汰移动应用程序开发人员。相反，移动应用程序开发人员现在可以专注于构建质量更好、更复杂的应用程序。我们预计数据工程也会有类似的发展，因为云数据操作系统范式提高了各种应用程序和系统的互操作性和简易性。

11.4 "企业级" 数据工程

数据工具的日益简化和最佳实践的流传意味着数据工程将变得更加 "企业级"[注2]。这将使许多读者产生不好的联想。对一些人来说，*企业*这个词让人联想到卡夫卡式的噩梦，那就是穿着过硬的蓝衬衫和卡其裤的不露面的委员会、无休止的繁文缛节，以及瀑布式管理的开发项目、不断膨胀的时间表和预算。简而言之，有些读者在读到 "企业" 时，会想象到一个没有灵魂的地方，创新会在那里死去。

还好这不是我们想谈论的，我们指的是大公司在数据管理、运营、治理和其他 "无聊" 方面所做的一些*进步*。我们目前正生活在 "企业级" 数据管理工具的黄金时代。曾经只给巨型组织使用的技术和实践正在向下游渗透。大数据和流数据曾经的困难部分现在已经被抽象化，重点转移到了易用性、互操作性和其他改进上。

这使得数据工程师能够用新工具的在数据管理、DataOps 以及数据工程的所有其他底层设计的抽象中找到机会。数据工程师将变得 "企业级"。

注 2：Ben Rogojan，"Three Data Engineering Experts Share Their Thoughts on Where Data Is Headed，" *Better Programming*, May 27, 2021, *https://oreil.ly/IsY4W.*

11.5 数据工程师的头衔和职责将发生的变化

虽然数据工程生命周期不会很快消失，但软件工程、数据工程、数据科学和机器学习工程之间的界限却越来越模糊了。事实上像作者一样，许多数据科学家是通过一个有机的过程转变为数据工程师的。他们的任务是做"数据科学"，但缺乏工具，于是他们不得不承担设计和构建系统的工作，转而为数据工程生命周期服务。

随着简单性的提升，数据科学家将花更少的时间来收集和处理数据。简化也意味着数据工程师在数据工程生命周期中的低级任务（管理服务器、配置等）上花费的时间会减少，而"企业级"的数据工程将变得更加普遍。

随着数据越来越紧密地嵌入到每个企业的流程中，在数据和算法领域将出现新的角色。一种可能性是介于机器学习工程和数据工程之间的角色。随着机器学习工具集变得更容易使用和托管云机器学习服务的能力增长，机器学习正在从点对点探索和模型开发转变为一门操作学科。

这类跨角色但专注于机器学习的新工程师将了解算法、机器学习技术、模型优化、模型监控和数据监控。但他们的主要任务将是创建或利用自动训练模型的系统、监控性能，并将众所周知的模型类型变为整套可运作的机器学习流程。他们还将监控数据管道和质量，尽管这与当前的数据工程领域相重叠。机器学习工程师将变得更加专业，以处理那些还在研究阶段和不成熟的模型。

另一个可能改变的职位发生在软件工程和数据工程的交叉点上。融合了传统软件应用程序以及分析的数据应用程序将推动这一趋势。软件工程师将需要对数据工程有更深入的了解，学习如流处理、数据管道、数据建模和数据质量等方面的专业知识。这类进步会突破当下常见的"各扫门前雪"的模式。数据工程师也将被整合到应用程序开发团队中，而软件开发人员将同时获得数据工程技能。应用程序后端和数据工程工具之间的界限也将消减，并通过流和事件驱动的架构进行深度集成。

11.6 超越现代数据栈，迈向实时数据栈

坦率地说：现代数据栈（Modern Data Stack，MDS）并不那么现代。我们赞扬 MDS 为大众带来了大量强大的数据工具，降低了价格，并使数据分析师能够控制他们的数据栈。ELT、云数据仓库和 SaaS 数据管道的抽象无疑改变了许多公司的游戏规则，为 BI、分析和数据科学开辟了新的力量。

尽管如此，MDS 基本上是现代云和 SaaS 技术对旧数据仓库实践的重新包装。由于 MDS 是围绕云数据仓库范式建立的，因此它与下一代实时数据应用程序的潜力相比有一些严

重的限制。从我们的角度来看，现实的需求正在超越基于数据仓库的内部分析和数据科学，需要用下一代实时数据库为整个企业和应用程序提供实时支持。

是什么在推动这一演变？在很多情况下，分析（BI 和运营分析）将被自动化所取代。目前大多数看板和报表在回答"*是什么*"和"*什么时间*"。可以自问，"如果得到了'*是什么*'或'*什么时间*'的答案，我接下来要做什么？"如果这个问题的答案是重复性的，那么"做什么"就可以自动化了。换句话说，如果直接知道怎么做了，为什么还要再看报表呢？

进一步讲，为什么使用像 TikTok、Uber、谷歌或 DoorDash 这样的产品会有一种神奇的感觉？虽然在表面上，看一个短视频、叫车、订餐，或找到一个搜索结果表面上只是点了一下，但在系统内部发生了很多事情。这些产品都是真正的实时数据应用程序，在点击按钮时提供所需要的行动，同时在幕后进行极其复杂但快速的数据处理和机器学习。目前，这种复杂程度被锁在大型技术公司的专属技术栈中，但这种类似的复杂度和能力正在变得普遍起来，类似于 MDS 对云数据仓库和管道的普及，数据世界将很快变得"实时"起来。

11.6.1 实时数据栈

实时技术的民主化将引导我们走向 MDS 的续集：*实时数据栈*的上市和普及。图 11-1 中描述的实时数据栈，将通过流技术将实时分析和机器学习融合到应用程序中，涵盖从应用程序源系统到数据处理再到机器学习的整个数据生命周期，循环往复。

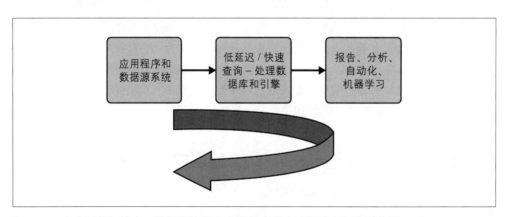

图 11-1：在实时数据栈中，数据和情报在应用程序和支持系统之间实时传送

就像 MDS 利用云的优势，将企业内部的数据仓库和管道技术带给大众一样，实时数据栈将精英科技公司使用的实时数据应用程序技术作为易于使用的云产品提供给各种规模的公司。这将为更好的用户体验和业务价值开辟新世界。

11.6.2 流式管道和实时分析数据库

MDS 将自己限制在视数据为有界的批处理技术上。相比之下，实时数据应用程序将数据视为无界的、连续的流。流式管道和实时分析数据库作为两个核心技术，将促进 MDS 到实时数据栈的转变。虽然这两种技术已经问世了有一段时间了，但迅速成熟的云托管服务将让它们被更广泛地部署。

在可预见的未来，流技术还会有极大的增长空间。流数据将用其更多业务用途证明这种预期。虽然现在流式系统经常被视为一种昂贵的新玩意，或者是单纯的数据传输通道。但在未来，流式传输将从根本上改变组织技术和业务流程。数据架构师和工程师将在这些根本变化中发挥主导作用。

实时分析数据库可以实现对这些数据的快速获取和亚秒级的查询。数据可以被扩充或与历史数据集相结合。当与流式管道和自动化相结合时，或者与实时分析的仪表板结合时，一个全新的可能性就出现了。你将不再受制于运行缓慢的 ELT 流程、间隔 15 分钟的更新，或其他要等待的环节，数据变成了连续流动的。随着流式获取变得越来越普遍，批量获取将越来越少。那为什么还要在数据管道的前端堵上一套批处理呢？最终，批量获取会变得像拨号猫一样被淘汰。

随着流的兴起，我们预计数据转化将迎来进化的节点。我们将从 ELT（也就是数据库内转换）转变为更像 ETL 的东西。我们暂且将其称为*流 – 转化 – 加载*（STL）过程。在流的语境下数据抽取是一个持续的、连续的过程。当然，批量转换不会完全消失。批处理对于模型训练、季度报表等仍将非常有用。但流式转换将成为常态。

虽然数据仓库和数据湖对于容纳大量的数据和执行点对点查询是很好的，但它们对于低延迟的数据获取或对快速传输的数据的查询却没有那么好的优化。实时数据栈将由专门为流而设计的 OLAP 数据库驱动。今天，像 Druid、ClickHouse、Rockset 和 Firebolt 这样的数据库在为下一代数据应用的后端赋能方面处于领先地位。我们预计，流技术将继续快速发展，新技术将大量涌现。

我们认为另一个将会发生蜕变的领域是数据建模，自 21 世纪初，该领域一直没有真正的新内容。你在第 8 章学到的传统的面向批处理的数据建模技术并不适合流数据定义。新的数据建模技术将不在数据仓库中出现，而是在生成数据的系统中出现。我们希望数据建模会扩充一些上游定义层的概念，从应用程序中生成数据的地方开始，包括语义、指标、血缘和数据定义（见第 9 章）。随着数据在整个生命周期中的流动和演变，建模也会出现在每个阶段。

11.6.3 数据与应用程序的融合

我们预计下一次革命将是应用程序和数据层的融合。现在，应用程序是与 MDS 分离的。

更糟糕的是数据的产生并没有考虑到后续的分析。因此，需要各种缝合来使系统之间互通。这种拼凑的、零碎的设计既笨拙又丑陋。

很快，应用程序栈将成为数据栈，反之亦然。应用程序将集成实时自动化和决策，由流式管道和机器学习驱动。数据工程生命周期不一定会改变，但生命周期各阶段之间的时间将大幅缩短。很多创新的技术和实践将改进实时数据栈相关工程。留意旨在解决 OLTP 和 OLAP 用例融合问题的新兴的数据库技术，特征存储也可能在机器学习用例中发挥类似作用。

11.6.4 应用程序和机器学习之间的紧密反馈循环

另一个令人兴奋的未来是应用程序和机器学习的融合。当下，应用程序和机器学习是不相干的系统，就像应用程序和分析那样是分离开的。软件工程师、数据科学家和机器学习工程师相互独立工作。

机器学习非常适用于那些数据生成的速度和数量惊人到无法手动处理的场景。随着数据规模和速度的增长，机器学习会变得适用于所有场景。大量快速移动的数据，加上复杂的工作流和步骤，能让机器学习一展身手。随着数据反馈回路的缩短，我们预计大多数应用程序都能集成机器学习。随着数据的快速移动，应用程序和机器学习之间的反馈循环将变得紧密。实时数据栈中的应用程序应当是智能的，并能够实时适应数据的变化。这将创造一个应用程序智能化和业务价值提升的良性循环。

11.6.5 是"暗物质"数据和电子表格等工具的崛起吗

我们已经聊过了快速移动的数据，以及随着应用程序、数据和机器学习的紧密合作，反馈回路将如何缩小。接下来的这一节可能看起来很奇怪，但我们确实需要解决一些在今天的数据世界中被广泛忽视的问题，特别是被工程师忽视的问题。

最广泛使用的数据平台是什么？是普普通通的电子表格。根据不同的资料显示，电子表格的用户群在 7 亿～20 亿人之间。电子表格是数据世界的"暗物质"。大量的数据分析都是在电子表格中运行的，从不属于我们在本书中描述的复杂的数据系统。许多组织用电子表格处理财务报表、供应链分析，甚至 CRM。

从本质上讲，什么是电子表格？*电子表格是一种支持复杂分析的交互式数据应用程序。*与 pandas（Python 数据分析库）等纯粹的基于代码的工具不同，电子表格可以被各种用户使用，从那些只知道如何打开文件和看报表的用户到可以编写复杂的程序性数据处理的高级用户。到目前为止，BI 工具还没有为数据库带来可与之比较的交互性。与 UI 交互的用户通常只限于在一定的范围内对数据进行切片或切块，而不是通用的可编程分析。

我们预测，将出现一类新的工具，将电子表格的互动分析能力与云 OLAP 系统的后端能力结合起来。事实上，一些公司已经在开发这些工具了。这个产品类别的胜利者可能继续使用电子表格的范式，也可能为与数据的交互开启全新的使用方式。

11.7 总结

感谢你参与我们的数据工程之旅！这趟旅程我们了解到了良好的架构、数据工程生命周期的各个阶段，以及安全方面的最佳实践。我们讨论了在数据工程领域持续快速变化时的技术选型策略。在本章中，我们大胆地预测了数据工程短期和中期的未来。

我们预言的某些方面是相对可靠的。在我们写作本书的时候，管理工具的简化和"企业级"数据工程的推行已经是进行时了。其他的部分猜测的性质更多一些。我们看到了实时数据栈的兴起的势头，但对工程师个人和雇用他们的组织来说这是需要适应的重大模式转变。也许实时数据的趋势会再次停滞，大多数公司将继续专注于基本的批处理。当然，也可能存在某些我们没能捕捉到的趋势。技术的演变涉及技术和文化的复杂交互，两方面的影响都很难预知。

数据工程是一个庞大的话题。虽然我们无法深入某块技术，但希望我们已经指明了大的方向，这将有助于在职的数据工程师、未来的数据工程师和那些从事相关工作的人，在这个不断变化的领域中找到自己的方向。沿着本书继续探索吧。当你在本书中发现有趣的话题和想法时，作为社区的一分子延续话题。找出那些能够帮助你发现流行技术和实践的优劣之处的领域专家；广泛地阅读最新的书籍、博客和论文；参加聚会和听讲座；提出问题并分享自己的专业知识；密切关注供应商的公告，了解最新的发展，但对所有的主张都要有独立思考。

以上的流程可以帮助你技术选型。接下来，你将需要采纳技术并发展专业能力，也许是作为个人贡献者，也许是在你的团队中作为领导者，也许是在整个技术组织中。在你沿着这个方向行进时，不要忘了数据工程的关键目标。关注数据工程生命周期、内部和外部客户服务、业务、服务本身以及数据工程外更大的目标。

许多读者将有机会决定未来。技术趋势不仅是由那些造轮子的人决定的，也是由那些用好轮子的人决定的。有效地使用工具与创造工具同样重要。下一步可以找机会应用实时技术、改善用户体验、创造价值，并定义全新的应用程序类型。这种实际应用程序将使实时数据栈成为新的行业标准，但一些其他我们未能发现的新技术趋势也可能赢得未来。

最后，我们祝愿你的职业之路令人振奋。我们选择从事数据工程工作、提供相关咨询和写作本书，不仅仅是因为数据工程是一种潮流，而是因为它令人着迷。我们希望本书向你传递了我们在这个领域工作的一点乐趣。

附录 A

序列化和压缩技术的细节

云数据工程师不需要亲自管理对象存储系统，但还需要了解一些序列化和反序列化格式的细节。正如我们在第 6 章中关于存储的构成时提到的，序列化和压缩算法是相辅相成的。

A.1 序列化格式

有许多序列化算法和格式可供数据工程师使用。虽然繁多的类型是数据工程的难点，但性能也可能因此提高。比如，仅仅通过从 CSV 转换到 Parquet 序列化，任务性能就提高了上百倍。当数据在管道中流转时，工程师也会使其再序列化（转换格式）。有时数据工程师要硬着头皮处理过时且不好用的格式的数据，他们必须设计一定的流程来反序列化这种格式以及处理异常，然后清理和转换数据，以便下游能进行一致的、快速的处理和消费。

A.1.1 基于行的序列化

顾名思义，*基于行的序列化*是按行来组织数据。CSV 格式是一种典型的基于行的格式。对于那些半结构化的数据（支持嵌套和模式变化的数据对象），基于行的序列化需要将每个对象作为一个单元来存储。

CSV：不是标准的标准

我们在第 7 章讨论了 CSV。CSV 是一种让数据工程师爱恨交加的序列化格式。CSV 本质上是分隔符文本的总称，但不同的 CSV 文件在转义、引号字符、分隔符等的使用上会有所变化。

数据工程师应该避免在管道中使用 CSV 文件，因为它们非常容易出错，而且性能很差。

工程师经常需要使用 CSV 格式与他们控制外的系统和业务流程交换数据。如果使用 CSV 进行归档，要附带上文件的序列化配置的完整技术描述，以便未来的数据消费者获取数据。

XML

可扩展标记语言（Extensible Markup Language，XML）在 HTML 和互联网兴起的时候很流行，但现在它也变成祖传格式了。对于数据工程应用来说，它的反序列化和序列化速度通常很慢。XML 是数据工程师在与传统系统和软件交换数据时经常必须处理的另一种标准。但 JSON 已经在纯文本对象序列化上很大程度地取代了 XML。

JSON 和 JSONL

JavaScript 对象表示法（JSON）已经成为通过 API 数据交换的新标准，以及一种非常流行的数据存储格式。在数据库方面，随着 MongoDB 和其他文档存储的兴起，JSON 就更加受欢迎了。Snowflake、BigQuery 和 SQL Server 等数据库也提供了广泛的 JSON 原生支持，让应用程序、API 和数据库系统之间的数据交换更加方便。

JSON Lines（JSONL）是 JSON 的一个专门版本，用于将批量半结构化数据存储在文件中。JSONL 存储一系列 JSON 对象，对象由换行符分隔。从我们的角度来看，JSONL 是一种非常有用的格式，可以在从 API 或应用程序获取数据后立即存储数据。然而，许多列格式提供了更好的性能。考虑转移到另一种用于中间管道阶段和服务的格式。

Avro

Avro 是一种面向行的数据格式，用于远程过程调用和数据序列化。Avro 将数据编码为二进制格式，其模式的元数据为 JSON 形式。Avro 在 Hadoop 生态系统中很受流行，同时也被各种云数据工具所支持。

A.1.2 列序列化

到目前为止，我们所讨论的序列化格式是面向行的。数据被编码为完整的关系（CSV）或文档（XML 和 JSON），按顺序写入文件中。

而通过*列序列化*，每列数据都会分为多个文件。列存储的一个明显优势是，它从字段的子集中读取数据，而不是一次性读取整行数据。分析应用程序常用列序列化，它可以大大减少执行查询时必须扫描的数据量。

将数据存储为列还可以将相似的值聚集，让每列数据的排列更有效率。一种常见的压缩技术是寻找重复的值并对其进行标记，对于有大量重复数据的列来说简单又高效。

列中即使不包含大量的重复值也可能会出现高冗余。假设我们把客户支持消息组织成一列数据。在这些消息中可能反复出现相同的主题和措辞，这样就可以做到高压缩率。因此，列存储通常与压缩相结合，最大限度地利用磁盘和网络带宽资源。

列存储和压缩也有一些弊端，比如不能直接访问单条记录，必须通过读取几个列文件来重建记录。记录更新也比较难，要改变记录中的某个字段就必须解压缩列文件，修改，再重新压缩并写回存储。为了避免在每次更新时重写整个列，一般使用分区和聚类策略将列分解成许多文件，根据表的查询和更新模式来组织数据。即便如此，更新单行的开销也是非常可怕的。列式数据库对于事务性工作负载来说是非常不合适的，所以事务数据库通常会利用一些面向行或记录的存储方式。

Parquet

Parquet 以列格式存储数据，旨在实现数据湖环境中的出色读写性能。Parquet 解决了一些经常困扰数据工程师的问题。与 CSV 不同，Parquet 方式储存的数据建立在模式信息中，并原生支持嵌套数据。此外，Parquet 展现出了很好的可移动性。与 Parquet 相比，虽然 BigQuery 和 Snowflake 等数据库以专有的列格式序列化数据，并为其内部存储的数据提供很好的查询性能，但在与外部工具互操作时会产生巨大的性能下降。因为存储的数据需要被反序列化，并重新序列化为可交换的格式，才能使用如 Spark 和 Presto 等数据湖工具操作。数据湖中的 Parquet 文件在多种工具混杂的情况下一般会优于专有云数据仓库。

Parquet 格式与各种压缩算法配套使用，如 Snappy 这样（在本附录后面讨论）特别受欢迎的速度优化型压缩算法。

ORC

行优化列存储（Optimized Row Columnar，ORC）是一种类似于 Parquet 的列存储格式。ORC 在有 Apache Hive 的场景中非常流行。虽然也被广泛使用，但通常比 Apache Parquet 的使用少得多，而且它在现代云生态工具中的支持较少。例如，Snowflake 和 BigQuery 支持 Parquet 文件的导入和导出，虽然这两个工具可以读取 ORC 文件，但都不能导出到 ORC。

Apache Arrow 或者内存中的序列化

在本章开头介绍的序列化是存储的原材料之一。我们在之前提到了软件可以将数据分散存储在内存中由指针连接的复杂对象中，或者更有序的、密集的结构，如 Fortran 和 C 的数组。一般来说，密集包装的内存数据结构仅限于简单类型（如 INT64）或固定宽度的数据结构（如固定宽度的字符串）。更复杂的结构（如 JSON 文档）不能密集地存储在内存中，需要序列化后存储和在系统间传输。

Apache Arrow（*https://arrow.apache.org*）的思想是利用二进制数据格式来重新设计序列化，这种格式既适合在内存中处理，也适合在系统间传输[注1]。这节省了序列化和反序列化的开销。内存处理、网络传输和长期存储都用相同的格式。Arrow 使用列存储，其中每一列基本上都有自己的内存块。对于嵌套的数据，我们会使用一种叫作粉碎的技术，将 JSON 文档模式中的每个位置都映射成单独的列。

这种技术意味着数据文件可以存储在磁盘上，通过使用虚拟内存将其直接交换到程序地址空间并运行数据查询，没有反序列化的开销。实际上，我们可以在扫描时将文件的部分写入内存，使用后再将其移出，避免其他格式常见的大数据集耗尽内存的情况。

这种方法的难点在于，不同的编程语言是以不同的方式序列化数据的。为了解决这个问题，Arrow Project 目为各种编程语言（包括 C、Go、Java、JavaScript、MATLAB、Python、R 和 Rust）创建了库，允许这些语言与在内存中的 Arrow 数据互通。在某些情况下，这些库用选定的语言和另一种语言（如 C）的低级代码之间的接口从 Arrow 读写。这使得语言之间具有高度的互操作性，不需要额外的序列化开销。例如，一个 Scala 程序可以使用 Java 库来写 Arrow 数据，然后将其作为消息传递给 Python 程序。

Arrow 正在被各种流行的框架（如 ApacheSpark）迅速吸收。围绕 Arrow 有一个新的数据仓库产品：Dremio（*https://www.dremio.com*），它是一个基于 Arrow 序列化，支持高速查询的查询引擎和数据仓库。

A.1.3 混合序列化

*混合序列化*这个术语用来形容结合多种序列化的技术或将序列化与额外的抽象层（如数据定义管理）集成的技术，例如 Apache Hudi 和 Apache Iceberg。

Hudi

Hudi 是 *Hadoop Update Delete Incremental* 的缩写。这种表管理技术结合了多种序列化技术，让分析查询拥有列式数据库的性能，同时能进行原子式的、事务性的记录更新。Hudi 一般体现为从事务数据库产生的 CDC 流中获取更新的表。将流带来的新内容采集到行序列化存储的文件中，表的大部分内容则是列存储的格式。查询会同时在列存储和行存储的文件上运行，来返回表的当前状态。Hudi 会定期运行重新打包的程序，将行文件和列文件结合成最新的列文件，从而最大限度地提高查询效率。

Iceberg

和 Hudi 一样，Iceberg 是一种表管理技术。Iceberg 可以追踪到构成一个表的所有文件。

注1：Dejan Simic,"Apache Arrow: Read DataFrame with Zero Memory,"*Towards Data Science*, June 25, 2020, *https://oreil.ly/TDAdY*.

它还可以追踪每个表不同时期快照的文件，在数据湖中恢复出多个时间点的表。Iceberg 支持模式演化，并可以随时管理 PB 级的表。

A.2 数据库存储引擎

为了更完整地讲述序列化，这里我们简单讨论一下数据库存储引擎。所有的数据库都有底层的存储引擎，许多数据库不把存储引擎作为单独的抽象（例如，BigQuery、Snowflake）暴露出来。一些数据库（特别是 MySQL）有支持完全可插拔的存储引擎。还有一些（例如，SQL Server）提供能影响数据库表现的存储引擎配置选项（列存储和行存储）。

存储引擎通常是独立于查询引擎的一个软件层。存储引擎管理数据在磁盘上存储的所有相关信息，包括序列化方式、数据的最底层排布和索引。

存储引擎在 21 世纪 00 年代～21 世纪 10 年代间有过很大的创新。较早的存储引擎是针对直接访问机械硬盘优化的，而现代的存储引擎则针对固态硬盘的特性进行了很好的优化。存储引擎还提供了对现代类型和数据结构的支持，如可变长度的字符串、数组和嵌套数据。

存储引擎的另一个主要发展方向是服务于分析和数据仓库应用程序的列存储。SQL Server、PostgreSQL 和 MySQL 都有强大的列存储支持。

A.3 压缩算法：gzip、bzip2、Snappy 等

压缩算法背后的数学原理很复杂，但基本思想很容易理解：压缩算法寻找数据中的冗余和重复，然后重新编码数据减少冗余。当读取原始数据时，要通过逆向算法来*解压缩*，并重建冗余。

例如，在本书某些词会重复出现。对文本进行一些快速分析可以找出出现频率最高的词，并为这些词创建简写。压缩就用简写替换原词，解压缩则反之。

也许这种原始的方法可以做到 2∶1 或更高的压缩率。压缩算法利用更复杂的数学技术来识别和消除冗余，通常可以做到文本数据 10∶1 的压缩率。

这里讨论的是*无损压缩算法*，用无损算法解压缩编码的数据会完整恢复到原始数据。音频、图像和视频的有*损压缩算法*旨在实现感官上的保真，解压缩恢复的东西听起来像或看起来像原件，但不精确。数据工程师可能会在媒体处理管道中使用有损压缩算法，但在对数据保真度有要求的分析序列化过程中使用无损压缩算法。

传统的压缩引擎如 gzip 和 bzip2 非常适合处理文本数据。它们经常被应用于 JSON、JSONL、XML、CSV 和其他基于文本的数据格式。近年来，工程师们创造了新一代的压缩算法，将速度和 CPU 效率置于压缩率之上。主要有 Snappy、Zstandard、LZFSE 和 LZ4 等。这些算法经常被用来压缩数据湖或列数据库中的数据，以优化快速查询性能。

云网络

本附录将讨论数据工程师应该考虑的关于云计算网络的一些要点。数据工程师经常会遇到网络问题，网络问题很重要但常常被忽略。

B.1 云网络拓扑结构

*云网络拓扑结构*描述了云中各种组件的排列和连接方式，如云服务、网络、位置（区域）等。数据工程师应始终了解云网络拓扑结构将如何影响他们所建立的数据系统的连接。Azure、GCP 和 AWS 的资源都以非常相似的可用区和区域划分。在写作本书的时候，GCP 增加了一个额外的层，会在 B.1.4 节中讨论。

B.1.1 数据出口费用

第 4 章讨论了云经济，以及实际提供商的成本为什么不会决定云定价。在网络定价方面，云提供商会让入站流量免费但对出站流量收费。出站流量本身并不比入站便宜，但云提供商用这种方法在它们的服务周围创造了一条护城河，并且增加了所存储数据的黏性，这种做法受到广泛批评[注1]。需要注意，数据出口费也适用于云的可用区或区域之间的数据传输。

B.1.2 可用区

*可用区*是公有云向客户暴露的最小的网络拓扑单元（如图 B-1 所示）。虽然一个区有可能由多个数据中心组成，但云客户无法在这个层面上控制资源配置。

注 1：Matthew Prince 和 Nitin Rao，" AWS's Egregious Egress，" *The Cloudflare Blog*，July 23, 2021，*https://oreil.ly/NZqKa.*

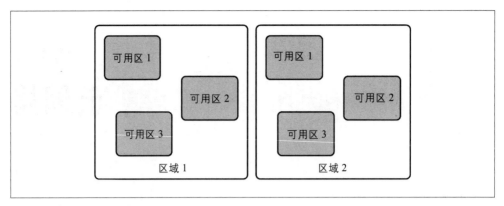

图 B-1：两个独立区域的可用区

一个区内的系统和服务之间一般会有最高的网络带宽和最低的延时。出于性能和成本的考虑，高吞吐量的数据工作负载应在位于一个区的集群上运行。例如，临时的 Amazon EMR 集群一般位于同可用区内。

此外，发送到区内虚拟机的网络流量是免费的，但有明显的限制：流量必须发送到私有 IP 地址。多数的云托管的虚拟网络被称为*虚拟私有云*。虚拟机在 VPC 中拥有私有 IP 地址。它们也可以分配公有 IP 地址，与公网进行通信并获取流量，但外部 IP 地址通信会产生数据出口费用。

B.1.3 区域

*区域*是两个或多个可用区的集合。数据中心的运行需要依赖许多资源（电力、水等）。各个可用区的所用资源是独立的，因此小范围停电这样的问题不会导致多个可用区瘫痪。工程师们可以通过在多个可用区内运行服务器或创建自动的跨区故障转移过程，即使在一个区域内也能建立高度弹性的独立基础设施。

多区域意味着资源可以放在靠近用户的地方。而*靠近*意味着用户可以有良好的网络连接，并且最大限度地减少网络路径的物理距离，以及路由器间的最小跳数。物理距离和跳数都会增加延迟并降低性能。因此，主流的云提供商还在持续地增加新的区域。

一般来说，区域在可用区之间支持快速、低延迟的网络。可用区间的网络性能将比单个可用区内的差，并在虚拟机之间产生名义上的数据输出费用。区域之间的网络数据移动甚至更慢，可能会产生更高的出口费用。

一般来说，对象存储是一种区域资源。数据在传送到虚拟机之前可能需要在可用区之间传递，但这对云客户来说一般是不可见的，也没有直接的网络费用。（当然，客户仍然要付对象访问的成本。）

尽管区域划分在地理层面有冗余设计，许多重大的云服务故障还是会影响到整个区域，这是*相关故障*的一个例子。工程师经常会将代码和配置部署到整个区域，因此区域性故障通常是由区域层面的代码或配置问题导致的。

B.1.4 GCP 的网络和多区域冗余

GCP 提供了一些独特的抽象概念，用 GCP 的工程师应该关注这些概念。首先是多区域，这是 GCP 资源层次中的一层。多区域包含多个区域。目前的多区域是 US（美国境内的数据中心）、EU（欧盟成员国的数据中心）和 ASIA。

一些 GCP 的资源支持多区域，比如 Cloud Storage 和 BigQuery。数据以地理冗余的方式存储在多区域内的多个区，以便在某个区域故障的情况下保持可用性。多区域存储还可以向多区域内的用户高效地提供数据服务，无须在区域之间建立复杂的复制流程。此外，多区域内的虚拟机访问同一多区域内的 Cloud Storage 数据无须支付节点数据出口费。

同理，云客户可以在 AWS 或 Azure 上建立多区域基础设施。但对数据库或对象存储来说，需要在不同区域之间复制数据，以增加冗余度并使数据更接近用户。

谷歌实际上拥有比其他云提供商多得多的全球规模网络资源，它可以给用户提供*高级网络服务*。高级网络的区域之间流量可以只走谷歌的网络，不走公网。

B.1.5 云网络直连

主流的公有云都提供加强版连接的选项，客户可以将自己的网络与云的某个区域或 VPC 直接集成，例如 AWS Direct Connect。除了提供更高的带宽和更低的延迟外，这些连接方式通常为数据出口费用提供大力度的折扣。在 US 的典型使用场景下，AWS 的出口费用从公共互联网的每千兆字节 9 美分降至直连的每千兆字节 2 美分。

B.2 CDN

内容分成服务可以为向公众或客户传送数据资产提供巨大的性能提升和折扣。云提供商都提供 CDN 服务，同时也提供许多如 Cloudflare 一样的其他提供商。CDN 在重复传送相同的数据时效果最好，但要按照使用细则使用。CDN 并不是在任何地方都能用，某些国家可能会阻止网络流量和 CDN 传送。

B.3 数据出口费的未来

数据出口费是阻碍互操作性、数据共享和数据向云端移动的重要因素。目前，数据出口费是云供应商的护城河，防止公有云客户离开或在多个云中部署。

但一些有趣的迹象预示了可能到来的变化。具体来说，Zoom 公司在 2020 年疫情前宣布了甲骨文成为其云基础设施供应商，这引起了许多云计算观察家的注意[2]。甲骨文是如何在云计算重围中赢得这个重要的远程工作基础设施云服务合同的呢？AWS 专家 Corey Quinn 提供了一个直击本质的答案[3]。他的逆推表明，Zoom 的 AWS 月数据出口费用标价超过了 1100 万美元，而甲骨文的费用不到 200 万美元。

我们猜测 GCP、AWS 或 Azure 将在未来几年内宣布大幅削减出口费，从而导致云计算商业模式的巨大变化。出口费消失也是完全有可能的，就像几十年前有限而昂贵的手机通话时长消失了一样。

注 2：Mark Haranas and Steven Burke, "Oracle Bests Cloud Rivals to Win Blockbuster Cloud Deal," CRN, April 28, 2020, *https://oreil.ly/LkqOi*.

注 3：Corey Quinn, "Why Zoom Chose Oracle Cloud Over AWS and Maybe You Should Too," Last Week in AWS, April 28, 2020, *https://oreil.ly/Lx5uu*.

关于作者

Joe Reis 在数据行业工作了 20 年，负责统计建模、预测、机器学习、数据工程、数据架构等相关领域的工作。Joe 是 Ternary Data（一家位于犹他州盐湖城的数据工程和架构咨询公司）的首席执行官和联合创始人。此外，他还在一些技术团体做志愿者，并在犹他大学任教。在业余时间，Joe 喜欢攀岩、制作电子音乐，以及带他的孩子们进行"疯狂的冒险"。

Matt Housley 是数据工程顾问和云专家。他在犹他大学获得了数学专业博士学位，具有 Logo、Basic 和 6502 汇编的编程经验。然后，他开始从事数据科学相关工作，目前专注于基于云的数据工程。他与 Joe Reis 共同创立了 Ternary Data，利用自己的教学经验培训未来的数据工程师，并为团队提供可靠数据架构方面的指导。Matt 和 Joe 还会在 *The Monday Morning Data Chat* 节目中聊数据相关的话题。

关于封面

本书封面上的动物是白耳蓬头䴕（Nystalus chacuru）。

这些小而圆胖的鸟因其耳朵上明显的白色斑块和蓬松的羽毛而得名，它们栖息在南美洲中部的广阔区域内的森林边缘和草原上。

白耳蓬头䴕是坐等机会的猎手，长期栖息在空地上，伺机捕食昆虫、蜥蜴，甚至是碰巧靠近的小型哺乳动物。它们通常单独或成对出现，是相对安静的鸟类，很少发声。

世界自然保护联盟已将白耳蓬头䴕列为无危物种，部分原因是它们的分布范围广，数量稳定。

O'Reilly 图书封面上的许多动物都濒临灭绝，它们对世界都很重要。

封面插图由 Karen Montgomery 基于 Shaw 的 *General Zoology* 中的一幅古董线刻画绘制而成。